统一过程制品和时限样例（s 为开始时间，r 为……

科　目	制　品 迭代→	初　始 I1	细　…… E1, …, En	C1, …, Cn	T1, …, Tn
业务建模	领域模型		s		
需求	用例模型	s	r		
	愿景	s	r		
	补充性规格说明	s	r		
	术语表	s	r		
设计	设计模型		s	r	
	软件架构文档		s		
	数据模型		s	r	
实现	实现模型（代码、HTML 等）		s	r	r

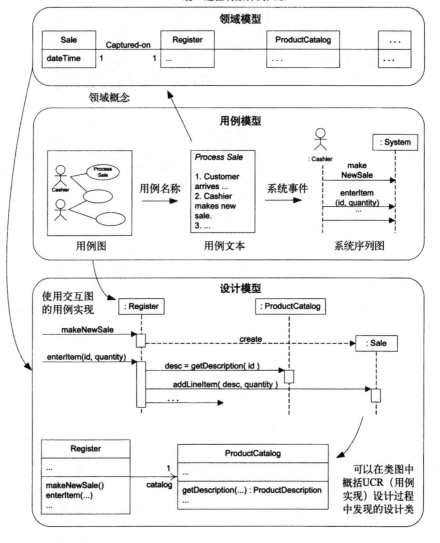

统一过程制品样例关系

通用职责分配软件模式或原则（GRASP）

模式/原则	描述
信息专家（Information Expert）	**对象设计和职责分配的基本原则是什么** 将职责分配给信息专家，信息专家是指具有履行职责所需信息的类
创建者（Creator）	**谁来创建**［注意，工厂（Factory）模式是常见的替代方案］ 当以下条件之一为真时，将创建类 A 实例的职责分配给类 B：1）B 容纳 A；2）B 聚集 A；3）B 具有 A 的初始化数据；4）B 记录 A；5）B 紧密地使用 A
控制器（Controller）	**在 UI 层之上第一个接受和协调（"控制"）系统操作的对象是哪个** 将职责分配给代表以下选择之一的对象：1）代表整个"系统""根对象"和运行软件的设备，或者主要子系统［这些都是外观（facade）控制器的变体］；2）代表发生该系统操作的用例场景（用例或会话控制器）
低耦合（Low Coupling）（评价性）	**如何减少变化所产生的影响** 职责的分配要使不必要的耦合保持为低。使用这一原则来评价候选方案
高内聚（High Cohesion）（评价性）	**如何保持对象有重点、可理解和可管理，同时还有支持低耦合的作用** 职责的分配要保持高内聚。使用这一原则来评价候选方案
多态性（Polymorphism）	**当行为基于类型变化时，谁对此负责** 当相关候选方案或行为基于类型（类）而变化时，使用多态性操作将行为职责分配给行为发生变化的类型
纯虚构（Pure Fabrication）	**当你走投无路但又不想破坏高内聚和低耦合时，将职责分配给谁** 将一组高度内聚的职责分配给人为的或便利的"行为"类，该类并不代表问题领域概念，而是虚构的事物，以此来支持高内聚、低耦合和复用性
间接性（Indirection）	**如何分配职责以避免直接耦合** 将职责分配给中介对象，由该对象来协调其他构件或服务，以避免直接耦合
防止变异（Protected Variations）	**如何给对象、子系统和系统分配职责，以使这些元素中的变化或不稳定性不会对其他元素产生不良影响** 确定预计变化或不稳定之处，为其创建稳定"接口"以分配职责

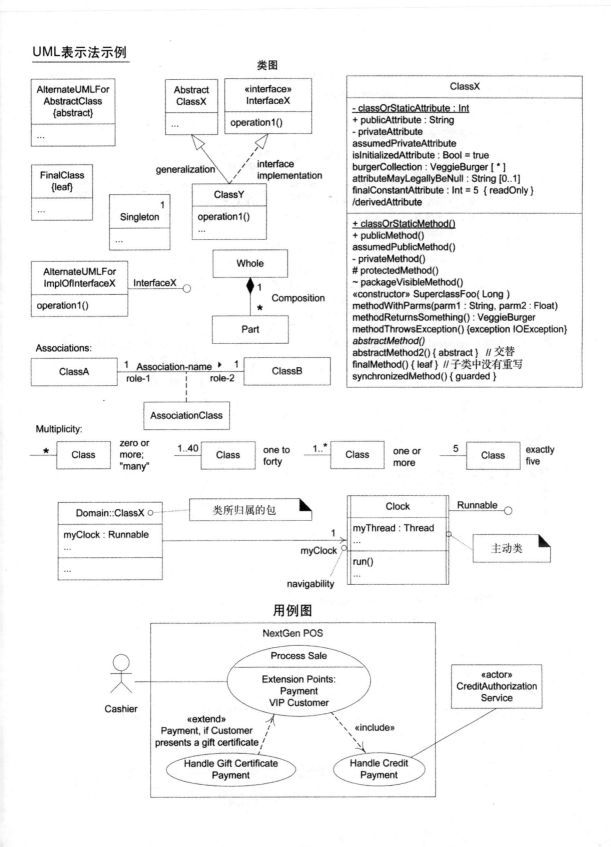

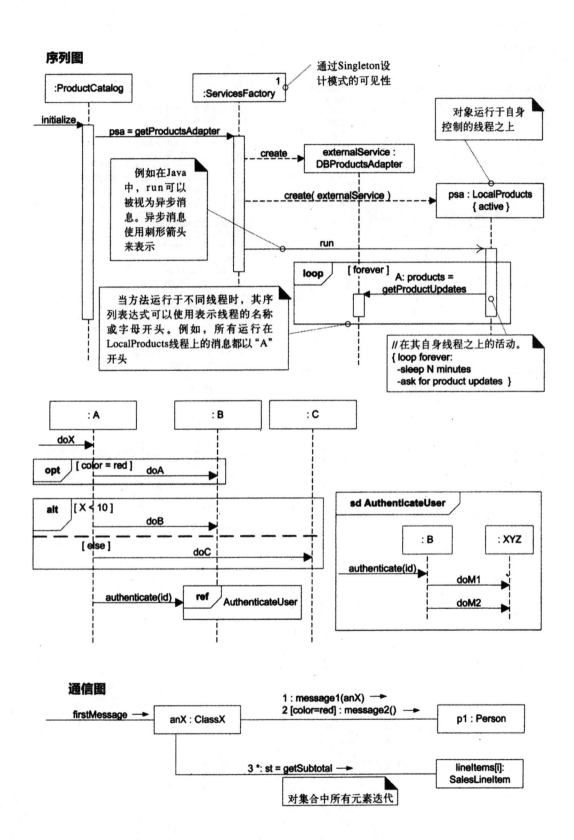

序列图

通过Singleton设计模式的可见性

:ProductCatalog

:ServicesFactory

initialize

psa = getProductsAdapter

对象运行于自身控制的线程之上

create

externalService : DBProductsAdapter

例如在Java中，run可以被视为异步消息。异步消息使用刺形箭头来表示

create(externalService)

psa : LocalProducts { active }

run

loop [forever]

A: products = getProductUpdates

当方法运行于不同线程时，其序列表达式可以使用表示线程的名称或字母开头。例如，所有运行在LocalProducts线程上的消息都以"A"开头

// 在其自身线程之上的活动。
{ loop forever:
-sleep N minutes
-ask for product updates }

: A

: B

: C

doX

opt [color = red] doA

alt [X < 10] doB

[else] doC

sd AuthenticateUser

: B

: XYZ

authenticate(id)

doM1

doM2

authenticate(id) ref AuthenticateUser

通信图

firstMessage

anX : ClassX

1 : message1(anX)
2 [color=red] : message2()

p1 : Person

3 *: st = getSubtotal

lineItems[i]: SalesLineItem

对集合中所有元素迭代

UML
和模式应用

原书第3版 · 典藏版

[美] 克雷·拉曼（Craig Larman）著
李洋 郑龚 等译
UMLChina 审校

Applying
UML
and
Patterns

An Introduction to Object-Oriented Analysis
and Design and Iterative Development
Third Edition

机械工业出版社
CHINA MACHINE PRESS

图书在版编目（CIP）数据

UML 和模式应用：原书第 3 版：典藏版 /（美）克雷·拉曼（Craig Larman）著；李洋等译 . —北京：机械工业出版社，2024.2

书名原文：Applying UML and Patterns: An Introduction to Object-Oriented Analysis and Design and Iterative Development, Third Edition

ISBN 978-7-111-74442-9

I. ① U… Ⅱ. ①克… ②李… Ⅲ. ①面向对象语言 – 程序设计 Ⅳ. ① TP312.8

中国国家版本馆 CIP 数据核字（2023）第 243127 号

机械工业出版社（北京市百万庄大街 22 号　邮政编码 100037）
策划编辑：刘　锋　　　　　　　　　　责任编辑：刘　锋　　冯润峰
责任校对：张慧敏　李可意　李　杉　　责任印制：张　博
北京联兴盛业印刷股份有限公司印刷
2024 年 2 月第 1 版第 1 次印刷
186mm × 240mm · 34 印张 · 2 插页 · 819 千字
标准书号：ISBN 978-7-111-74442-9
定价：129.00 元

电话服务　　　　　　　网络服务
客服电话：010-88361066　机　工　官　网：www.cmpbook.com
　　　　　010-88379833　机　工　官　博：weibo.com/cmp1952
　　　　　010-68326294　金　书　网：www.golden-book.com
封底无防伪标均为盗版　机工教育服务网：www.cmpedu.com

学习总是由厚至薄，由薄至厚。学习面向对象分析和设计的过程亦是如此，我们既要掌握最本质的原则，又要熟练使用大量的技巧，这样才能在实践中加以灵活应用。Craig Larman 的这本书恰好为我们提供了这样的途径，他将面向对象分析和设计（OOA/D）的基本原则、开发方法、辅助工具结合起来，并辅以贯穿全书的深入实例，为我们展示了一个广阔的对象世界。这本书历经三个版本的锤炼，吸收了大量 OOA/D 的精华思想和现代实践方法，为我们提供了最佳指导。这无疑是一本优秀的软件设计书籍。也正因为这个原因，译者在翻译过程中诚惶诚恐，如履薄冰，但愿能够忠实反映 Craig Larman 的真知灼见。

在翻译过程中，本书在以下三个方面给我留下了极为深刻的印象：

其一，Craig Larman 使用很长的篇幅反复强调瀑布式方法的谬误和迭代方法的真谛。这看上去似乎是赘语，但我们在实践中却往往忽视了这一简单道理，总是对谬误视而不见，甚至将其视为真理，有意为之。由此可见 Craig Larman 的用心良苦。

其二，OOA/D 领域里充斥着大量模式，难以记忆，更不用说灵活应用了。而本书则强调了 OOA/D 最为本质的模式/原则，即 GRASP（见插页）。这 9 种基本模式/原则正是对大量最佳实践的归纳和总结，能够帮助我们了解复杂现象背后的本质思想，使我们提升到"无招胜有招"的境界，这正是由厚至薄的过程；另外，在这些基本模式/原则之上，本书还深入探讨了常见模式的应用，在精致的示例中展示模式的巧妙，这正是由薄至厚的过程。

其三，Craig Larman 吸收了大量轻量级的敏捷方法和实践。敏捷方法与重量级方法并不矛盾，它为重量级方法赋予新的活力，使其更为实用。我们乐于见到理论界中的这种融合，它使我们在实践中更易于遵循和采纳这些方法。总而言之，阅读本书，受益匪浅。

本书第一部分～第四部分主要由李洋翻译，第五、六部分主要由郑奕翻译，程道超、刘兰对翻译工作提供了帮助。感谢程道超、刘兰的付出，同时感谢家人对我们的一贯支持和鼓励。书中翻译不当之处，敬请读者批评指正。

祝阅读愉快！

李洋　郑奕

序 *Foreword*

编程很有乐趣，但开发高质量的软件却是困难的。从好的观点、需求或"构想"开始，到最终变成一个实际运行的软件产品，所需要的不仅仅是编码这一项工作。分析和设计，定义如何解决问题，需要对哪些内容编程，用易于交流、评审、实现和演化的多种方式来获取这个设计，这正是本书的核心所在。这也是你将要学习的内容。

统一建模语言（UML）已经成为被用户广泛接受的描述软件设计蓝图的语言。在本书中，UML 是用来传递设计理念的可视化语言。本书重点讲述开发者如何真正地应用常用的 UML 元素，而不是讲述 UML 的特征。

在很多学科中，人们早就认识到模式在构造复杂系统时的重要性。软件设计模式可以帮助开发人员描述设计片断，重用设计思想，使用其他人的专业经验。模式给出了抽象的探索式过程的名称和形式，以及面向对象技术的规则和最佳实践。明智的工程师是不会完全从头开始工作的，而本书则为方便地使用模式提供了一个范例。

然而，如果没有软件工程过程作为背景，软件设计就显得有些枯燥和神秘。关于软件设计这个主题，我很高兴看到在本书的新版本中，Craig Larman 已经加入并介绍了统一过程（Unified Process），并介绍如何以一种相对简单且实用的方式来应用统一过程。Craig 的建议有其现实的环境，他是在一个迭代的、风险驱动的、以架构为中心的过程中介绍案例研究，揭示了软件开发中实际的动态发展，并分析外部作用的影响。设计活动与其他任务相关，它们不再是一个纯粹的系统化转换或使用创造性直觉的脑力活动。同时，Craig 和我都深信迭代开发的益处，你可以在本书中看到对此问题的详细说明。

我认为，本书融合了多种技术。你将师从一位一流的老师、卓越的方法论学家及 OO 专家（有极为丰富的教学经验），学习应用面向对象分析和设计（OOA/D）的系统化方法。Craig 在统一过程的背景下描述了面向对象分析和设计的系统化方法，逐步介绍了更复杂的设计模式，因此当你面临现实世界的设计挑战时，本书非常方便实用。同时，他在本书中使用了人们广泛接受的表示法。

我非常荣幸有机会参与本书的写作。我阅读过本书的第 1 版，并愉快地接受了 Craig 请我评阅本书新版本的邀请。我们多次会面并通过邮件讨论了本书的内容。我从 Craig 那里学到了很多东西，其中甚至涉及我所从事的统一过程工作，包括如何改进统一过程，如何在不同组织中定位统一过程。我敢肯定，你将通过阅读本书学到很多知识，即使你非常熟悉 OOA/D。而且，像我一样，你将发现自己重温并更新了过去的知识，或从 Craig 的解释和经验中获得了更深入的理解。

祝阅读愉快！

Philippe Kruchten
现任加拿大英属哥伦比亚大学软件工程教授
曾任 Rational 公司 RUP 产品的过程开发总监
并获得 "Rational Fellow" 称号

前　　言 *Preface*

感谢你阅读本书！我可以提供（OOA/D、UML、建模、迭代和敏捷方法等方面的）问题解答、咨询或培训等服务，欢迎访问我的网站 www.craiglarman.com。

本书是 OOA/D 的实用指南，阐述与迭代开发有关的内容。我很高兴看到本书的第 1 版和第 2 版在世界范围内得到了广泛认可。我衷心地感谢所有读者！

阅读本书，你将会有如下收益：

进行 优秀设计	**第一**，对象技术已获得广泛应用，掌握 OOA/D 对于成功进行软件开发是至关重要的。

学习一个 过程路线图	**第二**，如果你刚刚接触 OOA/D，你将会面临如何掌握这个复杂主题的挑战。本书提供了一个良好定义的迭代式路线图（统一过程的敏捷方法），帮助你一步一步地完成从需求确定到编码的全部工作。

学习 UML 建模	**第三**，UML 已成为建模的标准表示法，所以能够熟练应用 UML 是很有用的。

学习 设计模式	**第四**，设计模式表达了面向对象设计专家用于创建系统的"最佳实践"的习惯用法和方案。在本书中，你将学习如何应用设计模式，包括流行的 GoF 模式和 GRASP。学习和应用这些模式将有助于你更快地掌握分析和设计技能。

吸取 经验和教训	**第五**，本书的结构和重点基于作者多年来教授和培训成千上万学生掌握 OOA/D 的经验，它提供了一个精练的、已得到证明的高效掌握 OOA/D 的学习方法，使你能够用尽量少的阅读和学习时间掌握 OOA/D。

从实际 案例中学习	**第六**，本书详尽地说明了两个案例研究，以便确切了解整个 OOA/D 过程，并深入讨论棘手的细节问题。

设计到编码、 TDD 和重构	**第七**，本书说明如何将对象设计制品映射成 Java 代码，还介绍了测试驱动的开发（TDD）和重构。

| 分层架构 | 第八，本书解释如何设计一个分层架构，以及如何将用户界面层与领域层和技术服务层关联起来。 |

| 设计架构 | 最后，本书展示有关设计面向对象框架的相关知识，并应用这些知识来创建在数据库中持久化存储的框架。 |

教学和 Web 资源

你可以在 www.craiglarman.com 找到相关文章。

在全球范围内，有成百上千名教师在使用本书，并且本书至少已被翻译为 10 种语言。在我的网站上有各种教师资源，包括 PowerPoint 形式的本书所有插图、OOA/D 的 PowerPoint 演示以及其他更多内容。如果你是教师，欢迎与我联系以获取这些资源。

我从使用过本书的教师那里收集了一些资料，以便与其他教师共享。如果你也有可以共享的资料，请与我联系。

读者对象——入门级

本书是一本入门书，主要介绍 OOA/D 以及相关的需求分析，并以统一过程作为样例过程来阐述迭代开发。本书不是有关 OOA/D 的高级教材，它适合以下读者阅读：

❏ 具有面向对象编程经验但是刚刚接触 OOA/D 的开发者和学生。

❏ 在计算机科学和软件工程课程中学习对象技术的学生。

❏ 熟悉 OOA/D 但希望学习 UML 表示法、应用模式的读者，或者希望加强和提高自己的分析和设计技能的读者。

预备知识

本书假设读者已具备如下必需的知识：

❏ 面向对象程序设计语言（如 Java、C#、C++ 或 Python）的知识和经验。

❏ 面向对象技术的基本概念和知识，如类、实例、接口、多态性、封装和继承。

本书中没有定义基本的面向对象技术概念。

Java 示例，但是……

本书一般用 Java 语言编写示例代码，这是因为 Java 使用广泛。但是，本书的观点适用于大多数（即使不是全部）的面向对象程序设计语言，包括 C#、Python 等。

本书的组织结构

本书按与软件开发项目类似的顺序引入分析和设计的主题，包括"初始阶段"（统一过程中的术语）及后续的三个迭代（见图 P-1）。

1）初始阶段的各章节介绍需求分析的基本知识。

2）细化迭代 1 的各章节介绍 OOA/D 的基本知识以及如何为对象分配职责。

3）细化迭代 2 的各章节重点介绍对象设计，特别是一些常用的设计模式。

4）细化迭代 3 的各章节介绍架构分析和框架设计等中级主题。

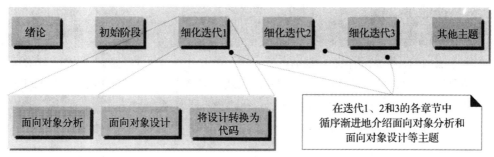

图 P-1 本书的组织结构遵循项目的开发过程

关于作者

Craig Larman 是 Valtech 公司的首席科学家。Valtech 公司是一家国际性的咨询和技术转让公司，在欧洲、亚洲和北美洲都有分公司。他还是《敏捷迭代开发：管理者指南》（*Agile and Iterative Development: A Manager's Guide*）[⊖]一书的作者，这是一本关于软件工程和迭代、敏捷开发方法的畅销书籍。他在全球各地游历，足迹遍布从美国印第安纳州到印度的很多地方，对开发团队和管理人员进行培训。

20 世纪 80 年代中期以来，Craig 帮助了数以千计的开发者，使他们能够应用 OOA/D，熟练使用 UML 建模技术，进行迭代开发实践。

在结束其街头流浪音乐家生涯后，Craig 在 20 世纪 70 年代开始使用 APL、PL/I 和 CICS建立系统。从 20 世纪 80 年代初期开始，他开始对人工智能产生兴趣，并用 Lisp 机器、Lisp、Prolog 和 Smalltalk 建立过知识系统。他也为使用 Java、.NET、C++ 和 Smalltalk 建立系统的公司工作过。在大部分业余时间，他担任 Changing Requirement 乐队（曾经称为 Requirement，但是成员上有些变动）的主音吉他手。

他在加拿大温哥华 Simon Fraser 大学获得计算机科学学士和硕士学位。

联系方式

可以通过 craig@craiglarman.com 和 www.craiglarman.com 联系 Craig。他欢迎广大读者和教师提出问题，并愿意接受演讲、教学和咨询的邀请。

⊖ 该书影印版已由机械工业出版社引进出版。——编辑注

新版本的改进之处

除保留以前版本的核心内容之外，新版本在许多方面进行了精化，包括：

❑ UML 2。

❑ 第二个案例研究。

❑ 更多结合 OOA/D 进行迭代和演化式开发的技巧。

❑ 为方便学习，再次编写了新的学习工具和图形。

❑ 新的大学教师资源。

❑ 敏捷建模、测试驱动的开发和重构。

❑ 更多 UML 活动图建模过程。

❑ 以轻量和敏捷思维，并辅以诸如 XP 和 Scrum 等其他迭代方法来应用 UP 准则。

❑ 应用 UML 对架构进行文档化。

❑ 增加了一章以阐述演化式需求。

❑ 使用了 [Cockburn01] 中最为流行的方法精化用例章节。

致谢

首先，非常感谢我的朋友们以及我在 Valtech 公司的同事，他们是世界一流的对象开发和迭代开发专家，他们以各种方式促成、支持或评审了本书，他们是 Chris Tarr、Tim Snyder、Curtis Hite、Celso Gonzalez、Pascal Roques、Ken DeLong、Brett Schuchert、Ashley Johnson、Chris Jones、Thomas Liou、Darryl Gebert，还有许多我叫不出名字的人。

感谢 Philippe Kruchten 为本书作序，他对本书进行了评审，并以多种方式提供了帮助。

感谢 Martin Fowler 和 Alistair Cockburn 在设计和过程方面的真知灼见。感谢他们同意我引用其观点，并为本书提供了评审意见。

感谢 Oystein Haugen、Cris Kobryn、Jim Rumbaugh 和 Bran Selic 对 UML 2 内容的评审。

感谢 John Vlissides 和 Cris Kobryn，本书引用了他们的观点。

感谢 Chelsea Systems 和 John Gray，他们使用 Java 技术的 ChelseaStore POS 系统让我在需求分析上受到启发，为本书提供了帮助。

感谢 Pete Coad 和 Dave Astels 对本书的支持。

感谢其他的评审者，他们是 Steve Adolph、Bruce Anderson、Len Bass、Gary K. Evans、Al Goerner、Luke Hohmann、Eric Lefebvre、David Nunn 和 Robert J. White。

感谢 Prentice-Hall 出版公司的 Paul Becker，正是他深信本书第 1 版是一个有价值的项目，同时感谢 Paul Petralia 对后续版本的指导。

最后，特别感谢 Graham Glass 提供的一切便利。

目 录 *Contents*

第一部分 *Part 1*

绪　　论

Chapter 1 第1章

面向对象分析和设计

时间是伟大的老师，但不幸的是，它杀死了它所有的学生。

——埃克托尔·柏辽兹（Hector Berlioz）

目标

❑ 描述本书的目标和范围。

❑ 定义面向对象分析和设计（OOA/D）。

❑ 阐述一个简单的 OOA/D 例子。

❑ 综述 UML 和可视化敏捷建模。

1.1 本书的主要内容

良好的对象设计意味着什么？本书是帮助开发者和学生学习面向对象分析和设计（OOA/D）的核心技能的重要工具。对于使用面向对象技术和语言（如 Java 或 C#）来创建设计良好、健壮且可维护的软件来说，掌握这些技能是基本要求。

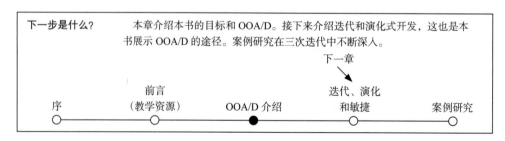

"拥有一把锤子未必能成为建筑师"，这句谚语在对象技术领域同样适用。对于创建对象系

统的第一步来说，了解一门面向对象语言（例如 Java）是必要的，但还不够。用对象的方式思考才是关键所在！

本书是对应用了统一建模语言（UML）和模式的 OOA/D 的介绍。同时，对于迭代开发，本书使用统一过程（Unified Process）的敏捷方法作为示例迭代过程。本书并不打算进行高深的论述，而是强调对基本原理的掌握，例如，如何为对象分配职责、常用的 UML 表示法和常见的设计模式。同时，在随后的各章中将进一步介绍一些中级主题，例如框架设计和架构分析。

UML 和对象思想

本书会介绍 UML。UML 是标准的图形表示法。常用的表示法是有用的，但是还有更重要的面向对象的内容值得学习，特别是如何用对象的方式进行思考。UML 并不是 OOA/D，也不是方法，它只是图形表示法。如果没有真正掌握如何创建优秀的面向对象设计，或者如何评估和改进现有设计，那么学习 UML 或者 UML CASE 工具是毫无意义的。对象思想才是重点和难点。因此，本书重点阐述对象设计。

而且，我们需要一种用于 OOA/D 和"软件蓝图"的语言，这既是一种思考的工具，也是一种沟通的形式。因此，本书也将探讨如何在 OOA/D 中应用 UML，并介绍经常使用的 UML 表示法。

OOD 的原则和模式

应该如何为对象类分配**职责**（responsibility）？对象之间应该如何协作？什么样的类应该做什么样的事情？这些都是系统设计中的关键问题，而本书将会讲授经典的面向对象设计隐喻：**职责驱动设计**（responsibility-driven design）。同时，某些针对设计问题的，经过反复验证的解决方案可以（且已经）被表示成最佳实践的原则、启示或**模式**（pattern），即问题 – 解决方案公式，这些公式是系统化的、典范的设计原则。本书将会通过讲授如何应用模式或原则，使读者更快地学习并熟练使用这些基本的对象设计习惯用法。

案 例 研 究

本书对 OOA/D 的介绍是通过一些**贯穿全书的案例研究**（ongoing case study）来阐述的，并且对分析和设计进行了足够深入的探讨，考虑并解决了现实问题中令人生畏但必须被考虑和解决的细节。

用　　例

OOD（以及所有软件设计）与作为其先决活动的**需求分析**（requirement analysis）具有紧密联系，而在需求分析中通常包含**用例**（use case）的编写。因此，尽管这些主题并非是特定于面向对象的，但我们也会在案例研究的开头对其进行介绍。

迭代开发、敏捷建模和敏捷 UP

假设从需求到实现会涉及众多可能的活动，那么开发人员或团队应该如何进行下去呢？需求分析和 OOA/D 需要在某种开发过程的语境中进行描述和实践。在这种情况下，我们使用著名的**统一过程**（Unified Process，UP）的**敏捷**（轻量的、灵活的）方法作为**迭代开发过程**（iterative development process）的样例，并在这一过程中介绍需求分析和 OOA/D 的主题。然而，这里所涵盖的分析和设计主题对于许多开发过程是通用的，在敏捷 UP 的语境中学习它们并不影响这些技术对于其他方法的适用性，这些方法包括 Scrum[⊖]、Feature-Driven Development (FDD)[⊜]、Lean Development[⊜]、Crystal Methods[⊛]等。

> 总之，本书帮助学生或开发人员：
> ❑ 应用原则和模式来创建更好的对象设计。
> ❑ 基于作为示范的 UP 敏捷方法，在分析和设计中迭代地遵循一组公共的活动。
> ❑ 创建 UML 表示法中常用的图。
> 本书通过在若干次迭代中不断演化的案例研究来阐述以上内容。

其他重要技能

本书并不是软件大全，其主旨是对 OOA/D、UML 和迭代开发进行介绍，同时会涉及相关主题。构建软件还包括其他技能和步骤。例如，可用性工程、用户界面设计和数据库设计等都是成功的关键。

1.2 最重要的学习目标

在所介绍的 OOA/D 中有众多可能的活动和制品以及大量的原则和指导（如图 1-1 所示）。假设我们必须从这里所讨论的主题中选择一个实用技能，即"荒岛"技能，那么它应该是什么呢？

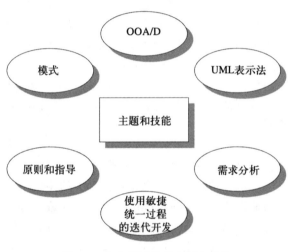

图 1-1　本书所涵盖的主题和技能

> 在 OO 开发中，至关重要的能力是熟练地为软件对象分配职责。

为什么？因为分配职责是必须要执行的一项活动（无论是画 UML 图时还是进行程序设计

⊖ Scrum：由 Ken Schwaber 和 Jeff Sutherland 提出，旨在寻求充分发挥面向对象和构件技术的开发方法，是对迭代式面向对象方法的改进，适用于需求难以预测的复杂商务应用产品的开发。——译者注

⊜ Feature-Driven Development：由 Jeff de Luca 和 Peter Coad 提出，是一个模型驱动、短迭代的开发方法，适用于变化周期短的业务应用开发。所谓的特征点（Feature）是一些用户眼中有用的小功能项，一个特征点能在两周或更短的时间内被实施，且产生可见的、能运行的代码。——译者注

⊜ Lean Development：这一思想诞生于 20 世纪 40 年代末期。当时由于缺乏足够的资金，刚成立不久的丰田公司制定了丰田生产系统，其主旨是消除浪费。该方法的原则是消除浪费、增强学习、尽量推迟决策、尽快交付、授权团队、嵌入完整性和认识整体。——译者注

⊛ Crystal Methods：由 Alistir Cockburn 提出，他认为不同的项目需采用不同的开发方法，并随着开发的进行应不断细调（On-the-fly Tuning），也就是连续不断的过程改进，并以此提出一系列方法。——译者注

时，都要为软件对象分配职责），并且它对软件构件[二]的健壮性、可维护性和可重用性具有重要影响。

当然，OOA/D 中还有其他重要的技能，但之所以强调职责分配是因为它是一项既难以掌握（涉及大量需要权衡和抉择的问题）又至关重要的技能。在实际项目中，开发人员可能没有机会进行其他的建模活动，而只能完成"仓促编码"的开发过程。即使在这种情况下，分配职责这项工作也是必不可少的。

因此，本书的设计步骤强调职责分配的原则。

> 本书描述并应用了对象设计和职责分配的 9 项基本原则。为了便于学习，我们将其组织起来并称为 GRASP，这些原则都有各自的名称，例如信息专家（Information Expert）和创建者（Creator）。

1.3 什么是分析和设计

分析（analysis）强调的是对问题和需求的调查研究，而不是解决方案。例如，如果需要一个新的在线交易系统，那么，应该如何使用它？它应该具有哪些功能？

"分析"一词含义广泛，最好加以限制，如需求分析（对需求的调查研究）或面向对象分析（对领域对象的调查研究）。

设计（design）强调的是满足需求的概念上的解决方案（在软件方面和硬件方面），而不是其实现，例如，对数据库方案和软件对象的描述。设计思想通常排斥底层或"显而易见"的细节（对于预期消费者来说是显而易见的）。最终，设计可以实现，而实现（如代码）则表达了真实和完整的设计。

与"分析"相同，最好也对"设计"一词加以限制，如面向对象设计或数据库设计。

有益的分析和设计可以概括为：做正确的事（分析）和正确地做事（设计）。

1.4 什么是面向对象分析和设计

在**面向对象分析**（object-oriented analysis）过程中，强调的是发现和描述问题域中的对象（或概念）。例如，在航班信息系统里包含飞机（Plane）、航班（Flight）和飞行员（Pilot）等概念。

在**面向对象设计**（object-oriented design，简称对象设计）过程中，强调的是定义软件对象以及它们如何协作以满足需求。例如，软件对象 Plane 可以有 tailNumber 属性和 getFlightHistory 方法[二]（如图 1-2 所示）。

⊖ 该词的原文为 Component，常见的译文为"构件"和"组件"，且颇有争议。本书参考《〔名词委审定〕英汉计算机名词（第二版，2002 年）》和《UML 参考手册》，译为"构件"。——译者注

⊖ tail number 是飞机的尾翼号，可以唯一标识一架飞机；一架飞机可以飞行不同航班，flight history 是指飞机已经飞行过的航班。——译者注

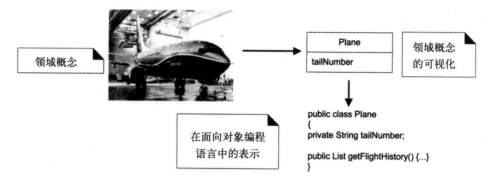

图 1-2 面向对象强调对象的表示

最后，在实现或面向对象程序设计过程中，会实现设计出来的对象，如用 Java 实现 Plane 类。

1.5 简单示例

在深入探讨迭代开发、需求分析、UML 和 OOA/D 之前，本节先对一些关键步骤和图进行概览。这里使用一个简单的示例——"骰子游戏"，软件模拟游戏者掷两个骰子，如果总点数是 7，则赢得游戏，否则，为输。

定义用例

需求分析可能包括人们如何使用应用的情节或场景，这些情节或场景可以被编写成**用例**（use case）。

用例不是面向对象制品，只是对情节的记录。但用例是需求分析中的一种常用工具。例如，下面是一个简单的玩骰子游戏的**用例**。

玩骰子游戏：游戏者请求掷骰子。系统展示结果：如果骰子的总点数是 7，则游戏者赢；否则，游戏者输。

定义领域模型

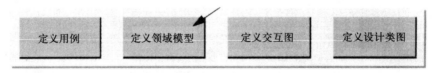

面向对象分析关注从对象的角度创建领域描述。面向对象分析需要鉴别被认为重要的概念、属性和关联。

面向对象分析的结果可以表示为**领域模型**（domain model），在领域模型中展示重要的领域概念或对象。

例如，图 1-3 显示了领域模型的一部分。

这一模型描述了重要的概念（Player、Die 和 DiceGame）及其关联和属性。

需要注意的是，领域模型并不是对软件对象的描述，它使真实世界领域中的概念和心智模型可视化。因此，它也被称为**概念对象模型**（conceptual object model）。

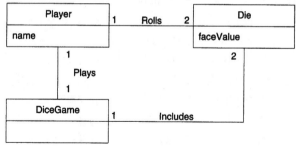

图 1-3　骰子游戏的局部领域模型

定义交互图

面向对象设计关注软件对象的定义 ——它们的职责和协作方式。**序列图**（sequence diagram，UML 的一种交互图）是描述协作方式的常见表示法。它展示软件对象之间的消息流，和由消息引起的方法调用。

例如，图 1-4 中的序列图描述了骰子游戏的 OO 软件设计，即给 DiceGame 和 Die 类的实例发送消息。该图是白板上的草图，这是现实世界中使用 UML 的常见方式。

要注意的是，尽管在真实世界中是由游戏者掷出骰子，但在软件设计中却是由 DiceGame 对象"掷出"骰子（即发送消息给 Die 对象）。软件对象设计和程序可从真实世界领域中获取灵感，但它们并不是对真实世界的直接建模或模拟。

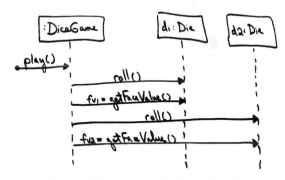

图 1-4　序列图描述软件对象之间的消息

定义设计类图

除了在交互图中显示对象协作方式的动态视图外，还可以用**设计类图**（design class diagram）来有效地表示类定义的静态视图。这样可以描述类的属性和方法。

例如，在骰子游戏中，通过巡察序列图可以导出图 1-5 所示的局部设计类图。因为向 DiceGame 对象发送了 play 消息，所以 DiceGame 类需要 play 方法；同理，Die 类需要 roll 和 getFaceValue 方法。

不同于领域模型表示的是真实世界的类，设计类图表示的是软件类。

要注意的是，尽管设计类图不同于领域模型，但是其中的某些类名和内容还是

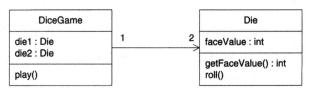

图 1-5　局部设计类图

相似的。从这一方面讲，OO 设计和语言能够缩小软件构件和我们的领域心智模型之间的差距，增强了理解。

小结

骰子游戏是一个简单的问题，举这个例子只是为了探讨分析和设计中的一些步骤和制品。为了简洁起见，这里并没有解释图示中给出的所有的 UML 符号。在后面的章节中，我们将详细地探讨分析和设计及其制品。

1.6　什么是 UML

统一建模语言（UML）是描述、构造和文档化系统制品的可视化语言 [OMG03a]。

在上面的 UML 定义中，关键点是可视化这个词，UML 是图形化表示法的事实标准，用来绘制和展示与软件（特别是 OO 软件）相关的图形（以及文字）。

UML 是一个庞大的表示法体系，而本书并不会涵盖其所有的内容。本书重点关注 UML 的常用图、这些常用图中的常用特性和在未来版本中不太可能变化的核心表示法。

UML 定义了各种 **UML 简档**（UML profile），这些简档专用于某些常用主题领域的表示法中，例如对 EJB 使用 UML EJB 简档。

在更深的层次上，UML 表示法的基础是 **UML 元模型**（meta-model），它描述建模元素的语义，UML 元模型主要对**模型驱动架构**（Model Driven Architecture，MDA）CASE 工具供应商有影响。开发者并不需要学习它。

应用 UML 的三种方式

[Fowler03] 介绍了三种应用 UML 的方式：

❑ **UML 作为草图**——非正式的、不完整的图（通常是在白板上手绘草图），借助可视化语言的威力，用于探讨问题或解决方案空间的困难部分。

❑ **UML 作为蓝图**——相对详细的设计图，用于：1）逆向工程，即以 UML 图的方式对现有代码进行可视化，使其易于理解；2）代码生成（正向工程）。

● 对于逆向工程，UML 工具读取源文件或二进制文件，并生成 UML 包图、类图和序列图（一般情况下）。这些"蓝图"能够帮助读者从整体上理解元素、结构和协作方式。

- 无论是人工还是使用自动工具生成代码（例如，Java 代码），在此之前绘制一些详细的图都能够为生成代码的工作提供指导。一般情况下，代码生成工具使用图生成一些代码，然后由开发者编写并填充其他代码（可能也会应用 UML 草图）。

❑ **UML 作为编程语言**——用 UML 完成软件系统可执行规格说明。可执行代码能够被自动生成，但并不像通常一样为开发者所见或修改；人们仅使用 UML"编程语言"进行工作。如此应用 UML 需要有将所有行为或逻辑进行图形化表示的实用方法（很可能使用交互图或状态图），但是目前在理论、工具的健壮性和可用性方面仍然处于发展阶段。

UML 和银弹思想

Frederick Brooks 博士在 1986 年发表了一篇题为"没有银弹"的著名论文，其经典著作《人月神话（20 周年纪念版）》也收录了该文。建议阅读之！该文主要驳斥了一种基本的错误认识（迄今为止，这一认识仍被无休止地重复），即相信软件中存在某种特殊的工具或技术，可以在提高生产率、减少缺陷、提升可靠性和简易性等方面带来极大的变化。该文还指出，工具无法弥补设计上的无知。

然而，你会听到如下一些声明（通常来自工具提供商）：绘制 UML 图会使事情变得更好；基于 UML 的模型驱动架构（MDA）工具将会打破没有银弹的论调，等等。

时间检验真理。UML 仅仅是标准的图形化表示法，例如框、线等。使用共同的符号进行可视化建模能够带来极大的帮助，但它不可能与设计和用对象的方式思考同等重要。设计知识是极不寻常的且非常重要，它并不是通过学习 UML 表示法或者 CASE 或 MDA 工具就可以掌握的。如果不具备良好的 OO 设计和编程技能，那么即使使用 UML，也只能画出拙劣的设计图。如果要深入了解这一主题，建议阅读"Death by UML Fever"[Bell04]（UML 的发明者 Grady Booch 亦认可）和"What UML Is and Isn't?"[Larman04]。

因此，本书是对 OOA/D 和应用 UML 进行熟练 OO 设计的介绍。

敏捷建模（agile modeling）强调了 UML 作为草图的方式，这也是使用 UML 的普通方式，而且通常对时间投入具有高回报（一般费时较短）。虽然 UML 工具能够提供帮助，但是也可以考虑使用 UML 的敏捷建模方法。

应用 UML 的三种视角

UML 描述的是原始图类型，如类图和序列图。它并没有在这些图上叠加建模的视角。例如，同样的 UML 类图表示法既能够描绘现实世界的概念，又能够描绘 Java 中的软件类。

Syntropy 面向对象方法 [CD94] 强调了这一观点。其主旨是，同一种表示法可以用来描述模型的三种视角和类型（如图 1-6 所示）。

1）**概念视角**：用图来描述现实世界或感兴趣的领域中的事物。

2）**规格说明（软件）视角**：用图（使用与概念视角相同的表示法）来描述软件的抽象物或具有规格说明和接口的构件，但是并不约定特定实现（例如，非特定于 C# 或 Java 中的类）。

3）**实现（软件）视角**：用图来描述特定技术（例如，Java）中的软件实现。

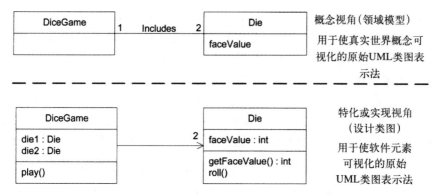

图 1-6 应用 UML 的不同视角

我们在图 1-3 和图 1-5 中已经见过这样的例子，在可视化领域模型和设计模型时使用了相同的 UML 类图表示法。

在实践中，很少会使用规格说明视角（推迟了目标技术的选择，例如使用 Java 还是使用 .NET）；大多数面向软件的 UML 图都会采用实现视角。

不同视角中"类"的含义

在原始的 UML 中，图 1-6 中的矩形框被称为**类**（class），但这个术语包含各种现象，如物理事物、抽象概念、软件事物、事件等。⊖

一个方法是在原始 UML 之上叠加另一个术语。例如，在 UP 中，领域模型中的 UML 框被称为**领域概念**（domain concept）或**概念类**（conceptual class）。领域模型表示的是概念视角。设计模型中的 UML 框被称为**设计类**（design class），设计模型依据建模者的需要，表示的是规格说明视角或实现视角。

为清晰起见，本书中与类相关的术语将与 UML 和 UP 保持一致，这些术语如下：

❑ **概念类**（conceptual class）——现实世界中的概念或事物。在概念或本质视角中使用。UP 领域模型中包含概念类。

❑ **软件类**（software class）——无论在过程还是方法中，都表示软件构件在规格说明或实现视角中的类。

❑ **实现类**（implementation class）——特定 OO 语言（如 Java）中的类。

UML 1 与 UML 2

2004 年底，UML 重要的新版本——UML 2 发布。本书将基于 UML 2 进行介绍。而且，本书使用的表示法是经过 UML 规格说明组的关键成员认真复查过的。

为何在某些章中没有大量使用 UML

本书的主题并不是 UML 表示法，而是在 OOA/D 和相关需求分析的语境下，应用 UML、

⊖ UML 类是通用 UML 模型元素类元（classifier）的一种特定形式。类元是具有结构化特性和行为的事物，包括类、执行者、接口和用例等。

模式和迭代过程的更宏大图景。需求分析通常先于 OOA/D，因此，本书先在开始几章介绍关于用例和需求分析的重要主题，然后在后继各章中更详细介绍 OOA/D 和 UML。

1.7 可视化建模的优点

用符号来表示说明问题所冒的风险是显而易见的，绘制或阅读 UML 意味着我们要以更加可视化的方式工作，开发我们的脑力，以便更快地掌握（主流）二维框–线表示法中的符号、单元及关系。

这个古老而朴素的道理常常会遗失在大量的 UML 细节和工具中。这是不应该的！图可以帮助我们更为便利地观察全景，发现软件元素或分析之间的联系，同时允许我们忽略或隐藏不感兴趣的细节。这是 UML 或其他图形化语言简单而本质的价值。

1.8 历史

OOA/D 的发展历程具有众多分支，这里的简短介绍无法对所有贡献者加以公正评述。在 20 世纪 60 年代至 70 年代，OO 编程语言（例如 Simula 和 Smalltalk）开始崭露头角，其中关键的贡献者是 Kristen Nygaard 和 Alan Kay，后者的贡献尤为突出，正是这位有远见的计算机科学家发明了 Smalltalk。Kay 造就了术语"面向对象编程"（object-oriented programming）和"个人计算"（personal computing），并且在 Xerox PARC 工作期间与同事们一同创立了现代 PC 的思想。⊖

但是在这一时期，OOA/D 还是非正式的，并且直到 1982 年 OOD 才形成其应有的主题。这一里程碑来自 Grady Booch（也是 UML 创立者之一）完成的第一篇题为"Object-Oriented Design"（面向对象设计）的论文，很可能是在这里造就了该术语 [Booch82]。20 世纪 80 年代，许多其他著名的 OOA/D 先驱发展了他们的思想，他们包括 Kent Beck、Peter Coad、Don Firesmith、Ivar Jacobson（UML 创立者之一）、Steve Mellor、Bertrand Meyer、Jim Rumbaugh（UML 创立者之一）和 Rebecca Wirfs-Brock 等。1988 年，Meyer 出版了早期颇具影响力的一本书：*Object-Oriented Software Construction*⊖。同年，Mellor 和 Schlaer 出版了 *Object-Oriented Systems Analysis*，造就了术语面向对象分析（object-oriented analysis）。20 世纪 80 年代末期，Peter Coad 创建了完整的 OOA/D 方法，并且分别在 1990 年和 1991 年出版了姊妹篇 *Object-Oriented Analysis* 和 *Object-Oriented Design*。同样在 1990 年，Wirfs-Brock 等人在广为流传的 *Designing Object-Oriented Software* 一书中，描述了 OOD 的职责驱动设计方法。1991 年出版了两本十分受欢迎的 OOA/D 书籍。其一是 Rumbaugh 等人所著的 *Object-Oriented Modeling and Design*，该

⊖ Kay 在 20 世纪 60 年代开始 OO 和 PC 方面的工作，当时他还是研究生。1979 年 12 月，在 Apple Mac 之父 Jef Raskin 的倡导下，Apple 的 CEO 及创始人之一 Steve Jobs 拜访了 Alan Kay 及 Xerox PARC 的研究小组（包括 Dan Ingalls，Kay 愿景的实现者），并参观了 Smalltalk 个人计算机的演示。Steve Jobs 被眼前的一切所震撼——具有层叠位图窗口的图形化 UI、OO 编程和网络 PC，当他带着一个新愿景回到 Apple 后（正是 Raskin 所希望的），促成了 Apple Lisa 和 Macintosh 的诞生。

⊖ 该书英文影印版已由机械工业出版社出版。——编辑注

书描述了 OMT 方法。另一本是 *Object-Oriented Design with Applications*，该书描述了 Booch 方法。1992 年，Jacobson 出版了畅销书籍 *Object-Oriented Software Engineering*，该书不仅推进了 OOA/D，也促进了在需求中使用用例。

UML 始于 1994 年 Booch 和 Rumbaugh 发起的努力，他们不仅创建了常用的表示法，而且将 Booch 和 OMT 方法结合了起来。由此，UML 的第一个公开草案发布了，当时被称为统一方法（Unified Method）。不久之后，他们加入了 Ivar Jacobson 所在的 Rational 公司，Jacobson 是 Objectory 方法的创始人，他们三人被称为"三友"。在这个时候，他们决定缩小努力的范围，聚焦于共同的图形表示法，而不是共同的方法。不只是在缩小范围上努力，对象管理组织（OMG，制定 OO 相关行业标准的机构）被各种工具供应商说服，认为需要一个开放的标准。由此，制定标准的过程开始了。1997 年，由 Mary Loomis 和 Jim Odell 担纲的 OMG 任务组将最初的这些成果组织成 UML 1.0。还有很多人对 UML 做出了贡献，最值得一提的是 Cris Kobryn，他是当前精化 UML 的领导者。

UML 已经成为用于面向对象建模的图形化表示法的事实和法律标准，而且 OMG UML 的新版本仍对其进行不断的精化，感兴趣的读者可以访问 www.omg.org 或 www.uml.org 获取详细信息。

1.9　推荐资源

后续各章将推荐多种涉及特定主题（如 OO 设计）的 OOA/D 著作。1.8 节提及的书籍都值得学习，其核心思想至今仍适用。

Martin Fowler 的《UML 精粹》(*UML Distilled*) 是一本通俗易懂的简要介绍 UML 表示法的畅销书籍。强烈推荐此书；Fowler 还著有许多具有实用"敏捷"思想的专著。

对于 UML 表示法的详细探讨，值得一读的是 Rumbaugh 的《UML 参考手册》(*The Unified Modeling Language Reference Manual*) ⊖。要注意，该书不是用来学习对象建模或 OOA/D 的，而是一本 UML 表示法的参考手册。

对于 UML 当前版本的权威描述，可以登录 www.omg.org 或 www.uml.org 参考"UML Infrastructure specification"和"UML Superstructure Specification"。

Scott Ambler 的《敏捷建模》(*Agile Modeling*) 描述了在敏捷建模中进行可视化 UML 建模的思想。具体信息可参见 www.agilemodeling.com。

www.cetus-links.org 和 www.iturls.com 上收集有大量关于 OOA/D 方法的链接（在 www.iturls.com 上，大量英文站点链接放在"软件工程"栏目的子栏目下，而不是中文的"软件工程"栏目下）。

在软件模式方面有大量参考书籍，但影响深远的经典之作是 Gamma、Helm、Johnson 和 Vlissides 所著的《设计模式》(*Design Patterns*) ⊖。该书是学习对象设计的必读之物。不过，该书不是入门读物，最好在具备相应的对象设计和编程基础后再行阅读。要获取更多关于模式的站点链接，可查看 www.hillside.net 和 www.iturls.com。

⊖　本书的中文翻译版和英文影印版已由机械工业出版社出版。——编辑注
⊜　本书的中文翻译版和英文影印版已由机械工业出版社出版。——编辑注

迭代、演化和敏捷

你应该只在想取得成功的项目上实施迭代开发。

——马丁·福勒（Martin Fowler）

目标

❏ 说明本书内容和章节安排的动机。

❏ 定义迭代和敏捷过程。

❏ 定义统一过程中的基本概念。

简介

迭代开发是 OOA/D 成为最佳实践的核心，也是本书所介绍的 OOA/D 的核心。敏捷实践（如敏捷建模）是有效地应用 UML 的关键。UP 是相对流行的、示范性的迭代方法。本章将对这些主题进行介绍。

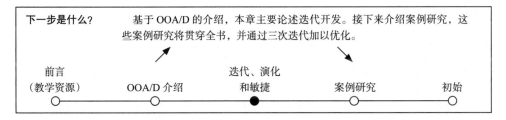

相对于顺序或"**瀑布**"（waterfall）生命周期，**迭代和演化式开发**（iterative and evolutionary development）对部分系统及早地引入了编程和测试，并重复这一循环。这种方式通常会在还没有详细定义所有需求的情况下假设开发开始，同时使用反馈来明确和改进演化中的规格说明。

在迭代开发中，我们依赖于短时快速的开发步骤、反馈和改写来不断明确需求和设计。相比之下，瀑布模型提倡在编程之前就预先完成需求和设计步骤。一直以来，成功 / 失败的研究表明，瀑布模型和软件项目高失败率具有极大关系，对它的推广源于信念和风闻，而不是具有统计意义的证据。研究证实，迭代方法与较高的成功率、生产率和低缺陷率具有关系。

2.1　什么是 UP？其他方法能否对其进行补充

软件开发过程（software development process）描述了构造、部署以及维护软件的方式。**统一过程** [JBR99] 已经成为一种流行的构造面向对象系统的迭代软件开发过程。特别是，Rational **统一过程**（Rational Unified Process，RUP）[Kruchten00] 是对统一过程的详细精化，并且已经被广泛采纳。

因为统一过程（UP）对于采用 OOA/D 的项目来说是相对流行的迭代过程，并且在介绍 OOA/D 这一主题时必须使用过程，所以本书的结构也沿用了 UP 的形式。同时，由于 UP 是通用的，并且是被公认的最佳实践，因此对于业内的专业人士和正要投入工作的学生来说，掌握 UP 是非常有帮助的。

UP 是十分灵活和开放的，并且鼓励引进其他迭代方法中的有用的实践，诸如**极限编程**（Extreme Programming，XP）、Scrum 等。例如，在 UP 项目中可以引入 XP 的**测试驱动的开发**（test driven development）、**重构**（refactoring）和**持续集成**（continuous integration）等实践。同样，也可以引入 Scrum 的公共项目室（"作战室"）和 Scrum 日常会议等实践。介绍 UP 并不意味着低估其他方法的价值，其实恰恰相反。在咨询工作中，我总是鼓励客户去理解并采纳多种方法中的实用技术，而不是武断地认为"我的方法比你的方法好"。

UP 把普遍认可的最佳实践（如迭代生命周期和风险驱动开发）结合起来，成为联系紧密并具有良好文档的过程描述。

概括而言，本章介绍 UP 源于下述三个理由：

1）UP 是迭代过程。迭代开发对本书介绍 OOA/D 的方式，以及 OOA/D 的最佳实践具有影响。

2）UP 实践提供了如何实施 OOA/D（和如何介绍 OOA/D）的示范结构。这也形成了本书的结构。

3）UP 具有灵活性，可以应用于轻量级和敏捷方法，这些方法包括其他敏捷方法（诸如 XP 或 Scrum）的实现，稍后将对此作更多介绍。

> 本书介绍了 UP 的敏捷方法，但并没有完全涵盖这一主题，而只强调与介绍 OOA/D 和需求分析相关的常用思想和制品。

如果不关心 UP 该怎么办

本书采用 UP 作为探讨迭代和演化式需求分析及 OOA/D 的示范过程，因为对该主题的介绍必须在某一过程的语境中进行。

但是本书的核心思想（如何使用对象思考和设计、应用 UML、使用设计模式、敏捷建模、进化式需求分析、编写用例等）是独立于任何特定过程的，并适用于众多现代的迭代、进化和敏捷方法，如 Scrum、Lean Development、DSDM⊖、Feature Driven Development、Adaptive Software Development⊖等。

2.2 什么是迭代和演化式开发

迭代开发（iterative development）是 UP 和大多数其他现代方法中的关键实践。在这种生命周期方法中，开发被组织成一系列固定的短期（如三个星期）小项目，称为**迭代**（iteration）；每次迭代都产生经过测试、集成并可执行的局部系统。每次迭代都具有各自的需求分析、设计、实现和测试活动。

迭代生命周期基于对经过多次迭代的系统进行持续扩展和精化，并以循环反馈和调整为核心驱动力，使之最终成为适当的系统。随着时间和一次又一次迭代的递进，系统增量式地发展完善，因此这一方法也被称为**迭代和增量式开发**（iterative and incremental development）。因为反馈和调整使规格说明和设计不断进化，所以这种方法也称为**迭代和演化式开发**（iterative and evolutionary development），如图 2-1 所示。

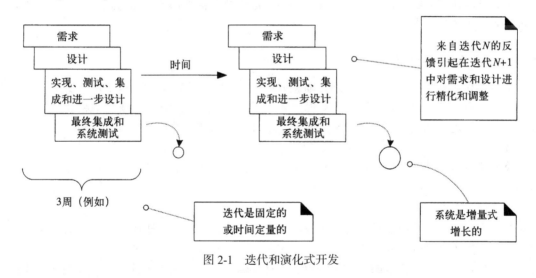

图 2-1　迭代和演化式开发

早期迭代过程的思想是螺旋式开发和演化式开发 [Boehm88，Gilb88]。

⊖ DSDM（Dynamic Systems Development Methodology，动态系统开发方法）起源于英国，形成了一个工业联盟，由 16 家公司发起（1994 年）并组成，现在会员已超出英国（美国、印度、德国、法国等），应用范围也不再限于 IT 行业。DSDM 适用于时间要求紧的项目。其基本观点是，任何事情都不可能一次性地圆满完成，应该用 20% 的时间完成 80% 的有用功能，以适合商业目的为准。

⊖ Adaptive Software Development，简称 ASD。该方法由 Jim Highsmith 提出，基于复杂自适应系统（Complex Adaptive System）理论，旨在通过提高组织的自适应力以应对 Internet 时代下极度变化、难以预测的快速软件开发要求，最近正与 Crystal 方法相借鉴和融合。

示 例

作为示例（而非解决方案），在项目开始为期三周的迭代中，可以用周一上午一个小时的时间与团队成员召开启动会议，明确本次迭代的任务和目标。其间，由一人对上次迭代的代码进行逆向工程，（使用 CASE 工具）制作 UML 图，并打印和显示其中重要的部分。在周一剩下的时间里，团队成员可以在白板上以结对的工作方式进行敏捷建模，画出 UML 草图并使用数码相机记录，然后写出一些伪代码和设计纪要。剩余的工作日对局部系统进行实现、测试（单元测试、验收测试、可用性测试等）、进一步的设计、集成和日常构造等工作。其他活动还包括与涉众进行演示和评估，以及计划下一迭代。

注意，在该示例中，既没有匆忙地编码，也没有进行长期的设计以试图在编程前完善所有设计细节。"少许"超前设计是使用粗略和快速的 UML 可视化建模来完成的；开发人员大概用半天或一整天的时间，以结对方式，在白板上勾画 UML 草图进行设计工作。

每次迭代都产生可执行的但不完整的系统，它不是已经准备好可以交付的产品。直到多次迭代（如 10 次或 15 次迭代）之后，系统才可能合格地用于产品部署。

迭代的输出不是实验性的或将丢弃的原型，迭代开发也不是构造原型。与之相反，其输出是最终系统的产品子集。

如何在迭代项目中处理变更

有一本讨论迭代开发的书，其副标题是 *Embrace Change*[Beck00]。这一短语指出了迭代开发的一个关键态度：瀑布式过程是在实现之前，（失败地）企图全面和正确地规格化、冻结，以及"签署"需求集和设计，以此与软件开发中不可避免的变更进行抗争。与其相反，迭代和演化式开发抱以接受变更和改写的态度，并以此为真正本质的驱动力。

这并不是说迭代开发和 UP 提倡不受控制的、反应式的"特性蔓延"驱动的过程。后续几章会揭示 UP 在涉众明确了其构想或市场变化时如何平衡需求时，一方面认同和稳定一组需求，另一方面接受需求不断变更的事实。

每次迭代选择一小组需求，并快速设计、实现和测试。在早期迭代中，对需求和设计的选择对于最终期望来说可能并不准确。但是，在最终确定所有需求或经过深思熟虑而定义完整设计之前，快速地实施一小步的方式可以得到快速反馈——来自用户、开发人员和测试（诸如负载测试和可用性测试）的反馈。

这种早期反馈具有极高的价值。与"推测"完整、正确的需求或设计相反，团队可以从实际构造和测试的反馈中，挖掘出至关重要和实际的观点，并修改和调整对需求或设计的理解。最终用户将有机会及早看到部分系统并提出："不错，这是我要求的；但现在我试过后，发现与我真正想要的有一些差异。"⊖这种"不错……但是"的过程并不是失败的标志，与之相反，早期频繁地在"不错……但是"中循环，正是改进软件和发现什么对涉众有真正价值的实用方式。然而，这并非是对开发者不断变换方向的无序和反应式开发的认可——中间路线是可行的。

⊖ 或者更有可能提出"你没理解我的要求！"

除了明确需求之外，负载测试将验证局部设计和实现是否正确，或者是否需要在下次迭代中改变核心架构。最好及早解决和验证具有风险的、关键的设计决策，而迭代开发提供了完成这项工作的机制。

因此，工作是通过一系列有序的构造→反馈→调整循环向前进展的。无需惊奇，(对于最终的需求和设计而言) 早期迭代中系统偏离"正确轨迹"的程度会大于后继迭代。随着时间的发展，系统将沿着这一轨迹收敛，如图 2-2 所示。

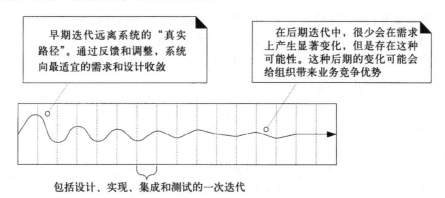

早期迭代远离系统的"真实路径"。通过反馈和调整，系统向最适宜的需求和设计收敛

在后期迭代中，很少会在需求上产生显著变化，但是存在这种可能性。这种后期的变化可能会给组织带来业务竞争优势

包括设计、实现、集成和测试的一次迭代

图 2-2　迭代反馈和演化向预期系统的方向发展。需求和设计的不稳定性随着时间逐步下降

迭代开发的优点

迭代开发的优点包括：

❑ 减少项目失败可能性，提高生产率，降低缺陷率。对迭代和演化式方法的研究表明了这一点。

❑ 在早期 (而不是晚期) 缓解高风险 (技术、需求、目标、可用性等)。

❑ 早期可见的进展。

❑ 早期反馈、用户参与和调整，会产生更接近涉众真实需求的精化系统。

❑ 可控复杂性；团队不会被"分析瘫痪"或长期且复杂的步骤所淹没。

❑ 一次迭代中的经验可以被系统地用于改进开发过程本身，并如此反复进行下去。

一次迭代的持续时间和时间定量

大部分迭代方法建议迭代时间在 2 ～ 6 周之间。小步骤、快速反馈和调整是迭代开发的主要思想，迭代时间过长会破坏迭代开发的核心动机并增加项目风险。仅一周的迭代时间不足以获得有意义的产出和反馈；若迭代时间大于 6 周，则复杂性会变得不可控，反馈将延迟。时间定量超长的迭代不符合迭代开发的观点。短时迭代为上。

迭代的一个关键思想是**时间定量** (timeboxed)，或时长固定。例如，假设选择下一次迭代时间为 3 周，则必须依照时间表来集成、测试和稳定局部系统——推迟时间则违约。如果看起来难以满足期限要求，那么建议从本次迭代中除去一些任务或需求，并将其分配在将来的迭代中，而不是推迟完成日期。

2.3　什么是瀑布生命周期

在**瀑布**（或序列）生命周期过程中，试图在编程之前（详细）定义所有或大部分需求。而且通常于编程之前创建出完整的设计（或模型集）。同样，会试图在开始前定义"可靠的"计划或时间表，但常常事与愿违。

警告：叠加瀑布于迭代

如果你发现自己在"迭代"项目中出现开发前确认大多数需求，编程前试图创建完整、详细的规格说明或 UML 模型和设计，那么说明瀑布思维已经在无情地折磨着这个项目了。无论如何声称，这都不是正常的迭代或 UP 项目。

现在的研究（汇集众多材料并在 [Larman03] 和 [LB03] 中总结）最终表明，20 世纪 60 年代到 70 年代所推崇的瀑布方法（颇为讽刺），对于大多数软件项目是拙劣的实践而非巧妙的方法。它与高失败率、低生产率和高缺陷率具有极大关系（与迭代项目相比）。平均而言，瀑布方法需求中 45% 的特性从未被使用，其早期时间表和估计与最终实际情况可相差 400%。

事后，我们才知道提倡瀑布方法源于推测和风闻，而非实践证实。与之相反，迭代和演化式开发为实际证据所支持，研究表明其失败的概率更小，与更理想的生产率和缺陷率相关。

准则：不要让瀑布思维侵蚀迭代或 UP 项目

需要强调的是，"瀑布思维"仍然时常侵蚀着所谓的迭代或 UP 项目。"让我们在开始编程前编写完所有用例"或"让我们在开始编程前用 UML 完成更多详细的 OO 模型"，诸如这些想法都是不健康的瀑布思维错误地叠加在 UP 上的例子。UP 创立者引证了这一误解（初始阶段进行大量的分析和建模）是导致其失败的一个关键原因 [KL01]。

为什么瀑布模型具有如此的错误倾向

为什么瀑布模型具有如此的错误倾向？对此并没有一个简单的答案。但是，它与众多失败软件项目背后的关键错误假设具有密切联系。这一假设是，规格说明是可预知的和稳定的，并且能够在项目开始时就正确定义，同时具有低变更率。这种假设与事实背道而驰，而且导致了代价高昂的误解。Boehm 和 Papaccio 的研究表明，典型的软件项目在需求上会经历 25% 的变更 [BP88]。并且，这一趋势在另一个对数千软件项目的重要研究中得到确认，对于大型项目，其变更率甚至高达 35% 到 50%，如图 2-3 所示 [Jones97]。

这一领域的高变更率是种极端。正如任何有经验的开发者或管理者所意识到的，图中的数据表明软件开发是（平均而言）变更极大且不稳定的领域，也被认为是**新产品开发**（new product development）的领域。软件通常并不是可预知的或可以大规模制造的，大规模制造领域属于低变更领域，在开始阶段可以有效地定义所有稳定的规格说明和可靠的计划。

因此，任何基于事物长期稳定这一假设所作出的分析、建模、开发或管理实践（即瀑布模型）都是具有根本缺陷的。变更对于软件项目来说是永恒的。迭代和演化式方法正视并包容了变更，并且根据反馈对局部和演化的规格说明、模型和计划进行改写。

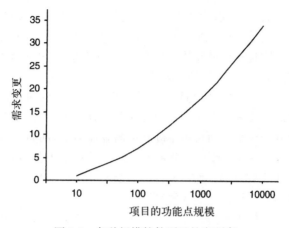

图2-3　各种规模软件项目的变更率

反馈和改写的必要性

在复杂、变更系统中（如大多数软件项目），反馈和调整是成功的关键要素。

❑ 来自早期开发中的反馈，有助于程序设计人员理解规格说明，客户演示也有助于精化需求。

❑ 来自测试中的反馈，有助于开发者精化设计或模型。

❑ 来自团队处理早期特性过程中的反馈，有助于精化时间表和估计。

❑ 来自客户和市场的反馈，有助于重新定义下一次迭代实现特性的优先级。

2.4　如何进行迭代和演化式分析与设计

这里的介绍可能会给人留下这样的印象，即编程前的分析和设计毫无价值，但这是与瀑布思维同样偏激的误解。迭代和演化式分析与设计是中庸之道。这里有个简短的例子（而非解决方案），用以说明在运转良好的 UP 项目中，迭代方法是如何被运用的。这里假设在项目交付前，最终将有 20 次迭代。

1）在第 1 次迭代之前，召开第一个时间定量的需求工作会议，例如确切的定义为两天时间。业务和开发人员（包括首席架构师）需要出席。

❑ 在第一天上午，进行高阶需求分析，例如仅仅确定用例和特性的名称，以及关键的非功能性需求。这种分析不可能是完美的。

❑ 通过咨询首席架构师和业务人员，从高阶列表中选择 10% 列表项（例如，30 个用例名中的 10%），这些项目要具备以下三种性质：① 具有重要的架构意义（如果要实现，我们必须设计、构造和测试的核心架构）；② 具有高业务价值（业务真正关心的特性）；③ 具有高风险（例如"能够处理 500 个并发交易"等）。所选的三个用例可能被标识为：UC2、UC11 和 UC14。

❑ 在剩下的一天半内，对这三个用例的功能和非功能性需求进行详细的分析。完成这一过程后，对 10% 进行了深入分析，90% 进行了高阶分析。

2）在第 1 次迭代之前，召开迭代计划会议，选择 UC2、UC11 和 UC14 的子集，在特定时间内（例如，四周的时间定量迭代）进行设计、构造和测试。要注意的是，因为其中包含大量工作，所以并不是在第 1 次迭代中就要构造出全部三个用例。在选择了特定子集目标后，在开发团队的帮助下，将其分解为一系列更为详细的迭代任务。

3）在三到四周内完成第 1 次迭代（选择时间定量，并严格遵守时间）。

- 在开始的两天内，开发者和其他成员分组进行建模和设计工作，在首席架构师的带领和指导下，于"公共作战室"的众多白板上，画出 UML 的草图（及其他的模型）。
- 然后，开发者摘掉其"建模帽子"并带上"编程帽子"，开始编程、测试和集成工作并且剩余的时间均用于完成这项工作。开发者将建模草图作为其灵感的起点，但是要清楚这些模型只是局部的，并且通常是含糊的。
- 进行大量的测试，包括单元测试、验收测试、负载测试和可用性测试等。
- 在结束前的一周，检查是否能够完成初始的迭代目标；如果不能，则缩小迭代的范围，将次要目标置回任务列表中。
- 在最后一周的星期二，冻结代码；必须检入[⊖]、集成和测试所有代码，以建立迭代的基线。
- 在星期三的上午，向外部涉众演示此局部系统，展示早期可视进展，同时要求反馈。

4）在第 1 次迭代即将结束时（如最后一周的星期三和星期四），召开第二次需求工作会，对上一次会议的所有材料进行复查和精化。然后选择具有重要架构意义和高业务价值的另外 10% 到 15% 的用例，用一到两天对其进行详细分析。这项工作完成后，会详细记录下大概 25% 的用例和非功能性需求。当然，这也不是完美的。

5）于周五上午，举行下一迭代的迭代计划会议。

6）以相同步骤进行第 2 次迭代。

7）反复进行四次迭代和五次需求工作会，这样在第 4 次迭代结束时，可能已经详细记录了约 80% ～ 90% 的需求，但只实现了系统的 10%。

- 注意，这些大量、详细的需求集是基于反馈和进化的，因此其质量远高于纯粹依靠推测而得出的瀑布式规格说明。

8）我们大概推进了整个项目过程的 20%。在 UP 的术语里，这是**细化阶段**（elaboration phase）的结束。此时，可以估计这些精化的、高质量的需求所需工作量和时间。因为具有依据现实得出的调查、反馈结论并进行了早期编程和测试，所以估计能够做什么和需要多长时间的结果会更为可靠。

9）此后，一般不需要再召开需求工作会；需求已经稳定了（尽管需求永远不会被冻结）。接下来是一系列为期三周的迭代，在最后一个周五召开的迭代计划会上选择适宜的下一步工作，每次迭代都要反复询问："就我们现在所知，下一个三周应该完成的、最关键的技术和业务特性是什么？"

图 2-4 中描述了经过 20 次迭代的项目。

⊖　检入（check in）是指使用版本控制和配置管理工具所需的活动。

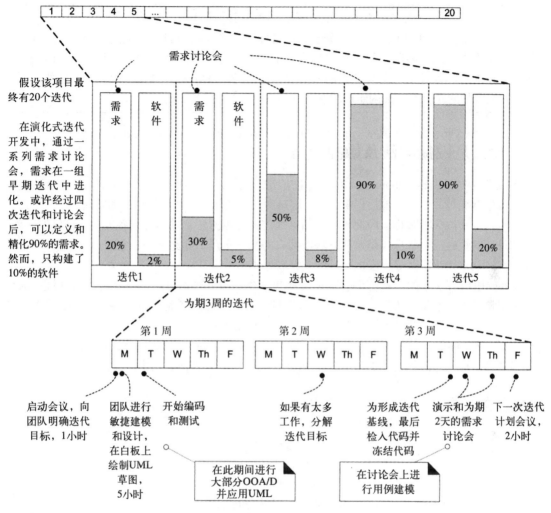

图 2-4 演化式分析和设计——早期迭代的主要形式

利用这种方式，经过早期探索式开发的几次迭代之后，团队将能够更准确地回答"什么、多少、何时"。

2.5 什么是风险驱动和客户驱动的迭代计划

UP（及大多数新方法）提倡**风险驱动**（risk-driven）与**客户驱动**（client-driven）相结合的迭代计划。这意味着早期的迭代目标要能够识别和降低最高风险，并且能构造客户最关心的可视化特性。

风险驱动迭代开发更为明确地包含了**以架构为中心**（architecture-centric）迭代开发的实践，意味着早期迭代要致力于核心架构的构造、测试和稳定。为什么？因为没有稳固的架构就会带来高风险。

书本中的迭代与实际项目中的迭代

本书案例研究中的第 1 次迭代源于学习目标而非实际项目目标。因此，第 1 次迭代不是以架构为中心或风险驱动的。在实际项目中，我们应该首先处理困难的和具有风险的事物。但在本书的内容中，是为了帮助人们学习基本的 OOA/D 和 UML，因此我们需要从阐述基本原则的问题，而非最困难的主题和问题开始，这与实际情况不同。

2.6 什么是敏捷方法及敏捷宣言

敏捷开发（agile development）方法通常应用时间定量的迭代和演化式开发、使用自适应计划、提倡增量交付并包含其他提倡敏捷性（快速和灵活的响应变更）的价值和实践。

由于特定实践多种多样，因此不可能精确地定义**敏捷方法**。然而，具备进化式精化的计划、需求和设计的短时间定量迭代是这些方法所共有的基本实践。除此之外，它们还倡导反映简易、轻量、沟通、自组织团队等更多敏捷性的实践和原则。

Scrum 敏捷方法中的实践范例包括公共项目工作室和自组织团队，这些实践通过每日例行会议来协调工作，在例会上要求每位成员回答四个特定问题。极限编程（XP）方法中的实践范例包括结对编程和**测试驱动的开发**（test driven development）。

包括 UP 在内的任何迭代方法都可以施加以敏捷精神。同时，UP 本身就是灵活的，以"不管黑猫白猫，捉到老鼠就是好猫"的态度引入 Scrum、XP 和其他方法中的实践。

敏捷宣言和原则

敏 捷 宣 言

个体和迭代，超越过程和工具

工作的软件，超越完整的文档

客户协作，超越合同谈判

响应变更，超越履行计划

敏 捷 原 则

1. 优先级最高的是，通过早期和持续交付有价值的软件来满足客户。
2. 欢迎变更需求，即使在开发的后期提出。敏捷过程为客户的竞争优势而控制变更。
3. 以两周到两月为周期，频繁地交付可运行的软件，首推较短的时间定量。
4. 在整个项目过程中，每一天开发人员都要和业务人员合作。
5. 由个体推动项目的建设，为个体提供所需的环境、支持和信任。
6. 在开发团队中或开发团队间传递信息的最为有效和高效的方法是面对面交谈。
7. 衡量进展的重要尺度是可运行的软件。
8. 敏捷过程提倡可持续的开发。

9. 发起人、开发者和用户应该步调一致[⊖]。

10. 不断地关注技术上优越的设计会提高敏捷性。

11. 简洁是最重要的，简洁就是尽量减少工作量的艺术。

12. 最佳的架构、需求和设计来自自组织的团队。

13. 团队要定期反省如何使工作更有效，然后相应地调整行为。

2001 年，一群关注迭代和敏捷方法的人（铸就了"敏捷"这一术语）为寻求共识会聚一堂。该会议的成果是创建了敏捷联盟（www.agilealliance.com）并发表了代表敏捷精神原则的宣言和声明。

2.7　什么是敏捷建模

有经验的分析员和建模者了解以下这条建模的秘诀：

　　建模（构建 UML 草图⋯⋯）的目的主要是为理解，而非文档。

也就是说，建模的真正行为能够并且是应该能够对理解问题或解决方案空间提供更好的方式。从这个角度而言，"实行 UML"（其真正含义为"实行 OOA/D"）的目的并不是指设计者创建大量详细的 UML 图并递交给编程者（这其实是非敏捷的和面向瀑布的思维方式），而是指为良好的 OO 设计快速探索可选的方案和途径。

在"Agile Modeling"[Ambler02] 一书中，将这种观点及与之一致的敏捷方法称为**敏捷建模**（agile modeling）。这其中包含了以下许多实践和价值：

❑ 采用敏捷方法并不意味着不进行任何建模，这是个错误理解。Feature Driven Development、DSDM 和 Scrum 等许多敏捷方法，一般都包含重要的建模期。正如 Ambler（XP 方法和敏捷建模的专家）所言，即便是 XP（可能是最少强调建模的最为知名的敏捷方法）的奠基人也认可敏捷建模，并且多年来有大量建模者都在实践中采用了敏捷建模。

❑ 建模和模型的目的主要用于理解和沟通，而不是构建文档。

❑ 不要对所有或大多数软件设计建模或应用 UML。可以将简单的设计问题推延到编程阶段，在编程和测试过程中解决这些问题。只需对设计空间中不常见、困难和棘手的一小部分问题建模和应用 UML。

❑ 尽可能使用最简单的工具。建议使用支持快速输入和改变的"低能耗"创造力增强型的简易工具。同时，选择支持大可视空间的工具。例如，最好在白板上草画 UML，使用数码相机捕获图形[⊖]。

● 这里并不是说 UML CASE 工具或字处理软件不可取或毫无价值，但是对于创造性工

⊖ 这一原则强调的是迭代的时间定量，即等长迭代。

⊖ 有两个在白板上勾勒草图的技巧。其一，如果没有足够的白板（你应该准备许多大尺寸的白板），可以把一种塑胶薄片"白板"贴到墙上（利用静电）当做白板。在北美，主要使用 A very Write-On Cling Sheets 这种产品；在欧洲，主要使用 LegaMaster Magic-Chart 这种产品。其二，白板的数码相片通常很不清楚（因为有反光）。如果你想修整它，不要使用闪光灯，而是要用图像软件中的"白板图像修整"工具来改进图像质量（我就是用这种方法修整本书的插图的）。

作来说，在白板上画草图更为流畅并便于修改。关键的规则是简单和敏捷，而不论使用何种技术。

❑ 不要单独建模，而是结对（或三个人）在白板上建模，同时要记住建模的目的是发现、理解和共享大家的理解。小组成员要轮流画草图，以使每个人都参与其中。

❑ 并行地创建模型。例如，在一块白板上勾勒 UML 动态视图的交互图，同时在另一白板上勾画补充性的 UML 静态视图的类图。同时开发这两种模型（视图），并不断交替。

❑ 在白板上用笔画草图时，应使用"足够好"的简单表示法。UML 细节是否精准并不重要，关键是建模者能够互相理解。坚持使用简单、常用的 UML 元素。

❑ 要知道所有模型都可能是不准确的，最终代码或设计会与模型有差异，甚至具有极大的差异。只有测试过的代码才能证实真正的设计；先前绘制的模型图都是不完整的，最好只是将其视为一次探索。

❑ 开发者应该为自己进行 OO 设计建模，而不是创建模型图后交给其他编程者去实现——这是非敏捷的面向瀑布的方法。

本书中的敏捷建模：为什么使用 UML 草图的快照

在白板上通过绘制 UML 草图来建模是我（和众多开发者）多年来所热衷的方式。然而，本书中大多数 UML 图给人的印象并非如此，因为这些图是为了提高可读性而使用工具精心绘制的。为了让大家感受真实的情况，本书有时会使用在白板绘制的 UML 草图的数码快照。这样虽然易读性差一些，但是可以提醒读者敏捷建模是很有用的，并且这种方式是案例研究所使用的实际工作方式。

例如，图 2-5 是我所指导的项目中创建的一个未编辑过的 UML 草图。绘制这幅图花了 20 分钟，并且周围有四个开发人员参与其中。

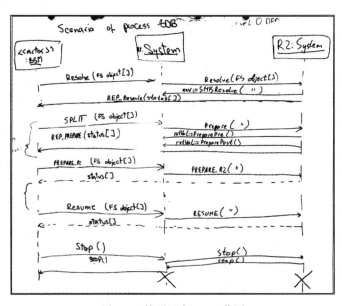

图 2-5　某项目中 UML 草图

我们目的是理解系统内部的协作。这种一起绘图的方式为参与者提出自己的观点和达到一致的理解提供了环境。通过该图可以感受一下敏捷建模者是如何应用 UML 的。

2.8　什么是敏捷 UP

UP 的创始人并没有为其赋予重量级或非敏捷的含义，尽管其庞大的可选活动集和制品集会给人留下这种印象。实际上，UP 可以采纳和应用可适应性和轻量级的精神——**敏捷 UP**。以下是应用的一些示例：

- ❑ 推荐使用 UP 活动和制品的简集。虽然某些项目得益于使用较多的 UML 活动和制品，但一般来说应该保持简洁。要记住，所有 UP 制品都是可选的，除非它们能增加价值，否则避免创建这些制品。应该致力于早期的编程，而非构建文档。
- ❑ UP 是迭代和不断演化的，所以在实现前的需求和设计是不完整的。它们是在一系列迭代中，基于反馈而产生的。
- ❑ 以敏捷建模实践应用 UML。
- ❑ 对于整个项目不应有详细的计划。应该制定估计结束日期和主要里程碑的高阶计划（称为**阶段计划**），但是不要对这些里程碑详细定义细粒度的步骤。只能预先对一个迭代制定更为详细的计划（称为**迭代计划**）。详细计划是由一次次迭代的调整而完成的。

案例研究在遵循敏捷 UP 的精神下，强调了相对少量的制品和迭代开发。

2.9 UP 的其他关键实践

UP 所倡导的核心思想是：短时间定量迭代、演化和可适应性开发。其他一些 UP 的最佳实践和关键概念包括：

- ❑ 在早期迭代中解决高风险和高价值的问题。
- ❑ 不断地让用户参与评估、反馈和需求。
- ❑ 在早期迭代中建立内聚的核心架构。
- ❑ 不断地验证质量；提早、经常和实际地测试。
- ❑ 在适当的地方使用用例。
- ❑ 进行一些可视化建模（使用 UML）。
- ❑ 认真管理需求。
- ❑ 实行变更请求和配置管理。

2.10 什么是 UP 的阶段

UP 项目将其工作和迭代组织为四个主要阶段：

1）**初始**（Inception）：大体上的构想、业务案例、范围和模糊评估。

2）**细化**（Elaboration）：已精化的构想、核心架构的迭代实现、高风险的解决、确定大多数需求和范围以及进行更为实际的评估。

3）**构造**（Construction）：对遗留下来的风险较低和比较简单的元素进行迭代实现，准备部署。

4）**移交**（Transition）：进行 beta 测试和部署。

在后续章节中将对这些阶段进行更加详细的定义。

UP 与过去的"瀑布"或序列生命周期不同，它不是在开始就定义全部需求，然后进行全部或大部分的设计。

初始阶段不是需求阶段，而是研究可行性的阶段，在此阶段要进行充分的调查以确定继续或终止项目。

同样，细化阶段也不是需求或设计阶段，而是迭代地实现核心架构并解决高风险问题的阶段。

图 2-6 用图说明了 UP 中常用的面向进度表的术语。注意，一个开发周期（以产品发布作为结束标志）由多个迭代组成。

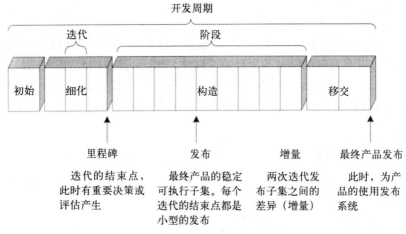

图 2-6 UP 中常用的面向进度表的术语

2.11 什么是 UP 科目

UP 描述了**科目**（discipline）[⊖]中的工作活动，例如编写用例。科目是在一个主题域中的一组活动（及相关制品），例如需求分析中的活动。在 UP 中，**制品**（artifact）是对所有工作产品的统称，如代码、Web 图形、数据库模式、文本文档、图、模型等。

UP 中有几个科目，本书只关注以下三个科目中的制品：

❑ **业务建模**：领域模型制品，使应用领域中的重要概念可视化。

❑ **需求**：用以捕获功能需求和非功能需求的用例模型及其补充性的规格说明制品。

❑ **设计**：设计模型制品，用于对软件对象进行设计。

图 2-7 列出了更多的 UP 科目。

在 UP 中，**实现**表示编程和构建系统，而不是部署。**环境**科目是指建立工具并为项目定制过程，也就是说，设置工具和过程环境。

科目和阶段之间的关系

如图 2-7 所示，一次迭代的工作会遍历大部分或全部科目。然而，跨越这些科目的相对工

⊖ 该词在第 2 版中可能是为了便于理解而译为流程，这里为了与 process 一词区别，故而按其本意译为科目，其意为知识的分支。

作量会随着时间发生变化。自然而然，早期迭代倾向于更多的需求和设计，后期迭代则较少进行这方面的工作，因为通过反馈和改写过程，需求和核心已经趋于稳定。

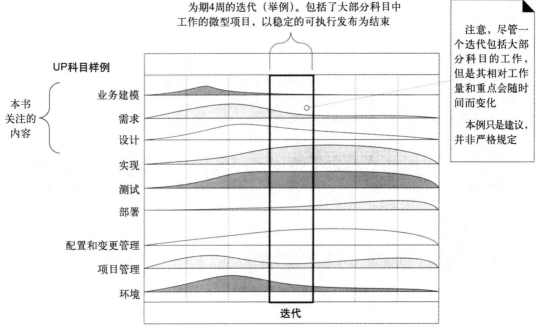

图2-7 UP科目

就UP阶段（初始、细化等）的这一主题，图2-8阐述了对应于各阶段的相对工作量的变化。请注意，这只是建设性意见，而非强制。例如，在细化阶段中，迭代趋向于相对高级的需求和设计工作，尽管同时也明确地进行了一些实现。在构造阶段中，工作重点更多的是放在实现而非需求分析上。

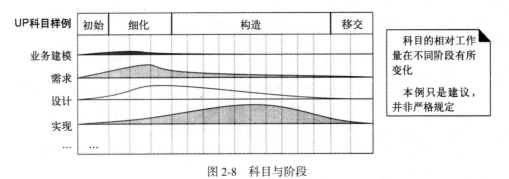

图2-8 科目与阶段

UP阶段和科目对本书结构的影响

关于阶段和科目，什么是案例研究的重点呢？

> 案例研究强调初始和细化阶段。其重点是业务建模、需求和设计科目中的一些制品，因为这些是需求分析、OOA/D、模式和 UML 的主要应用之处。

前面几章介绍初始阶段的活动，随后几章讨论细化阶段中的几个迭代。下面的列表和图 2-9 描述了本书关于 UP 阶段的组织。

1）初始阶段的各章节介绍需求分析的基本内容。

2）细化迭代 1 的各章节介绍 OOA/D 基础和如何为对象分配职责。

3）细化迭代 2 的各章节的重点是对象设计，特别是一些经常使用的设计模式。

4）细化迭代 3 的各章节介绍架构分析和框架设计等中级主题。

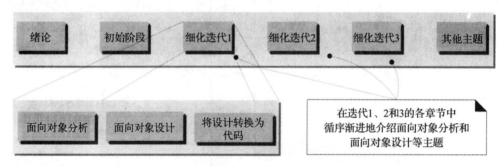

图 2-9　本书的组织与 UP 阶段和迭代相关

2.12　如何定制过程和 UP 开发案例

UP 中有可选制品或实践吗

当然！几乎所有制品和实践都是可选的。也就是说，某些 UP 实践和原则是一成不变的，例如迭代和风险驱动开发以及质量的持续验证。

然而，UP 的一个关键内涵是，所有活动和制品（模型、图、文档……）都是可选的——噢，或许除了代码！

> **类　　比**
>
> UP 中描述的一组可能的制品可以看作药房里的一组药剂。就像不会有人不加选择地随便吃药，而是要对症下药一样，对于 UP 项目，开发团队应该选择一组能够解决其特定问题和需要的制品。一般来说，要关注一组具有较高实践价值的制品。

定义：什么是开发案例

为项目选择实践和 UP 制品可以编写为简短文档，这称为**开发案例**（环境科目中的制品）。例如，表 2-1 可以作为本书所探讨的"NextGen 项目"案例研究中的开发案例。

表 2-1 开发案例（s：开始，r：精化）

科 目	实 践	制 品 迭代→	初 始 I1	细 化 E1, ···, En	构 造 C1, ···, Cn	移 交 T1, ···, Tn
业务建模	敏捷建模 需求讨论会	领域模型		s		
需求	需求讨论会 愿景包装练习① 计点投票表决②	用例模型	s	r		
		愿景	s	r		
		补充性规格说明	s	r		
		术语表	s	r		
设计	敏捷建模 测试驱动的开发	设计模型		s	r	
		软件架构文档		s		
		数据模型		s	r	
实现	测试驱动的开发 结对编程 持续集成 编码标准	······				
项目管理	敏捷项目管理 Scrum 每日例会	······				
······	······	······				

① 愿景包装练习（vision box exercise）是 Jim Highsmith 在 Cutter 峰会（Cutter Summit）中描述的用于愿景陈述的一种有效方法。他称其为设计包装（Design the Box）；即团队分组对产品的包装盒进行设计，包括包装盒正面的产品名称、图案和关键卖点，以及背面的详细特性描述和运行需求。这种练习将有效地描述出对产品特性的设想。原文始见于 2001 年 8 月 23 日发行的 *Cutter Consortium's Agile Project Management E-Mail Advisor*。

② 计点投票表决（dot voting）是一种设置优先级的技巧。方法是，发给每个成员一定数量带有颜色的圆点形选票（通常每人获得的选票为列表选项数量的四分之一），对列表中的每个项目进行投票，票数多的项目置为高优先级。可以反复对列表选项进行投票。对低优先级的列表项将延期后不再讨论。这种方法的优点是可视化并且简单，其缺点是采纳了主流意见，而疏远了持非主流观点的成员，可能在今后的沟通中遗留危机。

后续几章将描述其中一些制品的创建，包括领域模型、用例模型和设计模型。

本案例研究中所展示的示例实践和制品，并不是对所有项目都充分或适用。例如，机器控制系统可能从大量状态图中获益。基于 Web 的电子商务系统可能需要致力于用户界面原型。对新领域的新开发项目而言，所需的设计制品与系统集成项目相比，存在巨大的差异。

2.13 判断你是否理解迭代开发或 UP

下面列出的是一些迹象，表明你并没有理解以敏捷精神采用迭代开发和 UP 的真正含义。

❏ 在开始设计或实现之前试图定义大多数需求。同样，在开始实现之前试图定义大多数设计，试图在迭代编程和测试之前定义和提交完整的架构。

❏ 在编程之前花费数日或数周进行 UML 建模，或者认为在绘制 UML 图和进行设计时要准确完整地定义极其详细的设计和模型。并且，认为编程只是简单机械地将其转换为代码的过程。

❑ 认为初始阶段＝需求阶段，细化阶段＝设计阶段，构造阶段＝实现阶段（也就是说将瀑布模型叠加于 UP 之上）。

❑ 认为细化的目的是完整仔细地定义模型，以能够在构造阶段将其转换为代码。

❑ 坚信合适的迭代时间长度为三个月之久，而不是三周。

❑ 认为采用 UP 就意味着要完成大量可能的活动和创建大量的文档，并且认为 UP 是需要遵循大量步骤的、正规和繁琐的过程。

❑ 试图对项目从开始到结束制定详细计划；试图预测所有迭代，以及每个迭代中可能发生的事情。

2.14　历史

本章中的所有故事和引述，请参见 "*Iterative and Incremental Development: A Brief History*"（*IEEE Computer*，June 2003，Larman 和 Basili），以及 [Larman03]。比起人们对它的众多了解，迭代方法的历史可以追溯得更为久远。除了其他大型系统外，20 世纪 50 年代末期的 Mercury 空间项目和 20 世纪 60 年代早期的 Trident 潜水艇项目就已经应用了演化、迭代和增量式开发（IID），而没有采用瀑布模型。1968 年，在 IBM T.J. Watson 研究中心发表了第一篇提倡迭代而非瀑布开发的论文。

20 世纪 70 年代，IID 在众多大型国防和航空航天项目中采用，其中包括美国航天飞机飞行控制软件（经历 17 次迭代，平均每次迭代为期约四周）。20 世纪 70 年代，权威软件工程思想领袖 Harlan Mills 著述了当时关于瀑布模型在软件项目中的失败和对 IID 的需求。私人咨询顾问 Tom Gilb 在 20 世纪 70 年代创立并发布了 IID Evo 方法，这是第一个具有争议的完整形式的迭代方法。美国国防部在 20 世纪 70 年代末期和 80 年代早期采纳了瀑布标准（DoD-2167）。直到 20 世纪 80 年代末期，他们经历了重大失败（估计至少有 50% 的软件项目被取消或不可用），并且因此取消了这一标准，最终（始于 1987 年）替换为 IID 方法标准——尽管瀑布影响的后遗症仍然造成了一些国防部项目的混乱。

同样在 20 世纪 80 年代，著名的软件工程思想领袖 Frederick Brooks 博士（《人月神话》的作者）阐述了瀑布方法的缺陷，以及使用 IID 方法的必要性。20 世纪 80 年代另一个里程碑事件是 Barry Boehm 博士发布螺旋模型风险驱动 IID 方法，其中引证了应用瀑布方法所带来的失败的高风险。

20 世纪 90 年代早期，IID 已经被公认为是瀑布方法的后继者，同时诸多迭代和演化式方法百花齐放，如 UP、DSDM、Scrum、XP 以及更多的方法。

2.15　推荐资源

Philippe Kruchten 的《RUP 导论》（*The Rational Unified Process: An Introduction*）⊖是一本对

⊖ 该书中文翻译版已由机械工业出版社出版。——编辑注

UP 及其在 RUP 中的精化的介绍，通俗易懂。同样优秀的是 Kruchten 和 Kroll 的《 Rational 统一过程：实践者指南》(*The Rational Unified Process Made Easy*)。

《敏捷迭代开发：管理者指南》(*Agile and Iterative Development: A Manager's Guide*) [⊖] [Larman03] 论述了迭代和敏捷实践，四种迭代方法（XP、UP、Scrum 和 Evo），其背后的力证和历史，以及瀑布方法失败的证据。

对于其他迭代和敏捷方法，推荐参考**极限编程**（XP）的系列书籍 [Beck00，BF00，JAH00]，例如《解析极限编程》(*Extreme Programming Explained*)。该书后继章节中也推荐了一些 XP 实践。大部分 XP 实践（例如，测试驱动编程、持续集成和迭代开发）与 UP 实践兼容或等同，我提倡在 UP 项目中采用这些实践。

Scrum 方法是另一种流行的迭代方法，它采用了 30 天时间定量的迭代，并且举行每日例会，例会上每个成员要回答三个特定问题。推荐阅读《敏捷软件开发使用 Scrum 过程》(*Agile Software Development with Scrum*)。

Scott Ambler 的《敏捷建模》(*Agile Modeling*) [⊖]描述了敏捷建模。

IBM 在线出售的基于 Web 的 RUP 文档产品是提供了 RUP 制品和活动以及大多数制品的模板的全面读物。公司可以仅仅使用顾问和书籍作为学习资源来运行 UP 项目，但是人们发现 RUP 产品是有用的学习和过程辅助工具。

本章相关的 Web 资源如下：

❏ www.agilealliance.com——收集了大量文章，特别是关于迭代和敏捷方法的文章以及链接。

❏ www.agilemodeling.com——敏捷建模方面的文章。

❏ www.cetus-links.org——Cetus Links 站点多年来致力于对象技术（OT）。在" OO Project Managerment-OOA/D Methods "栏目下有大量关于迭代和敏捷方法的链接，尽管有些并不是直接关于 OT 的。

❏ www.bradapp.net——Brad Appleton 所维护的关于软件工程（包括迭代方法）的大量链接。

❏ www.iturls.com——其中首页有英文版本的链接，具有一个引用迭代和敏捷方面文章的搜索引擎。

⊖ 本书英文影印版已由机械工业出版社出版。——编辑注
⊖ 本书中文翻译版已由机械工业出版社出版。——编辑注

Chapter 3 第 3 章

案例研究

没有什么比恰当的举例更难的了。

——马克·吐温（Mark Twain）

简介

本书之所以选择以下这些案例研究问题，是因为许多人都很熟悉这些问题，并且其中还蕴含了复杂有趣的设计问题。这能使我们专注于学习基本 OOA/D、需求分析、UML 和模式，而无需耗费时间解释这些问题。

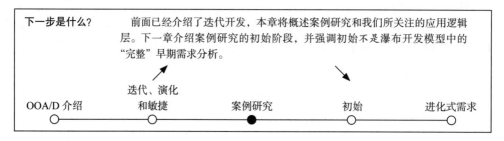

| 下一步是什么？ | 前面已经介绍了迭代开发，本章将概述案例研究和我们所关注的应用逻辑层。下一章介绍案例研究的初始阶段，并强调初始不是瀑布开发模型中的"完整"早期需求分析。 |

3.1 案例研究中涵盖的内容

通常，应用包括 UI 元素、核心应用逻辑、数据库访问以及与外部软硬构件的协作。

> 尽管 OO 技术可以用于所有层，但是这里对 OOA/D 的介绍首要集中于**核心应用逻辑层**，同时会对其他层进行一些次要的讨论。

对其他层（如 UI 层）设计的探讨只限于其与应用逻辑层的接口设计上。

为什么要专注于核心应用逻辑层的 OOA/D ？

❑ 其他层通常对技术／平台有极大的依赖性。例如，如果探讨基于 Java 的 Web UI 或富客户 UI 层的 OO 设计，我们还需要了解 Struts 或 Swing 等框架的细节。但是对于 .NET 或 Python，其选择和细节具有巨大差异。

❑ 相比之下，核心逻辑层的 OO 设计对各种技术来说是相似的。

❑ 在应用逻辑层语境中学习到的基本 OO 设计技巧适用于所有其他层或构件。

❑ 当新框架或技术出现时，其他层的设计方法和模式呈现出快速变化的趋势。例如，在 20 世纪 90 年代中期，开发者会建立自己的对象 – 关系数据库访问层。过了几年，他们更倾向于使用免费的开源解决方案，例如 Hibernate（如果使用 Java 技术的话）。

面向对象系统中层和对象示例，以及案例研究所关注的部分如图 3-1 所示。

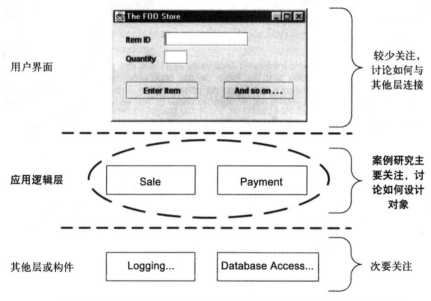

图 3-1　面向对象系统中层和对象示例，以及案例研究所关注的部分

3.2　案例研究策略：迭代开发＋迭代学习

本书的组织展现了迭代开发的策略。案例研究在多次迭代中应用 OOA/D。第一次迭代用于一些核心功能，后续迭代扩展这些功能（见图 3-2）。

图 3-2　学习路线遵循迭代策略

为了与迭代开发相结合，本书以迭代和循序渐进的方式介绍分析和设计主题、UML 表示法和模式。在第一次迭代里，介绍一组核心的分析设计主题和表示法。第二次迭代展开介绍新理念、UML 表示法和模式。第三个迭代亦是如此。

3.3　案例一：NextGen POS 系统

第一个案例研究是 NextGen POS（销售终端）系统。在这个看起来简单明了的问题域中，我们将发现有许多有趣的需求和设计问题需要解决。而且，这是一个实际问题，确实有一些公司在使用对象技术开发 POS 系统。

POS 系统是计算机化应用，用于（部分地）记录销售信息和处理支付过程，零售店通常会用到这种系统。该系统包括计算机、条码扫描仪等硬件，还包括使系统运转的软件。它还要为不同服务的应用程序（比如第三方的税金计算器和库存控制）提供接口。这种系统要求具有一定的容错性，即如果远程服务（如库存系统）暂时不可用，系统必须仍然能够获取销售信息并且至少能够处理现金付款（这样业务才不会瘫痪）。

POS 系统必须支持日益增多的各种的客户终端和接口。其中包括瘦客户的 Web 浏览器终端、具有类似 Java Swing 用户图形界面的普通个人计算机、触摸屏输入装置、无线 PDA 等。

更进一步，假设我们正在开发一个商用的 POS 系统，并打算把它出售给在业务规则处理上具有全异需求的不同客户。每个客户都希望在使用系统的场景中的某些可预测点执行一组独特的逻辑，例如在开始新的销售或添加新的订单行时。因而，我们需要一种机制来提供这种灵活性和定制能力。

我们将使用迭代开发策略依次完成需求、面向对象分析、设计和实现。

3.4　案例二：Monopoly 游戏系统

为了证明相同的 OOA/D 实践可以应用于完全不同的问题，本书选择 Monopoly 游戏的软件版本作为另一个案例研究。尽管这一领域和需求与 NextGen POS 这样的商业系统完全不同，但是我们还是可以看到领域建模、使用模式的对象设计和 UML 应用仍然是相关的，并且是有效的。与 POS 一样，Monopoly 的软件版也是真实开发和销售的，同样具有富客户和 Web UI。

我不想重复 Monopoly 的游戏规则，似乎每个国家的每个人在孩童或青少年时期都玩过这款游戏⊖。如果你有问题，可以从许多网站上找到它的规则。

⊖ 类似"大富翁"的游戏。最初是棋牌形式的物理实体，名为"强手"（译者于 20 世纪 80 年代玩过），在国内流行的软件版本就是"大富翁"了。——译者注

　　游戏的软件版以仿真方式运行。玩家可以开始游戏并指定虚拟玩家的人数，然后守护到游戏结束，游戏还需要显示虚拟玩家在其轮次中的活动轨迹。

第二部分　*Part 2*

初 始 阶 段

初始阶段不是需求阶段

至善者乃善之敌也。

——伏尔泰（Voltaire）

目标

❑ 定义初始阶段的步骤。

❑ 为本部分后续章做铺垫。

简介

初始阶段是建立项目共同愿景和基本范围的比较简短的起始步骤。为了在随后的细化阶段能够开始编程，它将包括对 10% 的用例进行分析、关键的非功能需求的分析、业务案例创建和开发环境的准备。

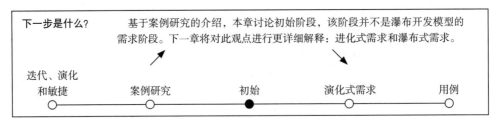

下一步是什么？ 基于案例研究的介绍，本章讨论初始阶段，该阶段并不是瀑布开发模型的需求阶段。下一章将对此观点进行更详细解释：进化式需求和瀑布式需求。

迭代、演化和敏捷　　案例研究　　初始　　演化式需求　　用例

4.1 什么是初始阶段

大多数项目需要一个简短的起始步骤，在该步骤中要考虑以下几类问题：

❑ 项目的愿景和业务案例是什么？

❑ 是否可行？

❑ 购买还是开发？

❑ 粗略估计一下成本：是一万到十万美元，还是上百万美元？

❑ 项目应该继续下去还是停止？

想要定义愿景并得到一个数量级（不可靠）的估算需要做一些需求探索。但是，**初始阶段的目标并不是定义所有需求**，或产生可信的估算或项目计划。

定　　义

这是一个关键点，经常反复出现的误解是，人们把旧的"瀑布"思维叠加到 UP 项目上。UP 不是瀑布，初始阶段作为 UP 的第一个阶段也不需要完成所有需求或建立可靠估算和计划。这些工作是在细化阶段进行的。

对于是否存在过于简化的风险，其理念是，就未来新系统的总体目标和可行性而言，只进行足以形成合理判断的调查，并能够确定是否值得继续深入探索即可，而深入研究是细化阶段的工作。

大多数需求分析是在细化阶段进行的，并且伴以具有产品品质的早期编程和测试。

因此，大多数项目的初始阶段的持续时间相对较短，例如耗时一周或几周。实际上，在许多项目中，如果初始阶段的时间超过一周，那么"初始"就失去了它的意义，因为初始阶段只需确定这个项目是否值得认真调查，而不是真正去深入调查（这项工作应留待细化阶段进行）。

用一句话来概括初始阶段：

展望产品的范围、愿景和业务案例。

用一句话来概括初始阶段要解决的主要问题：

涉众是否就项目愿景基本达成一致，项目是否值得继续进行认真调查。

以下类比是否有帮助

在石油行业中，考虑一个新油田时，其中一些步骤包括：

1）确定是否已有足够的证据或业务案例来证明可以进行勘测钻探。

2）如果有，则进行测量和钻探。

3）提供范围和估算信息。

4）其他更多的步骤……

初始阶段就如同这个例子中的第一步。在这个步骤中，人们不会去预测该地域会蕴藏多少石油或开采所需的成本和工作量。不需要投入勘探成本和工作量就能回答"多少"与"何时"的问题固然好，但在石油行业中人们都知道这是不现实的。

对于 UP，现实的勘探步骤就如同细化阶段。在此之前的初始阶段与可行性研究类似，要决定是否值得投资于勘测钻探。只有在完成认真的勘探（细化）之后，我们才会获得数据并作出判断，以制定略为可靠的估算和计划。因此，在迭代开发和 UP 中，初始阶段的估算和计划不能看作是可靠的。它只不过提供了对工作量的数量级感知，帮助人们决定是否将项目继续下去。

4.2 初始阶段的持续时间

初始阶段主要是为项目目标建立一些初始的共同愿景，确定项目是否可行，并决定是否值得进入细化阶段加以认真调查。如果预先就决定项目必须进行，而且项目显然是可行的（或许团队之前已经做过类似项目），那么初始阶段会特别短暂。这时候，初始阶段可能只包含第一次需求研讨会，并为第一次迭代制定计划，然后就快速地转到细化阶段。

4.3 初始阶段会创建的制品

表 4-1 列举了一般在初始阶段（或细化阶段早期）会创建的制品以及各个制品所解决的问题。后续几章将详细解释其中部分制品，特别是"用例模型"。迭代开发的一个重要观点是：在初始阶段这些制品只是部分完成的，在后继迭代中对其进行精化。甚至，除非认定某制品很可能会增加真正的实际价值，否则连创建它都不应该。因为是在初始阶段，调查和制品内容都是轻量的。

表 4-1 初始阶段制品的样例

制　品 *	注　释
愿景和业务案例	描述高阶目标与约束、业务案例，并提供执行摘要
用例模型	描述功能需求。在初始阶段，确定大部分用例的名称，可能会详细分析 10% 的用例
补充性规格说明	描述其他需求，主要是非功能性需求。在初始阶段，了解对架构有重大影响的关键非功能性需求是有用的
术语表	关键领域术语和数据字典
风险列表和风险管理计划	描述风险（业务、技术、资源和进度）及应对和缓解的方法
原型和概念验证	澄清愿景，验证技术思路
迭代计划	描述第一个细化迭代的任务
阶段计划和软件开发计划	对细化阶段的持续时间和工作量进行低精度猜测。工具、人员、教育和其他资源
开发案例	描述针对该项目定制的 UP 步骤和工件。在 UP 中，总是会为项目进行定制

注：* 表示在本阶段，这些制品只是部分完成。后续迭代中将会反复对其进行精化。黑体名称表示正式命名的 UP 制品。

例如，用例模型可以列出大部分所期望的用例名称和执行者的姓名，但可能只详细描述其中的 10%，目的是开发系统范围、目的和风险的粗略高层愿景。

注意，在初始阶段可能要进行一些编程工作，其目的是创建"概念验证"原型，（典型的）通过面向 UI 的原型来澄清一些需求，以及为关键的"显示阻塞"[⊖]技术问题做一些编程实验。

是否意味着大量的文档

记住，这些制品都是可选的。要有选择地创建对项目确有价值的制品，如果其价值未被证实，则放弃之。因为这是演化式开发，所以重要的不是在初始阶段创建完整的规格说明，而是形成初始、粗糙的文档。这些文档将在细化迭代中精化，以便响应由早期编程和测试得到的极

⊖ 显示阻塞（show-stopper）的原意是极为瞩目或吸引人的举动，在软件测试中表示某种严重程度的 Bug，如正常流程被明显中断等。

有价值的反馈。

同样，创建制品或模型的重点不在于文档或图本身，而是其中蕴含的思考、分析和积极准备。这也正是敏捷建模的观点：建模的最大价值是增强理解，而非记录可靠的规格说明。正如艾森豪威尔将军所说："在即将进行作战的时候，我经常发现之前制定的计划根本派不上用场，但制定计划这项工作却是必不可少的" [Nixon90, BF00]。

还要注意的是，可以在以后的项目中部分重用以往项目中的制品。一般在不同项目中，风险、项目管理、测试和环境这些制品都可能存在大量相似之处。所有 UP 项目都应该用相同的名称，以相同方式来组织制品（例如风险列表、开发案例等）。这样就可以方便地从以往项目中找出能够在新项目中重用的制品。

4.4　何时知道自己并不了解初始阶段

- 当认为大部分项目的初始阶段会持续几周或更长时。
- 在初始阶段试图定义大部分的需求时。
- 期望初始阶段的估算和计划是可靠的。
- 定义架构（应该在细化阶段以迭代方式来定义架构）。
- 认为正确的工作顺序应该是：1）定义需求；2）设计架构；3）实现。
- 没有业务案例或愿景制品。
- 详细编写所有用例。
- 没有详细编写任何用例。与之相反，应该详细编写 10% ～ 20% 的用例以便获得对问题范围的真实认知。

4.5　初始阶段中有多少 UML

初始阶段的目的是收集足够的信息来建立共同愿景，决定项目是否继续进行，以及项目是否值得进入细化阶段来认真调查。正是因为如此，也许只是使用一些简单的 UML 用例图，不会引入大量图形。初始阶段更关注对基本范围的理解以及 10% 的需求，这主要是以文字方式表达的。实际上，本书就是如此，大多数 UML 图将出现在下一个阶段——细化阶段。

Chapter 3 第 5 章

演化式需求

我们生活在这样一个世界，人们不知道自己想要什么，却愿意赴汤蹈火去得到它。

——唐·马奎斯（Don Marquis）

目标

❑ 阐述演化式需求的动机。

❑ 定义 FURPS+ 模型。

❑ 定义 UP 需求制品。

简介

本章简要介绍迭代和演化式需求，并且描述特定的 UP 需求制品，以此为后续的面向需求的章节做好铺垫。

同时，本章将探讨一些瀑布需求分析方法的例证，阐明了其无益和拙劣性，在瀑布方法中将试图于开发之前定义所谓"完整"的规格说明。

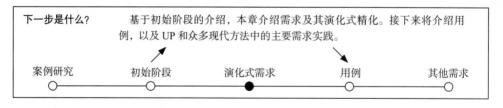

下一步是什么？ 基于初始阶段的介绍，本章介绍需求及其演化式精化。接下来将介绍用例，以及 UP 和众多现代方法中的主要需求实践。

案例研究　　初始阶段　　演化式需求　　用例　　其他需求

5.1 定义：需求

需求（requirement）就是系统（更广义的说法是项目）必须提供的能力和必须遵从的条件 [JBR99]。

UP 提出了一系列的最佳实践，其中之一就是需求管理（manage requirement）。需求管理不主张采用瀑布的观点，即在编程之前项目的第一个阶段就试图完全定义和固化需求。在变更不可避免，涉众意愿不明朗的情况下，UP 更推崇用"一种系统的方法来寻找、记录、组织和跟踪系统变更中的需求" [RUP]。

简而言之，就是通过迭代巧妙地进行需求分析，而非草率和随意地为之。

需求分析的最大挑战是寻找、沟通和记住（通常是指记录）什么是真正需要的，并能够清楚地讲解给客户和开发团队的成员。

5.2 演化式需求与瀑布式需求

注意，在 UP 的需求管理定义中使用了"变更中的"一词。UP 能够包容需求中的变更，并将其作为项目的基本驱动力。这一点极为重要，也是迭代和演化式思想与瀑布思想的核心差异。

在 UP 和其他演化式方法（Scrum、XP、FDD 等）中，具有产品品质的编程和测试要远早于大多数需求的分析或规格化——或许当时只完成了 10% 到 20% 的需求规格说明，这些需求都具有重要架构意义、存在风险以及具有高业务价值。

详细的过程是怎样的？如何在迭代中结合早期设计和编程来进行局部、演化式的需求分析？可以参见 2.4 节。该节简要阐述了这一过程。6.21 节中对此进行了详细论述。

警　告

如果你发现自己在所谓的 UP 或迭代项目中，试图在开始编程和测试之前指定大多数或所有的需求（用例等），则意味着你没有正确理解 UP，这并非健康的 UP 或迭代项目。

在 20 世纪 60 年代和 70 年代（当时我刚开始从事开发人员的工作），软件项目的早期需求分析（即瀑布式需求分析）还仍然是完全有效力的普遍理论信条。从 20 世纪 80 年代开始，这种方法逐渐被证明是拙劣的，并且导致了大量失败。这种过时信条的错误根源是，将软件项目与大规模制造业项目视为等同，而后者是可预测的，并且具有低变更率。但是软件属于具有高变更率的新产品开发领域，具有大量新奇事物，需要大量的发现和探索。

据统计，软件项目的平均需求变更率为 25%。因此，任何试图在开始就固定或定义所有需求的方法都具有本质上的缺陷，这些方法基于错误假设，因而只能抗拒或否认不可避免的变更。

为了证实这一点，这里引用对 1027 个软件项目失败因素的研究 [Thomas01]。其结论是什么？尝试瀑布实践（包含在项目初始阶段进行详细需求分析）是导致这些项目失败的主因，其中 82% 的项目都将其列为头等问题。其结论如下：

……完整地定义需求，随后在其被实现之前又产生了大量差异，这样的方法不再适用。

高度变化的业务需求表明，任何假设需求一旦形成文档后就不会再有显著变更的方法都具有本质上的缺陷，花费大量时间和工作量以便最大限度地定义需求是不适当的。

另一项相关研究结果回答了下面这个问题：当试图使用瀑布式需求分析时，有多少早期定义的特性在最终的软件产品中仍有效？在一项对上千个项目的研究中 [Johnson02]，其结论极具启示——45% 的特性从未使用，此外还有 19% 的特性"很少"使用。如图 5-1 所示，几乎 65% 的瀑布式定义的特性少有或根本没有价值！

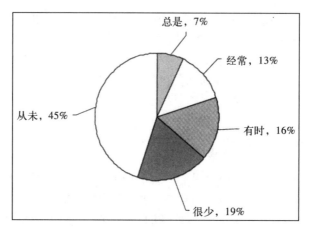

图 5-1　瀑布式定义的特性的实际使用情况

上述结论并不意味着要忽略需求分析或记录需求，在项目第一天就开始竭力编码。一种折中的方法是：结合早期时间定量地迭代开发，进行迭代和演化式需求分析，并且引入频繁的涉众参与、评估和对局部结果的反馈。

5.3　可以采用哪些方法寻找需求

回顾一下 UP 最佳实践中的需求管理：

……一种系统的方法来寻找、记录、组织和跟踪系统变更中的需求。[RUP]

除"变更中的"之外，另一个重要的词是"寻找"。也就是说，UP 提倡使用一些有效的技巧以获得启发，例如与客户一同编写用例、开发者和客户共同参加需求讨论会、请客户代理参加焦点小组以及向客户演示每次迭代的成果以求得反馈。

UP 欢迎任何能够带来价值并提高用户参与度的需求启发方法。如果能够使工作有效，UP 项目甚至可以接受简单的 XP"故事卡"实践（需要客户专家的全程参与，是一种很好的实践，但是通常难以实现）。

5.4　需求的类型

在统一过程中，需求按照"FURPS+"模型进行分类 [Grady92]，这是一种有效的记忆方法，其含义如下[⊖]：

❑ **功能性**（Functional）：特性、能力、安全性。

❑ **可用性**（Usability）：人性化因素、帮助、文档。

❑ **可靠性**（Reliability）：故障频率、可恢复性、可预测性。

❑ **性能**（Performance）：响应时间、吞吐量、准确性、有效性、资源利用率。

⊖　多个标准化组织和不同的书籍提出了多种需求分类及质量属性系统，例如 ISO 9126（类似于"FURPS+"），还有美国软件工程研究所（SEI）的一些系统，UP 项目可以使用其中任何一种。

❏ **可支持性**（Supportability）：适应性、可维护性、国际化、可配置性。
"FURPS+"中"+"是指一些辅助性的和次要的因素，比如：
❏ **实现**（Implementation）：资源限制、语言和工具、硬件等。
❏ **接口**（Interface）：外部系统接口强加的约束。
❏ **操作**（Operation）：对其操作设置的系统管理。
❏ **包装**（Packaging）：例如物理的包装盒。
❏ **授权**（Legal）：许可证或其他方式。

使用"FURPS+"分类方案（或其他分类方案）作为需求覆盖的检查列表是有帮助的，可以减少遗漏系统某些重要方面的风险。

其中某些需求可以统称为**质量属性**（quality attribute）、**质量需求**（quality requirement）或系统的"某某性"。这些需求包括：可用性、可靠性、性能和可支持性。在一般使用中，需求按照**功能性**（行为的）和**非功能性**（其他所有的需求）来分类，有些人不喜欢这种宽泛的分类方式[BCK98]，但这种方式已被广泛采用。

在探索架构分析时，我们将看到质量属性对系统架构具有极大影响。例如，高性能、高可靠性需求将影响软件和硬件构件的选择及其配置。

5.5 UP 制品如何组织需求

UP 提供了一些需求制品。同所有 UP 制品一样，它们都是可选的。其中关键的制品包括：
❏ **用例模型**：一组使用系统的典型场景。主要用于功能性（行为的）需求。
❏ **补充性规格说明**：基本上是用例之外的所有内容。主要用于所有非功能性需求，例如性能或许可发布。该制品也用来记录没有表示（或不能表示）为用例的功能**特性**，例如报表生成。
❏ **术语表**：术语表以最简单的形式定义重要的术语。同时也包含了**数据字典**（data dictionary）的概念，其中记录了关于数据的需求，例如验证规则、容许值等。术语表可以详述任何元素：对象属性、操作调用的参数、报表布局等。
❏ **愿景**：概括了高阶需求，这些需求在用例模型和补充性规格说明中进行细化。愿景也概括了项目的业务案例。愿景是简短的高层概要文档，用以快速了解项目的主要思想。
❏ **业务规则**：业务规则（也称为领域规则）通常描述了超越某一软件项目的需求或政策，这些规则是领域或业务所要求的，并且许多应用应该遵从这些规则。政府的税收法规是一个例子。领域规则的细节可以记录在补充性规格说明中，但是因为这些规则通常更为持久，并且对不止一个软件项目适用，所以应将其放入集中的业务规则制品（供公司的所有分析员共享），以便这方面的分析工作能够被更好地重用。

制品的正确格式

在 UP 中，所有制品都是信息的抽象，它们可以存储在 Web 页（例如 Wiki Web）[⊖]、板报或

⊖ 一种多人协作的写作工具。Wiki 站点可以由多人（甚至任何访问者）维护，每个人都可以发表自己的意见，或者对共同的主题进行扩展或者探讨。与 Blog 相比，可能更专注于特定主题。

各种可以想象到的载体之上。在线的 RUP 文档产品含有制品模板，但这些模板只是可选的辅助工具，可以忽略。

5.6 本书是否包含这些制品的示例

当然！虽然本书主要介绍迭代过程中的 OOA/D，而非需求分析，但是缺少需求的示例或语境会给人以不完整的印象——忽略了需求对 OOA/D 的影响。给出一些关键 UP 需求制品的示例则十分有效。在下面可以找到这些示例：

需 求 制 品	本书中的位置	注　　释
用例模型	第 6 章的介绍部分和第 30 章中间	用例在 UP 中十分普遍，而且是 OOA/D 的输入，因此在开始的章节里详细描述
补充性规格说明、术语表、愿景、业务规则	第 7 章的案例研究示例	安排这些内容是为了连贯，但是你可以跳过——它们并非是 OOA/D 的主题

5.7 推荐资源

有关使用用例来做需求的推荐资源将在后续几章中提及。本书推荐用面向用例的需求教材［例如《编写有效用例》(*Writing Effective Use Case*)⊖[Cockburn01]］作为需求学习的入门参考书，不推荐使用其他更一般的（且通常是更传统的）需求教材。

软件工程知识体系（Software Engineering Body of Knowledge，SWEBOK）致力于讨论需求和各种软件工程主题，网址为 www.swebok.org。

SEI（www.sei.cmu.edu）对质量需求提出了一些建议。ISO 9126、IEEE Std 830 和 IEEE Std 1061 都是与需求和质量属性相关的标准，可以从不同的站点上得到这些标准。

对于一般性的需求书籍，乃至那些声称涵盖用例、迭代开发，甚至 UP 需求的书籍，需要注意以下问题：

> 大多数书籍都持有瀑布思维的偏见，它们认为，在进入设计和实现之前，要大量或"彻底"地定义需求。有些书也会提及迭代开发，但可能很粗浅，也许只是附加了一些有关"迭代"的资料，用来附和目前的趋势。这些书可能会有一些好的需求启发和组织技巧，但是并不代表迭代和演化式分析的正确观点。

任何提出"尽可能定义大多数需求，然后再进行设计和实现"的建议都与迭代演化式开发和 UP 的思想相悖。

⊖ 该书中文翻译版和英文影印版已由机械工业出版社出版。——编辑注

第 6 章 Chapter 6

用　例

若想从生活中得到什么，必不可少的第一步就是：决定想要什么。

——本·斯坦（Ben Stein）

目标

❑ 识别和编写用例。

❑ 使用摘要、非正式和详述等用例形式的基本式样。

❑ 将测试应用于识别适当的用例上。

❑ 将用例分析与迭代开发联系起来。

简介

用例是文本形式的情节描述，广泛应用于需求的发现和记录工作中。用例会影响项目的众多方面（包括 OOA/D），用例也将作为本书案例研究中许多后继制品的输入。本章将探讨用例的基本概念，包括如何编写用例，以及如何绘制 UML 用例图。在了解 UML 表示法的基础上，本章还将揭示分析技巧的价值。虽然 UML 用例图易于学习，但是要将确定和编写良好用例的众多指导原则融会贯通，还需要数周或更长的时间。

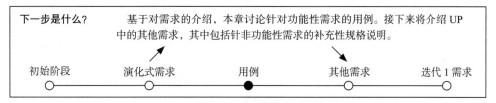

图 6-1 描述了 UP 制品的影响力，其中特别强调了文本形式的用例。将高阶目标和用例图作为输入来创建用例文本。反之，用例也能够影响其他分析、设计、实现、项目管理和测试制品。

6.1 示例

通俗地讲，用例是文本形式的情节描述，用以说明某执行者使用系统以实现某些目标。以下是摘要形式用例的示例：

处理销售：顾客携带要购买的商品到达收银台。收银员使用 POS 系统记录每件商品。系统显示累计金额和订单行明细。顾客输入支付信息，系统验证并记录。系统更新库存。顾客从系统得到购物小票，然后携带商品离开。

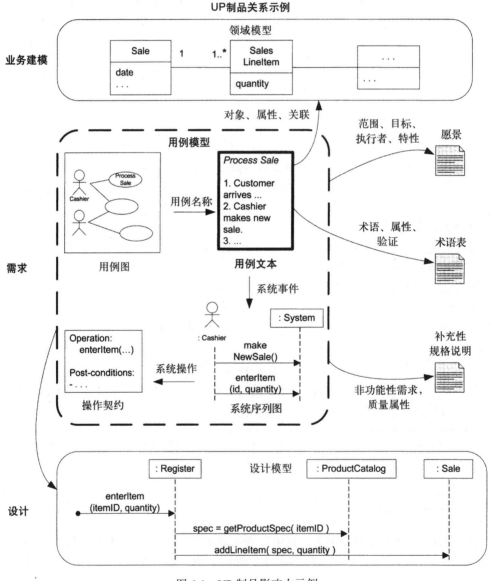

图 6-1 UP 制品影响力示例

要注意，上述**用例不是图形，而是文本**。用例初学者遇到的常见错误就是注重于次要的 UML 用例图，而非重要的用例文本。

用例通常比上述例子更为详细或结构化更强，但其本质仍然是通过编写使用系统实现用户目标的情节来发现和记录功能性需求，也就是使用的案例[⊖]。用例不是什么复杂的概念，尽管发现需求，并适当地编写需求通常有一定的困难。

6.2 定义：执行者、场景和用例

首先，给出几个非正式的定义。**执行者**（actor）是某些具有行为的事物，可以是人（由角色标识）、计算机系统或组织，例如收银员。

场景（scenario）是执行者和系统之间的特定的动作和交互序列，也称为**用例实例**（use case instance）。场景是使用系统的一个特定故事或用例的一条执行路径。例如，使用现金成功购买商品的场景，或者由于信用卡付款被拒绝造成的购买失败场景。

通俗地讲，**用例**（use case）就是一组相关的成功和失败场景集合，用来描述参与者如何使用系统来支持其目标。例如，下面是包含备选场景的非正式形式的用例：

> **处理退货**
>
> 主成功场景：顾客携带商品到收银台退货。收银员使用 POS 系统记录并处理退货……
>
> 备选场景：
>
> 如果顾客之前用信用卡付款，而其信用卡账户退还交易被拒绝，则告知顾客使用现金退款。
>
> 如果在系统中未查找到该商品的标识码，则提示收银员并建议收银员手工输入标识码（可能标识码已经损坏）。
>
> 如果系统检测到与外部记账系统通信失败，则……

以上定义了一些场景（用例实例），RUR 提供的一个备选的类似用例定义更有意义：

> 一组用例的实例，其中每个实例都是系统执行的一系列动作，这些动作产生了对某个执行者而言可观察的结果 [RUP]。

6.3 用例和用例模型

UP 在需求科目中定义了用例模型（Use-Case Model）。首先，这是所有已成文用例的集合；同时，它是系统功能和环境的模型。

> 用例是文本文档，而非图形；用例建模主要是编写文本，而非制图。

用例模型在 UP 中不是唯一的需求制品。其他制品还有补充性规格说明、术语表、愿景和

⊖ 本书中的原文是 cases of use，这一术语源于瑞典语，其字面意思译为英文是 usage case。——译者注

业务规则。这些对于需求分析都很有用，但在这个点上是次要的。

用例模型可以可选地包括一张 UML 用例图，以显示用例和执行者的名称及其关系。UML 用例图可以为系统及其环境提供良好的**语境图**（context diagram）[⊖]，也为按名称列出用例提供了快捷方式。

用例不是面向对象的，编写用例时也不会进行 OO 分析。但这不是问题。用例具有广泛的适用性，这提升了它的用处。也就是说，用例是经典 OOA/D 的关键需求输入。

6.4　动机：为什么使用用例

我们有许多目标需要计算机来帮助实现，其范围涉及从销售记录到游戏乃至油井未来流量的估测。聪明的分析员创造了众多方法以捕获这些目标，但其中最好的方法都是简单通俗的。缘何如此？因为这样使得定义和评审更为简单，对于客户而言更是如此。这样也降低了失败的风险。虽然这种方法看起来像随意的注释，但是极为重要。研究人员设计了他们自己能够理解的复杂分析方法，但是会使一般的业务人员迷惑不解。而在软件项目中，缺少用户参与是项目失败的主要原因之一 [Larman03]，所以任何有利于用户参与的方法都是绝对值得的。

用例是一种优秀的方法，使领域专家或需求提供者自己编写（或参与编写）用例成为可能，并使这项工作难度降低。[⊖]

用例的另一个价值是强调了用户的目标和视角。我们会提出这样的问题："谁使用系统？他们使用的典型场景是什么？他们的目的是什么？"与查询系统特性清单相比，以上问题更强调以用户为中心。

关于用例我们已经讨论了很多，但这极有价值，因为富有创造力的人经常会将简单的思想变得晦涩并且过于复杂。我们经常会发现，用例建模新手（或具有严重 A 型行为[⊜]的分析员）过于关心那些次要的问题，比如用例图、用例关系、用例包等，而不是致力于简单地编写文本故事的实际工作中。

尽管如此，用例的优越性就在于，能够根据需要对复杂程度和形式化程度进行增减调节。

6.5　定义：用例是功能性需求吗

用例就是需求，主要是说明系统如何工作的功能性或行为性需求。按照 "FURPS+" 需求类型，用例强调了 "F"（功能性或行为性），但也可以用于其他类型，特别是与用例紧密相关的

⊖ Carnegie Mellon 软件工程学院对语境图（context diagram）的解释是：语境图显示了领域内的广义应用（或者是目标系统）和与之通信的其他实体或抽象物之间的数据流。数据流图在领域分析中的使用与其他典型使用的区别是，对于跨越领域边界的数据流的可变性，必须通过描述差异的一组图形或文字加以说明。——译者注

⊖ 在现实项目中，人们常常抱怨难以使用"用例"和用户沟通。实际上，这正是作者所强调的，用例的核心是文本情节，而非具有特殊符号和语法的用例图，文本用例才是能够被涉众所广泛接受的形式。——译者注

⊜ A 型行为（Type A）是一种行为方式的类型，其特征是紧张，不耐心和具有进攻性，经常导致与压力有关的症状。——译者注

那些类型。在统一过程和其他现代方法中，用例被推荐作为发现和定义需求的核心机制。

一种相关的观点认为，用例定义了系统行为的契约 [Cockburn01]。

记住，用例是真正的需求（尽管不是所有的需求）。有些人认为需求只是"系统应该做……"这样的功能或特性列表。实际并非如此，用例的主要思想（通常）是：为功能性需求编写用例，从而降低详细的老式特性列表的重要性或减少这种列表的使用。更多的相关内容会在后面讨论。

6.6 定义：执行者的三种类型

执行者（actor）是任何具有行为的事物，在所讨论系统（System under Discussion，SuD）调用其他系统的服务时，还包括其自身⊖。主执行者和支撑执行者会出现在用例文本的动作步骤中。执行者不仅是人所扮演的角色，也可以是组织、软件和机器。相对于 SuD，有三种外部执行者：

- ❑ **主执行者**（primary actor）：具有用户目标，并通过使用 SuD 的服务完成，例如，收银员。
  - 为何识别主执行者？为了发现驱动用例的用户目标。
- ❑ **支撑执行者**（supporting actor）：为 SuD 提供服务（例如，信息服务）。自动付费授权服务即是一例。支撑执行者通常是计算机系统，但也可以是组织或人。
  - 为何识别支撑执行者？为了明确外部接口和协议。
- ❑ **幕后执行者**（offstage actor）：在用例行为中具有影响或利益，但不是主执行者或支撑执行者，例如，政府税收机构。
  - 为何识别幕后执行者？为了确保识别并满足所有必要的利益。除非明确列出这些执行者，否则幕后执行者的利益有时很微妙或容易被忽视。

6.7 表示法：用例的三种常用形式

用例能够以不同形式化程度或格式进行编写：

- ❑ **摘要**——简洁的一段式概要，通常用于主成功场景。前例中的处理销售就是摘要形式的用例。
  - 何时使用？在早期需求分析中，为快速了解主题和范围。编写可能只需要几分钟。
- ❑ **非正式**——非正式的段落格式。用多个段落覆盖不同场景。前例中处理退货就是非正式形式的用例。
  - 何时使用？同上。
- ❑ **详述**——详细编写所有步骤及各种变化，同时具有支撑的部分，如前置条件和成功保证。
  - 何时使用？识别并以摘要形式编写了大量用例后，在第一次需求讨论会中，详细地编写其中少量（例如 10%）的具有重要架构意义和高价值的用例。

以下是为 NextGen 案例研究编写的详述用例示例。

⊖ 这是对执行者精化和改进的另一种定义，包括 UML 和 UP 早期版本中的那些定义 [Cockbum97]。比之更早的定义与其并不一致，即使 SuD 调用了其他系统的服务，但当时也没有将 SuD 作为执行者。所有实体都可以充当多种角色，包括 SuD。

6.8 示例: 详述风格的 "处理销售" 用例

详述用例 (fully dressed use case) 是结构化的, 它展示了更多细节, 并且更为深入。

在迭代和演化式 UP 需求分析中, 第一次需求讨论会应该以这种形式编写 10% 的关键用例。随后, 对这 10% 中最具有重要架构意义的用例或场景进行设计和编程。

对于详细的用例有各种格式的模板。自 20 世纪 90 年代早期以来, 最为广泛使用和共享的格式是 alistair.cockburn.us 上提供的模板, 该模板由 Alistair Cockburn 创建, 他是用例建模方法和畅销书的作者。下面的示例阐述了这种风格。

用例的不同部分	注　　释
用例名称	以动词开头
范围	要设计的系统
级别	"用户目标" 或者 "子功能"
主执行者	调用系统, 使之交付服务
涉众利益	关注该用例的人, 及其需要
前置条件	值得告知读者的, 开始前必须为真的条件
成功保证	值得告知读者的, 成功完成必须满足的条件
主成功场景	典型的、无条件的、一路顺利的成功场景
扩展	成功或失败的备选场景
特殊需求	相关的非功能性需求
技术和数据变元列表	不同的 I/O 方法和数据格式
发生频率	影响对实现的调查、测试和时间安排
杂项	例如未决问题

以下是基于该模板的示例:

> 请注意, 这是本书关于详细用例的主要案例研究示例, 它展示了大量常见元素和问题。
> 这里给出的内容可能比你期望了解的 POS 系统的内容更多! 但这里的目的是为了表示真实的 POS, 展示用例捕获真实世界中复杂需求的功能, 并且显示具有深度分支的场景。

用例 UC1: 处理销售

范围: NextGen POS 应用

级别: 用户目标

主执行者: 收银员

涉众利益:

- 收银员: 希望能够准确、快速地输入, 而且没有支付错误, 因为如果少收货款, 将从其薪水中扣除。
- 售货员: 希望自动更新销售佣金。
- 顾客: 希望以最小代价完成购买活动并快速得到服务。希望便捷、清晰地看到所输入的商品项目和价格。希望得到购买凭证, 以便退货。

– 公司：希望准确地记录交易，满足顾客利益。希望确保记录了支付授权服务的应收款项。希望有一定的容错性，即使在某些服务器构件（如远程信用验证）不可用时，也能够完成销售。希望能够自动、快速地更新账务和库存信息。

– 经理：希望能够快速执行超控操作，并易于更正收银员的不当操作。

– 政府税收机构：希望能从每笔销售中抽取税金。可能存在多级税务机构，比如国家级、州级和县级。

– 支付授权服务：希望接收到格式和协议正确的数字授权请求。希望准确计算商店的应付款。

前置条件：收银员已被识别并已身份验证。

成功保证（或后置条件）：销售已保存。税费已正确计算。账务和库存已更新。佣金已记录。收据已生成。支付授权批准已记录。

主成功场景（或基本流程）：

1. 顾客携带要购买的商品或服务到 POS 收银台。

2. 收银员开始一次新的销售交易。

3. 收银员输入商品标识。

4. 系统记录销售订单行，并显示该商品的描述、价格和累计额。价格通过一组价格规则来计算。

收银员重复第 3 ～ 4 步，直到输入结束。

5. 系统显示含税金在内的总额计算结果。

6. 收银员告知顾客总额，并请顾客付款。

7. 顾客付款，系统处理支付。

8. 系统记录已完成的销售信息，并将销售和支付信息发送到外部的账务系统（进行账务处理和佣金管理）和库存系统（更新库存）。

9. 系统打印票据。

10. 顾客携带商品和票据离开（如果有）。

扩展（或备选流程）：

*a. 经理在任意时刻要求进行超控操作：

　　1. 系统进入经理授权模式。

　　2. 经理或收银员执行某一经理模式的操作。例如，变更现金结余，恢复其他登录者挂起的销售交易，作废销售交易等。

　　3. 系统恢复到收银员授权模式。

*b. 系统在任意时刻失败：

　　　　为了支持恢复和更正账务处理，要保证所有交易的敏感状态和事件都能够从场景的任何一步中完全恢复。

　　1. 收银员重启系统，登录，请求恢复上次状态。

　　2. 系统重建上次状态。

　　　　系统检测到阻止恢复的异常：

        ① 系统向收银员提示错误，记录此错误，并进入一个空白状态。

        ② 收银员开始一次新的销售交易。

1a. 客户或经理需要恢复一个挂起的销售交易：

    1. 收银员执行恢复操作，并且输入 ID 以检索销售交易。

    2. 系统显示已恢复的销售交易状态及其小计。

      未发现对应的销售交易。

      ① 系统向收银员提示错误。

      ② 收银员可能会开始一个新销售交易，并重新输入所有商品。

    3. 收银员继续该次销售交易（可能要输入更多的商品或处理支付）。

2-4a. 顾客告诉收银员他们有免税资格（例如，年长者、原住民）：

    1. 收银员进行核实，并输入免税状态码。

    2. 系统记录状态（在计算税金时使用）。

3a. 无效商品 ID（在系统中未发现）：

    1. 系统提示错误并拒绝输入该 ID。

    2. 收银员响应该错误。

      （1）商品 ID 是人类可读的 [例如，数字型的 UPC（通用生产代码）]：

        ① 收银员手工输入商品 ID。

        ② 系统显示商品的描述和价格。

          无效商品 ID：系统提示错误。收银员尝试备用方式。

      （2）不存在该商品 ID，但是该商品附有价签：

        ① 收银员请求经理执行超控操作。

        ② 经理执行相应的超控操作。

        ③ 收银员选择手工输入价格，输入价签上的价格，并且请求对该价目进行标准计税。（因为没有产品信息，计税引擎无法确定如何计税。）

      （3）收银员通过执行"寻找产品帮助"以获取真实的商品 ID 及其价格。

      （4）否则，收银员可以向其他员工询问真实的商品 ID 或价格，然后手工输入 ID 或价格（参见以上内容）。

3b. 当有多个商品条目属于同一类别的时候（如 5 包素食汉堡），不必记录每个商品条目的唯一标识：

    收银员可以输入类别的标识和商品的数量。

3c. 需要手工输入类别和价格（例如，花卉或附有价格的卡片）：

    收银员手工输入特定的类别代码及其价格。

3-6a. 顾客要求收银员从购买条目中去掉一项：

所去除购买条目的价钱必须小于收银员的作废上限，否则需要经理执行超控操作。

    1. 收银员输入条目 ID 以便将其从购买条目列表中删除。

    2. 系统移除该条目并显示更新后的累计额。

      商品价格超过了收银员的作废上限：

　　　　① 系统提示错误，并建议经理超控。

　　　　② 收银员请求经理超控，完成超控后，重做该操作。

3-6b. 顾客要求收银员取消销售交易：

　　收银员在系统中取消销售交易。

3-6c. 收银员挂起销售交易：

　　1. 系统记录销售交易信息，以便能够在任何 POS 登录状态下检索。

　　2. 系统显示用来恢复销售交易的"延迟票据"，其中包含商品项目和销售交易 ID。

4a. 系统定义的商品价格不是当前想要的价格（例如，顾客投诉某些问题并被提供了更低的价格）：

　　1. 收银员请求经理批准。

　　2. 经理执行超控操作。

　　3. 收银员手工输入超控后的价格。

　　4. 系统显示新价格。

5a. 系统检测到与外部税务计算系统服务的通信故障：

　　系统重新启动 POS 节点上的服务，并继续操作。

　　系统检测到该服务无法重启。

　　① 系统提示错误。

　　② 收银员可以手工计算和输入税金，或者取消该销售交易。

5b. 顾客声称他们符合打折条件（例如，是雇员或重要顾客）：

　　1. 收银员提出打折请求。

　　2. 收银员输入顾客 ID。

　　3. 系统按照打折规则显示折扣总计。

5c. 顾客要求兑现账户积分，用于此次销售交易：

　　1. 收银员提交使用积分请求。

　　2. 收银员输入顾客 ID。

　　3. 系统应用积分直到价格为 0，同时扣除结余积分。

6a. 顾客本来打算现金付款，但所携现金不足：

　　收银员要求使用其他支付方式。

　　顾客要求取消此次销售交易，收银员在系统上取消该销售交易。

7a. 现金支付：

　　1. 收银员输入收取的现金额。

　　2. 系统显示找零金额，并弹出现金抽屉。

　　3. 收银员放入收取的现金，并给顾客找零。

　　4. 系统记录该现金支付。

7b. 信用卡支付：

　　1. 顾客输入信用卡账户信息。

　　2. 系统显示其支付信息以备验证。

3. 收银员确认。

    收银员取消付款步骤。

    系统恢复到"商品输入"模式。

4. 系统向外部支付授权服务系统发送支付授权请求，并请求批准该支付。

    系统检测到与外部系统协作时的故障：

    ① 系统向收银员提示错误。

    ② 收银员请求顾客更换支付方式。

5. 系统收到批准支付的应答并提示收银员，同时弹出现金抽屉（以便放入签名后的信用卡支付票据）。

    （1）系统收到拒绝支付的应答：

        ① 系统向收银员提示支付被拒绝。

        ② 收银员请求顾客更换支付方式。

    （2）应答超时：

        ① 系统提示收银员应答超时。

        ② 收银员重试，或者请求顾客更换支付方式。

6. 系统记录信用卡支付信息，其中包括支付批准。

7. 系统显示信用卡支付的签名输入机制。

8. 收银员请求顾客签署信用卡支付。顾客输入签名。

9. 如果在纸质票据上签名，则收银员将该票据放入现金抽屉并关闭抽屉。

7c. 支票支付……

7d. 借记卡支付……

7e. 收银员取消支付步骤：

    系统恢复到"商品输入"模式。

7f. 顾客出示优惠券：

       在处理支付之前，收银员记录每张优惠券，系统扣除相应金额。系统记录已使用的优惠券以备账务处理之用。

       输入的优惠券不适用于所购商品：

    系统向收银员提示错误。

9a. 存在产品回扣：

系统对每个具有回扣的商品给出回扣表单和票据。

9b. 顾客索要赠品票据（不显示价格）：

收银员请求赠品票据，系统给出赠品票据。

9c. 打印机缺纸：

1. 如果系统能够检测到错误，给出提示。

2. 收银员更换纸张。

3. 收银员请求打印其他票据。

特殊需求:

❑ 使用大尺寸平面显示器触摸屏 UI。文本信息可见距离为 1 米。

❑ 90% 的信用卡授权响应时间小于 30 秒。

❑ 由于某些原因,我们希望在访问远程服务(如库存系统)失败的情况下具有比较强的恢复功能。

❑ 支持文本显示的语言国际化。

❑ 在步骤 3 和步骤 7 中能够加入可插拔的业务规则。

❑ ……

技术与数据变元列表:

*a. 经理超控需要刷卡(由读卡器读取超控卡)或在键盘上输入授权码。

3a. 商品 ID 可以用条码扫描器(如果有条形码)或键盘输入。

3b. 商品 ID 可以使用 UPC(通用生产代码)、EAN(欧洲物品编码)、JAN(日本物品编码)或 SKU(库存单位)等任何一种编码方式。

7a. 信用卡账户信息可以用读卡器或键盘输入。

7b. 记录在纸质票据上的信用卡支付签名。但我们预测,两年内会有许多顾客将希望使用数字签名。

发生频率: 可能会不断地发生。

未决问题:

❑ 税法如何变化?

❑ 研究远程服务的恢复问题。

❑ 针对不同的业务需要怎样进行定制?

❑ 收银员从系统登出后是否必须带走他们的现金抽屉?

❑ 顾客是否可以直接使用读卡器,还是必须由收银员完成?

此用例是示范性的,而并追求详尽彻底(尽管此例基于真实 POS 系统的需求——OO 设计并使用 Java 开发)。然而在这里,此例已经足够详细和复杂,足以让我们体会到详述用例能够记录的大量需求细节。此例将能够成为解决众多用例问题的模型。

6.9 各小节的含义

绪言元素

范围

范围界定了所要设计的系统。通常,用例描述的是对一个软件系统(或硬件加软件)的使用,这种情况下称之为**系统用例**(system use case)。在更广义的范围上,用例也能够描述顾客和有关人员如何使用业务。这种企业级的流程描述被称为**业务用例**(business use case),这也是用例广泛适用的极好示例,但这并不是本书所要介绍的内容。

级别

在 Cockburn 的系统中，用例主要分为用户目标级别或子功能级别。**用户目标级别**（user-goal level）是通常所使用的级别，描述了实现主执行者目标的场景，该级别大致相当于业务流程工程中的**基本业务流程**（Elementary Business Process，EBP）。**子功能级别**（subfunction-level）用例描述支持用户目标所需的子步骤，当若干常规用例共享重复的子步骤时，则将其分离出来，创建为子功能级别用例（以避免重复公共的文本）；通过信用卡支付就是子功能用例的例子，该用例可以被许多常规用例所共享。

主执行者

调用系统服务来完成目标的主执行者。

涉众利益列表——重要！

该列表比看上去要重要和实用。它建议并界定了系统必须要做的工作。见以下引用：

"〔系统〕实现了涉众之间的契约，同时用例详细描述了该契约的行为部分……用例作为行为的契约，专门和完整地捕获与满足涉众利益相关的行为"[Cockburn01]。

这就回答了以下问题：用例应该包含什么？答案是：用例应该包含满足所有涉众利益的事物。另外，在编写用例其余部分之前就先从涉众利益入手，能够提醒我们详细的系统职责。例如，如果一开始没有列出销售人员及其利益，那么还能识别"处理销售人员佣金"的职责吗？希望最终能够识别，但在第一个分析会议可能会漏掉这一职责。从涉众利益的角度出发，能够为发现并记录所有行为需求提供全面、系统的过程。

> **涉众利益：**
> ❑ 收银员：希望能够准确、快速地输入，而且没有支付错误，因为如果少收货款将从其薪水中扣除。
> ❑ 售货员：希望自动更新销售佣金。
> ❑ ……

前置条件和成功保证（后置条件）

首先，不要被前置条件或成功保证所烦扰，除非要对某些不明显却值得重视的事物进行陈述时，以帮助读者增强理解。不要给需求文档增加无用的噪音。

前置条件（precondition）给出在用例中场景开始之前必须总是为真的条件。在用例中不会测试前置条件，前置条件总是被假设为真。通常，前置条件隐含已经成功完成的其他用例场景，例如"登录"。要注意的是，有些条件也必须为真，但是不值得编写出来，例如"系统有电力供应"。前置条件传达的是编写者认为应该引起读者警惕的那些值得注意的假设。

成功保证（或后置条件）给出用例成功结束后必须为真的事物，包括主成功场景及其备选路径。该保证应该满足所有涉众的需要。

> **前置条件：**收银员已被确认身份并通过验证。
> **成功保证（或后置条件）：**销售信息已保存。税款已正确计算。账务和库存信息已更新。佣金已记录。票据已生成。

主成功场景和步骤（或基本流程）

也被称为"快乐路径"场景，或更朴实的"基本流程"及"典型流程"。它描述了满足涉众利益的典型成功路径。要注意的是，它通常不包括任何条件或分支。虽然包含条件或分支并不是错误，但是，保持一定的连贯性，并且将所有条件处理都推延至扩展部分，这种具有争议的做法更易于理解和扩展。

准　则

将所有条件和分支延迟到扩展部分进行说明。

场景记录以下三种步骤：

1）执行者之间的交互⊖。

2）验证过程（通常由系统来完成）。

3）系统完成的状态变更（例如，记录或更改某事物）。

用例的第一个步骤通常不属于以上分类，但它指出了启动场景的触发事件。

为了易于辨认，执行者名称通常为大写。同时，注意例子中用来表示重复的习惯做法。

主成功场景：

1. 顾客携带要购买的商品或服务到达 POS 收银台。

2. 收银员开始一次新的销售交易。

3. 收银员输入商品 ID。

4. ……

收银员重复 3～4 步，直到结束。

5. ……

扩展（或备选流程）

扩展是重要的，并且通常占据了文本的大部分篇幅。扩展部分描述了其他所有场景或分支，包括成功和失败路径。观察上面详述用例的例子，"扩展"部分比"主成功场景"部分所占篇幅更长并且更为复杂，这种情况是很常见的。

在整个用例编写当中，快乐路径与扩展场景相结合应该满足"几乎"所有涉众的利益。"几乎"二字不能省，因为有些利益最好捕捉为非功能性需求，在补充规格说明中描述，而不是捕捉为用例。例如，顾客要求显示商品描述和价格，这样的问题属于可用性需求。

扩展场景是主成功场景的分支，因此能够以对应的步骤 1…N 对其进行标识。例如，在主成功场景的第 3 步中，因为输入错误或系统无法识别，可能会出现无效的商品 ID。第一个描述条件及响应的扩展被标记为"3a"。第 3 步的另一个扩展被标记为"3b"，依此类推。

扩展：

3a. 无效商品 ID：

　　系统提示错误并拒绝输入该标识。

⊖ 在充当执行者的角色与其他系统协作时，所讨论的系统本身应被看作是执行者。

> 3b. 当有多个商品属于同一类别的时候（如 5 包素食汉堡），不必记录每个商品的唯一标识：收银员可以输入类别的标识和商品的数量。

扩展由两部分组成：条件和处理。

准则：尽可能使用系统或执行者能够检测到的事物作为条件。对比下面两个条件：

> 5a. 系统检测到与外部税务计算系统服务的通信故障。
>
> 5a. 外部税务计算系统工作不正常。

前一种风格更好，因为这是系统能够检测到的条件，而后一种只是推断。

扩展处理可以针对一个步骤，也可以针对一个步骤序列，当一个范围内的步骤都出现相同条件时，可以采用如下方法表示：

> 3-6a. 顾客要求收银员从所购商品中去掉一项：
>
> 1. 收银员输入商品 ID 并将其删除。
>
> 2. 系统删除该项目并显示更新后的累计额。

在扩展处理结束时，默认情况下，扩展场景将重新并入主成功场景，除非扩展指出了其他方式（例如，系统中断）。

有时候，某个扩展点非常复杂，例如"信用卡支付"扩展。在这种情况下可以使用单独的用例来表达该扩展。

这个扩展的例子也说明如何在扩展中表示失败。

> 7b. 信用卡支付：
>
> 1. 顾客输入信用卡账户信息。
>
> 2. 系统向外部支付授权服务系统发送支付授权请求，并请求支付批准。
>
> 系统检测到与外部系统协作的故障。
>
> ① 系统向收银员提示错误。
>
> ② 收银员请求顾客使用其他支付方式。

如果想要描述在任何步骤（至少是大多数步骤）都可能发生的扩展条件，那么可以使用
"*a"、"*b"这样的标记。

> *a. 系统在任意时刻崩溃时：
>
> 为了支持账务操作的可恢复性和正确性，要确保在该场景的任意步骤中；任何与事务相关的状态和事件都能够恢复。
>
> 1. 收银员重新启动系统、登录，并请求恢复到先前的状态之下。
>
> 2. 系统重建先前的状态。

执行另一个用例场景

有时，用例会产生分支以执行另一个用例场景。例如，寻找产品帮助（显示产品的细节，

如描述、价格、图片或视频等）的故事是完全独立的用例，该用例有时在处理销售用例中执行（通常是当找不到商品 ID 时）。在 Cockburn 表示法中，使用下划线表示所执行的第二个用例，如下例所示：

3a. 无效商品 ID（在系统中未发现）：

　　1. 系统提示错误并拒绝输入该标识。

　　2. 收银员响应该错误。

　　（1）……

　　（2）收银员通过执行寻找产品帮助以获取真实的商品 ID 及其价格。

假设通常使用具有超链接功能的工具编写用例，那么点击具有下划线的用例名称将会显示对应的文本。

特殊需求

如果有与用例相关的非功能性需求、质量属性或约束，那么应该将其写入用例。其中包含需要考虑的和必须包含在内的质量属性（如性能、可靠性和可用性）和设计约束（通常对于 I/O 设备）。

特殊需求：

❑ 使用大尺寸平面显示器触摸屏 UI。文本信息可见距离为 1 米。

❑ 90% 的信用卡授权响应时间小于 30 秒。

❑ 支持文本显示语言的国际化。

❑ 在步骤 2 和步骤 6 中能够加入可插拔的业务规则。

将特殊需求写入用例是经典 UP 的建议，同时这种做法对于第一次编写用例也是合理的。然而许多从业者发现，最终把所有非功能性需求集中于补充规范规格说明中，对于内容管理、可理解性和可读性而言更为有效，因为在架构分析时通常将这些需求作为整体来考虑。

技术和数据变元列表

需求分析中通常会发现一些技术变元，这些变元是关于必须如何实现系统的，而非实现系统哪些功能，这种变元需要记录在用例中。常见的例子是，涉众指定了关于输入或输出技术的约束。例如，涉众可能要求，"POS 系统必须使用读卡器和键盘来支持输入信用卡账户。"要注意的是，以上都是在项目早期进行的设计决策或约束。一般来说，应该避免早期不成熟的设计决策，但有时候这些决策是明显的或不可避免的，特别是关于输入 / 输出技术的决策。

同时还有必要理解数据方案中的变元，例如，使用条形码符号体系中的 UPC 或 EAN 对商品进行编码。

下面的列表就是用来记录这些变元的。此外，该列表也可用于记录特定步骤所获取数据的变元。

技术与数据变元表：

3a. 可以用条码扫描器或键盘输入商品 ID。

3b. 商品 ID 可以使用 UPC（通用生产代码）、EAN（欧洲物品编码）、JAN（日本物品编码）或 SKU（库存单位）等任何一种编码方式。

> 7a. 信用卡账户信息可以使用读卡器或键盘输入。
>
> 7b. 记录在纸质票据上的信用卡支付签名。但我们预测，两年内会有许多顾客将希望使用数字签名。

恭喜：用例编写完成，但是错了 (!)

NextGen POS 小组通过几次简短的需求讨论会编写了一些用例，同时在一系列限时开发迭代中进行了生产质量的编程和测试。此后，团队不断地增加用例，对其进行精化，并且基于早期编程、测试和演示的反馈进行调整。主题专家、收银员和开发者都积极地参与了需求分析活动。

上述情形是良好的演化式分析过程（而非瀑布模型），但仍然需要一定程度的"需求现实主义"。所编写的规格说明和其他模型会给出正确的假象，但是模型也会（无意识）造成假象。只有代码和测试才能展示真正想要的和真正做到的。

用例、UML 图等肯定不会是完美的。它们可能会遗漏关键信息或包含错误陈述。对此，解决的方法并不是以瀑布的态度试图近乎完美地记录规格说明并且在开始阶段就完成这项工作。当然如果时间允许，理应竭尽所能做到最好，并且应该学习和使用出色的需求实践。但是这种方法永远不足以解决问题。

这里并不是号召无需分析或建模就仓促地进行编码。一个折中方案就是介于瀑布和即兴编程之间的迭代和演化式开发。在此方法中，通过及早编程与测试逐步精化、验证和澄清用例及其他模型。

如果在第一次开发迭代开始之前，团队就试图详尽地编写所有或大部分用例时，此时要意识到你已经走入歧途了，反之，则恭喜你！

6.10 表示法：有其他格式吗？两栏变体

有时提倡使用两栏或对话的格式，这种格式强调执行者和系统之间的交互。Rebecca Wirfs-Brock 在 [Wirfs-Brock93] 中首次提出了这种格式，Constantine 和 Lockwood 也提倡在可用性分析和工程中使用这种格式 [CL99]。下面是使用两栏格式的处理销售用例：

主执行者：……

……同上……

主成功场景：

执行者的动作（或意图）	系统责任
1. 客户携带要购买的商品或服务到达 POS 收银台	
2. 收银员开始一次新的销售交易。	
3. 收银员输入商品 ID。	4. 系统记录每个销售项，并显示该销售项的描述、价格和累计额。
收银员重复 3～4 步直到结束。	5. 系统显示包括税金计算的总金额。

6. 收银员告知顾客总额，并提请付款。

7. 顾客支付。   8. 处理支付。

9. 记录完整的销售信息，并将销售和支付信息发送到外部的账务系统（进行账务处理和佣金）和库存系统（更新库存）。系统显示票据。

……   ……

最好的格式是什么

不存在什么最好的格式；有些人喜欢单栏风格，也有些人喜欢双栏。各小节可以增加或删减，标题名称也可以更换。没有什么是特别重要的，关键在于以某种格式详细地编写主要成功场景及其扩展。[Cockburn01] 总结了大量有用的格式。

个 人 实 践

这是我的实践方式，并不作为建议。我使用了数年的双栏格式，因为它能够使对话过程具有清晰的视觉分隔。但是，我还是转向使用了单栏格式，因为它更紧凑、更易于格式化，对我而言，小小的视觉分隔不足以抵消这些优点。我发现，如果能够将每个参与方和系统对其的响应都置于一个步骤中，还是能够简单而直观的确定对话中的各个参与方（顾客、系统等）。

6.11 准则：以无用户界面约束的本质风格编写用例

全新升级！采用指纹的案例

在需求研讨会上，收银员可能会说其目标之一表述为"登录"。此时收银员大概会想象有图形界面、对话框、用户 ID 和密码。这是实现目标的一种机制，但不是目标本身。通过对目标层次的研究（"何为目标之目标？"），系统分析员会发现与实现机制无关的目标："标识自己的身份并得到认证"，或是更为高层的目标："防盗……"。

这种对根源目标的发现过程能够拓展视野，以促成新的和改进的解决方案。例如，附带生物信息（通常为指纹）读取装置的键盘和鼠标现今已经很常见且价格不高。如果目标是"识别身份和认证"，那么为什么不使用键盘上的生物信息读取装置来快速简单地实现这一目标呢？但是回答这一问题可能还需要进行一些可用性分析工作。他们的手指是否粘有油脂？他们有手指吗？

以本质风格编写用例

这种思想在各种用例准则中概括为"摒除用户界面于思考范围之外；集中于意图"[Cockburn01]。Larry Constantine 在创建良好用户界面（UI）和完成可用性工程的语境下对此进行了更为完整的探讨 [Constantine94，CL99]。Constantine 将摒除 UI 细节并集中于用户真实意图的用例编写风格称为**本质**（essential）风格[⊖]。

⊖ 该术语来源于 Essential Systems Analysis（本质的系统分析）[MP84] 中的"本质模型"。

准 则

以本质风格编写用例；摒除用户界面并且关注执行者的意图。

本章所有之前的用例示例都是以本质风格为目标而编写的，例如处理销售。

对比示例

本质风格

假设在管理用户用例中需要标识身份和认证：

……
1. 管理员标识自己的身份。
2. 系统对此身份进行认证。
3. ……

有关这些意图和职责的设计方案十分广泛，例如生物信息读取装置、图形用户界面（GUI）等。

具体风格——在早期需求工作中应该避免

与之相比，以下是**具体用例**（concrete use case）风格。在这种风格中，用户界面决策嵌入在用例文本中。文本中甚至可以包括窗口截屏、窗口导航的讨论、GUI 小部件的操纵等。例如：

……
1. 管理员在对话框中输入 ID 和密码（见图 3）。
2. 系统对管理员进行认证。
3. 系统显示"编辑用户"窗口（见图 4）。
4. ……

对于在稍后的步骤中设计具体和详细的 GUI 的工作来说，这些具体用例可以是有用的工具，但是它并不适用于早期的需求分析工作。在早期需求工作中，应记住"摒除用户界面于考虑之外——集中于意图"。

6.12 准则：编写简洁的用例

你喜欢阅读大量的需求吗？我不这么认为。所以应编写简洁的用例。删除"噪声"词汇，因为即使一些细微之处也会累积为繁琐，例如编写时应用"系统认证……"，而不是"这个系统认证……"。

6.13 准则：编写黑盒用例

黑盒用例（black-box use case）是最常用和推荐使用的类型；它不对系统内部工作、构件或设计进行描述。反之，它以通过职责来描述系统，这是面向对象思想中普遍统一的隐喻主题——软件元素具有职责，并且与其他具有职责的元素进行协作。

通过使用黑盒用例定义系统职责，人们可以规定系统必须做什么（行为和功能需求），而不必决定系统如何去做（设计）。实际上，"分析"与"设计"的区别就在于"什么"和"如何"的差异。这是在优秀软件开发中的重要主题：在需求分析中应避免进行"如何"的决策，而是规定系统的外部行为，就像黑盒一样。此后，在设计过程中创建满足该规格说明的解决方案。

黑 盒 风 格	非黑盒风格
系统记录销售	系统将销售信息写入数据库。……或者（更糟的描述）：系统对销售信息生成 SQL INSERT 语句……

6.14 准则：采用执行者和执行者目标的视角

以下是 RUP 的用例定义，源于用例创立者 Ivar Jacobson：

　　一组用例实例，每个实例是系统所执行的一系列动作，以此产生对特定执行者具有价值的可观察结果。

短语"对特定执行者具有价值的可观察结果"是微妙而又重要的概念，Jacobson 认为这是关键，因为它强调了需求分析的两个态度：

❑ 关注系统的用户或执行者来编写需求，询问其目标和典型情况。

❑ 关注理解执行者所考虑的有价值结果。

强调提供可观察的用户价值并关注用户的典型目标，这一点看上去显而易见，但是软件行业中遍布未能满足人们真正需求的失败项目。正是过去那些用于捕获需求的特性和功能列表的方法造成了这种负面结果，因为那些方法不提倡询问谁在使用产品，什么提供了价值。

6.15 准则：如何发现用例

为满足主执行者的目标而定义用例。因此，基本的过程如下：

1）选择系统边界。系统仅仅是软件应用，还是将硬件和应用作为整体？要不要再加上使用它的人？或者是整个组织？

2）确定主执行者——通过使用系统的服务实现其目标的那些人或事物。

3）确定每个主执行者的目标。

4）定义满足用户目标的用例，根据其目标对用例命名。通常，用户目标级别的用例和用户目标是一一对应的，但这里至少有一个例外，后面将对此进行讨论。

当然，在迭代和演化式开发中，在开始阶段不必完整或准确地识别所有目标或用例。这是不断深入发掘的过程。

步骤 1：选择系统边界

对于本案例研究，POS 系统是要被设计的系统。任何该系统之外的事物都在系统边界之外，包括收银员、支付授权服务等。

如果对被设计系统的边界定义不清晰，那么可以通过此后对系统外部事物（外部主执行者和支撑执行者）的定义加以明确。一旦识别了外部执行者，系统边界将变得清晰。例如，支付授权的全部职责在系统边界之内吗？非也，还存在外部支付授权服务执行者。

步骤2和3：寻找主执行者和目标

严格要求在识别用户目标之前首先识别主执行者，这个有点做作。在需求讨论会上，人们会头脑风暴并同时形成对两者的识别。有时，目标会揭示执行者，反之亦然。

准则：首先头脑风暴主执行者，因为这样可以为进一步调查建立框架。

什么样的问题有助于寻找执行者和目标

除明显的主执行者和目标外，下列问题有助于确定其他可能会遗漏的执行者和目标：

谁来启动和停止系统？

谁来完成用户管理和安全管理？

谁来完成系统管理？

"时间"是执行者吗？因为系统要响应时间事件而完成某些活动。

当系统失败时，是否存在监控进程将系统重新启动？

软件升级是如何处理的？是"推"模式还是"拉"模式？

除了人作为主执行者之外，还有其他外部的软件或机器人系统调用该系统的服务吗？

谁来考察系统活动或性能？

谁来考察日志？是否可以远程检索？

系统发生错误或故障时应通知谁？

如何组织执行者和目标

至少有两种方法可以组织执行者和目标：

1）当你发现结果，将其绘制为用例图，以目标作为用例名称。

2）首先写出执行者–目标列表，复审并精化之，然后绘制用例图。

如果你创建了执行者–目标列表，就UP制品而言，这可以作为愿景制品的一部分。

例如：

参　与　者	目　　标	参　与　者	目　　标
收银员	处理销售	系统管理员	增加用户
	处理租赁		修改用户
	处理退货		删除用户
	入款		管理安全
	出款		管理系统表
	……		……
经理	启动	销售活动系统	分析销售和业绩数据
	关闭		
	……		
……	……	……	……

销售活动系统是一个远程应用，该应用将从网络中每个 POS 节点处频繁地请求销售数据。

为什么提问总是围绕着执行者目标而不是用例

执行者有其目标，并且使用应用帮助达成这些目标。用例建模的观点就是寻找这些执行者及其目标，创建产生有价值结果的解决方案。这对于用例建模者来说是一个小小的重心转变。在开始用例建模时，首先要询问的是"谁来使用系统，他们的目标是什么？"而非"系统的任务是什么？"实际上，用例的名称应该反映出用户的目标，这样能够强调这一观点，例如，"目标：获取或处理销售，用例：处理销售"。

以下是针对调查需求和用例的关键思想：

> 假设我们在需求讨论会上一起工作。我们可能会提出以下问题：
> ❏ "你在做什么？"（概略性的面向任务的问题）
> ❏ "你的目标（其结果具有可测量的价值）是什么？"
> 后者更为适宜。

回答第一个问题更像是反映当前的解决方案与过程，以及其间的复杂因素。

回答第二个问题，特别是结合了对更高层目标的调查（"根源目标是什么？"），能够开拓思路以形成新的和改进的解决方案，能够集中于增加业务价值，并且能够触及涉众想从系统中得到的核心价值。

主执行者是收银员还是顾客

处理销售用例中的主执行者为什么是收银员，而不是顾客？

其答案和所设计系统的边界，以及我们设计系统的主要对象有关，如图 6-2 所示。如果将企业和收款服务视为一个整体，则主执行者是顾客，其目标是获得商品或服务并离开。然而，仅从 POS 系统（本案例研究所选择的系统边界）的角度出发，系统所服务的目标是受过训练的收银员（和商店）处理顾客的销售交易。尽管有越来越多的自助结账 POS 系统供顾客直接使用，但这里假设的是由收银员使用的传统收款环境。

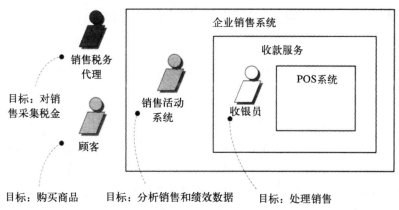

图 6-2　不同系统边界下的主执行者和目标

顾客是执行者，但是在 NextGen POS 的语境下，顾客并不是主执行者，收银员才是主执行者，因为系统主要用于经过培训的收银员，以实现"专业用户"的目标（快速处理销售交易、查询价格等）。系统不具备能够被顾客或收银员平等使用的 UI 和功能。与之相反，系统为满足收银员的需要以及受过的培训而优化。顾客在 POS 终端前面将无所适从。换言之，系统为收银员而设计，而不是为顾客设计，因此收银员不仅仅是顾客的代理。

另一方面，对于票务网站，顾客直接使用或电话代理使用，是完全相同的。这种情况下，电话代理仅仅是顾客的代理人而已——系统无需为满足代理的独特目标而进行特别设计。对此，正确的做法是将顾客作为主执行者，而不是将代理作为主执行者。

有其他方法来寻找执行者和目标吗？事件分析

有助于寻找执行者、目标和用例的另一个方法是识别外部事件。有哪些外部事件，源于何处，为什么？通常，一组事件属于同一用例。例如：

外 部 事 件	源 执 行 者	目 标 / 用 例
输入销售项	收银员	处理销售
输入支付信息	收银员或顾客	处理销售
……	……	……

步骤 4：定义用例

一般来说，为每个用户目标分别定义用例。用例的名称应该和用户目标类似。例如，目标：处理销售；用例：处理销售。

> 用例名称应使用动词开头。

对于每个目标的一个用例来说，常见的例外是，将分散的 CRUD（创建、检索、更新、删除）目标合并成一个 CRUD 用例，并习惯性地称为管理 <X>。例如，管理用户用例可以同时满足"编辑用户""删除用户"等目标。

6.16 准则：什么样的测试有助于发现有用的用例

下列哪个是有效用例？

❑ 就供应者合同进行协商

❑ 处理退货

❑ 登录

❑ 在游戏棋盘上移动棋子

对此可能会产生争论，以上内容在不同级别上都是用例，这取决于系统边界、执行者和目标。

与其一般性地问"什么是有效用例"这样的问题，更为实际的问题是"对应用需求分析来说，表示用例的有效级别是什么？"下面给出一些经验方法：

❑ 老板测试

❑ EBP 测试

❑ 规模测试

老板测试

你的老板问："你整天都做了些什么？"你回答："登录系统！"你的老板会高兴吗？

如果不会，那么该用例不会通过老板测试，这意味着该用例与达到可测量价值的结果没有太大关系。这也许是更低级别目标的用例，但不是需求分析所适用的级别。

这也不意味着要忽略在老板测试中失败的用例。用户认证可能不会通过老板测试，但可能会是重点和难点。

EBP 测试

EBP 即**基本业务过程**（Elementary Business Process），是源于业务流工程领域的术语[○]，定义如下：

> 一个人于某个时刻在一个地点所执行的任务，用以响应业务事件。该任务能够增加可测量的业务价值，并使数据保持一致状态，例如，批准信用卡的信用额或者确定订购的价格。[无法考证该定义的来源]

> 关注反映 EBP 的用例。

EBP 测试与老板测试类似，尤其是对于业务价值可测量这一资格而言。

这一定义可能会被抠字眼。如果需要两个人，或者一个人必须四处走动，这样的用例是否无法通过 EBP 测试？也许能通过，但是这种对定义的感觉可能是正确的。用例不是单独的一小步，例如"删除一行条目"或者"打印文档"。相反，主成功场景应该是 5 ~ 10 个步骤。它不像"协商供应商合同"那样，需要几天时间和多次开会。用例是在一个会话过程中完成的任务。用例可能只需几分钟或一个小时就能完成。正如 UP 的定义，用例强调增加可观察或可衡量的业务价值，结果是：系统和数据具有稳定和一致的状态。

规模测试

用例很少是一个单独的动作或步骤，相反，用例通常包含多个步骤，在详述形式的用例通常需要 3 ~ 10 页文本。用例建模中的一个常见错误就是仅将一系列相关步骤中的一个步骤定义为用例，例如将输入商品 ID 定义为用例。你会因其规模过小而看出错误的线索，上述用例名称错误地将一系列步骤中的一个步骤作为用例，如果你以详述形式想象一下，你会发现该用例出奇的短。

示范：应用上述测试

- ❑ 就供应者合同进行协商
  - ● 比 EBP 更广泛，用时更长。更适合作为业务用例，而非系统用例。
- ❑ 处理退货
  - ● 能够通过老板测试。看上去与 EBP 类似。规模合适。
- ❑ 登录
  - ● 如果你一整天都在登录，老板不会满意。

───────────

○ EBP 类似于可用性工程中的**用户任务**，但其含义没有该领域那么严格。

❑ 在游戏棋盘上移动棋子

　　● 单一步骤，不能通过规模测试。

测试的合理违例

尽管应用中主要用例的定义和分析可以满足上述测试，但是常常会出现例外。

有时，需要为子任务或常规 EBP 级别用例中的步骤编写单独的子功能级别用例。例如，诸如"信用卡支付"等子任务或扩展可能在多个基本用例中出现。如果有这种现象，即使不能真正满足 EBP 和规模测试，也需要考虑将其分离为单独的用例，并且将其链接到各个基本用例上，以避免文字上的重复。

认证用户这一用例可能无法通过老板测试，但是其步骤极为复杂，需要引起重视进行细致的分析，例如需要考虑"单点登录"特性。

6.17　应用 UML：用例图

UML 提供了用例图表示法，用以描述用例和执行者的名称及其之间的关系（见图 6-3）$^{\ominus}$。

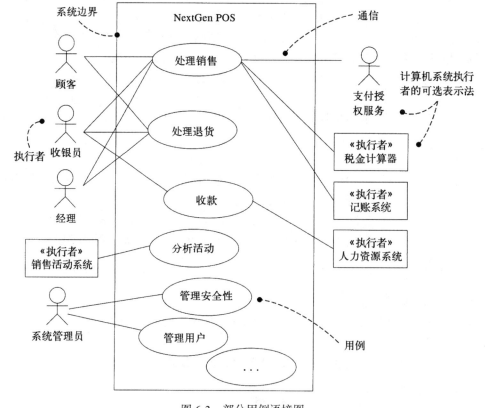

图 6-3　部分用例语境图

⊖ "收款"是指收银员成功地完成以下操作：将现金放入抽屉、登录系统并记录置入抽屉的现金总额。

用例图和用例关系在编写用例工作中是次要的。用例是文本文档。编写用例意味着编写文本。

初学者（或学院派的用例建模者）通常会犯的错误是，将用例图和用例关系作为当务之急，而不是编写文本。

Flower 和 Cockburn 等世界级的用例专家都对用例图和用例关系不予重视，而是注重编写文本。在注意这样的警告的同时，简单的用例图还是能够为系统提供简洁可视的语境图，能够阐述外部执行者及其对系统的使用。

准 则
绘制简单的用例图，并与执行者 – 目标列表关联。

用例图是一种优秀的系统**语境图**（context diagram）；也就是说，用例图能够展示系统边界、位于边界之外的事物以及系统如何被使用。用例图可以作为沟通的工具，用以概括系统及其执行者的行为。图 6-3 展示了为 NextGen 系统绘制的简单的部分用例语境图。

准则：制图

图 6-4 为制图提供了建议。注意，执行者框中使用了符号《执行者》。这种风格适用于 UML **关键字**（keyword）和**构造型**（stereotype），并且包含 guillemet[⊖]符号，即一种特殊的单字节括号（《执行者》不同于 << 执行者 >>），使用于法国印刷样式中，用来表示引用，并由此而广为人知。

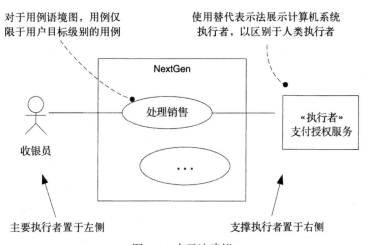

图 6-4 表示法建议

为了明确起见，某些人建议使用其他表示法来突出外部计算机系统执行者，如图 6-5 所示。

⊖ guillemet 源于法语名字 Guillaume（可能是一个印刷者的名字）的爱称。在法语字体中表示引述符号。——译者注

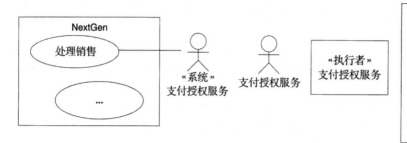

图 6-5 其他执行者表示法

准则：不要倚重于制图，保持其简短

再次重申，用例工作之重在于编写文本，而非图形或用例关系。如果组织在绘制用例图和讨论用例关系上花费了几个小时（甚至数日），而不是着重于编写文本，则本末倒置。

6.18 应用 UML：活动图

UML 包含一种有助于使工作流和业务流程可视化的图：活动图。因为用例涵盖流程和工作流分析，所以活动图能够成为编写用例文本的有用的替代或补充，对于那些描述复杂工作流的业务用例来说更是如此，因为其中涉及多方参与和并发活动。

6.19 动机：用例还有其他益处吗？语境中的需求

用例的动机在于关注谁是关键执行者，其目标和一般的任务是什么。除此之外，就其本质而言，用例是一种简单的、被广泛理解的形式（故事或场景形式）。

另一动机是以用例代替详细的、低层的功能列表（在 20 世纪 70 年代传统需求方法中普遍使用）。这些列表的形式如下：

ID	特　　性
FEAT1.9	系统应该接受商品 ID
……	……
FEAT2.4	系统应该在账户应收款系统中记录信用卡支付信息

正如 *Uses Cases: Requirements in Context* [GK00] 的书名所暗示的那样，在使用系统的典型场景的语境下，用例组织了一组需求。这是件好事，以面向用户的场景（例如用例）作为公共线索，考虑并组织需求，可以增强对需求的理解，并且能够提高需求分组的内聚性。在最近的一个航空交通管制系统项目中：需求最初编写为老式的功能列表，充斥了大量难以理解、没有关联的规格说明。新的领导小组接手后，主要通过用例对这些需求进行了分析和重组。这样便提供了一种统一的、可理解的方式，将需求拉近，变成使用语境下的需求故事。

再次声明，无论用例多么重要，但它并不是唯一必要的需求制品。最好将非功能性需求、报表布局、领域规则和其他难以放置的元素捕获到 UP 的补充性规格说明中。

容许高阶系统特性列表

虽然不希望使用详细功能列表，但是在愿景文档中加入简洁的高阶特性列表有助于概括系统的功能性，该列表也称为系统特性列表。与50页的低级特性相比较，系统特性列表只包含几十个条目。系统特性列表独立于用例视图，简要地概括了功能性。例如：

系统特性概要

☐ 销售交易记录

☐ 支付授权（信用卡、借记卡、支票）

☐ 用户、安全、编码和常量表等的系统管理

☐ ……

什么时候详细特性列表比用例更适合

有时用例不一定合适，某些应用迫切需要特性驱动的观点。例如，对于应用服务器、数据库产品和其他中间件或后台系统而言，首先需要考虑的是特性（"我们需要在下一版本中支持Web Services"）。用例并不能自然而然地适用于这些应用或者它们在市场压力下所需要演化的方向。

6.20 示例：Monopoly 游戏

Monopoly 软件系统中最重要的用例是玩 Monopoly 游戏，即使它不能通过老板测试！因为该游戏以软件模拟的方式运行，并且只为一个人观看，所以我们可以称此人为观察者，而不是玩家，如图 6-6 所示。

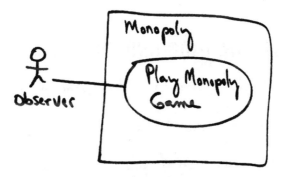

图 6-6　Monopoly 软件系统的用例图（语境图）

该案例研究表明，用例对于行为需求来说不一定是最好的。试图以用例形式捕获所有游戏规则是笨拙和不自然的。那么游戏规则应归属于何处？首先，更广泛地讲，游戏规则是**领域规则**（有时称为业务规则）。在 UP 中，领域规则可以作为补充性规格说明（SS）的一部分。在 SS

的"领域规则"一节中，可能会引用游戏规则的官方纸质小册子，或者是描述其规则的网站。除此之外，在用例文本中可能会指向这些规则，如下所示。

该用例的文本与 NextGen POS 问题极为不同，因为这是个简单的仿真，许多可能的（模拟的）玩家动作捕获在领域规则中，而不是在"扩展"一节中。

用例 UC1：玩 Monopoly 游戏

范围： Monopoly 应用

级别： 用户目标

主执行者： 观察者

涉众利益：

❑ 观察者：希望轻松地查看到游戏仿真的输出。

主成功场景：

1. 观察者请求新游戏初始化，输入玩家的人数。

2. 观察者开始游戏。

3. 系统为下一玩家显示游戏路线（参见领域规则和路线细则术语表中的"游戏路线"）。

重复步骤 3 直到产生获胜者或观察者取消。

扩展：

*a. 在任何时刻，如果系统失败：

（为支持恢复，系统在每一次移动完成后记录日志）

1. 观者者重新启动系统。

2. 系统检测到先前的失败，重新构造系统状态，并且提示继续。

3. 观察者选择继续（从上次完成移动的玩家开始）。

特殊需求：

❑ 同时提供图形和文本的路线模式。

6.21　过程：在迭代方法中如何使用用例

用例是 UP 和其他众多迭代方法的核心。UP 提倡**用例驱动开发**（use-case driven development）。这意味着：

❑ 功能需求首先记录在用例（用例模型）中；其他需求技术（例如功能列表）是次要的，如果用到的话。

❑ 用例是迭代计划的重要部分。迭代的工作是通过选择一些用例场景或整个用例来（部分地）定义的。同时，用例是估算的关键输入。

❑ **用例实现**（use-case realization）驱动设计。也就是说，团队设计协作对象和子系统是为了执行或实现用例。

❑ 用例通常会影响用户手册的组织。

❏ 功能或系统测试对应于用例的场景。

❏ 为重要用例的最常用场景创建 UI "向导"或快捷方式可以方便执行常用任务。

在迭代中如何演化用例和其他规格说明

本节重申了演化式迭代开发的关键思想：规格说明的工作任务在各迭代中的时间量和级别。表 6-1 展示了一个样例（而非真正的解决方案），表明了如何开发需求的 UP 策略。

表 6-1　跨越早期迭代的需求工作任务示例（此例非实际解决方案）

科　　目	制　品	需求工作任务注释和级别				
		初始（1周）	细化 1（4周）	细化 2（4周）	细化 3（3周）	细化 4（3周）
需求	用例模型	2 天的需求讨论会。定义大多数用例的名称，并附以简短文字概要 从高阶列表中选择 10% 的需求加以分析并详细编写。这 10% 的用例应具有重要的架构意义、风险和高业务价值	在本次迭代接近结束时，举行 2 天的需求讨论会 从实现工作中获取理解和反馈，然后完成 30% 详细用例	在本次迭代接近结束时，举行 2 天的需求讨论会 从实现工作中获取理解和反馈，然后完成 50% 详细用例	重复，详细完成 70% 的用例	重复，确定 80%～90% 的用例并详细编写 其中只有一小部分在细化阶段构建；其余在构造阶段中实现
设计	设计模型	无	对一组高风险的、具有重要架构意义的需求进行设计	重复	重复	重复。高风险和重要架构意义的方面现在应该稳定化
实现	实现模型（代码等）	无	实现之	重复，构建了 5% 的最终系统	重复，构建了 10% 的最终系统	重复，构建了 15% 的最终系统
项目管理	软件开发计划	十分粗略地估计整体工作量	估算开始成形	少许改进……	少许改进……	现在可以提交合理的总体项目进程、主要里程碑、工作量、成本估算

注意，当仅仅详细定义了约 10% 的需求时，技术小组就开始构建系统的生产核心。实际上，团队刻意推延了进一步的深入需求工作，直到第一次细化迭代接近结束时为止。

这正是迭代开发和瀑布过程的关键区别：在了解所有需求之前，迅速开展对系统核心的生产质量开发。

注意观察，在细化阶段的第一次迭代接近结束时，举行了第二次需求讨论会，通过此次讨论会，详细编写了约 30% 的用例。这种交错的需求分析得益于对少量核心软件构建的反馈。这种反馈包括用户评估、测试和所改进的"知其所不知"。快速构建软件的行为使需要澄清的假设和问题浮出水面。

在 UP 中，提倡在需求讨论会上编写用例。图 6-7 对完成此项工作提出了时间和地点方面的建议。

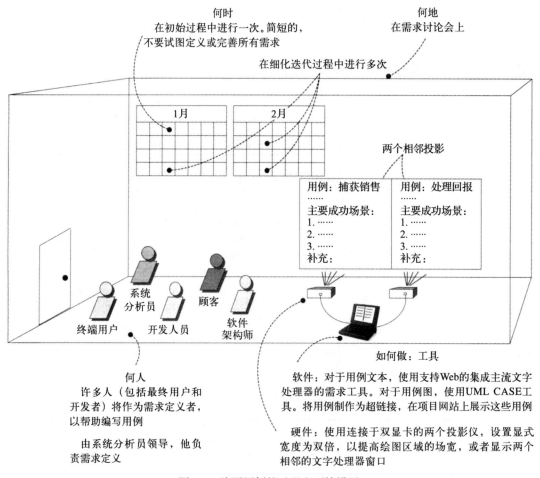

图 6-7 编写用例的过程和环境设置

何时创建各种 UP 制品（含用例）

表 6-2 描述了一些 UP 制品，及其开始和精化的时间表示例。用例模型始于初始阶段，在这一阶段大概只详细编写 10% 具有重要架构意义的用例。大部分用例在细化阶段的迭代中进行编写，在细化阶段结束时，将完成大量详细用例和其他需求（在补充性规格说明中），并为整个项目的估算提供真实的依据。

表 6-2 UP 制品及其时限示例（s：开始；r：精化）

科 目	制 品 迭代→	初 始 I1	细 化 E1, …, En	构 造 C1, …, Cn	移 交 T1, …, Tn
业务建模	领域模型		s		
需求	**用例模型**	s	r		
	愿景	s	r		

（续）

科 目	制 品 迭代→	初 始 I1	细 化 E1, …, En	构 造 C1, …, Cn	移 交 T1, …, Tn
需求	补充性规格说明	s	r		
	术语表	s	r		
设计	设计模型		s	r	
	软件架构文档		s		

在初始阶段如何编写用例

下面详细讨论表 6-1 中提供的信息。

在初始阶段，并不是要以详述形式编写所有用例。与之相反，在对 NextGen 的早期调查中，假设有为期两天的需求讨论会。在开始的部分时间里，主要工作是确定目标和涉众，并且推测项目的范围。使用计算机和投影仪编写、展示执行者 – 目标 – 用例列表。开始绘制用例语境图。几个小时之后，大概确定 20 个用例名称，包括处理销售、处理退货等。以摘要形式编写大部分需要关注的、复杂的、具有风险的用例，每个用例平均花费两分钟时间编写。团队开始形成系统功能的高层次概览。

此后，以详述形式重新编写其中 10% ～ 20% 的用例，这些用例代表复杂的核心功能、需要构建核心架构或者在某些方面极具风险。通过对具有影响力的用例所完成的小范围深入调查，小组能够进行略为深入地研究，以获取对项目规模、复杂度、隐藏风险的理解。或许这意味着两个用例：处理销售和处理退货。

在细化阶段如何编写用例

下面详细讨论表 6-1 中提供的信息。

该阶段含有多次时间定量的迭代（例如四次迭代），在这些迭代中，逐步地构建具有风险、高价值或具有重要架构意义的部分系统，同时确定需求的"主体"。源于具体编程步骤的反馈会影响和干预团队对需求的理解，对需求的迭代是迭代的和可适应的。每个后续的短期研讨会是改写和完善核心需求愿景的时间，这些需求在早期迭代中可能不稳定，在后期迭代中逐渐稳定。因此需求发现与建造软件部件之间存在迭代互动。

在随后的每个简短的需求讨论会中，精化用户目标和用例列表。以详述形式编写和重新编写更多的用例。在细化阶段结束时，将详细编写"80% ～ 90%"的用例。对于具有 20 个用户目标级别用例的 POS 系统，将以详述形式调查、编写和重新编写其中 15 个或更多的最为复杂和最有风险的用例。

注意，细化阶段涉及对部分系统编程。在该步骤结束时，NextGen 小组不仅应该拥有更详细的用例定义，还应该有一些可执行的软件。

在构造阶段如何编写用例

在细化阶段中，一旦解决了那些具有风险的和不稳定的核心问题，那么在由时间定量的迭代（例如，每两周进行 20 次迭代）组成的构造阶段中，则着重于完成系统。这一阶段中，可能还要编写一些次要的用例，也可能会举行需求讨论会，但是次数都会大大少于细化阶段。

案例研究：NextGen 初始阶段中的用例

如前面小节所述，初始阶段不需要以详述形式编写所有用例。此案例研究在该阶段的用例模型可以详述如下：

详 述 形 式	非正式形式	摘 要 形 式	详 述 形 式	非正式形式	摘 要 形 式
处理销售	处理租金	入款			关闭
处理退货	分析销售活动	出款			管理系统表
	管理安全性	管理用户			……
	……	启动			

6.22 历史

Ivar Jacobson 在 1986 年就提出了描述功能性需求的用例思想 [Jacobson92]，他也是 UML 和 UP 的主要贡献者。Jacobson 的用例思想具有开创性并广为赞誉。尽管许多人对这一主题做出过贡献，但能继往开来且最具有影响的可能是 Alistair Cockburn（曾受教于 Jacobson）。Cockburn 基于其自 1992 年以来发表的著作（例如 [Cockburn01]）及早期的工作，进一步定义了用例是什么和如何编写用例。

6.23 推荐资源

最畅销的用例指南是《编写有效用例》（*Writing Effective Use Cases*）[-][Cockburn01][-]，该书已翻译成多种语言。该书是最受欢迎的用例书籍，所以我首推该书作为参考读物。本书对用例介绍也基于此并与之保持一致。

Adolph 和 Bramble 所著的《有效用例模式》（*Patterns for Effective Use Cases*）以某种方式延续了《编写有效用例》的内容。该书涵盖大量有用的技巧（以模式的形式），涉及创建优秀用例的过程（团队组织、方法论、编辑）和如何更好地结构化和编写用例（审定和改进用例内容及组织的模式）。

在需求讨论会中最好与同伴一起编写用例。Ellen Gottesdiener 的《需求协同：定义需求的讨论会》（*Requirements by Collaboration: Workshops for Defining Needs*）对主持讨论会的技巧给出了卓越的指导。

Bittner 和 Spence 的《用例建模》（*Use Case Modeling*）也是一本极佳的参考资料，两位作者

［-］ 本书中文翻译版和英文影印版已由机械工业出版社出版。——编辑注

［-］ 注意 Cockburn 和 slow burn 同韵。——译者注

都是经验丰富的建模者，也对迭代和演化式开发及 RUP 具有深入的理解，并且在此语境下介绍了用例分析。

在用例方面，引用最广泛的论文是"Structuring Use Cases with Goals"[Cockburn97]，可以在 alistair.cockburn.us 上找到这篇论文。

Kulak 和 Guiney 的《用例：通过背景环境获取需求》(*Use Cases: Requirements in Context*) [一] 也值得推荐。它强调了用例的重要观点（如书名所示），用例不仅仅是一种需求制品，而且是驱动需求工作的核心手段。

[一] 本书中文翻译版已由机械工业出版社出版。——编辑注

Chapter 7 第 7 章

其他需求

好、快、省：任选其二。

——匿名

目标

❑ 展示补充性规格说明、术语表、愿景和业务规则等制品。

❑ 比较和对照系统特性与用例。

❑ 定义质量属性。

简介

除用例之外，还有其他一些重要的 UP 需求制品，本章将介绍这些制品。本章所介绍的是一些次要的需求主题而不是 OOA/D，如果你想略过本章也毫无问题。可以先阅读第 8 章的迭代 1 需求的概要，然后阅读第 9 章对领域建模之经典 OOA 主题的介绍。

既然本章内容不是学习 OOA/D 的核心，那为什么还要介绍呢？因为这些内容与案例研究关系密切，并且提供了更为完整的需求示例。

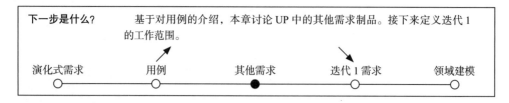

其他需求制品

用例不是要求的全部。

补充性规格说明捕获并识别其他类型的需求，例如报表、文档、打包、可支持性、许可授权等。

术语表捕获术语和定义，它也可起到数据字典的作用。

愿景概括了对项目的"愿景"，即高层摘要。该制品为项目主要思想提供简洁描述。

业务规则（或领域规则）捕获了凌驾于特定应用之上的长期规则或政策，例如税法。

7.1　这些示例有多完整

本书的首要目标是介绍 OOA/D 基础知识，而不是本章所论述的次要 POS 需求细节。因此，本章只展示部分示例，并不展示完整详尽的需求示例⊖。

某些小节将作为承上启下的过渡小节，突出重点问题，提供对内容的感性认识，然后就会快速进入下面的内容。

7.2　准则：初始阶段是否应该对此进行彻底分析

非也。UP 是一种迭代和演化式方法，这意味着应该早在完整地分析和记录大多数需求之前，尽早进行生产质量的编程和测试。来自早期编程和测试的反馈使需求演化。

但是，研究表明，在开始阶段，高阶粗粒度需求的"前十"列表是有帮助的。同样，在早期花费一定时间去理解非功能性需求（例如性能或可靠性）也是有帮助的，因为这对架构选择具有重要影响。

可靠性规格说明：是否矛盾？

接下来所编写的需求示例可能会造成以下错觉：既然理解并良好定义了真实的需求，那么也可以（及早）用它来对项目进行可靠的估算和计划。这种错觉对非软件开发者来说尤其强烈，程序员会从其惨痛教训中认识到这种计划和估算是多么不可靠。正如前文提及的，案例研究（例如，[Thomas01] 和 [Larman03]）表明，认为早期详细需求对软件项目有帮助或可靠是错误认识。事实与之完全相反，几乎 50% 的使用瀑布方法定义的早期特性从未在系统中使用过。

真正重要的是快速构建可以通过用户验收测试的软件，而且能够满足用户真实的目标，但在用户对软件进行评估或使用之前，无法确定这些目标。

编写愿景和补充性规格说明是值得重视的，可以作为练习，用于澄清客户大概想要什么，产品的动机是什么，并且可以作为大思路的知识库。但是这些制品（或者任何需求制品）也并不是完全可靠的规格说明。只有编写代码、测试、获取反馈、进一步完成与用户和客户的协作并且对软件进行改写，才会真正达到目标。

这并不是要号召无需分析和思考就匆忙地去编码，而是建议轻度地处理需求，尽快开始编程，并且不断（理想的情况下，是每天都进行）引入用户和测试以得到反馈。

⊖　范围扩散蔓延不仅仅是需求上的问题，更是需求编写上的问题！

7.3 准则：这些制品是否应该放在项目 Web 站点上

当然。因为这是一本书，这些示例和用例或许给人以静态的或面向纸张的感觉。然而，这些数字制品通常应该只在线记录于项目的 Web 站点上。与普通的静态文档不同，这些制品应该是超链接的，或者使用不同于字处理器或电子表格的其他工具进行记录。例如，其中大多数可以记录在 WiKi Web[⊖]上。

7.4 NextGen 示例：（部分）补充性规格说明

补充性规格说明

修订历史

版　本	日　期	描　述	作　者
初始草案	2031 年 1 月 10 日	第一个草案。主要在细化阶段中进行精化	Craig Larman

简介

本文档记录了 NextGen POS 所有未在用例中描述的需求。

功能性

（通常跨越多个用例的功能性。）

1. 日志和错误处理

在持久性存储中记录所有错误。

2. 可插拔规则

在几个用例（见定义）的不同场景点执行任意一组规则，以支持对系统功能的定制，在该点或该事件执行。

3. 安全性

任何使用都需要经过用户认证。

可用性

人性因素

顾客将能够看到 POS 大屏幕显示器的显示。因此：

❑ 应该在 1 米外轻松看到文本。

❑ 避免使用一般色盲人群难以辨认的颜色。

快捷、无错的销售交易处理极为重要，因为购买者希望快速离开，否则会给他们的购买体验（和对销售员的评价）带来负面影响。

收银员的视线通常停留在顾客或商品，而不是计算机显示器上。因此，提示和告警应该通过声音传递而不仅仅是通过图像传递。

⊖　对于 Wiki 的介绍，参见 http://en.wikipedia.org/wiki/WikiWiki。

可靠性

1. 可恢复性

如果在使用外部服务（支付授权、账务系统、……）时出现错误，为了完成销售交易，需要尝试采用本地方案（如存储和转发）加以解决。对此需要更深入的分析……

2. 性能

正如"人性因素"一节中所提及的，购买者希望非常快速地完成销售处理过程。外部的支付授权是瓶颈之一。我们的目标是：90% 的情况下，能够在 1 分钟之内完成授权。

可支持性

1. 可适应性

NextGen POS 的不同客户在处理销售时有其特有的业务规则和处理需求。因此，在场景中的几个预定义点（例如，当开始新的销售交易时，当增加新的商品时），需要能够启用可插拔的业务规则。

2. 可配置性

不同的客户对其 POS 系统有不同的网络配置需求，例如，采用胖客户端或瘦客户端，两层或多层物理层等。除此之外，他们还要求具备修改配置的能力，以便适应其变更业务和性能的需求。因此，系统应该具备一定的可配置能力以适应这些需求。对此需要进一步分析，以发现哪些地方需要灵活性和灵活性的程度，以及实现这种灵活性所需的工作。

实现约束

NextGen 的领导层坚持采用 Java 技术的解决方案，他们认为采用 Java 技术除了易于开发外，还能够提高远期的移植和可支持性能力。

购买构件

❑ 税金计算器。必须支持用于不同国家的可插拔计算器。

免费开源构件

一般而言，我们建议在该项目中尽可能地使用免费的 Java 技术开源构件。

尽管现在对确定最终的设计和选择构件来说为时尚早，但是我们建议采用以下构件：

❑ JLog 日志框架

❑ ……

接口

1. 重要硬件和接口

❑ 触摸屏监视器（操作系统将此视为普通监视器，且触摸手势也视为鼠标事件）。

❑ 条形码激光扫描仪（通常附加在一种特殊键盘上，扫描输入在软件中视为键盘输入）。

❑ 票据打印机。

❑ 信用卡 / 借记卡读卡器。

❑ 签名读取装置（不含在版本 1 中）。

2. 软件接口

由于存在众多外部协作系统（税金计算器、账务、库存、……），我们需要采用不同的接口，接入不同的系统。

应用特定的领域（业务）规则

（一般性规则参见单独的业务规则文档。）

ID	规 则	可 变 性	来 源
规则 1	购买者折扣规则。示例： 员工：20% 折扣额 优惠顾客：10% 折扣额 老年人：15% 折扣额	高 每个零售商有不同规则	零售商政策
规则 2	销售（交易级）折扣规则 适用于税前总额。示例： 如果超过 100 美元，折扣额为 10% 每周一折扣额为 5% 今天上午 10 点到下午 3 点的折扣额为 10% 今天上午 9 点到上午 10 点，豆腐的折扣额为 50%	高 每个零售商有不同规则，每天或每小时都可能改变	零售商政策
规则 3	产品（商品级）折扣规格 示例： 拖拉机本周折扣额为 10% 素食汉堡买二送一	高 每个零售商有不同规则，每天或每小时都可能改变	零售商政策

法律问题

我们建议使用一些开源构件，但是要解决其许可限制的问题，以便使包含开源软件的产品能够再销售。

法律规定，在销售交易中必须遵从所有税务规则。同时要注意的是，这些规则可以频繁变更。

所关注领域内的信息

1. 定价

除了在领域规则小节中描述的定价规则之外，还需要注意，产品有原始价格和可选的常设低标价之分。产品标示的价格（折扣前）是常设低标价。由于账务和税务的原因，即使有常设低标价，也需要维护原始价格。

2. 信用卡和借记卡支付处理

当支付授权服务批准了信用卡或借记卡支付后，将由支付授权服务而不是买方来负责对卖方的支付。因此，对于每笔支付，卖方都需要在应收账款中记录所欠的款项，来自授权服务。通常，授权服务在每晚执行电子转账操作，将卖方当天的应收总额转入其账户下，同时对每笔交易扣除（少量的）服务费。

3. 销售税

销售税的计算可能会十分复杂，并且会根据各级政府的立法而经常变更。因此，对税金计算采用第三方软件（存在许多可选的第三方软件）是明智之举。税金可能分别归属于城市、地区、州和国家。某些商品可能是无条件免税的，或者是根据买方或目标收货人（例如，农民或儿童）进行免税。

4. 商品标识：UPC、EAN、SKU、条形码和条形码读取装置

NextGen POS 要支持各种商品标识方案。对于出售的产品而言，UPC（通用生产代码）、EAN（欧洲物品编码）和 SKU（库存单位）是三种常见的商品销售标识系统。JAN（日本物品编码）类似于 EAN。

SKU 是由零售商定义的完全专用的标识。

不过，UPC 和 EAN 具有标准和监管的组成部分。参见 www.adams1.com/pub/russadam/ upccode.html 或者 www.uc-council.org 和 www.ean-int.org 获得详细信息。

7.5　注解：补充性规格说明

补充性规格说明（supplementary specification）捕获了用例或术语表难以捕获的其他需求、信息和约束，其中包括系统范围的"URPS+"（可用性、可靠性、性能、可支持性和其他）等质量属性或需求。

需要注意的是，在思考用例的时候，某用例专有的非功能性需求可以（可能也应该）首先简要地写入用例，即用例的"特殊需求"小节。但是，在这种非正式步骤之后，应该将其移到补充性规格说明，以便所有非功能性需求集中在一处，避免重复。

补充性规格说明中的元素包括：
- "FURPS+"需求——功能性、可用性、可靠性、性能和可支持性。
- 报表。
- 硬件和软件约束（操作系统和网络系统等）。
- 开发约束（例如，过程或开发工具）。
- 其他设计和实现约束。
- 国际化问题（单位、语言）。
- 文档化（用户、安装和管理等）和帮助。
- 许可和其他法律问题。
- 包装。
- 标准（技术、安全和质量）。
- 物理环境问题（例如，热度或振动）。
- 操作问题（例如，如何处理错误，或者每隔多久进行备份）。
- 特定应用领域规则。
- 所关注领域的信息（例如，信用卡支付处理的整个过程）。

质量属性

有些需求可以称为系统的**质量属性**（quality attribute，或 qualities attribute）[BCK98]，包括可用性、可靠性等等。需要注意的是，这些指的是系统的质量，而非属性本身的质量，属性本身并没有高质量之说。例如，如何不想让产品长期使用，可以故意降低支持性质量。

当我们带上"架构师的帽子"时，系统范围的质量属性（记录于补充性规格说明中）尤其有趣，因为架构分析和设计主要关注在功能性需求语境下识别和解决质量属性，第 33 章将对此进行介绍。

例如，假设质量属性之一是 NextGen 系统在远程服务失败时必须具有一定的容错能力。从架构的观点出发，该质量属性对于大范围的设计决策将具有广泛影响。

补充性规格说明中有功能性吗？难道不应该在用例中吗？

某些功能或特性并不适合采用用例的形式描述。20 世纪 90 年代，我在一家公司参与了 Java 中间件和基于代理的平台的开发。在其下一个版本中（正如大多数中间件或服务器产品），我们没有考虑采用用例形式描述功能性，那样毫无意义。我们采用了以**特性**的方式来描述功能性，例如"增加对 EJB 实体 Bean 1.0 的支持"。

UP 当然也允许使用这种面向特性的方法来描述需求，在这种情形下，应在补充性规格说明中描述特性列表。

UP 提倡但不是强求对功能性使用用例。用例是一种优秀的方法，可以通过产品使用的典型场景把一组相关特性集中起来思考。但是用例并不是永远适用。

应用特定的领域（业务）规则

一般来说，诸如税法等广泛应用的领域规则属于 UP 业务规则制品，UP 将其作为核心的共享知识库。但是，对于更为局限的特定于应用的规则，例如如何计算某个订单项的折扣，可以记录在补充性规格说明中。

所关注领域的信息

这对于主题问题专家是具有价值的，他们可以编写（或提供 URI）一些与新软件系统有关的领域解释（销售和账务，地下油/水/气流量的地球物理学知识），以便为开发小组提供背景信息和更为深入的理解力。该文档包括对重要文献或专家、公式、定理或其他参考资料的引用。例如，NextGen 小组必须在一定程度上了解 UPC 和 EAN 编码方案和条形码的符号表示法的奥秘。

7.6 NextGen 示例：（部分）愿景

愿 景

修订历史

版 本	日 期	描 述	作 者
初始草案	2031 年 1 月 10 日	第一个草案。主要在细化阶段中进行精化	Craig Larman

简介

我们设想 NextGen POS 是下一代 POS 应用，能够容错，具有灵活性以支持各种客户的不同业务规则，具有多终端和用户接口机制，并且能够与各种第三方支持系统集成。

定位

1. 商业机遇

就各种业务规则和网络设计而言（例如，瘦客户端或其他；两层、三层或四层架构），现有的 POS 产品无法适应客户的业务。此外，在业务和终端增长时，现有产品不能很好地扩展。而且，这些产品无法同时以在线和离线模式工作，不能动态地根据错误进行调整。现有产品都无法方便地与大量第三方系统集成。它们都不能采用新的终端技术，例如移动 PDA。以上这些不灵活的情形无法满足市场的需要，因此需要一种 POS 来改变这种情形。

2. 问题综述

传统的 POS 系统灵活性、容错性差，并且难以与第三方系统集成。这就带来诸多问题，包括无法快速完成销售流程、无法加入软件不支持的处理过程以及不能支持及时准确的账务和库存数据管理（以便统计和计划）。这些问题会影响收银员、商店经理、系统管理员和企业管理人员。

3. 产品定位综述

❑ 简洁地概括系统目标用户、出众的特性和与竞争者的差异。

4. 替代方案和竞争……

涉众描述

1. 市场统计……

2. 涉众（非用户）概要……

3. 用户概要……

4. 涉众的关键高阶目标及问题

通过专题专家和其他涉众参加的为期一天的需求讨论会，和对一些零售店的调查，得出以下关键目标和问题：

高 阶 目 标	优 先 级	相 关 问 题	当前解决方案
快速、健壮和整合的销售流程	高	负载增大时速度降低 如果有构件故障，则无法完成销售过程 由于没有和现有的账务、库存和人力资源系统整合，所以缺乏来自这些系统的及时准确的信息。因此难以进行统计和计划 不能为特殊的业务需求定制业务规则 难以增加新的终端或用户接口类型（例如移动 PDA）	现有的 POS 产品提供了基本的销售过程，但是没有解决这些问题
……	……	……	……

5. 用户级目标

用户（和外部系统）要求系统实现以下目标：

❑ 收银员：处理销售交易、处理退货、入款、出款

❑ 系统管理员：管理用户、安全性和系统表

❑ 经理：启动和关闭

❑ 销售活动系统：分析销售数据

❑ ……

6. 用户环境……

产品概览

1. 产品展望

NextGen POS 系统通常安装在商店中。如果使用移动终端，则可以在商店网络邻近的封闭区域内使用，包括商店内部或外部的封闭区域。系统能够与其他系统协作，为用户提供各种服务，如图 7-1 所示。

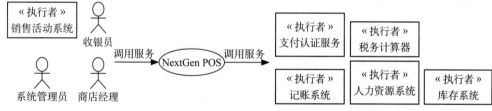

图 7-1　NextGen POS 系统语境图

2. 优点概述

支持的特性	涉众利益
从功能上说，系统能够提供销售组织需要的常见服务，包括记录销售、支付授权、退货处理等	自动化、快速 POS 服务
自动检测错误，将无效服务切换到本地离线处理过程	当外部构件发生故障时继续销售处理过程
在销售处理中的不同场景点可以插入业务规则	灵活的业务逻辑配置
使用行业标准协议，与第三方系统进行实时交易	提供及时、准确的销售、账务和库存信息，以支持统计和计划
……	……

3. 假设和依赖……

4. 成本和定价……

5. 许可和安装……

系统特性概要

❑ 记录销售交易。

❑ 支付授权（信用卡、借记卡、支票）。

❑ 对用户、安全性、编码和约束表等进行系统管理。

❑ 当外部构件发生故障时，自动进行离线销售处理。

❑ 基于行业标准，与第三方系统进行实时交易，这些第三方系统包括库存、账务、人力资源、税金计算器和支付授权服务等。

❑ 在处理场景中固定、公共的设定点定义和执行定制的"可插拔"业务规则。

❑ ……

其他需求和约束

包括设计约束、可用性、可靠性、性能、可支持性、设计约束、文档、包装等。参见补充性规格说明和用例。

7.7 注解：愿景

当某个人加入项目团队时，对他说"欢迎！请到项目网站上去阅读 7 页的愿景文档。"，这种做法是有效的。编写高层摘要对项目进行简要的描述，使主要成员建立起对项目的共同愿景，也是同样有帮助的。

愿景不应该占据很长篇幅，也不应该试图详细描述公司需求。愿景应该概括用例模型和补充性规格说明中的一些信息。

涉众的关键高阶目标及问题

该小节总结高阶（通常高于特定用例）目标和问题，并且揭示了重要的非功能和质量目标，这些目标可能属于某个用例或跨越多个用例，例如：

❑ 我们需要可容错的销售处理过程。

❑ 我们需要定制业务规则的能力。

准则：有哪些促进的方法？

特别是在诸如定义高阶问题和确定目标的活动过程中，会发生创造性、调查性的小组工作。对于发现根源问题及目标、启发思路和定义优先级，存在一些有助于小组工作的技术：思维导图（mind mapping）、产品愿景盒创建（product vision box creation）、鱼骨图（fishbone diagram）、帕累托图（pareto diagram）、头脑风暴（brainstorming）、多次投票表决（multi-voting）、计点投票表决（dot voting）、提名小组过程（nominal group process）、书面头脑风暴（brainwriting）和亲和性分组（affinity grouping）。可以在 Web 上找到这些方法的具体介绍。我推荐在同一讨论会上采用其中几种方法，以便从不同角度发现共同的问题和需求。

系统特性概要

为掌握主要特性而在愿景中只列出用例名称是不够的。原因如下：

❑ 太详细或层次过低。人们想要的是主要思想的概要。而用例可能会有 30 ～ 50 个之多。

❑ 用例名称可能掩盖了涉众真正关心的主要特性。例如，假设是在"处理销售"用例内部描述自动支付授权功能。只阅读用例名称列表的读者就不会知道系统需要进行支付授权。

❑ 有些值得注意的特性跨越了多个用例或者与用例正交。例如，在 NextGen 的第一个需求讨论会中，有人可能会提出"系统应该能够与现有的第三方账务、库存和税金计算系统交互"。

因此，使用**特性**作为替代的、补充性的方式来表示系统功能，在这种语境下，更准确地说法是**系统特性**，即以高阶、简洁的语句对系统功能加以概括。更为正式地，在 UP 中，**系统特性**是"由系统提供的外部可观察到的服务，可以直接实现涉众的需求"[Kruchten00]。

定　义

特性是系统能够做的行为上的功能。特性应该通过如下语言上的测试：

系统做 < 特性 X>

例如：

系统做支付授权。

将功能上的系统特性与各种非功能性需求和约束进行对比，例如"系统必须运行于 Linux，必须具有 24×7 小时可用性，并且必须拥有触摸屏界面。"注意，这些都不能通过上述语言上的测试。例如，系统做 Linux。

准则：如何编写特性列表

最好使愿景文档保持简洁，事实上，任何文档都应该如此。

以下是高阶特性示例，这些特性属于一个大型项目，其中包含多个系统，POS 只是其中一个元素：

主要特性包括：

❑ POS 服务

❑ 库存管理
❑ 基于 Web 的购物
❑ ……

通常可以使用两级层次结构来组织系统特性。但是，如果愿景文档的层次多于两级，则显得过于详细。愿景的系统特性应该对功能性进行概括，非不应分解为细粒度元素的冗长列表。以下是详细程度比较合理的示例：

主要特性包括：

❑ POS 服务
- 记录销售
- 支付授权
- ……

❑ 库存管理
- 自动化再订购
- ……

愿景文档中应该包含多少系统特性？

准　则

在设想文档中包含的特性最好少于 10 个，因为更多的特性不能够被快速掌握。如果存在更多的特性，则需考虑对这些特性进行分组和概括。

准则：我们是否应该在设想文档中重复其他需求？

在愿景中，系统特性简明概括了通常在用例中要详细说明的功能性需求。同样，愿景也能够对补充性规格说明中详细说明的其他需求（例如，可靠性和可用性）加以概括。但是要尽量避免陷入对自己的重复当中去。

准　则

对于其他需求，要避免在设想和补充性规格说明（SS）中重复或近于重复。最好只在SS 中记录这些需求。在愿景中，可以指引读者到 SS 中阅读这些需求。

准则：你应该先编写愿景还是用例？

不需要严格定义这种先后顺序。在开发者合作创建不同需求制品时，对一个制品的创建工作会影响并有利于澄清另一个制品。尽管如此，还是建议采用如下的顺序：

1）首先编写简要的愿景初稿。

2）确定用户目标和对应的用例名称。

3）详细编写一些用例，并且开始编写补充性规格说明。

4）精化愿景，对以上制品中的信息进行概括。

7.8 NextGen 示例：（部分）术语表

术 语 表

修订历史

版　本	日　　期	描　　述	作　者
初始草案	2031 年 1 月 10 日	第一个草案。主要在细化阶段中进行精化	Craig Larman

定义

术　语	定义和信息	格　式	验证规则	别　名
商品	用于销售的产品或服务			
支付授权	外部支付授权服务进行的验证活动，该服务将完成并保证对卖方的支付			
支付授权请求	电子地发送给授权服务的一组元素，通常是字符序列。元素包含：商店 ID、顾客账号、总额和时间戳			
UPC	标识产品的数字代码。通常以产品上的条形码来表示格式和验证的详细信息可参见 www.uc-council.org	分为几个子部分的 12 位数字代码	第 12 位是校验位	通用产品代码
……	……			

7.9 注解：术语表（数据字典）

术语表（glossary）的最简形式是重要术语及其定义的列表。令人惊讶的一种常见情况是，不同涉众可以用略有不同的方式使用同一（通常是技术的或特定于领域的）术语。这一问题必须解决，以减少沟通上的问题和需求的二义性。

> **准　则**
> 及早开始编写术语表。术语表将很快成为关于细粒度元素细节信息的有效知识库。

术语表作为数据字典

在 UP 中，术语表也充当**数据字典**（data dictionary）的角色，即记录关于数据之数据，也就是**元数据**（metadata）的文档。在初始阶段，术语表应该是术语及其描述的简单文档。在细化阶段，术语表可以扩展为数据字典。

术语的属性包括：

❑ 别名

❑ 描述

❑ 格式（类型、长度、单位）

❑ 与其他元素的关系

❑ 值域

❑ 验证规则

注意，术语表中的值域和验证规则是反映系统行为的需求的组成部分。

准则：我们是否可以在术语表中记录组合术语

术语表不仅用于记录原子术语，例如"产品价格"，它也能够并且也应该包括诸如"销售"（其中包含其他元素，例如日期和地点）的组合元素和用来描述用例执行者之间所传递的一组数据的简化名称。例如，在处理销售用例中，考虑如下陈述：

系统向外部支付授权服务发送支付授权请求，并请求批准支付。

"支付授权请求"是一组数据的别名，也需要在术语表中加以解释。

7.10 NextGen 示例：业务规则（领域规则）

领 域 规 则

修订历史

版 本	日 期	描 述	作 者
初始草案	2031 年 1 月 10 日	第一个草案。主要在细化阶段中进行精化	Craig Larman

规则列表

（同时参见补充性规格说明中的独立的应用特定规则。）

ID	规 则	可 变 性	来 源
规则 1	信用卡支付需要签名	可能会一直要求购买者"签名"，但是在两年内，大多数顾客希望在数字设备上记录签名，并且在 5 年内，我们预期需要支持现在美国法律所支持的新的唯一数字编码"签名"	几乎所有信用卡授权公司的政策
规则 2	税务规则。销售中需要考虑税务事宜。当前详情参见政府公布的状况	高。各级政府每年都会变更税法	法律
规则 3	信用卡支付退款只能作为贷记支付到购买者方的信用账户，而不是以现金退款	低	信用卡授权公司的政策

7.11 注解：领域规则

领域规则 [Ross97，GK00] 指出领域或业务是如何运作的。尽管应用需求通常都会受到领域规则的影响，但是这些规则不是任何一个应用的需求。公司政策、物理法则（例如油在地下如何流动）和政府法律都是常见的领域规则。

领域规则通常称为**业务规则**（business rule），这也是其最常见的类型，但是这一术语并不恰当，因为大量软件应用不是面向商业问题的，例如，气候模拟或军队后勤。气候模拟具有"领域规则"，这些规则与物理法则及其关系相关，会影响应用需求。

最好在单独的与应用无关的制品中确定和记录领域规则，这在 UP 中称为业务规则制品，这样便能够使分析在组织和项目范围内进行共享和重用，而不是只限于特定项目的文档里。

规则强调了故事流而不是细节，有助于澄清用例中的歧义。例如，在 NextGen POS 中，如果有人问是否应该在处理销售用例中加入备选路径，即允许不记录签名的信用卡支付，业务规则（规则 1）给出了答案，其表明任何信用卡授权公司都不允许这种情况。

7.12 过程：迭代方法中的演化式需求

再次强调，（虽然很关键，但是总是被忽视）在迭代方法中，包括 UP，项目开始阶段不要试图彻底地分析和编写需求。与之相反，这需要通过一系列需求讨论会（如示例），并辅以及早的具有生产品质的编程和测试来完成。早期开发中的反馈可用于精化规格说明。

同用例一章中的介绍相似，表 7-1 概括了制品示例及其在 UP 中的时限。通常，大多数需求制品始于初始阶段，并且主要在细化阶段开发。

表 7-1　制品示例及其在 UP 中的时限（s：开始；r：精化）

科　目	制　品 迭代→	初　始 I1	细　化 E1, …, En	构　造 C1, …, Cn	移　交 T1, …, Tn
业务建模	领域模型		s		
需求	用例模型	s	r		
	愿景	s	r		
	补充性规格说明	s	r		
	术语表	s	r		
	业务规则	s	r		
设计	设计模型		s	r	
	软件架构文档		s		
	数据模型		s	r	

初始阶段

涉众要决定项目是否值得深入调查。实质的调查活动在细化阶段发生，而不是初始阶段发生。在初始阶段，愿景以某种形式概括了项目思想，以帮助决策者决定是否值得继续，并且从哪里着手。

因为大多数需求分析发生在细化阶段，所以在初始阶段应该只对补充性规格说明稍做开发，只需要突出重要的质量属性用以揭示主要风险和挑战（例如，NextGen POS 在外部服务发生故障时必须能够具有可恢复性）。

这些制品的输入可以在初始阶段的需求讨论会上产生。

细化阶段

通过细化阶段的迭代，基于对部分系统增量构建的反馈、调整以及在若干开发迭代中举行的多个需求讨论会，对"愿景"和愿景文档加以精化。通过进一步的需求调查和迭代开发，其他需求将更为清晰并且可以记录在补充性规格说明中。

在细化阶段结束时，完成并提交用例、补充性规格说明和愿景是切实可行的，因为在此时，这些文档能够合理地反映稳定的主要特性和其他需求。尽管如此，补充性规格说明和愿景不等同于冻结并"签署"了的规格说明；适应——而非僵化——是迭代开发和 UP 的核心价值。

所谓的"冻结签署"是在细化阶段结束时，就项目剩余时间里所要完成的事项与涉众达成一致意见，并且就需求和进度给予承诺（可能是以合同形式），这是完全切合实际的。在某一时刻（在 UP 中是细化阶段的结束时刻），我们需要对"什么、多少、何时"有可靠的认识。从这种意义上说，签署关于需求的正式合约是正常的，也是在意料之内的。同时还需要具备变更控制过程（UP 中明确的最佳实践之一），以便正式地考虑和批准需求变更，避免混乱和不受控的变更。

"冻结签署"的事实还意味着如下几点：

❑ 在迭代开发和 UP 中，无论在需求规格说明上付出多少努力，还是不可避免地会存在一些变更，这应该可以被接受。这些变更可能是系统的一个突破性机会改进，从而为其所有者带来竞争优势，或者是由于加深了认识而引起的改进。

❑ 使涉众来进行评估、提供反馈以及掌握项目的方向以满足其真实意图，这是迭代开发的核心价值。"洗手不干"，不关注于参与项目，而是在一组冻结的需求上签字认可后就等待着项目结束，这样对涉众来说并没有好处，因为他们几乎不会得到真正满足其需要的结果。

构造阶段

通过构造阶段，主要需求（包括功能性需求和其他需求）应该已经稳定下来，虽然还不是终结，但是已经可以专注于次要的微扰事物了。因此，在该阶段，补充性规格说明和愿景都不必进行大量改动。

7.13 推荐资源

因为质量需求对架构设计极具影响，所以大多数软件架构方面的书籍都包含了对应用质量属性进行需求分析的讨论。其中一例是《软件架构实践》（*Software Architecture in Practice*）[BCK98]。

在《业务规则理论》（*The Business Rule Book*）[Ross97] 中对业务规则有详尽的描述。该书对业务规则理论进行了广泛、深入、全面的考虑，但是其中的方法没有与其他现代需求技术（如用例或迭代开发）进行良好的结合。

在 UP 中，愿景和补充性规格说明工作是需求科目中的活动，这些活动可以在需求讨论会中与用例分析一起进行。Ellen Gottesdiener 的《需求协同：定义需求的讨论会》（*Requirements by Collaboration: Workshops for Defining Needs*）是对进行讨论会的优秀指南。

RUP 在线产品中包含了本章所讨论的制品的模板。

在 Web 上，规格说明的模板的来源有很多，例如 readyset.tigris.org 上的 ReadySET 模板。

第三部分 *Part 3*

细化迭代 1——基础

Chapter 8 | 第 8 章

迭代 1——基础

坚强者死之徒，柔弱者生之徒。

——道德经

目标

❑ 定义细化阶段的第一个迭代。

❑ 为本部分的后继章节做铺垫。

❑ 描述初始和细化阶段的关键概念。

简介

本章将概括案例研究在迭代 1 的需求，然后简要讨论初始和细化阶段的过程思想。为理解后继章节对本次迭代的讨论，阅读选择需求很重要。至于其他内容，则取决于你的需要或对迭代过程的兴趣。

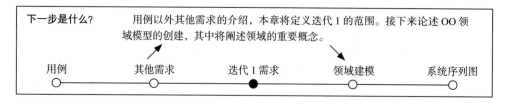

下一步是什么？　　用例以外其他需求的介绍，本章将定义迭代 1 的范围。接下来论述 OO 领域模型的创建，其中将阐述领域的重要概念。

用例　　　　　其他需求　　　　迭代 1 需求　　　领域建模　　　系统序列图

8.1　迭代 1 的需求和重点：核心 OOA/D 技能

在这些案例研究中，细化阶段的迭代 1 强调的是基础范围和在构建对象系统中所使用的常见 OOA/D 技能。当然，构建软件还需要其他许多技能，例如数据库设计、可用性工程、UI 设计等，但是本书主要关注 OOA/D 和 UML 应用，其他技能不在本书涵盖范围之内。

> **书籍中的迭代与实际项目迭代**
>
> 　　本书中案例研究的迭代 1 是源于学习目标的需要，而非实际的项目目标。因此，这里的迭代 1 并不是以架构为核心的，或是风险驱动的。在 UP 项目中，我们应该首先处理困难和具有风险的事项。但是本书是为了帮助读者学习基本 OOA/D 和 UML 的，在这种情况下，我们希望从较简单的主题开始。

NextGen POS

NextGen POS 应用在第一个迭代要处理的需求如下：

❑ 实现处理销售用例中基本和关键的场景：输入商品项目并收取现金。

❑ 实现用于支持迭代初始化需要的启动用例。

❑ 不处理任何特殊和复杂的部分，仅仅针对场景的简单理想路径，并对此进行设计和实现。

❑ 不与外部服务进行协作，例如，税金计算器或产品数据库。

❑ 不应用复杂的定价规则。

对 UI 支持、数据库等内容的设计和实现也会在本次迭代中进行，但是本书不会涵盖其中的细节。

Monopoly 案例

Monopoly 应用在第一个迭代要处理的需求如下：

❑ 实现玩 Monopoly 游戏用例的基本和关键场景：玩家围绕棋盘四周的方格移动。

❑ 实现用于支持迭代初始化需要的启动用例。

❑ 支持 2 ～ 8 个玩家。

❑ 游戏通过一系列回合进行。每个回合中，每个玩家轮得一次机会。在每一轮次中，玩家根据所抛掷的两个六面骰子的点数总和，在围绕棋盘的方格上，按顺时针方向将棋子移动相应的格数。

❑ 游戏只能进行 20 回合。

❑ 抛掷骰子后，显示玩家名字和掷骰子的结果。当玩家移动并占据一个方格后，显示玩家名字和所占方格的名称。

❑ 在迭代 1 中，不考虑金钱、输赢、买进或支付租金以及任何种类的特殊方格。

❑ 每个方格都有相应的名称。游戏开始时，每个游戏者的棋子都在名为" Go "的方格上。方格的名称将依次为 Go、方格 1、方格 2、……、方格 39。

❑ 游戏以模拟的方式运行，除了玩家的数量外，不需要任何用户输入。

后继迭代将在这些基础上成长。

在迭代开发中，我们并非一次就实现所有需求

注意，以上对迭代 1 的需求是所有需求或用例的子集。例如，NextGen POS 迭代 1 需求是完整的处理销售用例的简化版本，这些需求只描述了简单的现金支付场景。

还要注意，我们并没有完成 NextGen POS 系统所有的需求分析，我们只是详细地分析了处理销售用例，还没有对其他大量需求展开分析。

对迭代生命周期方法（例如 UP、XP、Scrum 等）的关键理解就是：我们对需求子集开始具有产品品质的编程和测试，并且我们在完成所有需求分析之前开始这些开发，这与瀑布过程相反。

在多个迭代里对同一用例进行增量式开发

注意，并不是在迭代 1 里要实现处理销售用例中的所有需求。通常是在若干迭代内对同一用例的各种场景进行开发，并且渐进地扩展系统直到最终完成所有需要的功能性（参见图 8-1）。另一方面，简短而简单的用例可以在一次迭代中完成。

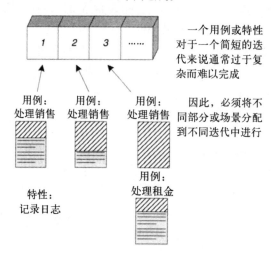

图 8-1 用例的实现可能在多个迭代中展开

8.2 过程：初始阶段和细化阶段

在 UP 开发和我们的案例研究中，假设我们已经结束初始阶段并且正在进入细化阶段。

在初始阶段发生了什么

案例研究的**初始**阶段大概只持续了一周。因为这不是项目的需求阶段，所创建的制品应该是简明和不完整的，该阶段用时很短，并且只经过轻量级的调查。

初始阶段是迈向细化阶段的一小步。在该阶段决定基本的可行性、风险和范围，对项目是否值得进行更深入的调查进行决策。并不是所有适合于初始阶段的活动都要涵盖在其中，这种探索强调面向需求的制品。初始阶段中可能的活动和制品包括：

❑ 简短的需求讨论会。

❑ 大多数执行者、目标和用例已命名。

❑ 大多数以摘要形式编写的用例。以详述形式编写 10% ~ 20% 的用例，以加深对范围和复杂性的理解。

❑ 识别大多数具有影响和风险的质量需求。

❑ 编写愿景和补充性规格说明的第一个版本。

❑ 风险列表。

- 例如，领导层确实需要一个演示品，用于18个月后在汉堡举行的POS世界贸易展览会。但是在没有进行深入调查之前，无法估计开发该演示品所需工作量，即使粗略地估计也做不到。

❑ 技术上的概念验证原型和其他调查，用以揭示特殊需求的技术可行性。（"Java Swing能否在触摸屏上正常工作？"）

❑ 面向用户界面的原型，用于澄清对功能需求的愿景。

❑ 对购买/构建/复用构件的建议，在细化阶段进行精化。

- 例如，建议购买税金计算器程序包。

❑ 对候选的高层架构和构件给出建议。

- 这里所指的并非详细的架构描述，并且也不意味着是最终或正确的结果。相反，这里只是概要性的推测，以作为细化阶段调查的起点。例如，"Java客户端应用，不采用应用服务器，数据库使用Oracle，……"在细化阶段，这些想法可能被证实是有价值的，或者发现是拙劣的并且被摒弃。

❑ 第一次迭代的计划。

❑ 候选工具列表。

进入细化阶段

细化（elaboration）是一般项目中最初的一系列迭代，其中包括：

❑ 对核心、有风险的软件架构进行编程和测试。

❑ 发现并稳定需求的主体部分。

❑ 减轻或解决主要风险。

细化阶段是最初的一系列迭代，在这一阶段，小组进行严肃的调查、实现（编程和测试）核心架构、澄清大多数需求和应对高风险问题。在UP中，"风险"包含业务价值。因此，早期工作可能包括实现那些被认为重要但技术上不是特别有风险的场景。

细化阶段通常由两个或多个迭代组成，建议每次迭代的时间为2～6周。最好采用时间较短的迭代，除非开发团队规模庞大。每次迭代都是时间定量的，这意味着其结束日期是固定的。

细化不是设计阶段，在该阶段也不是要完成所有模型的开发，以便为构造阶段中的实现做准备，这种想法就是在迭代开发和UP上强加瀑布思想的一个例子。

在这一阶段，不是要创建可以丢弃的原型。与之相反，该阶段产生的代码和设计是具有生产品质的最终系统的一部分。在一些UP的描述中，会误解"**架构原型**"（architectural prototype）这一术语用来描述局部系统。该术语不是指可废弃的、试验性的原型，在UP中，它表示最终系统的生产子集。该术语更常见名称是**可执行架构**（executable architecture）或**架构基线**（architectural baseline）。

用一句话来概括细化：

构建核心架构，解决高风险元素，定义大部分需求，以及预计总体进度和资源。

在细化阶段可能出现的一些关键思想和最佳实践包括：

❑ 实行短时间定量、风险驱动的迭代。

❑ 及早开始编程。

❑ 对架构的核心和风险部分进行适应性的设计、实现和测试。

❑ 尽早、频繁、实际地测试。

❑ 基于来自测试、用户、开发者的反馈进行调整。

❑ 通过一系列讨论会，详细编写大部分用例和其他需求，每个细化迭代举行一次。

在细化阶段会开始构建哪些制品

表 8-1 列出的是可能在细化阶段开始构建的制品样例，同时指明这些制品要解决的问题。后续各章将对其中的一些制品进行更为详细的介绍，尤其是领域模型和设计模型。简言之，该表中不包括那些在初始阶段就开始构建的制品，在此介绍的是开始于细化阶段的制品。要注意，这些制品不是在一次迭代中完成的，它们会跨越若干次迭代进行精化。

表 8-1 细化阶段的制品样例（不包括初始阶段开始制作的制品）

制　品	说　明
领域模型	领域概念的可视化，类似于领域实体的静态信息模型
设计模型	描述逻辑设计的一组图，包括软件类图、对象交互图、包图等
软件架构文档	学习辅助工具，概括关键架构问题及其在设计中的解决方案。该文档是对重要设计思想及其在系统中动机的概要
数据模型	包括数据库方案，以及在对象和非对象表示之间映射的策略
用例示意板，用户界面原型	描述用户界面、导航路径、可用性模型等

何时知道自己并没有理解细化阶段

❑ 对于大部分项目，细化阶段都比"几个"月更长。

❑ 只有一次迭代（除极少数易于理解的问题外）。

❑ 在细化开始前就定义了大部分需求。

❑ 没有处理具有风险的元素和核心架构。

❑ 没有产生可执行架构；没有进行产品代码的编程。

❑ 主要被视为需求或设计阶段，在构造的实现阶段之前。

❑ 在编程之前，有一次完整而谨慎的设计尝试。

❑ 只有少量的反馈和调整；用户没有持续地参与评估和反馈。

❑ 没有尽早和实际的测试。

❑ 在编程之前推测性地结束架构设计。

❑ 认为细化阶段是进行概念验证编程的阶段，而不是对生产核心可执行架构编程的阶段。

如果在项目中出现这些症状，则表明你对细化阶段的理解是错误的，并且已经在 UP 之上强加了瀑布思想。

8.3 过程：计划下一个迭代

计划和项目管理是重要且涉及广泛的主题。这里简要介绍一些思想，第40章将会介绍更多技巧。

通过风险、覆盖范围和关键程度组织需求和迭代。

❑ **风险**既包括技术复杂性，也包括其他因素，例如工作量或可用性的不确定性。

❑ **覆盖范围**意味着在早期迭代中至少要涉及系统的所有主要部分——或许是对大量构件进行"宽而浅"的实现。

❑ **关键程度**是指客户认为具有高业务价值的功能。

这些标准用来对不同迭代中的工作划分等级。为了实现而对用例或用例场景进行等级划分——早期迭代用于实现高等级的场景。此外，有些需求被表示为与特定用例无关的高阶特性，例如日志服务。此类需求也需要划分等级。

在迭代1之前完成等级划分，但是在迭代2之前要重新划分，依此类推，因为新需求和新理解会对等级排列产生影响。也就是说，迭代的计划是可适应的，并不是在项目开始之时必须固定下来的。通常基于一些协作的等级划分技术对需求进行分组。例如：

等　级	需求（用例或特性）	注　解
高	处理销售	所有等级中分值最高的
	日志	普遍的。以后难以添加
	……	……
中	维护用户	对安全子域具有影响
	……	……
低	……	……

基于这一等级，我们会看到，处理销售用例中一些关键的架构上重要的场景应该在早期迭代进行处理。该列表并不完整，还应该处理其他需求。此外，每次迭代将会完成一个隐含的或外在的启动用例，以满足其初始化需要。

第9章

领域模型

实践中完全没有问题，理论上却永远行不通。

——匿名管理格言

目标

❑ 识别与当前迭代相关的概念类。

❑ 创建初始的领域模型。

❑ 为模型建立适当的属性和关联。

简介

领域模型是 OO 分析中最重要的和经典的模型[一]。它阐述了领域中的值得注意的概念。领域模型可以作为设计某些软件对象的灵感来源，也将作为在案例研究中所探讨的几个制品的输入。本章还将展示 UML 表示法上 OOA/D 知识的价值。基本表示法非常容易，但是对于有用模型的一些深奥的建模准则，则需要数周或数月才能掌握。本章将介绍创建领域模型的基本技术。

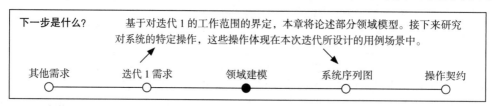

下一步是什么？　基于对迭代 1 的工作范围的界定，本章将论述部分领域模型。接下来研究对系统的特定操作，这些操作体现在本次迭代所设计的用例场景中。

其他需求　　　迭代 1 需求　　　领域建模　　　系统序列图　　　操作契约

和敏捷建模和 UP 精神中的所有事物一样，领域模型也是可选制品。在图 9-1 所示的 UP 制品相互影响力中强调了领域模型。领域模型的范围限定于当前迭代所开发的用例场景，领域模型能够被不断地演进用以展示相关的值得注意的概念。相关的用例概念和专家的观点将作为创建领域模型的输入。反过来，该模型又会影响操作契约、术语表和设计模型，尤其是设计模型中**领域层**（domain layer）的软件对象。

〇　用例是重要的需求分析制品，但不是面向对象的。用例强调了活动视图。

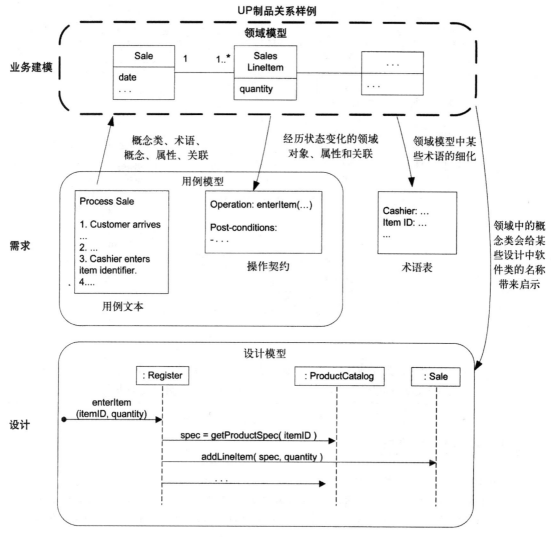

图 9-1 UP 制品的相互影响力

9.1 示例

图 9-2 展示了以 UML **类图**（class diagram）表示法绘制的部分领域模型。该图表明，Payment 和 Sale 是该领域的重要**概念类**（conceptual class），Payment 和 Sale 之间的关系值得记录，Sale 具有日期和时间等我们所关心的信息属性。

对领域模型应用 UML 类图表示法会产生概念视角（conceptual perspective）模型。

确定一组概念类是 OO 分析的核心。如果能够通过熟练和快速（就是说，每次早期迭代不超过几个小时）的调查来完成这项工作，那么通常会在设计过程中得到回报，因为领域模型能够支持更好的理解和沟通。

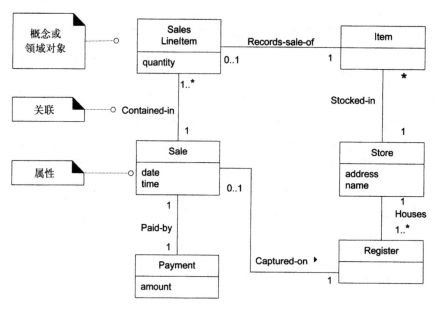

图 9-2 部分领域模型：可视化字典

准 则

避免瀑布思维倾向，为完成详尽或"正确"的领域模型而进行大量建模工作。这些方式都应避免，并且这种过量的建模工作反而会导致分析停滞，这种调查几乎不会有什么回报。

9.2 什么是领域模型

典型的面向对象分析步骤是将一个领域分解为值得注意的概念或对象。

领域模型（domain model）是对领域内的概念类或现实世界中对象的可视化表示 [MO95，Fowler96]。领域模型也称为概念模型（本书第 1 版使用的术语）、**领域对象模型和分析对象模型**[⊖]。

定 义

在 UP 中，术语"领域模型"指的是对现实世界概念类的表示，而非软件对象的表示。该术语并不是指用来描述软件类、软件架构领域层或有职责的软件对象的一组图。

UP 对领域模型[⊖]的定义是，可以在业务建模科目中创建的制品之一。更准确地讲，UP 领域模型是 **UP 业务对象模型**（BOM）的特化，"专用于解释业务领域中重要的'事物'和产品"[RUP]。也就是说，领域模型专注于特定领域，例如与 POS 相关的事物。更为广泛的 BOM 是扩展的、通常十分庞大和难以创建的多领域模型，BOM 覆盖整个业务及其所有子域，本书并

⊖ 这些术语也和概念实体联系模型相关，概念实体联系模型能够表示领域的纯概念视图，但是在数据库设计中通常被重新解释为数据模型。领域模型不是数据模型。

⊖ 这里强调的是在 UP 中定义的官方模型名称，区别于通常所说的"领域模型"的概念。

不涵盖这部分内容，并且也不提倡创建 BOM（因为需要在实现前进行大量建模）。

应用 UML 表示法，领域模型被描述为一组没有定义操作（方法的特征标记）的**类图**（class diagram）。它提供了概念视角。它可以展示：

- 领域对象或概念类。
- 概念类之间的关联。
- 概念类的属性。

定义：为什么把领域模型称为"可视化字典"

请仔细观察图 9-2。看看它是如何对领域词汇或概念进行可视化和关联的。领域模型还显示了概念类的抽象，因为这种抽象可以表达其他大量事物，例如登录、销售等。

领域模型（使用 UML 表示法）描述的信息也可以采用纯文本方式（UP 术语表）表示。但是在可视化语言中更容易理解这些术语，特别是它们之间的关系，因为我们的思维更擅长理解形象的元素和线条连接。

因此，领域模型是可视化字典，表示领域的重要抽象、领域术语和领域的内容信息。

定义：领域模型是软件业务对象图吗

如图 9-3 所示，UP 领域模型是对所关注的现实世界领域中事物的可视化，而不是诸如 Java 或 C# 类的软件对象，或有职责的软件对象（参见图 9-4）。因此，以下元素不适用于领域模型：

- 软件制品，例如窗口或数据库，除非已建模的领域是针对软件概念的，例如图形化用户界面的模型。
- 职责或方法[⊖]。

图 9-3　领域模型表示真实世界概念类，不是软件类

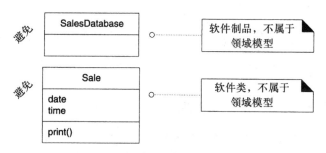

图 9-4　领域模型并非表示软件制品或类

⊖　在对象建模中，我们总会提到关于软件对象的职责，并且方法是纯软件概念。但是，领域模型描述的是真实世界的概念，而非软件对象的概念。总的来说，对象职责在设计工作过程中非常重要，但它完全不属于领域模型。

定义：领域模型的两个传统含义

在 UP 及本章中，"领域模型"是现实世界中对象的概念视角，而非软件视角。但这一术语是多义的，也用来表示"软件对象的领域层"（尤其是在 Smalltalk 社团里，20 世纪 80 年代我的大部分早期 OO 开发工作即是围绕 Smalltalk 进行的）。也就是说，在表示层或 UI 层之下的软件对象层是由**领域对象**（domain object）组成的——领域对象是表示问题领域空间事物的软件对象，具有相关的"业务逻辑"或"领域逻辑"方法。例如，一个具有 getSquare 方法的 Board 软件类。

哪种定义是正确的呢？嗯，都是正确的！这一术语在不同社团具有长期确定的使用，表示不同含义。

我曾看到人们在以不同方式使用该术语时产生了大量混淆，因为他们没有解释他们所要表示的含义，同时没有意识到其他人可能会以不同方式使用这一术语。

在本书中，我通常会使用**领域层**（domain layer）来表示领域模型针对软件的第二个含义，因为领域层也十分通用。

定义：什么是概念类

领域模型阐述领域中的概念类或术语。通俗地说，**概念类**（conceptual class）是思想、事物或对象。更正式地讲，概念类可以从其符号、内涵和外延来考虑 [MO95]（参见图 9-5）。

❑ **符号**：表示概念类的词语或图形。
❑ **内涵**：概念类的定义。
❑ **外延**：概念类所适用的一组示例。

例如，考虑购买交易事件的概念类。我可以使用符号 Sale 对其命名。Sale 的内涵可以陈述为"表示购买交易的事件，并且具有日期和时间"。Sale 的外延是所有销售的例子，换句话说，就是世界上所有销售实例的集合。

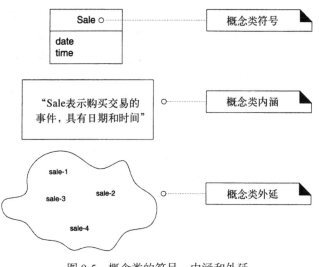

图 9-5 概念类的符号、内涵和外延

定义：领域模型和数据模型是一回事吗

领域模型不是**数据模型**（通过对数据模型的定义来表示存储于某处的持久性数据），所以在领域模型里，并不会排除需求中没有明确要求记录其相关信息的类（这是对关系数据库进行数据建模的常见标准，但与领域建模无关），也不会排除没有属性的概念类。例如，没有属性的概念类是合法的，或者在领域内充当纯行为角色而不是信息角色的概念类也是有效的。

9.3 动机：为什么要创建领域模型

在这里与大家分享一些我在 OO 咨询和培训中的经历。20 世纪 90 年代早期，在温哥华，我和一个团队采用 Smalltalk 开发了一个殡葬服务业务系统（你应该看看这个领域模型！）。当时，我对这种业务一无所知，所以创建领域模型的原因之一就是能够使我理解其关键概念和术语。

我们还需要创建表示业务对象和逻辑的**领域层** Smalltalk 对象。因此，我们花费了大约一个小时用来勾画 UML 类（实际上是类 OMT 的，OMT 表示法是 UML 的来源之一）的领域模型，此时并不关心软件，只是简单地标识出关键术语。然后，我们在领域模型中勾画的那些术语，例如 Service（殡仪馆的鲜花，或者是演奏哀乐），也被用作领域层关键软件类的名称，这些类以 Smalltalk 实现。

领域模型和领域层使用相似的命名（真实的"服务"和 Smalltalk 中的 Service）可以减小软件表示与我们头脑中的领域模型之间的差异。

动机：减少与 OO 建模之间的表示差异

这是 OO 的关键思想：领域层软件类的名称要源于领域模型中的名称，以使对象具有源于领域的信息和职责。图 9-6 阐述了这一思想。这样可以**减少**我们的心智模型与软件模型之间的**表示差异**。同时，这并非只是哲学上的考究——对时间与金钱也会有实际的影响。例如，以下是在 1953 年编写的薪水册的源代码：

10000101010001110101010101000101010101010101111010101……

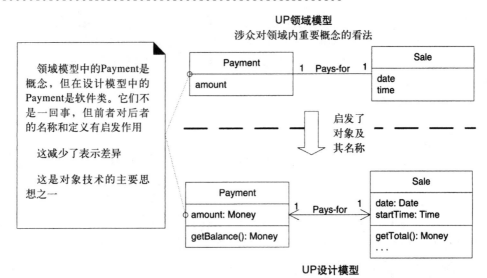

图 9-6　OO 建模减少了表示差异

对于掌握计算机科学的人而言，这是可行的，但是这种软件表示与我们头脑中的薪水册领域模型之间存在着巨大差异，这极大影响了我们对软件的理解（和修改）。OO 建模可以减少这一差异。

当然，对象技术还具有其他价值，因为它可以支持设计优雅的、松耦合的系统，这样的系统能够轻松地调整和扩展，后继章节中将会对此进行探讨。减少表示差异是非常有用的，但是对象还具有支持简便的变更和扩展，以及管理和隐藏复杂性等优点，对于这些优点而言，减少表示差异可能是次要的。

9.4 准则：如何创建领域模型

以当前迭代中所要设计的需求为界：

1）寻找概念类（参见后继准则）。

2）将其绘制为 UML 类图中的类。

3）添加关联和属性。参见 9.14 节和 9.16 节。

9.5 准则：如何找到概念类

既然领域模型表示的是概念类，那么关键问题是如何才能找到概念类。

找到概念类的三条策略

1）重用和修改现有的模型。这是首要、最佳且最简单的方法，如果条件许可，通常从这一步开始。在许多常见领域中都存在已发布的、绘制精细的领域模型和数据模型（可以修改为领域模型），这些领域包括库存、金融、卫生等等。我所参考的书籍包括 Martin Fowler 的《分析模式》(*Analysis Patterns*) [－]、David Hay 的 *Data Model Patterns* 和 Len Silverston 的 *Data Model Resource Book*（卷 1 和卷 2）。

2）使用分类列表。

3）识别名词短语。

重用现有的模型是非常好的，但超出了本书范围。第二个方法（使用分类列表）也很有效。

使用分类列表

我们可以通过制作概念类候选列表来开始创建领域模型。表 9-1 中包含大量值得考虑的常见类别，其中强调的是业务信息系统的需求。该准则还建议在分析时建立一些优先级。示例取自于 POS、Monopoly 或航空预订领域。

表 9-1 概念类分类列表[①]

概念类的类别	示 例
业务交易 准则：十分关键（涉及金钱），所以作为起点	Sale，Payment Reservation

[－] 该书已由机械工业出版社引进出版。——编辑注

（续）

概念类的类别	示　例
交易条目 准则：交易中通常会涉及条目，所以置为第二	SalesLineItem
与交易或交易条目相关的产品或服务 准则：（产品或服务）是交易的对象，所以置为第三	Item
	Flight，Seat，Meal
交易记录于何处 准则：重要	Register，Ledger
	FlightManifest
与交易相关的人或组织的角色；用例的执行者 准则：我们通常要知道交易所涉及的各方	Cashier，Customer，Store
	MonopolyPlayer
	Passenger，Airline
交易的地点；服务的地点	Store
	Airport，Plane，Seat
重要事件，通常包括我们需要记录的时间或地点	Sale，Payment
	MonopolyGame
	Flight
物理对象 准则：特别是在创建设备控制软件或进行仿真时非常有用	Item，Register
	Board，Piece，Die
	Airplane
事物的描述 准则：参见 9.13 节的论述	ProductDescription
	FlightDescription
类别 准则：描述通常有类别	ProductCatalog
	FlightCatalog
事物（物理或信息）的容器	Store，Bin
	Board
	Airplane
容器中的事物	Item
	Square（在棋盘上）
	Passenger
其他协作的系统	CreditAuthorizationSystem
	AirTrafficControl
金融、工作、合约、法律材料的记录	Receipt，Ledger
	MaintenanceLog
金融手段	Cash，Check，LineOfCredit
	TicketCredit
执行工作所需的进度表、手册、文档等	DailyPriceChangeList
	RepairSchedule

① 译文中对概念类使用其英文名称，而没有进行翻译，毕竟这样更接近于软件类的名称（在编程语言实现时采用的命名方式），也是原作者对概念类命名的准则。后面的译文中，但凡明确指出是概念类或其他 UML 图元素或软件元素，均保持其英文原文；而对于叙述过程中出现的领域术语，在没有指明为 UML 图元素或软件元素的情况下，译为中文，以便理解。这也是软件学科英译汉的无奈之举，望读者辨别。——译者注

通过识别名词短语寻找概念类

在 [Abbot83] 中所建议的另一种有效（因为简单）技术是**语言分析**（linguistic analysis），即

在对领域的文本性描述中识别名词和名词短语，将其作为候选的概念类或属性[⊖]。

准　　则

　　使用这种方法时必须小心。机械地把名词映射到类是行不通的，并且自然语言中的词语具有二义性。

　　尽管如此，语言分析仍不失为另一种灵感来源。详述形式用例中的描述对这种分析极为适合。例如，可以使用处理销售用例的当前场景。

主成功场景（或基本流程）：

1. **顾客**携带所购**商品**或**服务**到 POS **机付款处**进行购买交易。

2. **收银员**开始一次新的**销售**交易。

3. **收银员**输入**商品标识**。

4. 系统记录销售条目，并显示该商品**条目的描述**、**价格**和**累计额**。价格通过一组价格规则来计算。

　　收银员重复 3 ～ 4 步，直到结束。

5. 系统显示包括税金在内的总额。

6. 收银员告知顾客总额，并请求**付款**。

7. 顾客支付，系统处理支付。

8. 系统记录完整的**销售信息**，并将销售和支付信息发送到外部的**账务系统**（进行账务处理和提成）和**库存系统**（更新库存）。

9. 系统打印**票据**。

10. 顾客携带商品和票据（如果有）离开。

扩展（或备选流程）：

……

7a. 现金支付：

　　　1. 收银员输入**收取的现金额**。

　　　2. 系统显示**找零金额**，并弹出**现金抽屉**。

　　　3. 收银员放入收取的现金，并给顾客找零。

　　　4. 系统记录该次现金支付。

　　领域模型是重要领域概念和术语的可视化。那么从哪里找到这些术语？其中某些术语来源于用例。另外一些术语则源于其他文档，或是专家的想法。无论如何，用例都是挖掘名词短语的重要来源之一。

　　其中一些名词短语是候选的概念类，有些名词所指的概念类可能会在本次迭代中忽略（例如，"账务系统"和"提成"），还有一些可能只是概念类的属性。参见 9.16 节的建议以区分概念类和属性。

　⊖　语言分析已经演变得更为复杂，同时也发展成为**自然语言建模**。参见 [Moreno97] 中的示例。

这种方法的弱点是自然语言的不精确性。不同名词短语可能表示同一概念类或属性，此外可能还有歧义。尽管如此，还是建议与概念类分类列表技术一同使用。

9.6 示例：寻找和描绘概念类

案例研究：POS 领域

根据分类列表和名词短语分析，可以得到该领域候选概念类的列表。因为这是业务信息系统，所以首先要关注分类列表中强调业务交易及其与其他事物关系的那些项目。该列表仅限于当前为迭代 1 所考虑的需求和简化的处理销售用例，即基本的现金交易场景。

Sale	Cashier
CashPayment	Customer
SalesLineItem	Store
Item	ProductDescription
Register	ProductCatalog
Ledger	

没有什么所谓"正确"的列表。上述列表中的抽象和领域术语在一定程度上是随意收集的，但都是建模者认为值得注意的。尽管如此，基于下面的识别策略，不同建模者还是会得到类似的列表。

图 9-7 初始的 POS 领域模型

在实践中，我并不会首先创建文本的列表，而是在我发现概念类时，直接为其绘制 UML 类图，参见图 9-7。

在后面的小节中将为其添加关联和属性。

案例研究：Monopoly 领域

根据分类列表和名词短语分析，我为迭代 1 中玩 Monopoly 游戏的简化场景创建了候选概念类列表（参见图 9-8）。因为是仿真，所以我强调了该领域中值得注意的有形物理对象。

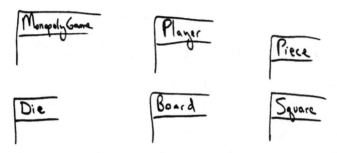

图 9-8 初始的 Monopoly 领域模型

9.7 准则：敏捷建模——绘制类图的草图

注意图 9-8 中 UML 类图的这种草图风格，让类框的底部和右侧呈开放状态。这样可以在发现新元素时对类方便地进行扩展。尽管在本书中，类的框图排列得非常紧凑，但是在白板上，我会分散地放置这些框图。

9.8 准则：敏捷建模——是否要使用工具维护模型

在早期的领域建模过程中，通常会遗漏一些重要的概念类，而在后来进行草图设计或编程时会发现这些类。如果采用敏捷建模方法，创建领域模型的目的是快速理解和沟通大致的关键概念。完美不是目的，敏捷模型在创建后通常很快就被抛弃了（即使这样，如果你使用白板的话，我还是建议用数码相机拍下来）。基于这种观点，则没有理由去维护或更新这些模型。但是这也不意味着更新模型就是错的。

如果有人在有新发现时想要维护和更新模型，那么这是使用 UML CASE 工具重新绘制白板草图的很好的理由，或者从最开始就使用工具来绘制并且使用计算机投影仪（为了方便别人观看）。但是，问问自己：谁要使用这些更新的模型？为什么？如果不存在实际的理由，则无需多此一举。通常，正在演化的软件领域层对大部分值得注意的术语会给予提示，而且长生命期的 OO 分析领域模型不会增加价值。

9.9 准则：报表对象——模型中是否要包括"票据"

票据是 POS 领域的重要术语。但也许它只是销售和支付数据的报表，因此是一种信息的重复。那么是否应该将票据包含在领域模型中呢？

以下是一些需要考虑的因素：

❏ 一般来说，在领域模型中显示其他信息的报表并没有意义，因为其所有信息都是源于或复制于其他信息源的。这是排除它的理由。

❏ 另一方面，就业务规则而言，它有特殊的作用：通常持有（纸质）票据的人有退货的权利。这是在模型中要表示它的原因。

因为在本次迭代中没有考虑退货，所以不应该包括票据。在解决处理退货用例的迭代中，我们会考虑将其包含在内。

9.10 准则：像地图绘制者一样思考；使用领域术语

地图绘制者的策略既可用于地图，也可以用于领域模型。

准　　则
以地图绘制者的工作思维创建领域模型： ❏ 使用地域中现有的名称。例如，假设正在开发图书馆模型，将顾客命名为"借书者"

> 或"读者",这是图书馆职员使用的术语。
>
> ❑ 排除无关或超出范围的特性。例如,在迭代 1 的 Monopoly 领域模型中,没有使用卡片(例如"从监狱中释放"卡片),所以在该迭代的模型里不要表示 Card。
>
> ❑ 不要凭空增加事物。

以上原则与使用领域术语策略 [Coad95] 类似。

9.11 准则:如何对非现实世界建模

有些软件系统的领域与自然领域或业务领域几乎没有类似之处,例如电信软件。然而还是有可能为这些领域创建领域模型。此时需要高度的抽象,对常见的非 OO 设计进行回顾,并且认真汲取领域专家所使用的核心术语和概念。

例如,以下是和电信交换机领域相关的候选概念类:Message(消息)、Connection(连接)、Port(端口)、Dialog(会话)、Route(路由)、Protocol(协议)。

9.12 准则:属性与类的常见错误

在创建领域模型时最常见的错误是,把应该是概念类的事物表示为属性。下面是预防这种错误的经验。

> **准 则**
>
> 如果我们认为某概念类 X 不是现实世界中的数字或文本,那么 X 可能是概念类而不是属性。

例如,Store 应该是 Sale 的属性,还是单独的概念类?

Sale
store

或……?

Sale

Store
phoneNumber

在现实世界里,商店不会被认为是数字或文本,这一术语表示的是法律实体、组织和占据空间的事物。因此 Store 应该是概念类。

再看另一个例子,考虑一下航空预订领域。destination 应该作为 Flight 的属性,还是作为单独的概念类 Airport?

Flight
destination

或……?

Flight

Airport
name

在现实世界里,目的地机场不会被看做是数字或文本,这是一占据空间的大规模事物。因此,Airport 应该是个概念,而不是属性。

9.13 准则：何时使用描述类建模

描述类（description class）包含描述其他事物的信息。例如，ProductDescription 记录 Item 的价格、图片和文字描述。在 [Coad92] 中，这种类最早被命名为项目–描述符（Item-Descriptor）模式。

动机：为什么使用描述类

以下讨论初看起来似乎是和罕见、非常特殊的问题有关的。然而，这表明在许多领域模型中，描述类是常见的。

假设如下：

❏ Item 实例表示商店里实际的商品；同样，它也可以拥有一个序列号。

❏ Item 具有描述、价格和 ID，这些内容不会在任何其他地方记录。

❏ 商店的每个工作人员都有健忘症。

❏ 每售出一件实际的商品，相应的 Item 软件实例就会从"软件空间"中删除。

基于这些假设，在以下场景中会发生什么状况？

受欢迎的新式素食汉堡 ObjectBurger，在市场上有巨大的需求。商店销售一空，也意味着 ObjectBurger 的所有 Item 实例都从计算机存储器中被删除。

现在，存在一个问题，即如果有人询问："ObjectBurger 多少钱？"没人能够回答。因为价格是记录在存货实例上的，而这些实例在被销售时就删除了。

还有一些相关的问题。如果软件实现模型类似于领域模型，则其中含有重复数据，这会降低空间利用效率并有可能产生错误（因为存在重复信息），因为对于同一产品的每个 Item 实例，都会重复描述、价格和 ID。

上述问题表明，对象需要其他事物来记录其描述（有时称为规格说明）。为解决 Item 问题，需要 ProductDescription 类来记录商品的信息。ProductDescription 并不代表 Item，而是表示有关商品的描述信息，参见图 9-9。

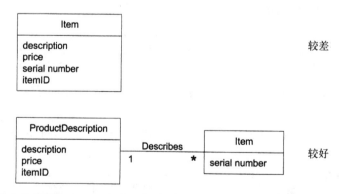

图 9-9　关于其他事物的描述（"*"表示"多"，说明一个 ProductDescription 可以描述多个 (*) Item）

某个 Item 可能拥有序列号，用于表示其物理实例。ProductDescription 则没有序列号。

从概念角度转换到软件角度，要注意即使所有库存的商品都卖光，并且其对应的 Item 软件实例也被删除，ProductDescription 仍然存在。

销售、产品和服务领域通常都需要描述。制造业也是如此，也需要独立于所制造的产品的描述。

准则：何时需要描述类

准 则
在以下情况下需要增加描述类（例如，ProductDescription）： ❑ 需要有关商品或服务的描述，独立于任何商品或服务的现有实例。 ❑ 删除其所描述事物（如 Item）的实例后，导致信息丢失，而这些信息是需要维护的， 　但是被错误地与所删除的事物关联起来。 ❑ 减少冗余或重复信息。

示例：航空领域中的描述

来看另一个例子，考虑发生了坠机事件的航空公司。假设该公司取消了六个月的所有航班以等待事故调查的结束。同时假设，当航班取消后，其对应的 Flight 软件对象会从计算机存储器中删除。因此，在发生坠机事件后，删除了所有 Flight 软件对象。

如果表示某个日期和时间的某个航班的 Flight 软件实例是唯一记录航班目的机场的地方，那么该航空公司将不会再有航班路线的记录了。

从领域模型的纯概念角度和软件设计的软件角度出发，可以使用描述航班及其路线的 FlightDescription 来解决这个问题，即使某个具体航班没有安排（参见图 9-10）。

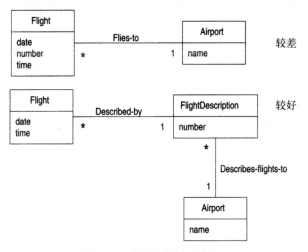

图 9-10　航空领域中的描述

注意，上述例子是关于服务（航班）的，而不是关于货物（例如素食汉堡）的。通常都需要服务或服务计划的描述。

再看一个例子里，移动电话公司销售电话套餐，例如"青铜""黄金"等。这需要对套餐（一种服务计划，描述了每分钟的费率、无线互联网内容、价格等等）加以描述，并且要独立于实际出售的套餐（例如 "2047 年 1 月 1 日，销售给 Craig Larman 黄金套餐，每月 55 美元"）的概念。市场营销需要在销售前定义和记录这种服务计划，即 MobileCommunicationsPackage-Description。

9.14 关联

找到并表示出关联是有助的，这些关联能够满足当前所开发场景的信息需求，并且有助于理解领域。

关联（association）是类（更精确地说，是这些类的实例）之间的关系，表示有意义和值得关注的连接（参见图 9-11）。

在 UML 中，关联被定义为 "两个或多个类元之间的语义联系，涉及这些类元实例之间的连接"。

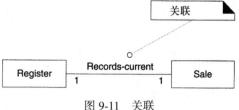

图 9-11　关联

准则：何时表示关联

关联表示了需要持续一段时间的关系，根据语境，可能是几毫秒或数年。换言之，我们需要记录哪些对象之间的关系？

例如，我们需要记住 SalesLineItem 实例和 Sale 实例之间的关系吗？答案是肯定的，否则将无法再现销售、打印票据或计算销售总额。

并且，我们需要为账务和法律用途，在 Ledger 中记录已完成的 Sales。

由于领域模型是从概念角度出发的，所以是否需要记录关联，要基于现实世界的需要，而不是基于软件的需要，尽管在实现过程中，出现的许多需要是相同的。

在 Monopoly 领域，我们需要记住棋子（或游戏者）在哪个方格上（如果没有这一信息，则游戏无法进行）。同样，我们应该记住某个游戏者使用的是哪个棋子。我们需要记录某个棋盘包括哪些方格。

但是另一方面，无需记录指示移动到方格上的骰子点数。确实如此，完成移动后，就不需要继续记住原来需要移动的步数了。同样，收银员可能要查询产品描述，但是不需要记住哪个收银员查询了哪个产品描述。

准　　则
在领域模型中要考虑如下关联： ❏ 如果存在需要保持一段时间的关系，将这种语义表示为关联（"需要记住"的关联）。 ❏ 从常见关联列表中派生的关联。

准则：为什么应该避免加入大量关联

我们要避免在领域模型中加入太多的关联。回顾离散数学的相关知识，可以知道，在具有 n 个节点的图中，节点间有 $(n*(n-1))/2$ 个关联，这可能是个非常大的数值。具有 20 个类的领域模型可以有 190 条关联线！连线太多会产生"视觉干扰"，使图变得混乱。所以要谨慎地增加关联线。使用本章准则所建议的标准，并且重点关注"需要记住"的关联。

观点：关联是否会在软件中实现

在领域建模过程中，关联不是关于数据流、数据库外键联系、实例变量或软件方案中的对象连接的陈述；它是一个纯粹概念视角的真实领域中关系的有意义陈述。

也就是说，这些关系的大部分将作为（设计模型和数据模型中的）导航和可见性路径在软件中加以实现。但是，领域模型不是数据模型；添加关联是为了突出我们对值得注意的关系的大致理解，而非记录对象或数据的结构。

应用 UML：关联表示法

关联被表示为类之间的连线，并冠以首字母大写的关联名称，参见图 9-12。

关联的端点可以包含多重性表达式，用于指明类的实例之间的数量关系。

关联本质上是双向的，就是说无论从哪个类实例出发，逻辑上都可以游历到另一个类的实例。这种游历是纯抽象的，这与软件实体间的连接无关。

可选的"阅读导向箭头"指示阅读关联名称的方向；但它并不表示可见性或导航的方向。如果没有表示箭头，习惯是从左向右读，或自上向下读，尽管 UML 没有将其作为规则（参见图 9-12）。

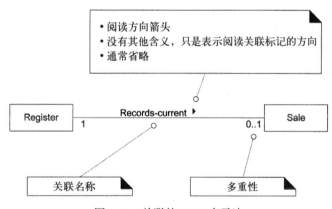

图 9-12　关联的 UML 表示法

警　告

阅读导向箭头对模型来说并不具有特别意义，只是对阅读图的人有所帮助。

准则：在 UML 中如何对关联命名

准　则

以"类名 – 动词短语 – 类名"的格式为关联命名，其中的动词短语构成了可读的和有意义的顺序。

诸如"拥有"或"使用"这样的简单关联名称通常是拙劣的，因为这种名称不会增强我们对领域的理解。

例如，

❑ Sale Paid-by CashPayment

❑ 不好的例子（没有增加意义）：Sale Uses CashPayment。

❑ Player Is-on Square

❑ 不好的例子（没有增加意义）：Player Has Square。

关联名称应该使用首字母大写的形式，因为关联表示的是实例之间链接的类元。在 UML中，类元应该首字母大写。以下是复合性关联名称的两种常见并且等价的合法格式：

❑ Records-current

❑ RecordsCurrent

应用 UML：角色

关联的每一端称为角色（role）。角色具有如下可选项：

❑ 多重性表达式

❑ 名称

❑ 导航

多重性将在后面讨论。

应用 UML：多重性

多重性（multiplicity）定义了类 A 有多少个实例可以和类 B 的一个实例关联（见图 9-13）。例如，Store 的一个实例可以和 Item 的"多个"（"*"表示零个或多个）实例关联。

在图 9-14 中将给出一些多重性表达式的例子。

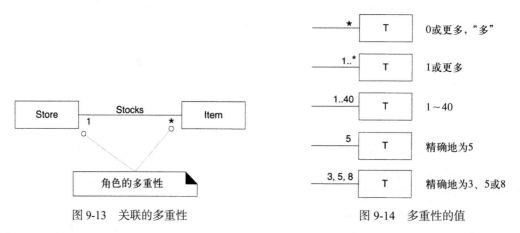

图 9-13 关联的多重性　　　　图 9-14 多重性的值

多重性的值表示在特定时刻（而不是在某个时间跨度内）有多少个实例可以有效地与另一个实例关联。例如，二手车可能会在一段时间内重复卖给多个二手车经销商。但是在某一时刻，这辆二手车只 Stocked-by（被存货于）一个经销商。二手车在任何时刻并不 Stocked-by 多个经销商。类似地，在一夫一妻制法律的国家里，某一时刻一个人只能 Married-to 另一个人，即使在一段时间内，可以与多个人结婚。

多重性的值和建模者与软件开发者的关注角度有关，因为它表达了将要（或可能）在软件中反映的领域约束，见图 9-15 中的示例和解释。

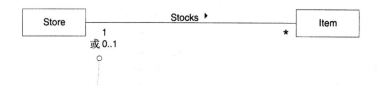

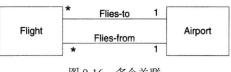

多重性应该是"1"还是"0..1"？

答案取决于我们使用模型时的关注点。典型的和实际的情形下，多重性表示了我们所关注的领域约束，如果这种关系实现或反映在软件对象或数据库中，则我们期望能够在软件中对此进行校验。例如，某个商品可能已经售出或废弃，因此商店中不会有库存。从这个观点来看，"0..1"是符合逻辑的，但是……

我们关心这一观点吗？如果这一关系在软件中实现，我们可能希望确保一个Item软件实例总是和一个特定Store实例关联，否则将在软件元素或数据中提示错误

这个部分领域模型并非表示软件对象，但是多重性记录了约束，其实际值通常与我们在构建软件或数据库（反映了真实世界领域）时所关注的有效性校验。从这个观点来看，"1"可能是恰当的值

图 9-15　多重性是和语境有关的

Rumbaugh 给出了另外一个例子，即 Person 和 Company 之间有 Works-for 关联 [Rumbaugh91]。该例要说明的是，Person 实例为一个还是多个 Company 实例工作要取决于模型的语境。其中的多个会引起税务部门的注意，工会则只关心其中的一个。这种选择通常取决于我们构建软件的目的。

应用 UML：两个类之间的多个关联

在 UML 类图中，两个类之间可能会有多个关联，这并不罕见。在 POS 或 Monopoly 案例研究中没有显著的例子，但是在航空公司领域有这样的例子，即 Flight（或者更准确地说，航段 FlightLeg）和 Airport 的关系（参见图 9-16）；飞往（Flies-to）和飞自（Flies-from）关联是明显不同的关系，应该分别表示。

图 9-16　多个关联

准则：如何在常见关联列表中找到关联

通过使用表 9-2 中的列表来开始添加关联。该列表中包含值得考虑的常见类别，对业务信息系统而言更是如此。列表中的示例选自 POS、Monopoly 和航空预订领域。

表 9-2 常见关联列表

类　别	示　例
A 是与交易 B 相关的交易	CashPayment—Sale
	Cancellation—Reservation
A 是交易 B 中的一个明细项	SalesLineItem—Sale
A 是交易（或明细项）B 的产品或服务	Item—SalesLineItem(或 Sale)
	Flight—Reservation
A 是与交易 B 相关的角色	Customer—Payment
	Passenger—Ticket
A 是 B 的物理或逻辑部分	Drawer—Register
	Square—Board
	Seat—Airplane
A 被逻辑地或物理地包含在 B 中	Register—Store, Item—Shelf
	Square—Board
	Passenger—Airplane
A 是 B 的描述	ProductDescription—Item
	FlightDescription—Flight
A 在 B 中被感知 / 记日志 / 记录 / 报告 / 捕获	Sale—Register
	Piece—Square
	Reservation—FlightManifest
A 是 B 的成员	Cashier—Store
	Player—MonopolyGame
	Pilot—Airline
A 是 B 的组织子单元	Department—Store
	Maintenance—Airline
A 使用 / 管理 / 拥有 B	Cashier—Register
	Player—Piece
	Pilot—Airplane
A 与 B 相邻	SalesLineItem—SalesLineItem
	Square—Square
	City—City

9.15　示例：领域模型中的关联

案例研究：NextGen POS

图 9-17 中的领域模型展示了 POS 领域模型候选的一组概念类和关联。其中的关联主要是基于本次迭代的需求，通过"需要记住"的标准和常见关联列表得来的。阅读该列表，并且将示例映射到图中，应该能够解释所选择的关联。例如：

❑ **与其他交易相关的交易**：Sale Paid-by CashPayment

❑ **交易中的明细项**：Sale Contains SalesLineItem
❑ **交易（或明细项）对应的产品**：SalesLineItem Records-sale-of Item

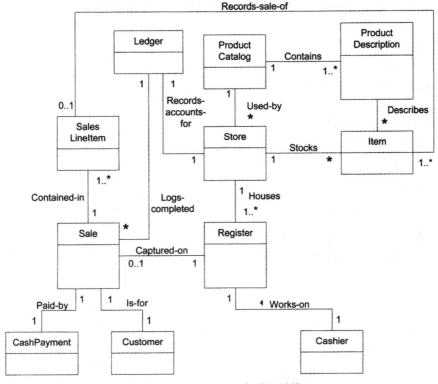

图 9-17　NextGen POS 部分领域模型

案例研究：Monopoly 游戏

　　再参见图 9-18，其中的关联主要是基于本次迭代的需求，通过"需要记住"的标准和常见分类列表得来的。例如：

❑ **A 包含在 B 中**：Board Contains Square
❑ **A 拥有 B**：Player Owns Piece
❑ **A 在 B 中被感知**：Piece Is-on Square
❑ **A 是 B 的成员**：Player Member-of（或Plays）MonopolyGame

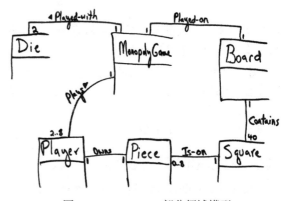

图 9-18　Monopoly 部分领域模型

9.16　属性

　　识别概念类的属性是有助的，能够满足当前所开发场景的信息需求。**属性**（attribute）是对象的逻辑数据值。

准则：何时展示属性

当需求（例如，用例）建议或暗示需要记住信息时，引入属性。

例如，在处理销售用例中的票据通常含有日期和时间、店名和地址以及收银员 ID 等等。因此，

❑ Sale 需要 dateTime 属性。

❑ Store 需要 name 和 address 属性。

❑ Cashier 需要 ID 属性。

应用 UML：属性表示法

属性在类框的第二格中表示（参见图 9-19）。其类型和其他信息是可选的。

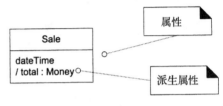

图 9-19　类和属性

更多表示法

在 UML 中，属性的完整语法是：

visibility name : type multiplicity =
default {property-string}⊖

在图 9-20 中给出了一些常见例子。

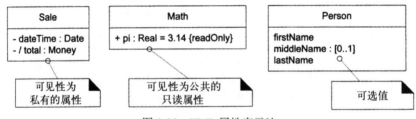

图 9-20　UML 属性表示法

依照惯例，大部分建模者会假设属性的可见性为私有的（–），除非有另外表示，所以我通常不会显式地标出可见性符号。

{readOnly} 大概是属性的 {property-string} 部分最常用的值。

多重性用来指示值的可选存在，或者可以填充到（集合）属性中的对象数量。例如，许多领域要求知道某人的名和姓，但是中间名是可选的。表达式 middleName:[0..1] 表示可选值，该属性可以出现 0 或 1 个值。

准则：在哪里记录属性需求

要注意，middleName:[0..1] 是微妙地嵌入到领域模型的需求或领域规则。尽管这仅是概念

⊖　习惯上对于语法表达式采用其英文原文。对该表达式译为中文是：

可见性　名称：类型　多重性＝默认值 {特性表}

其中的"默认值"在 UML 手册（1.3 版）中更倾向于是初始值，意为对象在初始化时赋予属性的值。这一含义与默认值稍有不同，请读者辨别。——译者注

角度的领域模型，但可能暗示软件视图在 UI、对象和数据库中应该允许 middleName 的值为空。有些建模者认可只在领域模型中保留这种规格说明，但是我认为这样容易出错和分散，并且被扩散了，因为人们往往不去仔细查看领域模型或需求指导。人们也通常不会维护领域模型。

作为替代，我建议把所有这种属性需求置于 UP 术语表中（UP 术语表可充当数据字典）。可能我已经花费了一个小时和领域专家一起画出领域模型的草图；之后，我可以花费 15 分钟浏览这个草图并将其中表示的属性需求转移到术语表中。

另一种方法是，使用工具将 UML 模型和数据字典统一起来；这样所有属性会自动显示为数据字典的元素。

派生属性

Sale 中的 total 属性可以从 SalesLineItems 中的信息计算或派生。当我们需要表达：这是重要属性，但是可派生的，那么可以使用 UML 的约定：在属性名称前加以 "/" 符号。

例如，收银员可以收到一组同类商品（例如，6 盒豆腐），那么可以输入一次 itemID，然后输入数量（例如，6）。因此，一个 SalesLineItem 可以和商品的多个实例关联。

收银员输入的数量可以被记录为 SalesLineItem 的属性（参见图 9-21）。但该数量可以从关联的多重性的实际值计算出来，所以被表示为派生属性，即可以由其他信息派生的属性。

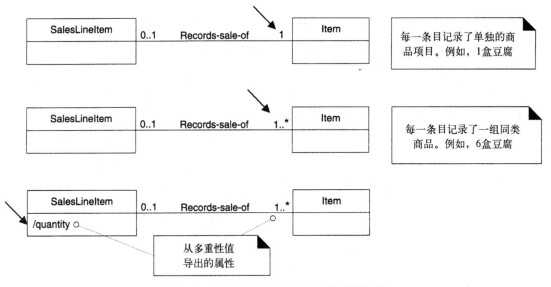

图 9-21　在销售项目中记录售出的商品数量

准则：什么样的属性类型是适当的

关注领域模型中的数据类型属性

通俗地说，大部分属性类型应该是 "原生" 数据类型，例如数字和布尔值。通常，属性的类型不应该是复杂的领域概念，例如 Sale 或 Airport。

例如，图 9-22 中 Cashier 类的 currentRegister 属性是不合适的，因为其类型是 Register，并

不是简单数据类型（例如 Number 或 String）。表达 Cashier 使用 Register 的最有效的做法是使用关联，而不是使用属性。

> 准 则
> 领域模型中属性的类型更应该是**数据类型**（data type）。十分常见的数据类型包括：Boolean、Date（或 DateTime）、Number、Character、String(Text) 和 Time。其他常见的类型还有 Address、Color、Geometrics(Point、Rectangle)、Phone Number、Social Security Number、Universal Product Code(UPC)、SKU、ZIP 或者是邮政编码、枚举类型。

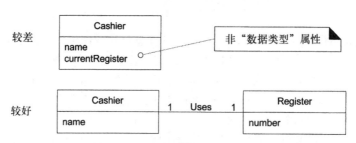

图 9-22 使用关联而不是属性表示关系

重复前面的例子，把复杂领域概念建模为属性是常见的错误。例如，目的机场实际不是字符串。它是复杂事物，占据着数平方公里的空间。因此，Flight 应该通过关联而不是通过属性与 Airport 联系起来，如图 9-23 所示。

> 准 则
> 通过关联而不是属性来表示概念类之间的关系。

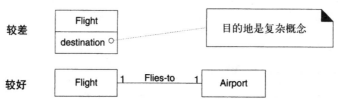

图 9-23 不要用属性表示复杂概念，而是使用关联来表示

数据类型

如前所述，领域模型中的属性通常应该是**数据类型**（data type）。一般来说，数据类型是"原生"类型，诸如数字、布尔值、字符、字符串和枚举（例如，尺寸＝｛小，大｝）。更准确地讲，UML 术语中的数据类型指的是一组值，而这组值的标识本身不具有任何含义（在我们的模型或系统的语境下）[RJB99]。换言之，相等性测试不是基于标识，而是基于值[⊖]。例如，通常对以下内容进行区分没有意义：

⊖ 例如，在 Java 中，对值的相等性测试是通过 equal 方法，而对标识的相等性测试则是通过操作符"＝＝"。

❑ 不同的 Integer 5 实例。

❑ 不同的 String "cat" 实例。

❑ 不同的 Date "Nov.13, 1990" 实例。

相比之下，（通过对象标识）区分 Person 的两个名字都是 "Jill Smith" 的实例是具有意义的，因为这两个实例能够表示具有姓名相同的不同个体。

同时，数据类型的值通常是不可变的。例如，Integer 的实例 "5" 是不可变的；Date 的实例 "Nov.13, 1990" 可能也是不可变的。而 Person 实例的 lastName 属性可能会因为各种原因而被更改。

从软件角度出发，很少会对 Integer 或 Date 实例的存储地址（标识）进行比较，一般是对值进行比较。另外，即使 Person 的不同实例具有相同的属性值，但还是可以区分和比较其存储地址，因为其唯一标识的重要性。

一些 OO 和 UML 建模书籍也会提及值对象（value object），它和数据类型十分类似，但具有细微差别。我觉得其中的区别相当模糊和细微，所以在这里不予强调。

观点：代码中的属性

在领域模型中建议属性主要为数据类型，并不意味着 C# 或 Java 的属性只能是简单的基本数据类型。领域模型是概念视角，不是软件视角。在设计模型中，属性可以是任何类型。

准则：何时定义新的数据类型类

NextGen POS 系统需要 itemID 属性，可以作为 Item 或 ProductDescription 的属性。注意，该属性看起来只是数字或字符串。例如，itemID : Integer 或 itemID : String。

但实际上，该属性并不仅仅是字符串或数字（商品项目标识符具有子域），更有效的做法是在领域模型中加入类 ItemID（或者 ItemIdentifier），并且将这个类作为 itemID 属性的类型。例如，itemID : ItemIdentifier。

表 9-3 提供了一些准则，指明何时需要在模型中加入数据类型。

表 9-3　对数据类型建模的准则

准　则
下述情况下，在领域模型里，把最初被认为是数字或字符串的数据类型表示为新的数据类型类：
● 由不同的小节组成
● 电话号码，人名
● 具有与之相关的操作，例如解析或校验
● 社会安全号
● 具有其他属性
● 促销价格可能有开始日期（有效期）和结束日期
● 单位的数量
● 支付总额具有货币单位
● 具有以上性质的一个或多个类型的抽象
● 销售领域的商品标识符是诸如 UPC 和 EAN 这样的类型的泛化

对 POS 领域模型的属性应用这些准则，会产生以下分析：

❑ 商品的标识符是对各种常用编码方案的抽象，这些方案包括 UPC-A、UPC-E 和 EAN 方案族。这些数字编码方案的不同部分可以标识制造商、产品、国家（对于 EAN）和用于验证的校验和数字。因此，应该加入数据类型 ItemID 类，因为它能满足上述大部分准则。

❑ price 和 amount 属性应该是一个数据类型，Money 类，因为它们是货币单位的数量。

❑ address 属性应该是一个数据类型，Address 类，因为它具有不同的小节。

应用 UML：在何处描述这些数据类型类

在领域模型里，ItemID 类应该表示为单独的类吗？这取决于你想要在图中强调的事物。既然 ItemID 是**数据类型**（实例的唯一标识不用于相等性测试），那么可能只会表示在类框的属性分格中，如图 9-24 所示。另一方面，如果 ItemID 是具有属性和关联的新类型，那么将其表示为单独的概念类会提供更多的信息。对于这个问题没有绝对的答案。采用哪种解决方式取决于如何使用作为沟通工具的领域模型以及领域里概念的重要性。

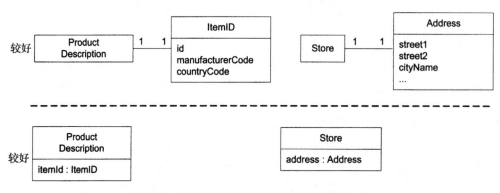

图 9-24　表示对象的数据类型性质的两种方式

准则：没有表示外键的属性

领域模型里的属性不应该用于表示概念类的关系。违反这一原则的常见情况是像在关系数据库设计中那样增加一种**外键属性**（foreign key attribute），用以关联两个类型。例如，在图 9-25 中，Cashier 类中的 currentRegisterNumber 属性是不适当的，因为其目的是将 Cashier 和 Register 对象关联起来。表示 Cashier 使用 Register 的更好的方式是采用关联，而不是外键属性。再强调一次，应使用关联而不是属性来将类型关联起来。

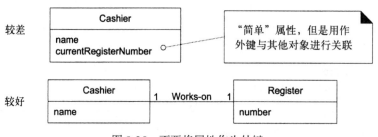

图 9-25　不要将属性作为外键

可以用许多方法来表示对象之间的关系，外键就是其中一种方法，我们将推迟到设计时再决定如何实现对象关系，以避免**设计蠕变**（design creep）[⊖]。

准则：对数量和单位建模

大部分用数字表示的数量不应该表示为纯数字。考虑一下价格或重量。"价格是 13"或"重量是 37"并不能说明什么。是欧元还是千克？

应该给这些数量加上单位，并且通常还需要知道单位之间的转换关系。NextGen POS 软件是面向国际市场的，需要支持多种货币单位。领域模型（和软件）应该巧妙地对数量建模。

一般情况下，可以把数量表示为单独的 Quantity 类，并且关联到 Unit 类 [Fowler96]。通常还会展示 Quantity 的特化。Money 是一种单位为货币的 Quantity。Weight 是单位为千克或磅的Quantity。相关情况如图 9-26 所示。

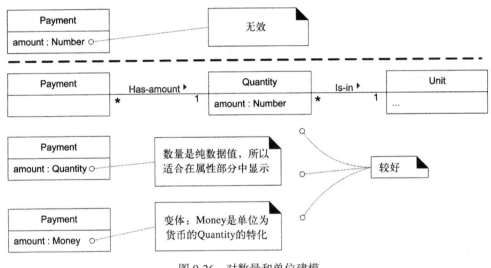

图 9-26　对数量和单位建模

9.17　示例：领域模型中的属性

案例研究：NextGen POS

参见图 9-27。图中所选属性反映了本次迭代中的信息需求，即本次迭代的处理销售用例之现金支付场景。例如，

CashPayment　　　amountTendered——为了确定是否提供足够的支付金额，并且计算找零，所以必须记录一个金额（也称为"支付金额"）。

ProductDescription　description——显示在显示器或票据上的描述。

　　　　　　　　　itemID——用于查找 ProductDescription。

⊖　设计蠕变指的是，在设计或项目过程中，频繁地对设计或项目范围进行细微的增减。

	price——显示商品单价并计算销售总额。
Sale	dateTime——票据上一般要显示销售的日期和时间，同时可用于销售分析。
SalesLineItem	quantity——当同一种商品售出多个时（例如，5 盒豆腐），需要记录收银员输入的该商品的数量。
Store	name，address——票据上需要有商店的名称和地址。

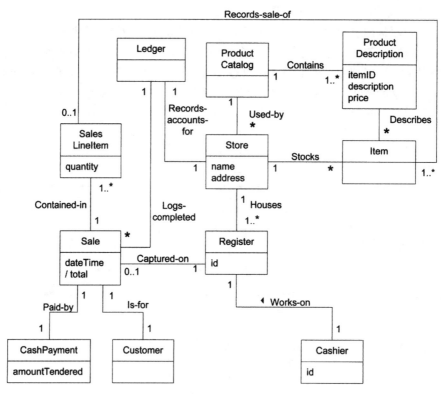

图 9-27 NextGen POS 的部分领域模型

案例研究：Monopoly

参见图 9-28，所选属性反映了本次迭代中的信息需求，即本次迭代简化的玩 Monopoly 游戏用例场景。例如：

| Die | faceValue——抛掷骰子后，用来计算棋子移动的距离。 |
| Square | name——打印所需要的轨迹输出。 |

9.18 结论：领域模型是否正确

没有所谓唯一正确的领域模型。所有模型都是对我们试图要理解的领域的近似。领域模型主要是在特定群体中用于理解和沟通的工具。有效的领域模型捕获了当前需求语境下的本质抽象和理解领域所需要的信息，并且可以帮助人们理解领域的概念、术语和关系。

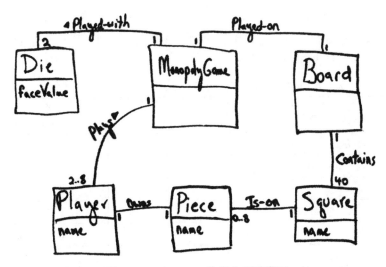

图 9-28 Monopoly 的部分领域模型

9.19 过程：迭代和演化式领域建模

尽管已经用了很大篇幅对领域建模进行解释，但如果是经验丰富的人来做，实际在每次迭代中对该（部分、演化的）模型进行开发只需 30 分钟而已。在使用了预定义的分析模式后，所需的时间将会更短。

在迭代开发中，我们会通过若干迭代对领域模型进行增量地演化。在每个迭代中，领域模型都会限于之前和当前要考虑的场景，而不是膨胀为瀑布风格的"大爆炸"模型，以过早试图捕获所有可能的概念类和联系。例如，POS 的本次迭代限定于简化的处理销售之现金支付场景。因此，只创建部分领域模型反映这一情形，而不涉及其他。

再次重申本章开始时给出的建议：

准　　则

避免瀑布思维倾向，为完成详尽或"正确"的领域模型而进行大量建模工作，这些方式都应避免，这种过量的建模工作反而会导致分析停滞，这种投入几乎不会有什么回报。

每次迭代的领域建模时间不超过几个小时。

UP 中的领域模型

如表 9-4 中的建议所示，UP 中的领域模型通常开始和完成于细化阶段。

初始

初始阶段决不会发起领域模型，因为初始阶段的目标不是进行严格的调查，而是决定项目是否值得在细化阶段进行深入调查。

细化

领域模型主要是在细化阶段的迭代中创建的，这时最需要理解那些值得注意的概念，并且会通过设计工作将其映射为软件类。

表 9-4 UP 制品及其创建时限的示例（s：开始；r：精化）

科　目	制　品　　迭代→	初　　始　　I1	细　　化　　E1,…,En	构　　造　　C1,…,Cn	移　　交　　T1,…,Tn
业务建模	**领域模型**		s		
需求	用例模型（SSD）	s	r		
	愿景	s	r		
	补充性规格说明	s	r		
	术语表	s	r		
设计	设计模型		s	r	
	软件架构文档		s		
	数据模型		s	r	

UP 业务对象模型与领域模型

UP 领域模型是较为少见的 UP 业务对象模型（BOM）的正式变体。不要与其他对 BOM 的定义混淆，UP BOM 是一种描述整个业务的企业模型。BOM 可以用来进行业务流程工程或再工程，而不依赖于任何软件应用（例如 NextGen POS）。引证如下：

[UP BOM] 作为抽象，描述的是业务工人和业务实体之间的关系，以及它们如何协作以执行业务。[RUP]

BOM 使用不同的图（类图、活动图和序列图）来阐述整个企业是如何运转的（或应该如何运转）。BOM 通常有助于进行企业范围的业务流程工程，而在创建单个软件应用时并不常见。

因此，UP 定义了领域模型，作为 BOM 的常用制品子集或特化。引证如下：

　　　你可以选择开发"非完整的"业务对象模型，重点解释领域中的重要"事物"和产品。[...]这些都称为领域模型。[RUP]

9.20　推荐资源

Odell 的《面向对象方法：基础知识》（*Object-Oriented Methods: A Foundation*）详细介绍了概念领域建模。Cook 和 Daniel 的《设计对象系统》（*Designing Object Systems*）同样是非常有帮助的。

Fowler 的《分析模式》（*Analysis Patterns*）[⊖]为领域模型提供了有价值的模式，无疑要推荐给大家。描述领域模型模式的另一本好书是 Hay 的《数据模型模式》（*Data Model Patterns:*

　　⊖ 本书中文翻译版和英文影印版已由机械工业出版社出版。——编辑注

Conventions of Thought）。理解纯概念模型和数据库方案模型之间区别的数据建模专家的指导，对领域对象建模十分有帮助。

Java Modeling in Color with UML [CDL99] 具有大量与领域建模相关的指导，而不仅像其书名所示的那样。作者在书中确定了相关类型及其关联的常见模式；颜色方面实际上是对这些类型的常见类别的可视化，例如蓝色表示 description（描述），黄色表示 role（角色），粉色表示 moment-interval（时段）[⊖]。颜色可以帮助人们查看这些模式。

⊖ 是一种构造型（stereotype），表示领域内的短时间要素，这些要素是由于业务或合法性等必须捕获的事物或活动。

系统序列图

就理论而言，理论和实践并无差异。但真付诸实行，差异即开始显现。

——Jan L.A. van de Snepscheut

目标

❑ 识别系统事件。

❑ 为用例场景创建系统序列图。

简介

系统序列图（SSD）是为阐述与所讨论系统相关的输入和输出事件而快速、简单地创建的制品。它们是操作契约和（最重要的）对象设计的输入。

UML 包含以序列图为形式的表示法，用以阐述外部执行者到系统的事件。

图 10-1 中所示的是强调系统序列图的 UP 制品的相互影响。用例文本及其隐含的系统事件是创建 SSD 的输入。SSD 中的操作（例如 enterItem）可以在操作契约中进行分析，在术语表中被详细描述，并且（最重要的是）作为设计协作对象的起点。

10.1 示例：NextGen SSD

对于用例中一系列特定事件，SSD 展示了直接与系统交互的外部执行者、系统（作为黑盒）

以及由执行者生成的系统事件（如图 10-2 所示）。在图中，时间顺序是自上而下的，并且事件的顺序应该遵循其在场景中的顺序。

图 10-2 所示的示例是涉及现金支付的处理销售场景的主成功场景。其中给出了收银员发出的 makeNewSale、enterItem、endSale 和 makePayment 系统事件。这些事件是通过阅读用例文本而总结出来的。

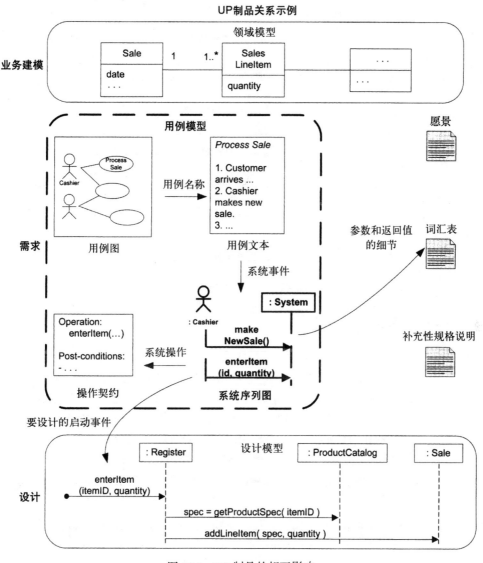

图 10-1　UP 制品的相互影响

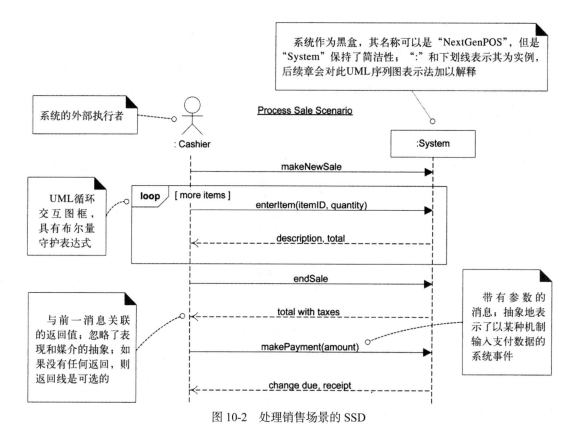

图 10-2　处理销售场景的 SSD

10.2　什么是系统序列图

用例描述外部执行者是如何与我们所希望创建的系统进行交互的。在交互中，执行者对系统**发起系统事件**（system event），通常需要某些**系统操作**（system operation）对这些事件加以处理。例如，当收银员输入商品 ID 时，收银员要请求 POS 系统记录对该商品的销售（enterItem 事件）。该事件引发了系统之上的操作。用例文本暗示了 enterItem 事件，而 SSD 将其变得具体和明确。

UML 包含了**序列图**作为表示法，以便能够阐述执行者的交互及执行者引发的操作。

系统序列图表示的是，对于用例的一个特定场景，外部执行者产生的事件，其顺序和系统之内的事件。所有系统被视为黑盒，该图强调的是从执行者到系统的跨越系统边界的事件。

准　　则
应为每个用例的主成功场景，以及频繁发生的或者复杂的替代场景绘制 SSD。

10.3　动机：为什么绘制 SSD

软件设计中一个有趣且有用的问题是：哪些事件会进入我们的系统？为什么？因为我们必须为处理和响应这些事件（来自鼠标、键盘、其他系统……）来设计软件。基本上，软件系统要对以下三种事件进行响应：1）来自执行者（人或计算机）的外部事件，2）计时器事件，3）故障或异常（通常源于外部）。

因此，需要准确地知道，什么是外部输入的事件，即**系统事件**。这些事件是系统行为分析的重要部分。

你可能对如何识别进入软件对象的消息非常熟悉。而这种概念同样适用于更高阶的构件，包括把整个系统（抽象地）视为一个事物或对象。

在对软件应用将如何工作进行详细设计之前，最好将其行为作为"黑盒"来调查和定义。**系统行为**（system behavior）描述的是系统做什么，而无需解释如何做。这种描述的一部分就是系统序列图。

其他部分包括用例和系统操作契约（稍后进行讨论）。

10.4　应用 UML：序列图

UML 没有定义所谓的"系统"序列图，而只是定义了"序列图"。这一限定强调它在系统作为黑盒时的应用。之后，我们会在另一个语境下使用序列图，阐述完成工作的交互软件对象的设计。

序列图中的循环

注意在图 10-2 中是如何使用**交互框**（interaction frame）来表示序列图中的循环的。

10.5　SSD 和用例之间的关系

SSD 展示了用例中一个场景的系统事件，因此它是从对用例的考察中产生的（参见图 10-3）。

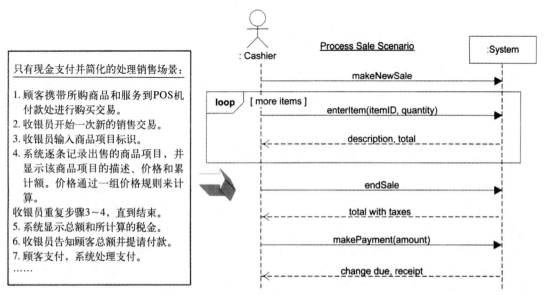

图 10-3　SSD 由用例派生，表示了一个场景

应用 UML：是否应该在 SSD 中显示用例文本

通常不这么做。如果你为 SSD 适当地命名，可以指明对应的用例。例如，处理销售场景。

10.6 如何为系统事件和操作命名

scan（itemID）和 enterItem（itemID）这两个名字，哪个更好？

系统事件应该在意图的抽象级别而非物理的输入设备级别来表达。

因此，"enterItem"要优于"scan"（也就是激光扫描），因为前者既捕获了操作的意图，又保留了抽象性，而不需要涉及使用什么样的接口来捕获系统事件。这一操作可以通过激光扫描器、键盘、声音输入设备或其他任何接口来完成。

如图 10-4 所示，系统事件的名称以动词开始（增加……，输入……，结束……，产生……），可以提高清晰程度，因为这样可以强调这些事件是命令或请求。

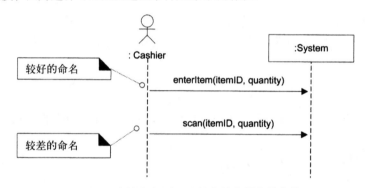

图 10-4 在抽象级别上选择事件和操作的名称

10.7 如何为涉及其他外部系统的 SSD 建模

SSD 也同样可以用来阐述系统之间的协作，例如 NextGen POS 和外部信用卡支付授权系统之间的协作。但这个问题我们会在案例研究的后继迭代中讨论，因为本次迭代不包括远程系统协作。

10.8 SSD 的哪些信息要放入术语表中

SSD 中所示的元素（操作名称、参数、返回的数据）是简洁的。需要对这些元素加以适当的解释以便在设计时能够明确地知道输入了什么，输出了什么。术语表是详细描述这些元素的最佳选择。

例如，在图 10-2 中，其中一条返回线含有描述："change due, receipt"。其中关于票据（复杂报表）的描述是含糊的。所以，在 UP 术语表中可以加入票据条目，显示票据样本（可以是数码图片）、详细内容和布局。

> **准 则**
>
> 对大多数制品来说，一般在术语表中描述其细节。

10.9 示例：Monopoly SSD

玩 Monopoly 游戏用例很简单，就是其主场景。观察者初始化游戏者的数量，然后请求模拟游戏，观察输出的轨迹，直到产生赢家为止，参见图 10-5。

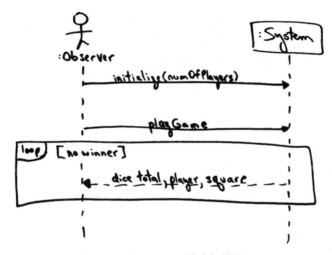

图 10-5 玩 Monopoly 游戏场景的 SSD

10.10 过程：迭代和演化式 SSD

不用为所有场景创建 SSD，除非你在使用需要识别所有系统操作的估算技术（例如功能点计数）。相反，只需为下次迭代所用的场景绘制 SSD。同时，不应该花费太长时间来绘制 SSD，用几分钟或半小时来绘制即可。

当需要了解现有系统的接口和协作时，或者将其架构记录在文档中时，SSD 也是十分有效的。

UP 中的 SSD

SSD 是用例模型的一部分，将用例场景隐含的交互可视化。尽管 UP 的创建者们意识到并理解这些图的用途，但最初的 UP 描述中并没有直接提到 SSD。有大量可能有用和广泛使用的分析和设计制品或活动并没有在 UP 或 RUP 文档中提及，SSD 就是其中之一。但是 UP 十分灵活，提倡引入任何能够增加价值的制品和实践。

UP 阶段

初始——通常不会在该阶段引入 SSD，除非你要对涉及的技术进行粗略的估算（不要指望初始阶段的估算是可靠的），这种估算的基础是对系统操作的识别，例如，**功能点**或 COCOMO2（参见 www.ifpug.org）。

　　细化——大部分 SSD 在细化阶段创建，这有利于识别系统事件的细节以便明确系统必须被设计和处理的操作，有利于编写系统操作契约，并且可能有利于对估算的支持（例如，通过未调整的功能点和 COCOMO2 进行宏观估算）。

10.11　历史和推荐资源

　　识别软件系统公有操作的需求自来有之，所以数十年来，已经广泛使用了各种系统接口图，用以阐述将系统视为黑盒的系统 I/O 事件。例如在电信行业，这种图称为呼叫流程图。在 OO 方法中，首先普及使用这些图的是 Fusion 方法[⊖][Coleman+94]，该方法对 SSD 和系统操作与其他分析和设计制品之间的关系提供了大量示例。

　　⊖　UML 前身之一。例如，UML 的协作图是通过对 Booch 方法的对象图、Fusion 方法的对象交互图以及其他一些方法中的相关图表改造而得到的。

第 11 章　操作契约

殚思竭虑之时，文字将成为利器。

——歌德（Johann Wolfgang von Goethe）

目标

❏ 定义系统操作。

❏ 为系统操作创建契约。

简介

在 UP 中，用例和系统特性是用来描述系统行为的主要方式，一般来说已经够用。有时对系统行为进行更为详细和精确的描述是有价值的。操作契约使用前置和后置条件的形式，描述领域模型里对象的详细变化，并将对象的变化作为系统操作的结果。领域模型是最常用的 OOA 模型，但是操作契约和状态模型（参见第 29 章）也能够作为有用的与 OOA 相关的制品。

操作契约可以视为 UP 用例模型的一部分，因为它对用例隐含的系统操作的效果提供了更详细的分析。

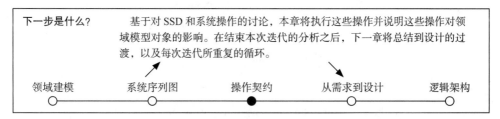

> **下一步是什么？**　基于对 SSD 和系统操作的讨论，本章将执行这些操作并说明这些操作对领域模型对象的影响。在结束本次迭代的分析之后，下一章将总结到设计的过渡，以及每次迭代所重复的循环。
>
> 领域建模　　　系统序列图　　　操作契约　　　从需求到设计　　　逻辑架构

图 11-1 所示的 UP 制品的相互影响强调了操作契约。该契约的主要输入是 SSD 中确定的系统操作（例如 enterItem）、领域模型和来自专家的领域洞察力。该契约也可以作为对象设计的输入，因为它们描述的变化很可能是软件对象或数据库所需要的。

11.1 示例

下面给出的是系统操作 enterItem 的操作契约。其中的关键元素是后置条件，其他部分虽然有用但重要性稍低。

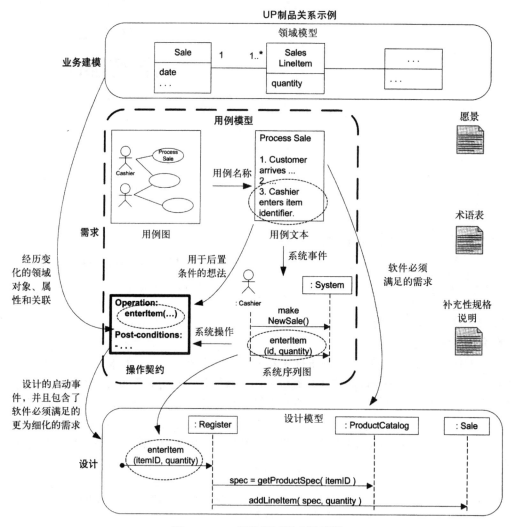

图 11-1 UP 制品相互影响的示例

契约 CO2：enterItem

操作：	enterItem(itemID : ItemID, quantity : integer)
交叉引用：	用例：处理销售
前置条件：	存在正在进行的销售交易
后置条件：	❑ 已创建 SalesLineItem 的实例 sli（创建实例）。
	❑ sli 已与当前 Sale 关联（形成关联）。

❏ sli.quantity 已变为 quantity（修改属性）。

❏ 已基于 itemID 的匹配，将 sli 关联到 ProductDescription（形成关联）。

"（创建实例）"这样的分类是为了帮助学习，并不是契约的有效部分。

11.2 定义：契约有哪些部分

下面对契约中的每个部分进行了描述：

操作：	操作的名称和参数。
交叉引用：	会发生此操作的用例。
前置条件：	执行操作之前，对系统或领域模型对象状态的重要假设。这些假设比较重要，应该告诉读者。
后置条件：	最重要的部分。完成操作后，领域模型对象的状态。后续章节将详细论述这个问题。

11.3 定义：什么是系统操作

可以为**系统操作**定义操作契约，系统操作是作为黑盒构件的系统在其公共接口中提供的操作。系统操作可以在绘制 SSD 草图时识别，如图 11-2 所示。更精确地讲，SSD 展示了**系统事件**，即涉及系统的事件或 I/O 消息。输入的系统事件意味着系统具有用来处理该事件的系统操作，正如 OO 消息（一种事件或信号）要由 OO 方法（一种操作）来处理那样。

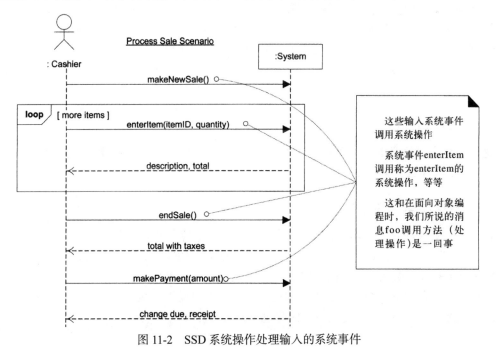

图 11-2　SSD 系统操作处理输入的系统事件

将系统视为单个构件或类，跨越所有用例的整个系统操作集合定义了公共的**系统接口**。在 UML 中，作为整体的系统可以表示成名称为（例如）System 的类的一个对象。

11.4 定义：后置条件

注意，在 enterItem 示例中，每个后置条件都包含可以帮助学习的类属性，例如创建实例或形成关联。下面给出关键的定义。

定　义

后置条件（postcondition）描述了领域模型内对象状态的变化。领域模型状态变化包括创建实例、形成或断开关联以及改变属性。

后置条件不是在操作过程中执行的动作，相反，它们是对领域模型对象的观察结果，当操作完成后，这些结果为真，就像浓烟散去后所能够清晰看到的事物。

概括来说，后置条件可以分为以下三种类型：

❑ 创建或删除实例。
❑ 属性值的变化。
❑ 形成或断开关联（精确地讲，是 UML 链接）。

断开关联比较少见。例如，假设有允许删除销售项的操作。对于这种操作，后置条件可以设置为"所选的 SalesLineItem 与 Sale 的关联已断开"。对于其他领域，当贷款付清后，或某人取消了其成员身份后，相应关联就会被断开。

删除实例的后置条件是最罕见的，因为人们通常不会关心已明确强制销毁的现实世界中的事物。例如，在许多国家，法律规定，某人宣布破产的七年或十年后，其所有破产声明的有关记录必须被销毁。注意，这是概念角度，并非实现。这并不是声明释放软件对象所占用的计算机内存。

后置条件如何与领域模型相关

这些后置条件主要是在领域模型对象的语境中表示的。可以创建什么实例（来自领域模型）？可以形成什么关联（来自领域模型）？

动机：为什么需要后置条件

首先，后置条件并不总是必要的。在大多数情况下，系统操作的效果对开发者而言是相对清晰的，他们可以通过阅读用例、与专家交流或根据自己的知识对此进行理解。但有时需要更详细和精确的描述。契约提供了此类描述。

注意，后置条件支持细粒度的细节和精确性，以声明操作必须具备的结果。在用例中也可以表示为这种详细级别，但并不适宜，因为过于冗长和详细。

契约是优秀的需求分析或 OOA 工具，能够详细描述系统操作（就领域模型对象而言）所需的变化，而无须描述这些操作是如何完成的。

换言之，设计可以被延迟，我们可以重点分析必须发生的事物，而不是如何实现这些事物。考虑以下后置条件：

后置条件：

❑ 已创建 SalesLineItem 的实例 sli（创建实例）。

❑ sli 已与当前 Sale 关联（形成关联）。

❑ sli.quantity 已变为 quantity（修改属性）。

❑ 已基于 itemID 的匹配，将 sli 关联到 ProductDescription（形成关联）。

其中并没有解释如何创建 SalesLineItem 实例，或者如何将之与 Sale 关联。我们可以将这些内容写在几张纸上，然后钉在一起，其中包括使用 Java 技术创建软件对象并连接它们，或者在关系数据库中插入行。

准则：如何编写后置条件

用过去时态表达后置条件，以强调它们是由操作引起的状态变化的观察结果，而不是执行的动作。这也是后置条件名称的由来！例如：

❑（较好）已创建 SalesLineItem。

而不是

❑（较差）创建 SalesLineItem 或 SalesLineItem 被创建。

类比：后置条件的精神：舞台和幕布

为什么以过去时态编写后置条件？想象一下以下画面：

系统及其对象出现在剧院的舞台上。

1）在操作前，对舞台拍照。

2）落下幕布，进行系统操作（背景中有叮当、尖叫、喊叫的嘈杂声……）。

3）打开幕布，拍摄第二张照片。

4）比较前后两张照片，把舞台状态的变化表述为后置条件（已创建 SalesLineItem……）。

准则：后置条件应该完善到何种程度？敏捷与重量级分析

契约有可能是无用的。这一问题将在后续章节中讨论。但是假设其中一些有用，则为所有系统操作生成完整详细的后置条件集合是不可能的，或者说是没有必要的。就敏捷建模的精神而言，只是将其视为初始最佳的猜测，在这种理解下，详尽的后置条件是无法达成的，而所谓"完善"的规格说明也是几乎不可能的或不可信的。

但是要理解，进行轻量的分析是现实和高明的，这并不意味着要在编程前放弃调查，这又是另一种极端的误解。

11.5 示例：enterItem 后置条件

以下内容剖析了 enterItem 系统操作后置条件。

创建和删除实例

输入 itemID 和商品的 quantity 后，会创建哪些新对象？ SalesLineItem。因此对应：

❑ 已创建 SalesLineItem 的实例 sli（创建实例）。

注意对实例的命名。该名字简化了在其他后置条件语句中对该新实例的引用。

修改属性

在收银员输入商品的 itemID 和 guantity 后，应该修改哪些新对象或现有对象的属性？SalesLineItem 的 quantity 应该变为 quantity 参数。因此对应：

❑ sli.quantity 已变为 quantity（修改属性）。

形成和断开关联

在收银员输入商品的 itemID 和 quantity 后，应该形成或断开哪些新的或已有对象之间的关联？新的 SalesLineItem 应该与当前 Sale 关联，并且与 ProductDescription 关联。因此对应：

❑ sli 已与当前 Sale 关联（形成关联）。

❑ 已基于 itemID 的匹配，将 sli 关联到 ProductDescription（形成关联）。

注意，在形成与 ProductDescription（其 itemID 与参数匹配）的关联时所采用的非正式描述。可以采用更为正式的描述方式，例如使用对象约束语言（OCL）。但还是建议保持叙述的简单直白。

11.6 准则：是否应该更新领域模型

通常在创建契约的过程中会发现，需要在领域模型中记录新的概念类、属性或关联。不要局限于先前定义的领域模型，当你在思考操作契约的过程中有新发现时，要对领域模型进行改进。

> 在迭代和演化式方法中（并且反映了软件项目的真实情况），所有分析和设计制品都被视为部分的和不完美的，要根据新发现对其改进。

11.7 准则：契约在何时有效

在 UP 中，用例是项目需求的主要存储库。用例可以为设计提供大部分或全部细节。在这种情况下，契约就没有什么作用。但有时所需状态变化的细节和复杂性难以处理或过于细节化，无法捕获在用例中。

例如，考虑一下航空预订系统和系统操作 addNewReservation。这个操作的复杂性极高，因为所有领域对象都必须被变更、创建和关联。这种细粒度的细节可以记录在用例中，但是会导致用例极为详细（例如，要记录必须变化的所有对象的每个属性）。

我们注意到，后置条件的形式提倡使用并提供十分精确的分析性的语言，能够支持充分的详细程度。

如果开发者在没有操作契约的情况下能够准确地理解需要完成的工作，则可以不编写契约。

本书的案例研究出于教学目的，展示了比实际需要更多的契约。在实践中，其中所记录的大部分细节都可以轻松地从用例文本中推导出来。另一方面，所谓"显而易见"是种含糊的概念！

11.8　准则：如何创建和编写契约

创建契约时可以应用以下指导原则：

1）从 SSD 中确定系统操作。

2）如果系统操作复杂，其结果可能不明显或者在用例中不清楚，则可以为其构造契约。

3）使用以下几种类别来描述后置条件：

❑ 创建和删除实例。

❑ 修改属性。

❑ 形成和断开关联。

编写契约

❑ 如上所述，以说明性的、被动式的过去时态编写后置条件⊖，以便强调变化的观察结果，而非如何实现设计。例如：

● （较好）已**创建** SalesLineItem。

● （较差）创建 SalesLineItem。

❑ 记住，要在已有或新创建的对象之间建立关联。例如，当 enterItem 操作发生时，仅创建 SalesLineItem 的实例是不够的。操作完成后，还应该将此新创建的实例与当前 Sale 关联。因此对应：

● SalesLineItem 已与当前 Sale 关联（*形成关联*）。

最常见的问题

最常见的问题是遗漏了关联的形成。特别是在创建新实例后，通常需要建立与若干对象的关联。不要遗忘这一点！

⊖ 鉴于英语和汉语之间的语法差异，应该不必（也无法）拘泥于这一准则。——译者注

11.9 示例：NextGen POS 契约

处理销售用例中的系统操作

契约 CO1：makeNewSale

操作： makeNewSale()

交叉引用：用例：处理销售

前置条件：无

后置条件：❏ 已创建 Sale 的实例 s（创建实例）。

　　　　　❏ s 已关联到 Register（形成关联）。

　　　　　❏ s 的属性已初始化（修改属性）。

注意最后一个后置条件中的含糊描述。如果能够理解，则足以。

在项目中，所有这些后置条件都可以从用例中轻松得出，因此不必编写 makeNewSale 契约。

回忆一下前面说过的正确过程和 UP 的指导原则：尽可能保持轻量化，除非真正具有价值，否则避免创建所有制品。

契约 CO2：enterItem

操作： enterItem(itemID : ItemID, quantity : integer)

交叉引用：用例：处理销售

前置条件：存在正在进行中的销售交易

后置条件：❏ 已创建 SalesLineItem 的实例 sli（创建实例）。

　　　　　❏ sli 已与当前 Sale 关联（形成关联）。

　　　　　❏ sli.quantity 已变为 quantity（修改属性）。

　　　　　❏ 已基于 itemID 的匹配，将 sli 关联到 ProductDescription（形成关联）。

契约 CO3：endSale

操作： endSale()

交叉引用：用例：处理销售

前置条件：存在正在进行中的销售交易

后置条件：❏ Sale.isComplete 被置为真（修改属性）。

契约 CO4：makePayment

操作： makePayment(amount : Money)

交叉引用：用例：处理销售

前置条件：存在正在进行中的销售交易。

后置条件：❏ 已创建 Payment 的实例 p（创建实例）。

❑ p.amountTendered 已变为 amount（修改属性）。

❑ p 已与当前的 Sale 关联（形成关联）。

❑ 当前的 Sale 已与 Store 关联（将其加入到已完成销售交易的历史日志中）（形成关联）。

POS 领域模型的更改

这些契约至少提示了有一点仍未在领域模型中表示，即完成在销售中输入商品条目。endSale 的规格说明对此进行了修改，稍后在对 makePayment 操作的设计中对此进行测试，这可能是个好主意，即除非完成销售（即不再增加商品），否则不允许支付。

表示这一信息的一种方式是在 Sale 中增加 isComplete 属性：

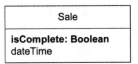

此外还有另一种方式，尤其是考虑到设计工作时。其中一种技术就是使用**状态模式**（state pattern）。还有一种技术是使用"会话"（session）对象，跟踪会话的状态，不允许无序操作。后面将对此进行讨论。

11.10 示例：Monopoly 契约

在这个案例研究中，我要强调的是，许多分析制品并不总是必要的，其中就包括契约。UP 提倡避免创建制品，除非能够规避风险或解决实际问题。根据其孩提时的经验而了解这一游戏的规则的开发人员（似乎大多数人都是）可以直接实现而无须查阅大量的文档。

11.11 应用 UML：操作、契约和 OCL

本章中所给出的契约和 UML 之间有怎样的关系？

UML 正式地定义了**操作**（operation）。引用如下：

　　操作是可以调用对象执行的转换或查询的规格说明。[RJB99]

例如，在 UML 中，接口元素就是操作。操作是抽象而非实现。相比之下，**方法**（在 UML 中）是操作的实现。引用如下：

　　[方法是]操作的实现。它规定了与操作关联的算法或过程。[OMG03a]

在 UML 元模型中，操作具有**特征标记**（名称和参数），在这种语境中最为重要的是，它与一组被分类为前置条件和后置条件的 UML **约束**对象相关联，这些约束对象指定了操作的语义。

概括一下，UML 通过约束定义操作的语义，这些约束可以用前置或后置的形式指定。要注意，本章强调 UML 操作的规格说明不能表示算法或解决方案，而只能是状态的变化或操作的效果。

契约除了用于指定整个 System（也就是说，系统操作）的公共操作外，还能够用于任何粒度的操作：子系统、构件、抽象类等的公共操作（或接口）。例如，可以为 Stack 这样的单个软件类定义操作。本章讨论的粗粒度操作属于将整个系统作为黑盒构件的 System 类，但是 UML 操作可以属于任何类或接口，它们都具有前置和后置条件。

用 OCL 表示的操作契约

本章中的前置和后置条件的格式是非形式的自然语言格式，完全可以被 UML 接受，并易于理解。

但 UML 还具有形式、严谨的语言，称为对象约束语言（OCL）[WK99]，OCL 可以用来表示 UML 操作的约束。

> **准　则**
>
> 除非有不可避免的实际原因要求人们学习和使用 OCL，否则要保持简单并使用自然语言。尽管我确信存在真实（且有效）的应用，但我从未见过使用 OCL 的项目，即便我参观了大量客户和项目。

OCL 为说明操作的前置和后置条件定义了正式的格式，如以下片段所述：

```
System::makeNewSale()
   pre : <statements in OCL>
   post : ...
```

OCL 的细节超出了本书范围，在此就不详细介绍了。

11.12　过程：UP 的操作契约

前置和后置条件契约是 UML 指定操作的常用风格。在 UML 中，操作在许多级别［从 System 到细粒度的类（如 Sale）］中都存在。系统级别的操作契约是用例模型的一部分，尽管原始的 RUP 或 UP 文档中并没有正式地强调这一点。RUP 作者证实了用例模型中包括操作契约（私有通信）。

阶段

初始阶段——初始阶段不会引入契约，因为过于详细。

细化阶段——如果使用契约的话，大部分契约将在细化阶段进行编写，这时已经编写了大部分用例。只对最复杂和微妙的系统操作编写契约。

11.13　历史

操作契约产生于计算机科学的形式化规格说明领域，最初是由 Tony Hoare 提出的。Hoare 在 20 世纪 60 年代中期在工业界工作，开发了一个 ALGOL 60 编译器，同期他在阅读了 Bertrand

Russell 的《数理哲学导论》(*Introduction to Mathematical Philosophy*)一书后,了解了公理论和断言的思想。他认识到,使用断言(前置和后置条件)来表示计算机程序,这些断言与程序启动和终止时所期望的结果相关。1968 年,他加入了学术界,其思想与其他研究者的形式化规格说明理论一起广为传播。

1974 年,当时位于 Vienna 的 IBM 实验室正在开发 PL/1 编译器,其研究者需要一种无二义性的形式化规格说明语言。这种需求的产物就是 VDL——Vienna 定义语言,由 Peter Lucas 创造。VDL 借用了先前 Hoare 和 Russel 所探讨的前置和后置条件断言。VDL 最终演化为 VDM 使用的语言,该方法应用了操作契约的形式化规格说明和严格论证的理论 [BJ78]。

20 世纪 80 年代,Bertrand Meyer〔不要惊讶,又是一个编译器作者(OO 语言 Eiffel)〕开始倡导使用前置和后置条件断言,将其作为 Eiffel 的头等元素,并应用于 OOA/D。他在其著名的《面向对象软件构造》(*Object-Oriented Software Construction*)一书中,对形式化规格说明和操作契约做了更广泛的宣传,同时提出了**按契约设计**(Design by Contract,DBC)的方法。在 DBC 中,编写契约是细粒度软件类的操作,而不是特定于整个“系统”的公共操作。此外,DBC 提倡使用**不变式**(invariant),并常将之用于完整的契约规格说明。不变式定义在操作执行前后不能改变状态的事物。为了简洁起见,本章没有使用不变式。

20 世纪 90 年代早期,Grady Booch 在他的 **Booch 方法**中简要论述了为什么在对象操作中应用契约。同时,HP 实验室的 Derek Coleman 及其同事借用了操作契约思想,并将之用于 OOA 和领域建模,使之成为具有影响力的 OOA/D **Fusion 方法**的一部分 [Coleman+94]。

支持契约的编程语言

Eiffel 等语言支持不变式、前置条件和后置条件。Java 和 C# 可以提供类似的设施,如属性、Javadoc 标签或预编译器。

11.14 推荐资源

在 Coleman 等人所著的 *Object-Oriented Development: The Fusion Method* 中可以发现大量基于 OOA 的系统操作契约的示例。Meyer 的《面向对象软件构造》(*Object-Oriented Software Construction*)展示了大量程序级的用 Eiffel 编写的契约示例。在 UML 中,操作契约也可以使用更严谨的对象约束语言(OCL)来定义,建议参考 Warmer 和 Kleppe 所著的 *The Object Constraint Language: Precise Modeling with UML*。

Chapter 12 第 12 章

从需求到设计——迭代进化

硬件，名词，指计算机系统中可以"被踢到"的部件。

——匿名

目标

❏ 快速促进到设计活动的转换。

❏ 对比对象设计技术和 UML 表示法知识的重要性。

简介

到目前为止，案例研究强调了对需求和对象的分析。如果遵循 UP 准则，初始阶段大概要调查 10% 的需求，从细化阶段的第一个迭代开始进行较为深入的调查。后续章节的重点是针对协作的软件对象，为本次迭代设计解决方案。

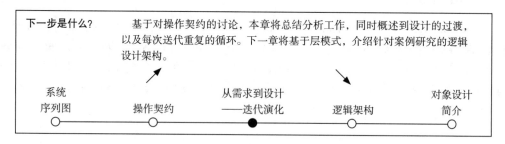

下一步是什么？　基于对操作契约的讨论，本章将总结分析工作，同时概述到设计的过渡，以及每次迭代重复的循环。下一章将基于层模式，介绍针对案例研究的逻辑设计架构。

| 系统序列图 | 操作契约 | 从需求到设计——迭代演化 | 逻辑架构 | 对象设计简介 |

12.1 以迭代方式做正确的事，正确地做事

需求和面向对象分析重点关注做正确的事。也就是说，要理解案例研究中的一些重要目标，以及相关的规则和约束。与之相比，后续的设计工作将强调正确地做事。也就是说，熟练地设计解决方案来满足本次迭代的需求。

在迭代开发中，每次迭代都会发生从以需求或分析为主要焦点到以设计和实现为主要焦点的转变。早期迭代会在分析活动上花费较多的时间。当愿景和规格说明通过早期编程、测试和反馈开始趋于稳定时，则会在后期迭代中减少分析活动，更加注重构建解决方案。

12.2　尽早引发变更

在设计和实现工作中，特别是在早期迭代中，发现和变更一些需求是很自然的，也是有帮助的。迭代和演化式方法"包容变更"，尽管我们会试图在早期迭代中引发这种不可避免的变更，以便能够在后期迭代中拥有更为稳定的目标（以及预算和进度）。尽早编程、测试和演示有助于尽早引发不可避免的变更。注意，这一简单思想正是迭代开发能够运转的核心。

发现规格说明变化既可以澄清本次迭代设计的目标，也可以精化对未来迭代的需求。在这些早期的细化迭代过程中，需求应该稳定下来，因此在细化阶段结束时，大约可靠定义了80%的需求，这是基于早期编程、测试和反馈的结果进行的定义和精化，而不是像瀑布方法那样的猜测。

12.3　完成所有分析和建模工作是否需要几个星期

在经过几章的详细讨论之后，大家一定认为之前的建模要用几个星期才能完成。事实上并非如此！

在熟悉了用例编写、领域建模等技巧后，完成迄今为止所介绍的所有建模过程，实际上仅需花费几天的时间，甚至几个小时。

但是，这并不意味着从项目开始到现在只过去了几天。之前进行的其他大量活动［例如概念验证编程、寻找资源（人、软件……）、制定计划、搭建环境等］可能也会花费几个星期的准备时间。

Chapter 13 第 13 章

逻辑架构和 UML 包图

0x2B | ~0x2B

——哈姆雷特（Hamlet）[⊖]

目标
❏ 介绍使用层的逻辑架构。
❏ 阐述使用 UML 包图的逻辑架构。

简介
首先，需要降低一下期望，本章只是对逻辑架构主题的简要介绍，而该主题相当庞大。本书将在第 34 章进一步论述这个主题。

现在，我们就从面向分析的工作过渡到软件设计，首先从大尺度开始。在这一级别上，典型 OO 系统设计基于若干架构层，例如 UI 层、应用逻辑（或"领域"）层等。本章将简要考察逻辑分层架构和相关 UML 表示法。

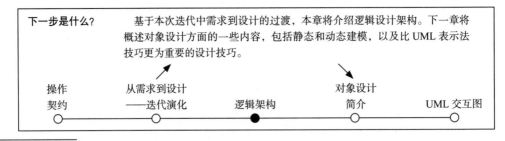

下一步是什么？　基于本次迭代中需求到设计的过渡，本章将介绍逻辑设计架构。下一章将概述对象设计方面的一些内容，包括静态和动态建模，以及比 UML 表示法技巧更为重要的设计技巧。

操作　　　　从需求到设计　　　　　　　　　　　对象设计
契约　　　　——迭代演化　　　逻辑架构　　　简介　　　　UML 交互图

⊖　莎士比亚在《哈姆雷特》中留下了一句很有名的台词："To be or not to be, that is a question"（生存还是毁灭，那是一个问题）。在计算机科学中，我们给出了它的答案：FF。

　　即：0x2B| ~0x2B ==0xFF

　　注：To=2；Be=B；NOT=~；OR=|；0x 是计算机语言里用来表示 16 进制数的方法。——编辑注

图 13-1 所示的 UP 制品关系强调的是逻辑架构（LA）。UML 包图可以作为设计模型的一部分，用来描述 LA。UML 包图也可以作为软件架构文档中的视图。其主要的输入是补充性规格说明中记录的架构方面的约束和要点。LA 定义了包，包中有关于软件类的定义。

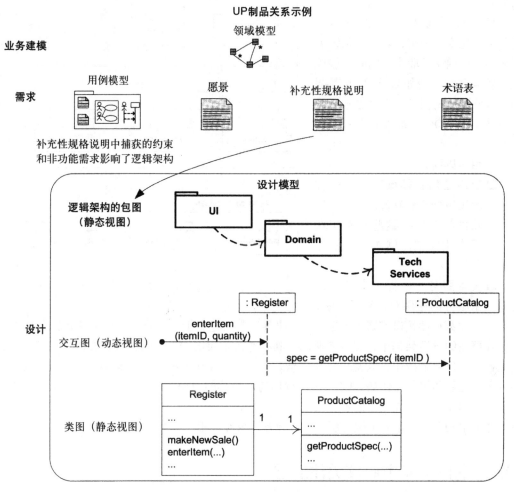

图 13-1　UP 制品相互影响的示例

13.1　示例

图 13-2 所示为使用 UML **包图**表示法绘制的部分分层逻辑架构。

13.2　什么是逻辑架构和层

逻辑架构（logical architecture）是软件类的宏观组织结构，它将软件类组织为包（或命名空间）、子系统和层等。之所以称其为逻辑架构，是因为并未决定如何在不同的操作系统进程或网络中物理的计算机上对这些元素进行部署（后一种决定是**部署架构**的一部分）。

层（layer）是对类、包或子系统的甚为粗粒度的分组，具有对系统主要方面加以内聚的职责。同时，层按照"较高"层（例如 UI 层）可以调用"较低"层的服务，而反之则不然的方式组织。OO 系统中通常包括的层有：

❑ **用户界面**。
❑ **应用逻辑和领域对象**——表示领域概念的软件对象（例如软件类 Sale），这些对象实现了应用需求，例如计算销售总额。
❑ **技术服务**——提供支持性技术服务的通用对象和子系统，

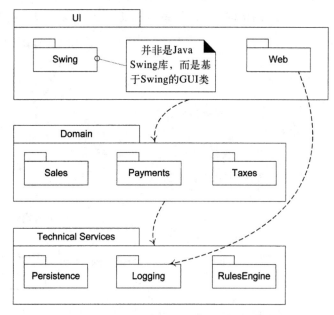

图 13-2　UML 包图所表示的部分分层逻辑架构

例如数据库接口或错误日志。这些服务通常是独立于应用的，也可在多个系统中复用。

在**严格的分层架构**中，层只能调用与其相邻的下层的服务。这种设计在网络协议栈中比较常见，而在信息系统中不太常见。在信息系统中通常使用**宽松的分层架构**，其中较高层可以调用其下任何层的服务。例如，UI 层可以调用与其相邻的应用逻辑层，也可以调用更下面的技术服务层中的元素，完成日志记录等工作。

逻辑架构并非一定要组织为层。但这种方式极为常用，因此在这里加以介绍。

13.3　案例研究中应该关注的层

重申在介绍案例研究时的观点：

> 尽管 OO 技术可以用于所有级别，但本书对 OOA/D 的介绍着重于核心应用逻辑（或"领域"）层，其次才是对其他层的讨论。

对其他层（如 UI 层）的设计探讨将着重于该层与应用逻辑层的接口。

为何其他层对技术有较强的依赖性（例如，一定要应用 Java 或 .Net），在什么情况下应用逻辑（领域）层语境中所学的 OO 设计知识可以应用于其他层或构件？这些问题在第 3 章中已有简要解释。

13.4 什么是软件架构

前面已经提及逻辑架构和部署架构，所以现在是一个介绍**软件架构**定义的好时机。以下便是其定义之一：

> 架构是关于软件系统组织的重要决策集合，通过选择组成系统的结构元素及其接口，以及这些元素之间的协作来定义它们的行为，将这些结构和行为元素组合成逐渐扩大的子系统，并指导这种组织的架构风格。[BRJ99]

不管是哪种定义（有大量定义），所有软件架构定义的共同主题是，必须与宏观事物有关——动机、约束、组织、模式、职责和系统之连接（或系统之系统）的重要思想。

13.5 应用 UML：包图

UML 包图通常用于描述系统的逻辑架构——层、子系统、包（就 Java 而言）等。层可以建模为 UML 包。例如，UI 层可以建模为名为 UI 的包。

UML 包图提供了组织元素的方式。UML 包能够组织任何事物：类、其他包、用例等。嵌套包十分常见。UML 包是比 Java 包或 .NET 命名空间更为通用的概念，当然 UML 包也可以表示这些事物，而且表示更为广泛的事物。

如果包内部显示了其成员，则在标签上标识包名；否则，可以在包体上标识包名称。

人们通常希望显示包之间的依赖（耦合），以便开发者能够看到系统内大型事物之间的耦合。UML 的**依赖线**即可用于此目的，依赖线是有箭头的虚线，箭头指向被依赖的包。

UML 包代表**命名空间**，因此 Date 类可以定义于两个包内。如果要提供**完全限定的名称**，对于 UML 表示法，例如 java::util::Date，其含义是名为"java"的包嵌套名为"util"的包，后者包含 Date 类。

UML 还提供另一种表示法来描述外部和内部嵌套包。有时，在内部包外再绘制外部包的框图会显得不雅。图 13-3 展示的是另一种方法。

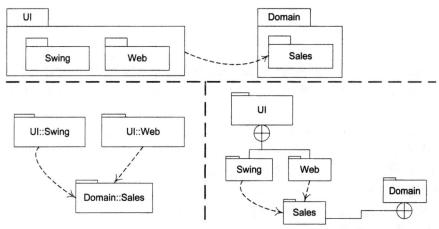

图 13-3　表示嵌套包的另一种 UML 表示法，使用嵌入包、UML 完全限定的名称以及十字圆形符号

UML 工具：从代码逆向工程产生包图

在开发过程的早期，我们会画出 UML 包图的草图，然后根据这些草图来组织代码。随着时间的流逝，代码库不断增长，同时我们在编程上花费的时间更多，并减少了建模或绘制 UML 图的时间。此时，可以利用 UML CASE 工具对源代码进行逆向工程，从而自动生成包图。

如果我们使用 13.6 节提出的建议给代码包命名时，这一实践将会得到增强。

13.6 准则：使用层进行设计

使用层的本质思想 [BMRSS96] 很简单：

❑ 将系统的大型逻辑结构组织为独立的、职责相关的离散层，具有清晰、内聚的关注分离。这样，"较低"的层是低级别和一般性服务，较高的层则是与应用相关的。

❑ 协作和耦合是从较高层到较低层进行的，要避免从较低层到较高层的耦合。

从第 34 章开始，我们将介绍更多设计问题。这些思想在 [BMRSS96] 中被描述为**层模式**（layers pattern），并产生了**分层架构**（layered architecture）。这一模式的应用和论述极为常见，*Pattern Almanac 2000* [Rising00] 就列出了 100 多种与层模式相关或是其变体的模式。

使用层有助于解决如下问题：

❑ 源码的变更波及整个系统——系统的许多部件之间是高度耦合的。

❑ 应用逻辑与用户界面交织在一起，因此无法复用于其他不同界面或分布到其他处理节点之上。

❑ 潜在的通用技术服务或业务逻辑与更特定于应用的逻辑交织在一起，因此无法被复用、分布到其他节点或方便地使用不同实现替换。

❑ 不同的关注领域之间高度耦合。因此难以为不同开发者在明确的边界上划分工作。

对于不同应用和应用领域（信息系统、操作系统等），层的用途和数量也有所不同。图 13-4 描述并解释了适用于信息系统的典型的层。

图 13-4 中的应用层将在第 34 章加以讨论。

使用层的好处

❑ 总的来说，使用层可以做到关注分离、高级服务与低级服务分离、特定于应用的服务与通用服务分离。层可以减少耦合和依赖性、增强内聚性、提高复用潜力并且使概念更加清晰。

❑ 封装和分解了相关的复杂性。

❑ 某些层能够用新的实现替换。对于较低级的技术服务层或基础层来说不大可能（例如，java.util），但是对 UI、应用层和领域层来说是可能的。

❑ 较低层包含可复用功能。

❑ 某些层（主要是领域层和技术服务层）可以是分布式的。

❑ 通过逻辑划分，有助于团队开发。

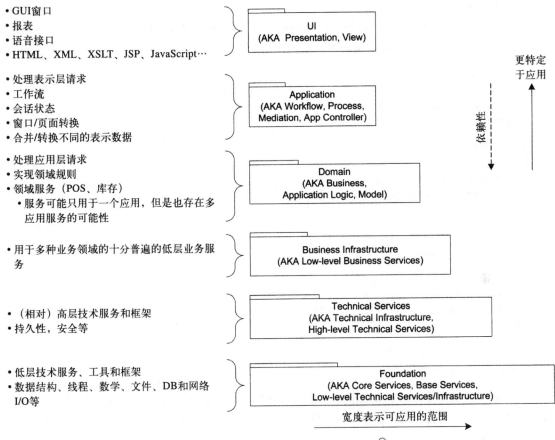

- GUI窗口
- 报表
- 语音接口
- HTML、XML、XSLT、JSP、JavaScript…

UI
(AKA Presentation, View)

- 处理表示层请求
- 工作流
- 会话状态
- 窗口/页面转换
- 合并/转换不同的表示数据

Application
(AKA Workflow, Process,
Mediation, App Controller)

- 处理应用层请求
- 实现领域规则
- 领域服务（POS、库存）
  - 服务可能只用于一个应用，但是也存在多应用服务的可能性

Domain
(AKA Business,
Application Logic, Model)

- 用于多种业务领域的十分普遍的低层业务服务

Business Infrastructure
(AKA Low-level Business Services)

- （相对）高层技术服务和框架
- 持久性，安全等

Technical Services
(AKA Technical Infrastructure,
High-level Technical Services)

- 低层技术服务、工具和框架
- 数据结构、线程、数学、文件、DB和网络I/O等

Foundation
(AKA Core Services, Base Services,
Low-level Technical Services/Infrastructure)

更特定于应用

依赖性

宽度表示可应用的范围

图 13-4　信息系统逻辑架构中常见的层⊖

准则：内聚职责；使关注分离

同一层内的对象在职责上应该具有紧密关联，不同层中对象的职责则不应该混淆。例如，UI 层中的对象应该关注于 UI 工作，例如创建窗口和小部件、捕获鼠标和键盘事件等。应用逻辑或"领域"层中的对象应该关注应用逻辑，例如计算销售总额或税金，或在棋盘上移动棋子。

UI 对象不应该处理应用逻辑。例如，Java Swing JFrame（窗口）对象不应该包含计算税金或移动棋子的逻辑。另一方面，应用逻辑类不应该陷入 UI 鼠标或键盘事件，否则将违反关注分离和**高内聚**原则（这是基本架构原则）。

后续几章将揭示这些重要原则，此外还将详细阐述**模型－视图分离**原则。

代码：将代码组织映射为层和 UML 包

大部分流行的 OO 语言（Java、C#、C++、Python、……）都提供了对包（在 C# 和 C++ 里

⊖　图中包的宽度用于表达应用的范围，但这不是 UML 的通常做法，AKA (also known as) 是"也被称之为"的缩写。

称之为命名空间）的支持。

以下是使用 Java 将 UML 包映射为代码的例子。图 13-2 中描述的层和包能够以如下方式映射为 Java 包的名称。注意，Java 包将层的名称作为其名称的一个部分：

```
// --- UI 层

com.mycompany.nextgen.ui.swing
com.mycompany.nextgen.ui.web

// --- 领域层
    // 特定于 NextGen 项目的包
com.mycompany.nextgen.domain.sales
com.mycompany.nextgen.domain.payments

// --- 技术服务层
    // 我们自己开发的持久（数据库）访问层
com.mycompany.service.persistence

    // 第三方
org.apache.log4j
org.apache.soap.rpc
// --- 基础层

    // 团队创建的基础包
com.mycompany.util
```

要注意，为支持跨项目的复用，除非必要，否则我们应避免在包名称内使用特定于应用的限定符（"nextgen"）。UI 包与 NextGen POS 应用相关，因此它们的限定名为 com.mycompany.nextgen.ui.*。但是我们所编写的工具可以在多个项目中共享，因此将包命名为 com.mycompany.utils，而不是 com.mycompany.nextgen.utils。

UML 工具：对代码逆向工程产生包图

如前所述，UML CASE 工具的一个很好的用途是可以对源代码进行逆向工程自动生成包图。如果你在代码中使用推荐的命名约定，则可以加强这一实践。例如，如果你在 UI 层的所有包名中加入".ui."，则 UML CASE 工具将会自动在"ui"包下组织和嵌套子包，这样你就可以在代码和包图中都看到分层架构了。

定义：领域层与应用逻辑层；领域对象

> 本节描述 OO 设计中简单但是关键的概念！

典型的软件系统都有 UI 逻辑和应用逻辑，例如 GUI 窗口小部件的创建和税金计算。现在，关键问题是：

我们如何使用对象设计应用逻辑？

我们可以创建一个称为 XYZ 的类，然后将所有方法置入其中，以实现所有需要的逻辑。这一方法在技术上是可行的（尽管在理解和维护上有较大困难），但是 OO 思想并不提倡这种方法。

那么，提倡的方法是什么？答案是：创建软件对象，使其名称和信息类似于真实世界的领域，并且为其分配应用逻辑职责。例如，真实世界的 POS 具有销售和支付功能。因此，在软件中，我们创建 Sale 和 Payment 类，并且赋予其相应的应用逻辑职责。这种软件对象称为**领域对象**（domain object）。领域对象表示问题领域空间的事物，并且与应用或业务逻辑相关，例如，Sale 的对象可以计算销售总额。

以这种方式设计对象，则可以将应用逻辑层更准确地称为架构的**领域层**，即包含领域对象，处理应用逻辑的层。

领域层和领域模型之间的关系

另一个关键问题是：领域层和领域模型之间具有怎样的关系。我们应着眼于领域模型（将值得注意的领域概念的可视化）以获取对领域层类命名的灵感。参见图 13-5。

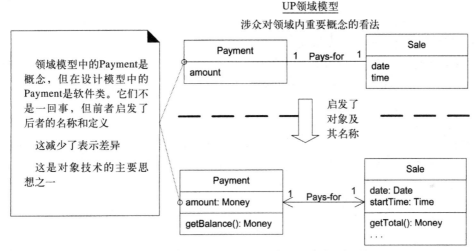

图 13-5 领域层和领域模型之间的关系

领域层是软件的一部分，领域模型是概念角度分析的一部分，它们是不同的。但是利用来自领域模型的灵感创建领域层，我们可以获得在真实世界和软件设计之间的**低表示差异**。例如，UP 领域模型中的 Sale 有助于启发我们在 UP 设计模型的领域层中创建 Sale 软件类。

定义：物理层、逻辑层和分区

层（tier）在架构中最初表示的是逻辑层（logical layer），而不是物理节点，但是现在，这个词被广泛用于表示物理进程节点（或节点簇），例如"客户层"（客户计算机）。本书为了概念清晰没有使用这一术语，但是在阅读其他架构方面的文献时要对此特别注意。

架构中的**层**（layer）表示对系统在垂直方向的切片，而**分区**（partition）则表示对层在水平方向进行划分，形成相对平行的子系统。例如，技术服务层可以划分为安全和报表等分区（参见图 13-6）。

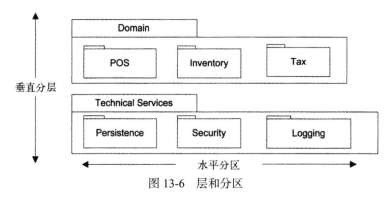

图 13-6　层和分区

准则：不要将外部资源表示为最底层

大部分系统依赖于外部资源或服务，例如 MySQL 库存数据库和 Novell LDAP 命名和目录服务。这些是物理实现构件，而不是逻辑架构中的层。

将外部资源（如某个数据库）表示为"低于"（例如）基础层的层，会混淆架构的逻辑视图和部署视图。

就逻辑架构及其层而言，对某个持久数据集合（例如库存数据）的访问可以视为领域层中的子领域——库存子领域。而提供数据库访问的通用服务则可以视为技术服务分区——持久化服务。参见图 13-7。

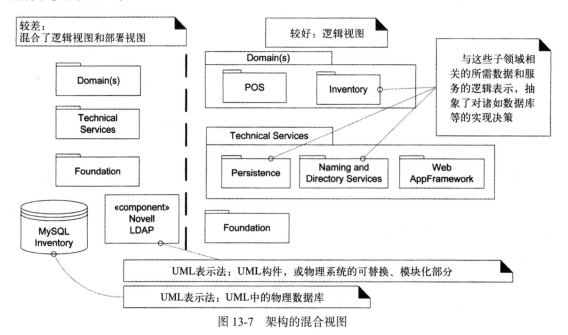

图 13-7　架构的混合视图

13.7 准则：模型 – 视图分离原则

其他包应该对 UI 层具有何种可见性？非窗口类应该如何与窗口通信？

准则：模型 – 视图分离原则

该原则至少具有两部分：

1）不要将非 UI 对象直接与 UI 对象连接或耦合。例如，不要让 Sale 软件对象（非 UI "领域" 对象）引用 Java Swing JFrame 窗口对象。因为窗口与某个应用相关，而（理想情况下）非窗口对象可以在新应用中重用或附加到新界面。

2）不要在 UI 对象方法中加入应用逻辑（例如税金的计算）。UI 对象应该只初始化 UI 元素、接收 UI 事件（例如鼠标点击按钮）、将应用逻辑的请求委派到非 UI 对象（例如领域对象）。

在这种语境下，**模型**是领域层对象的同义词（源于 20 世纪 70 年代末的旧 OO 术语）。**视图**是 UI 对象的同义词，例如窗口、Web 页面、applet 和报表。

模型 – 视图分离原则⊖指出，模型（领域）对象不应该直接了解视图（UI）对象，对于视图对象也是如此。例如，Register 或 Sale 对象不应该直接向 GUI 窗口对象 ProcessSaleFrame 发送消息、请求其显示、改变颜色、关闭等。

观察者（Observer）模式是对该原则的合理扩展，即领域对象只能通过 PropertyListener（Java 中的常用接口）的接口向视图的 UI 对象发送消息。基于该模式，领域对象不知道 UI 对象的存在，即不知道它的具体窗口类。领域对象只需发送消息给实现了 PropertyListener 接口的对象。

该原则更进一步的应用是，领域类封装了与应用逻辑相关的信息和行为。窗口类相对简单，它们负责输入和输出，以及捕获 GUI 事件，但是并不维护应用数据或直接提供应用逻辑。例如，Java 的 JFrame 窗口不应该拥有计算税金的方法。Web JSP 页面不应该包含计算税金的逻辑。这些 UI 元素应该委派给非 UI 元素完成这些职责。

模型 – 视图分离的动机包括：

❑ 支持内聚的模型定义，这些定义只关注领域过程，而不是用户界面。
❑ 允许对模型和用户界面层分别进行开发。
❑ 使界面的需求变更对领域层的影响最小化。
❑ 允许新视图能够被方便地连接到现有的领域层之上，而不会对领域层产生影响。
❑ 允许对同一模型对象同时使用多个视图，例如销售信息同时具有表格和业务图表视图。
❑ 允许模型层的运行不依赖于用户界面层，例如，消息处理或批处理模式的系统。
❑ 允许简模型层能够简便地移植到另一用户接口框架下。

⊖ 这是模型 – 视图 – 控制器（MVC）模式的关键原则。MVC 源于一个小型的 Smalltalk-80 模式，与数据对象（模型），GUI 小部件（视图）和鼠标、键盘事件处理器（控制器）相关。近来，术语 "MVC" 被分布式设计团体采纳，将其应用在大规模的架构上。MVC 中的模型指领域层，视图指 UI 层，控制器指应用层的工作流对象。

13.8 SSD、系统操作和层之间的联系

通过分析工作，我们为用例场景绘制了一些 SSD 草图。我们确定了从外部执行者到系统的输入事件，以及对诸如 makeNewSale 和 enterItem 等系统操作的调用。

SSD 描述了这些系统操作，但是隐藏了特定的 UI 对象。然而，捕获这些系统操作请求的对象通常是系统 UI 层的对象，一般是富客户 GUI 或 Web 页面。

设计良好的分层架构支持高内聚和关系分离，UI 层对象将从 UI 层向领域层转发（或委派）请求以进行处理。

此时的关键问题是：

> 从 UI 层发送到领域层的消息将是 SSD 中所描述的消息，例如 enterItem。

例如，在 Java Swing 中，UI 层中名为 ProcessSaleFrame 的 GUI 窗口类可能会捕获请求输入商品的鼠标和键盘事件，然后 ProcessSaleFrame 对象将会向领域层的软件对象发送 enterItem 消息，例如 Register，由领域层对象执行应用逻辑。参见图 13-8。

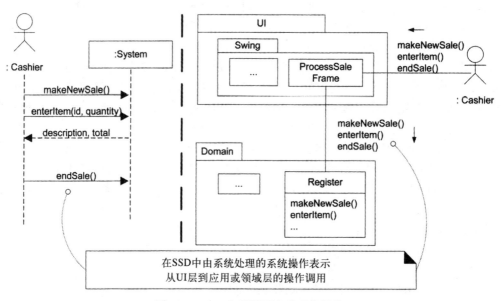

图 13-8　SSD 和就层而言的系统操作

13.9　示例：NextGen 的逻辑架构和包图

图 13-2 暗含本次迭代的简单逻辑架构。在后续迭代中，事情将变得更为有趣。例如，从第 34 章开始会有大量的 NextGen 逻辑架构和包图的示例。

13.10　示例：Monopoly 逻辑架构

Monopoly 的架构是简单的分层设计——UI、领域和服务层。对此没有什么新的内容可以阐述，因此架构示例只适用于 NextGen 案例研究。

13.11　推荐资源

介绍分层架构的文献非常多，既有纸质出版物也有 Web 资源。在 *Pattern Languages of Program Design*, volume 1[CS95] 中有一系列模式，虽然至少从 20 世纪 60 年代就已经开始使用和编写分层架构，但该书是最早以模式形式提出这一主题的文献；该书的卷 2 包括了更多的有关层的模式。《面向模式的软件体系结构　卷 I 》（ *Pattern-Oriented Software Architecture*, volume 1 ）[BMRSS96] 对层模式提供了很好的阐述。

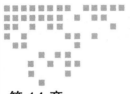

迈向对象设计

我不喜欢"炸弹"这个词。它不是一颗炸弹。它是一个正在爆炸的装置。

——雅克·勒布朗克大使谈核"武器"

目标

❑ 理解动态和静态对象设计建模。

❑ 尝试敏捷建模，或用于绘图的 UML CASE 工具。

简介

开发者如何设计对象？可以采用如下三种方式：

1）**编码**。在编码的同时进行设计（Java、C#、……），更为理想的是使用诸如重构（refactoring）这样的强大工具。根据心智模型直接编码。

2）**绘图，然后编码**。在白板或 UML CASE 工具中绘制一些 UML，然后转到第一种方式，使用文本增强型集成开发环境（IDE，如 Eclipse 或 Visual Studio）进行 #1。

3）**只绘图，不编码**。使用工具从图中生成一切。众多倒闭的工具提供商都冲向了这一恶岛之滨。"只绘图"是不当之词，因为实际上还是会在 UML 图形元素上附加文本的编程语言。

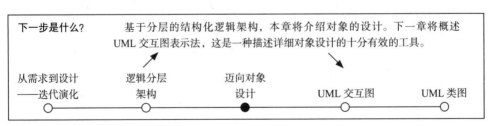

当然，还有使用其他"语言"的设计方法[⊖]。如果我们采用**绘图然后编码**的方式（最为流行的是使用 UML 的方式），那么对常用图形投入的努力应该是有价值的。本章介绍的是在对象设计和编码前进行**轻量级绘图**，并且提供了一些使其物有所值的方法。

14.1 敏捷建模和轻量级 UML 图形

一些敏捷建模 [Ambler02] 的目标是减少绘图开销，建模的目的是为理解和沟通而不是构建文档，尽管利用数码相片可以简化文档编制工作。可以尝试简单的敏捷建模方法，这些实践包括使用大量白板（每个房间有十个而不是两个）或特制的白色塑胶静电贴片（贴附在墙壁上，类似于白板），使用白板笔、数码相机和打印机捕获"UML 草图"——三种应用 UML 的方法之一 [Fowler03]。

敏捷建模还包括：

❑ **与其他人一同建模。**

❑ **并行创建若干模型**。例如，在墙上用 5 分钟画交互图，然后再用 5 分钟画相关的类图，反复交替。

你喜欢用多大的面积来绘图？多大面积适合你的眼睛和双手？15 米 ×2 米还是 50 厘米 ×40 厘米（大部分显示器的尺寸）？大多数人喜欢大的面积。但是便宜的虚拟现实 UML 工具尚不存在。简单的替代方法是利用大量白色静电贴片（或白板），这也反映了 XP 敏捷原则：一切从简，只为有效。

其他技巧如下：

❑ 可以轻松地将数码相机捕获到的草图上传到内部的 wiki 上（参见 www.twiki.org），这样可以记录项目信息。

❑ 白色塑料静电贴片的流行品牌有：

● 北美（和其他地区）：Avery 的可写胶片。

● 欧洲：LegaMaster 的魔术卡[⊖]。

14.2 UML CASE 工具

不要曲解我的建议，虽然我提倡在墙上绘制草图和敏捷建模，但是并不表明 UML CASE 没有用处。两者都具有其价值。这些工具有昂贵的，也有免费和开源的，并且每年都会在用途上有所改进。每年的最佳选择都无法固定下来，所以我不想给出过时的建议。但还是要给出以下准则。

⊖ 何为下一代语言？是第五代语言（5GL）吗？一种观点是，5GL 能够从比特到文本再到图标（甚至手势）提高了编码符号的级别，并且对每一符号包装了更多功能性。另一种观点是，5GL 是更具有说明性和目标取向的语言，而不是过程性语言。但 4GL 已经表现出了这些特点。

⊖ 我喜欢该产品的卷轴式风格；这样可以轻松展开超长贴片。

> **准　则**
> ❑ 选择能够与流行的文本增强型 IDE（如 Eclipse 或 Visual Studio）集成的 UML CASE。
> ❑ 选择不仅能够对类图（比较常见）还能对交互图进行逆向工程（由代码生成图形）的 UML 工具（很少见，但十分有助于理解程序的调用流结构）。

许多开发者都发现了一种有效方法，即在其喜欢的 IDE 中编写一段代码，然后点击一下按钮，对代码进行逆向工程，就能够看到其设计的 UML 全景视图。

还要注意：

> 在墙上的敏捷建模和使用集成到文本增强型 IDE 的 UML CASE 工具能够互相补充。应该在不同阶段的活动中尝试这两种方式。

14.3　编码前绘制 UML 需要花费多少时间

> **准　则**
> 对于时间定量为三周的迭代，在迭代开始时，应该"在墙上"（或利用 UML CASE 工具）**花费几个小时或至多一天的时间**，用于对有难度和创造性的部分绘制 UML 草图以得到其详细的对象设计。如果是草图的话，可能还需要拍摄和打印其数码相片。然后，在迭代的剩余时间里，以这些 UML 图形作为灵感的起点，将这些设计转化为代码，但是还要认识到代码中的最终设计会有分歧和改进。较短的绘图 / 草图活动可能会出现在整个迭代过程中。

如果是敏捷建模，那么在每次后续建模活动之前，对增加的基础库进行逆向工程，生成 UML 图，将其打印出来（可能要使用大幅绘图纸），然后在构建草图的活动中引用它们。

14.4　设计对象：什么是静态和动态建模

对象模型有两种类型：动态和静态。**动态模型**，例如 UML 交互图（序列图或通信图），有助于设计逻辑、代码行为或方法体。它们往往是更有趣、更困难、更重要的图。**静态模型**，例如 UML 类图，有助于设计包的定义、类名、属性和方法特征标记（但不是方法体），如图 14-1 所示。

静态和动态建模之间具有关系，敏捷建模对此的实践是并行创建模型：花费较短的时间创建交互图（动态），然后转到对应的类图（静态），交替进行。

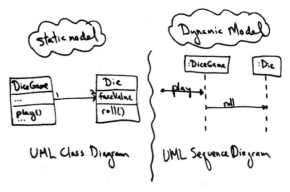

图 14-1　对象建模的静态和动态 UML 图

动态对象建模

UML 初学者一般会认为静态视图的类图是重要图形，但事实上，大部分具有挑战性、有益和有效的设计工作都会在绘制 UML 动态视图的交互图的时候发生。需要哪些对象，它们如何通过消息和方法进行协作，通过动态对象建模（例如绘制序列图）才能真正落实这些准确和详细的结论。

因此，本书以交互图作为介绍动态对象建模的起点。

准 则

应该把时间花费在交互图（序列图或通信图），而不仅是类图上。

忽视这一准则是十分常见的 UML 最差实践。

注意，在应用**职责驱动设计**和 GRASP 原则的动态建模过程中，这一准则尤为重要。后续章节将着重介绍本书中的这些关键主题——OO 设计的关键技术。

UML 工具集中还有一些其他动态工具，包括**状态机图**（第 29 章）和**活动图**（第 28 章）。

静态对象建模

最常见的静态对象建模是使用 UML 类图。在首先介绍使用交互图的动态建模后，我会对此加以详细介绍。注意，如果开发者应用了并行创建若干模型的敏捷建模实践，则他们应该同时绘制交互图和类图。

UML 中支持静态建模的其他制品包括**包图**（第 13 章）和**部署图**（第 38 章）。

14.5 对象设计技能的重要性超过 UML 表示法技能

后续章节将介绍应用 UML 图的详细对象设计。再次强调，重要的是以对象进行思考和设计，并且应用对象设计的最佳实践模式；这与了解 UML 表示法极为不同，并且更具有价值。

在绘制 UML 对象图时，我们要回答以下关键问题：对象的职责是什么？对象在与谁协作？应该应用什么设计模式？回答这些问题远比了解 UML 1.4 和 2.0 表示法之间的差异重要。因此，后续章节强调的重点是对象设计中的原则和模式。

对象设计技巧与 UML 表示法技巧

绘制 UML 是要反映做出的设计决策。

重要的是对象设计技能，而不是知道如何绘制 UML。

基本的对象设计需要了解的是：

❏ 职责分配原则。

❏ 设计模式。

14.6 其他对象设计技术：CRC 卡

人们对不同设计方法各有偏好除了因为熟悉该种方法外，更重要的是因为每个人有不同的认知方式。不要假设所有人都认为图形优于文本，反之亦然。

类职责协作（CRC）卡是流行的面向文本建模技术，由 Kent Beck 和 Ward Cunningham（也是 XP 和设计模式思想的奠基人）创建的具有影响力的敏捷思想。

CRC 卡是纸质的索引卡片，其中记录了类的职责和协作。每张卡片表示一个类。在 CRC 建模活动中，一组人围坐桌旁讨论并编写卡片，他们通过"如果……怎样"的对象场景，考虑对象必须做什么，以及必须与哪些其他对象协作。CRC 卡示例如图 14-2 和图 14-3 所示。

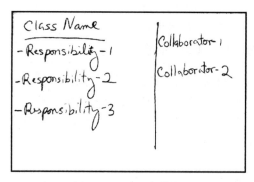

图 14-2　CRC 卡模板

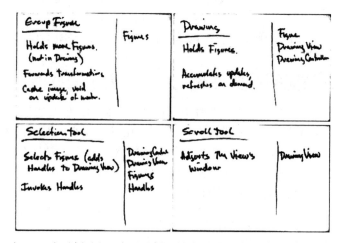

图 14-3　四个 CRC 卡示例（这一小型示例只是为了展示 CRC 卡的详细程度，并无他意）

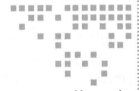

第 15 章 Chapter 15

UML 交互图

猫比狗精明。你无法让八只猫在雪地里拉雪橇。

——杰夫·瓦尔德斯（Jeff Valdez）

目标

❑ 为快速使用 UML 交互图（序列图和通信图）表示法提供参考。

简介

UML 使用**交互图**（interaction diagram）来描述对象间通过消息的交互。交互图可以用于**动态对象建模**（dynamic object modeling）。交互图有两种类型：序列图（sequence diagram）和通信图（communication diagram）⊖。本章将介绍这些表示法视图（可以将这些简要描述视为参考），而后续各章将着重介绍更为重要的问题：OO 设计的重要原则是什么？

在后续各章中，将使用交互图来解释和阐述对象设计。因此，在开始介绍 OO 设计主题之前，有必要对交互图的示例进行简单描述。

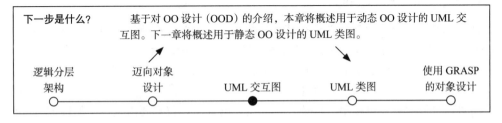

| 下一步是什么？ | 基于对 OO 设计（OOD）的介绍，本章将概述用于动态 OO 设计的 UML 交互图。下一章将概述用于静态 OO 设计的 UML 类图。 |

15.1 序列图和通信图

交互图这一术语是对以下两种更为特化的 UML 图的统称：

⊖ 即协作图（collaboration diagram）。——译者注

❑ 序列图

❑ 通信图

这两种图形都能够表示类似的交互。

另一种相关的图是**交互总览图**（interaction overview diagram），该图为在逻辑和过程流方面相关的一组交互图提供了全景总览。但这是在 UML 2 中新出现的表示法，因此是否有实际效用还言之尚早。

在两种类型的交互图中，序列图具有更丰富的符号标记，但是通信图也有其用途，尤其适用于在墙上画草图。纵观整本书，这两种类型的图都会使用到，以强调选择的灵活性。

序列图以一种栅栏格式描述交互，其中在右侧添加新创建的对象，如图 15-1 所示。

以下图形在代码中可以表示成什么？[⊖]可能的情形是，类 A 具有名为 doOne 的方法和类型为 B 的属性。同时，类 B 具有名为 doTwo 和 doThree 的方法。类 A 的定义片段如下：

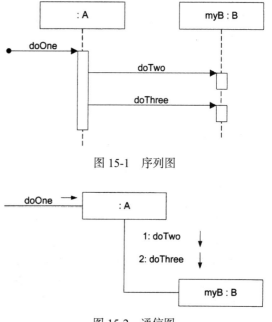

图 15-1　序列图

```
public class A
{
private B myB = new B();
public void doOne()
{
    myB.doTwo();
    myB.doThree();
}
// ...
}
```

通信图以图或网络格式展示对象交互，其中对象可以置于图中的任何位置（这是用于在墙上绘制草图的基本优点），如图 15-2 所示。

图 15-2　通信图

序列图与通信图的优点和缺点

每种图都有其优点，而建模者也有其各自的偏好，因此没有所谓绝对"正确"的选择。然而，UML 工具通常强调的是序列图，因为序列图具有更强的表示能力。

序列图在某些地方优于通信图。可能因为是首选，UML 规范更多是以序列图为核心，对其表示法和语义投入了更多的精力。因此，序列图对工具的支持更好，并且有更多有效的表示法选项。同时，采用序列图可以更方便地表示调用流的顺序，仅需要由上至下阅读即可。而对于通信图，我们则必须查阅顺序编号，例如"1："和"2："。因此，序列图在文档化方面更胜一筹，或者说，用 UML 工具对代码逆向工程生成的调用流顺序，使用序列图更容易查阅。

但另一方面，在墙上绘制"UML 草图"（敏捷建模实践）时利用通信图更具有优越性，因

⊖　代码映射或生成规则将随 OO 语言的不同而不同。

为它更高效利用空间。这是因为可以在任何位置（水平或垂直）方便地放置或擦除方框。因此，用通信图绘制的墙上草图更易于修改，（在创造性的、频繁变化的 OO 设计工作过程中）可以轻松地擦除某处的一个框，在其他地方画一个新的框，然后添加连线。相比之下，在序列图中添加的新对象时必须总是位于纸（或墙）的右边，因而右边的空间会很快被消耗殆尽；垂直方向的空余空间不能得到有效利用。开发者在墙上绘制序列图时很快会感觉到不如使用通信图方便。

同样，在窄幅纸张（例如本书）上绘制图形时，利用通信图比利用序列图具有优势，因为通信图可以在垂直方向扩展新对象，从而在小的视觉空间内容纳更多内容。

类　　型	优　　势	劣　　势
序列图	能够清晰表示消息的顺序和时间排序	添加新对象时必须向右侧延伸；消耗水平空间
	大量详细表示法选项	
通信图	空间效用——能够在二维空间内灵活地增加新对象	不易查阅消息的顺序
		表示法选项较少

序列图示例：makePayment

图 15-3 中的序列图的含义如下：

1）makePayment 消息被发送到 Register 的一个实例。发送者未识别。

2）Register 实例将 makePayment 消息发送到 Sale 实例。

3）Sale 实例创建 Payment 实例。

图 15-3　序列图

根据图 15-3 的意义，Sale 类及其 makePayment 方法相关的代码如下：

```
public class Sale
{
private Payment payment;

public void makePayment(Money cashTendered)
{
    payment = new Payment(cashTendered);
    // ...
}
// ...
}
```

通信图示例：makePayment

图 15-4 中展示的通信图与之前的序列图的含义相同。

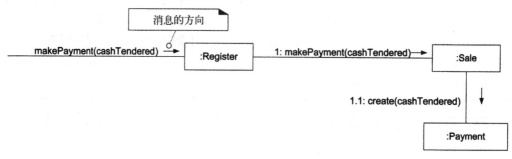

图 15-4 通信图

15.2 UML 建模初学者没有对交互图给予足够重视

大部分 UML 初学者知道类图，并且通常认为类图是 OO 设计中唯一重要的图形。但实际上并非如此！

虽然静态视图的类图确实很有用，但动态视图的交互图（更确切地说是动态交互建模中的动作）非常有价值。

准　　则
应该花费时间使用交互图进行动态对象建模，而不仅是使用类图进行静态对象建模。

为什么？因为当我们要考虑真正的 OO 设计细节时，就必须要"落实"发送哪些消息、发送给谁、以何种顺序发送等具体问题。

15.3 常用的 UML 交互图表示法

使用生命线框表示参与方

在 UML 中，前面交互图示例中的一些框称为**生命线**（lifeline）框。其严格的 UML 定义十分晦涩，但通俗地说，它们表示的是交互的**参与方**（participant），在某些结构图中定义了其相关部分，例如类图。认为生命线框等同于类的实例并不十分精确，但在非正式描述和实践中，通常会这样解释这些参与方。因此，在本书中为了便于速记，通常会用"代表 Sale 实例的生命线"这样的描述方法。图 15-5 所示是常用表示法。

消息表达式的基本语法

交互图展示了对象之间的消息；UML 对于这些消息表达式具有标准语法[⊖]：

⊖ 使用 C# 或 Java 的语法作为替代也是可以接受的，并且也得到 UML 工具的支持。

```
return = message(parameter : parameterType) : returnType
```

没有参数时可以省略圆括号，这是合法的。

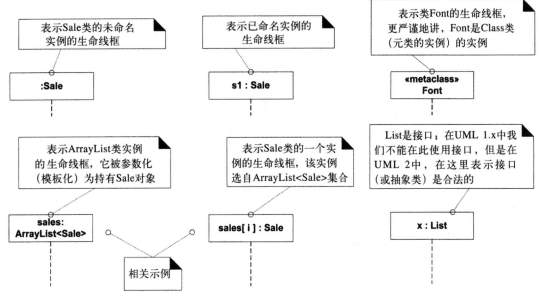

图 15-5　表示交互中参与方的生命线框

如果明显或不重要，可以不包含类型信息。

例如：

```
initialize(code)
initialize
d = getProductDescription(id)
d = getProductDescription(id : ItemID)
d = getProductDescription(id : ItemID) : ProductDescription
```

单例对象

在 OO 设计模式的世界中，有一种特别常用的模式，称为**单例**（Singleton）模式。后面将对这个模式加以解释，但是该模式所暗含的意思的是，对类进行实例化时，只能存在一个实例，而绝不能是两个。换言之，这是"单生儿"实例。在 UML 交互图（序列图或通信图）中，遇到此类对象时，要在生命线框右上角标识"1"。其中的含义是，使用单例模式可以获得对象的可见性，其含义将在第 26 章加以阐述。单例的例子参见图 15-6。

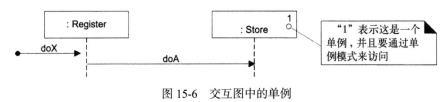

图 15-6　交互图中的单例

15.4　序列图的基本表示法

生命线框和生命线

与通信图不同，序列图中的生命线框包括框之下的垂直延伸线，这是实际的生命线。尽管几乎所有 UML 示例都用虚线表示生命线（源于 UML 1 的影响），但事实上 UML 2 规范中定义的生命线可以是实线也可以是虚线。

消息

在垂直生命线之间，用带实心箭头⊖的实线并附以消息表达式的方式表示对象间的每个消息（典型的同步消息），如图 15-7 所示。生命线自上而下表示时间顺序。

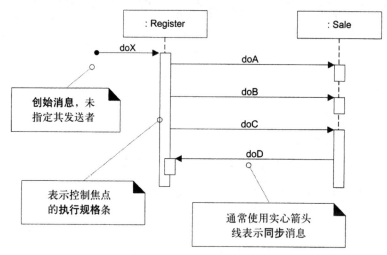

图 15-7　带有执行规格条的消息和控制焦点

在图 15-7 中，最开始的消息在 UML 中称为**创始消息**（found message），以实心圆作为起点来表示此类消息。创始消息表示没有指定发送者、发送者不明确或消息来自一个随机源。然而，按照约定，团队或工具可以忽略这一点，而是使用没有实心圆的常规的消息连线表示，约定其表示的是创始消息⊖。

控制焦点和执行规格条

如图 15-7 所示，在序列图中可以使用**执行规格条**（execution specification bar，在 UML1 中称为**激活条**或简称为**激活**）来表示**控制焦点**（focus of control，在常规阻塞调用中，非形式地将操作置于调用堆栈中）。该条是可选的。

　　准则：通常在使用 UML CASE 工具时会经常绘制执行规格条（通常是自动的），但在墙上绘制草图时往往不会绘制执行规格条。

___

　⊖　交互图中使用开放箭头表示异步消息。
　⊖　因此，本书的大多数示例不会对创始消息使用实心圆这样的表示法。

表示应答或返回

可以用以下两种方式表示消息的返回结果：

1）使用消息语法 returnVar = message(parameter)。

2）在激活条末端使用应答（或返回）消息线。

上述两种方法都很常见。画草图时，我更喜欢第一种方法，因为这种方法更省力。如果使用应答线，一般要在线上加以标记，以描述返回值，如图 15-8 所示。

发送给"自身"的消息

可以使用嵌套的激活条表示对象发送给"自身"的消息（如图 15-9 所示）。

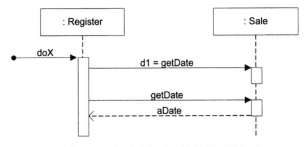

图 15-8　表示消息返回结果的两种方式

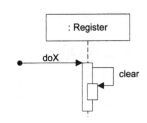

图 15-9　发送给"自身"的消息

实例的创建

图 15-10 展示了创建对象的表示法。注意，UML 要求使用虚线⊖。实心箭头表示常规的同步消息（例如暗示调用 Java 的构造器），开放箭头表示异步调用。消息名称中的 create 不是必需的（任何名称可能都是合法的），但这是 UML 的习惯用法。

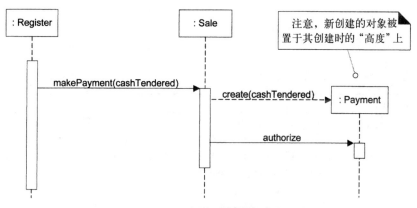

图 15-10　创建对象的表示法

⊖ 我认为虚线并没有什么价值，但这是规范所要求的。许多作者采用了使用实线的示例，而且规范的早期草案中亦是如此。

带有实心箭头的虚线上的 create 消息通常可以解释为"调用操作符 new 并调用其构造器"（利用 Java 和 C# 等语言来解释）。

对象生命线和对象的销毁

在某些情况下，需要显式
地表示对象的销毁。例如，当
使用没有自动垃圾回收机制的
C++ 时，或者当需要特别指明
对象不再可用时（例如关闭数
据库连接），都需要如此表示。
UML 生命线表示法提供了表示
销毁的方式（如图 15-11 所示）。

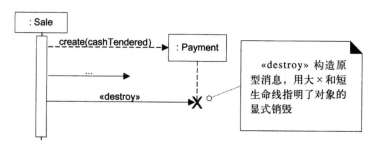

图 15-11 对象销毁

UML 序列图中的图框

为了支持有条件和循环的构造（以及其他许多内容），UML 使用了**图框**（frame）[⊖]。图框是图的区域或片段，在图框中具有操作符或标签（例如 loop）和警戒[⊖]（条件子句）。参见图 15-12。

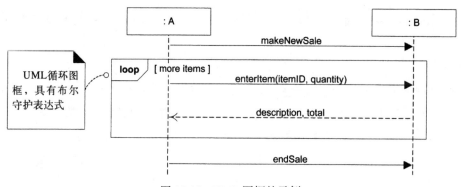

图 15-12 UML 图框的示例

下表概括了一些常见的图框操作符：

图框操作符	含　义
alt	选择性的片段，用于表示警戒所表达的互斥条件逻辑
loop	用于表示警戒为真的循环片段。也可以写为 loop(n) 以指明循环的次数。正在讨论增强规格说明，用以表示 FOR 循环，例如 loop(i, 1, 10)
opt	当警戒为真时执行的可选片段
par	并行执行的并行片段
region	只能执行一个线程的临界区

⊖ 也称为图形框（diagram frame）或交互图框（interaction frame）。

⊖ [布尔量测试] 警戒应该置于其所属的生命线之上。

循环

图 15-12 所示的是表示循环的 LOOP 图框表示法。

条件消息

OPT 图框位于一个或多个消息周围。注意，其中的警戒要置于相关的生命线之上，如图 15-13 所示。

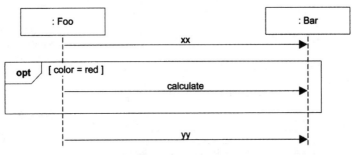

图 15-13　条件消息

UML 1.x 风格的条件消息是否依然有效

在 UML 2.x 表示法中，显示单个条件消息的表示法比较笨重，即需要在一个消息周围放置完整的 OPT 图框（如图 15-13 所示）。旧的 UML 1.x 在序列图中对这种情况的表示法不能用于 UML 2，但是该表示法十分简单，特别是在草图时，它可能会在未来几年内广受欢迎，如图 15-14 所示。

准则：只在绘制草图时对简单的单一消息使用 UML 1 风格。

互斥的条件消息

ALT 图框放置于互斥的可选条件周围，如图 15-15 所示。

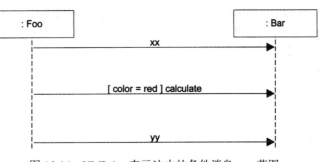

图 15-14　UML 1.x 表示法中的条件消息——草图

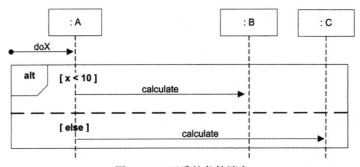

图 15-15　互斥的条件消息

对集合的迭代

一个常见的算法是对集合的所有成员进行迭代[⊖]（例如 list 或 map），并向每个成员发送相同的消息。在这种情况下，通常最终会使用某种迭代器（iterator）对象，例如 java.util.Iterator 或 C++ 标准库迭代器的实现，尽管在序列图中为了简洁和抽象起见，无需表示这种低层的"机制"。

在本书编写的时候，UML 规范还没有（可能永远不会有）对这种情况的官方惯用法。图 15-16 和图 15-17 中给出了两种备选方案，UML 2 交互图规范领导者对此进行过复审。

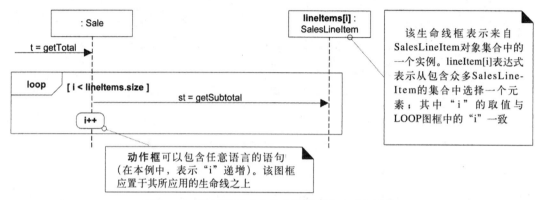

图 15-16　使用相对显式的表示法对集合进行迭代

注意图 15-16 中生命线上的选择器（selector）表达式 lineItem[i]。选择器表达式用于在一组对象中选择一个对象。生命线参与方应该表示一个对象，而不是集合。

例如在 Java 中，下列代码是一种可能的实现，用于将图 15-16 中对增量 i 的显式使用映射为 Java 的惯用解决方案，其中使用了增强的 for 语句（在 C# 中亦是如此）。

```java
public class Sale
{
private List<SalesLineItem> lineItems =
                        new ArrayList<SalesLineItem>();

public Money getTotal()
{
   Money total = new Money();
   Money subtotal = null;

   for ( SalesLineItem lineItem : lineItems )
   {
      subtotal = lineItem.getSubtotal();
      total.add(subtotal);
   }
   return total;
}
// ...
}
```

⊖　在该语境下，迭代也称为遍历，后者更为常见。迭代器也称为遍历器。——译者注

图 15-17 展示了另一种变体。其目的是相同的，但是摒除了细节。团队或工具可以通过约定来同意采用这种简单风格暗示对所有集合元素迭代（遍历）。[⊖]

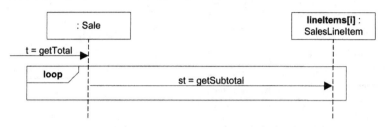

图 15-17 隐式地表示对集合的迭代

图框的嵌套

图框可以是嵌套的，如图 15-18 所示。

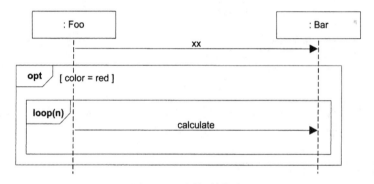

图 15-18 图框的嵌套

如何关联交互图

使用图 15-19 进行描述会比使用文字叙述更容易理解。**交互发生**（interaction occurrence，也称为**交互使用**，interaction use）是在交互中引用另一交互。当想要简化图时，将其中的一部分提取到另一个图中，或者存在可复用的交互发生时，这种做法十分有用。UML 工具也利用了这一做法，因为这样有助于关联和链接图形。

可以使用两种图框来创建交互图的关联。

❏ 在整个序列图[⊖]周围放置图框，并加上 sd 标记和诸如 AuthenticateUser 这样的名称。
❏ 标记为 ref 的图框称为**引用**，该引用指另一个已命名序列图。所指的序列图是实际的交互发生。

交互概述图也包含了一系列引用框图（交互发生），将这些引用组织为更大规模的逻辑和过程流的结构。

⊖ 我在本书的后续内容中将使用这种风格。
⊖ 交互发生和 ref 图框也可以用于通信图。

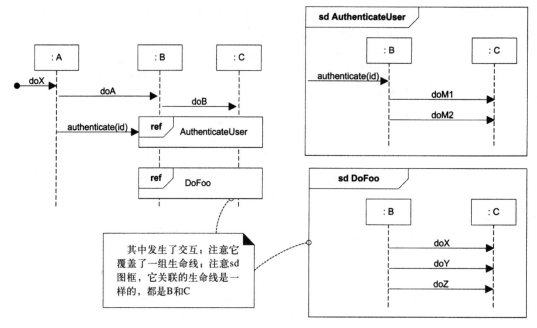

图 15-19 交互发生的示例，sd 和 ref 图框

准则：任何序列图都可以使用 sd 图框围绕起来，并对其命名。当你希望使用 ref 框引用它时，请给它加上框并命名。

对类调用静态（或类）方法的消息

你可以通过使用生命线框标签来表示对类或静态方法的调用，其中的生命线框图表示接受消息的对象是类，或者更准确地说，是元类（meta-class）的实例（参见图 15-20）。

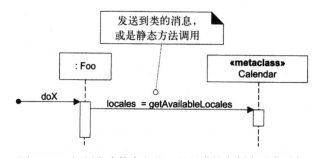

图 15-20 调用类或静态方法；以元类的实例表示类对象

这是什么意思呢？例如，在 Java 和 Smalltalk 中，所有类都是 Class 类的概念或字面上的实例；在 .NET 中，类是 Type 类的实例。Class 和 Type 类是**元类**，这意味着其实例是类。某个类（例如 Calendar）是 Class 类的实例。因此，Calendar 类是元类的实例！在尝试理解这一点之前，喝点啤酒可能会有所帮助。

在代码中，可能的实现是：

```
public class Foo
{
public void doX()
{
    // 调用 Calendar 类的静态方法
    Locale[] locales = Calendar.getAvailableLocales();
    // ...
}
// ...
}
```

多态消息和案例

多态是 OO 设计的基础。如何在序列图中表示多态呢？这是常见的 UML 问题。一种方法是使用多个序列图，其中一个表示到抽象超类或接口对象的多态消息，其余的序列图分别详细表示每一种多态案例，其中每个序列图都以创始的多态消息作为起点。参见图 15-21 的描述。

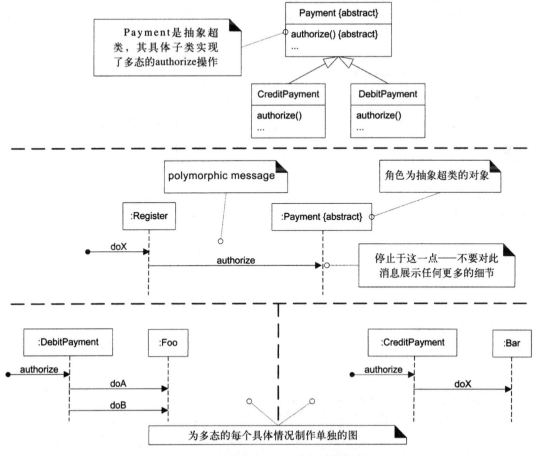

图 15-21　用序列图对多态案例建模的方法

异步和同步调用

异步消息调用不等待响应，不会阻塞。异步消息可以在 .NET 和 Java 等多线程环境中使用，因此能够创建和初始化新的执行**线程**。例如在 Java 中，你可以考虑使用 Thread.start 或 Runnable.run（由 Thread.start 调用）消息作为对新线程初始化其执行的异步起点。

UML 利用刺形箭头消息表示异步调用，常规同步（阻塞）调用用实心箭头表示（如图 15-22 所示）。

> **准　则**
>
> 这种箭头上的区别是细微的。在墙上画 UML 草图时，通常使用刺形箭头表示同步调用，因为这样对绘制来说更为简便。因此，在阅读 UML 交互图时，不要假设箭头的形状是正确的！

图 15-22 中的对象（如 Clock）也称为**主动对象**（active object），即在其自己的执行线程中运行或控制自己的执行线程的实例。UML 中，在生命线框的两侧加双竖线来表示主动对象。实例为主动对象的**主动类**（active class）也可以采用这种表示法。

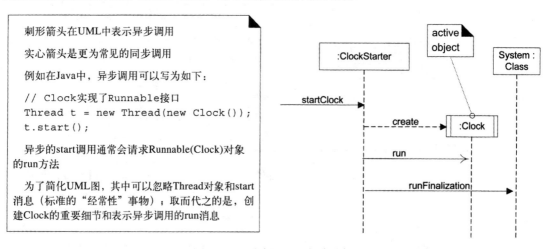

图 15-22　异步调用和主动对象

在 Java 中，图 15-22 可能的实现如以下代码所示。注意，UML 图中没有包含代码中的 Thread 对象，因为这只是在 Java 中实现异步调用所惯用的"经常性"机制。

```
public class ClockStarter
{
public void startClock()
{
    Thread t = new Thread(new Clock());
    t.start(); // 异步调用 Clock 上的 run 方法。
    System.runFinalization(); // 后续消息的示例
}
// ...
```

```
    }
    // 对象应该实现在 Java 中用于产生新线程的 Runnable 接口

    public class Clock implements Runnable
    {
    public void run()
    {
        while(true) // 在其线程中永远循环
        {
            // ...
        }
    }
    // ...
    }
```

15.5 通信图的基本表示法

链

链（link）是连接两个对象的路径，它指明了对象间某种可能的导航和可见性（如图 15-23 所示）。更正式地说，链是关联的实例。例如，从 Register 到 Sale 之间有一条链（或导航路径），消息会沿此链流转，例如 makePayment 消息。

图 15-23　链

> **注　意**
> 注意，多个消息以及双向消息都沿着同一条链接流动。并不是每个消息都有一条链接线路；所有消息都会沿一条线路传输，就像一条允许双向消息传输的线路一样。

消息

对象间的每个消息都可以使用消息表达式和指明消息方向的小箭头来表示。许多消息会沿着此链流动（如图 15-24 所示）。可以增加顺序编号以表示当前控制线程中消息的次序。

> **准　则**
> 不要为起始消息编号。虽然这样做合法，但是如果不这么做，可以简化整个编号。

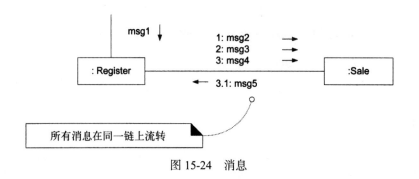

图 15-24 消息

"自身"传递的消息

对象可以向自身发送消息（参见图 15-25）。在这种情况下可以使用到自身的链来表示，消息将沿着该链流动。

实例的创建

任何消息都可以用来创建实例，但是在 UML 中约定使用名为 create 的消息来实现这一目的（有人使用 new）。参见图 15-26。如果使用其他（不明显的）消息名称，则需要对消息使用 **UML**

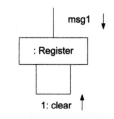

图 15-25 "自身"传递的消息

构造型加以注释，例如 «create»。create 消息可以包含参数，指明传入的初始值。例如，在 Java 中使用参数调用构造器。更进一步，可以在生命线框中选择性地加入 **UML 标记值** {new}，用以强调实例的创建。标记值是 UML 的灵活扩展机制，能够在 UML 元素中增加语义信息。

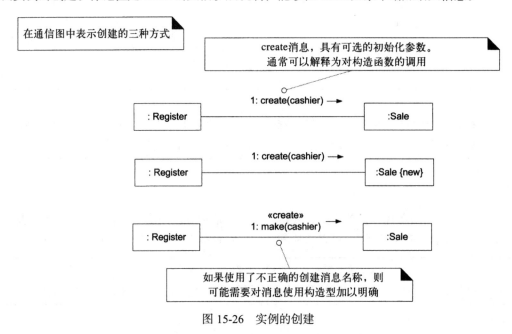

图 15-26 实例的创建

消息的编号排序

消息的顺序使用**顺序编号**（sequence number）来表示，如图 15-27 所示。编号方案是：

1）第一个消息不编号。因此，msg1 是未编号的。[⊖]

2）使用合法编号方案来表示后续消息的顺序和嵌套，其中的嵌套消息要使用附加数字。通过将传入消息编号添加到传出消息编号之前来表示嵌套。

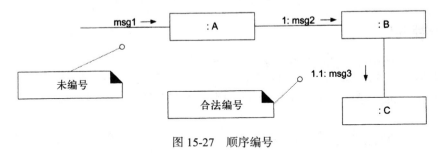

图 15-27　顺序编号

图 15-28 表示了更为复杂的情况。

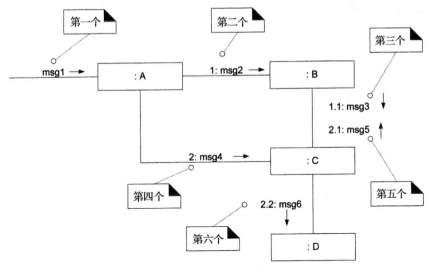

图 15-28　复杂的顺序编号

条件消息

和迭代子句类似，可以在顺序编号后使用带有方括号的条件子句来表示条件消息（如图 15-29 所示）。只有在子句为真时才发送该消息。

⊖　实际上，为起始消息编号是合法的，但是这样做会使所有后续编号变得更加笨拙，因为这样会多创建一层嵌套编号。

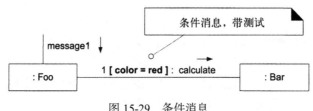

图 15-29 条件消息

互斥的条件路径

图 15-30 中的示例表示了带有互斥条件路径的顺序编号。

在这种情况下，我们必须使用条件路径字母修改顺序表达式。作为约定，第一个字母是 a。图 15-30 表明在 msg1 之后可能执行 1a 或 1b。因为两者都可能是第一个内部消息，所以都用数字 1 编号。

注意，后续的嵌套消息仍然沿用并附加其外部消息的顺序编号。因此 1b.1 是 1b 中的嵌套消息。

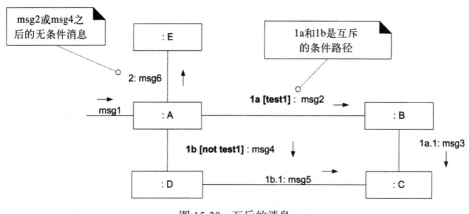

图 15-30 互斥的消息

迭代或循环

图 15-31 展示了迭代的表示法。如果迭代子句的详细信息对建模者而言并不重要，则可以使用"*"对其简化。

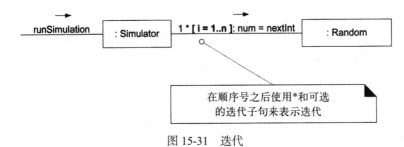

图 15-31 迭代

集合的迭代

常见的算法是遍历集合（例如 list 或 map）的所有成员，并给每个成员发送相同的消息。在通信图中，可以用图 15-32 加以概括，尽管在 UML 中并无正式的约定。

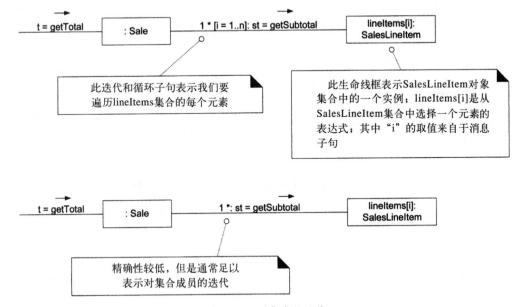

图 15-32 对集合的迭代

对类调用静态（类）方法的消息

为理解图 15-33 中的示例，请参见在序列图中对元类的讨论。

图 15-33 发送给类对象的消息（静态方法调用）

多态消息和案例

序列图的相关语境、类的层次关系和示例可以参考图 15-21。和序列图中的情形类似，可以使用多个通信图来表示每种具体的多态案例（参见图 15-34）。

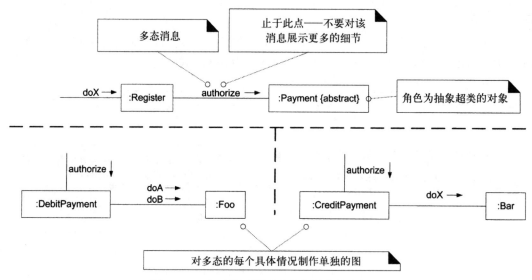

图 15-34 在通信图中对多态案例建模的方法

异步和同步调用

和序列图一样,使用刺形箭头表示异步调用,使用实心箭头表示同步调用(如图 15-35 所示)。

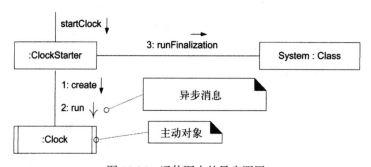

图 15-35 通信图中的异步调用

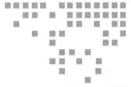

第 16 章 *Chapter 16*

UML 类图

迭代的是人，递归的是神。

——匿名

目标

❏ 为快速使用 UML 类图表示法提供参考。

简介

UML 用**类图**（class diagram）表示类、接口及其关联。类图用于**静态对象建模**。在领域建模时，我们已经介绍并使用了这种 UML 图，当时是在概念视角下应用类图的。本章概括了更多的表示法，这些表示法并不特定概念视角或软件视角。与前一章对交互图的介绍相同，这只是参考。

后续章节将关注更为重要的问题：什么是 OO 设计的重要原则？那些章节将应用 UML 交互图和类图来解释和阐述对象设计。因此，需要首先浏览本章的内容，但是不需要记住所有这些低层的细节！

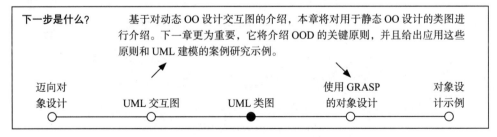

下一步是什么？ 基于对动态 OO 设计交互图的介绍，本章将对用于静态 OO 设计的类图进行介绍。下一章更为重要，它将介绍 OOD 的关键原则，并且给出应用这些原则和 UML 建模的案例研究示例。

迈向对象设计 — UML 交互图 — UML 类图 — 使用 GRASP 的对象设计 — 对象设计示例

16.1 应用 UML：常用类图表示法

可以用一幅图概括（和理解）大部分高频类图表示法。

图 16-1 中的大部分元素都是可选的（例如，+/− **可见性**、参数、**分栏**）。建模者根据语境和

读者或 UML 工具的需要来选择绘制、展示或隐藏这些元素。

> **注 意**
> 这里展示的各种 UML 类图元素分布于各章的案例研究中，它们与 OOA/D 的含义和建模技巧相关。你可以在本章及索引中发现对 OOA/D 概念的交叉引用。

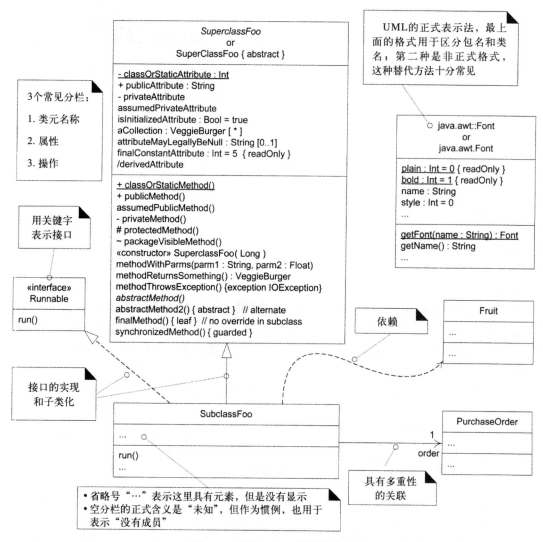

图 16-1　常用 UML 类图表示法

例如，本章总结了 UML **关联类**（association class）的表示法，但是没有解释相应的 OOA/D 建模语境。大部分表示法元素亦是如此。

16.2　定义：设计类图

我们已经讨论过，同一种 UML 图可以用于多种视角（参见图 16-2）。在概念视角下，类图可以用于将领域模型可视化。为便于讨论，我们还是需要单独的术语，用以区分使用在软件视角或设计视角下的类图。此时，常用的建模术语是**设计类图**（design class diagram，DCD），在后续的章中将会经常使用这一术语。在 UP 中，所有 DCD 的集合形成了设计模型的一部分。设计模型的其他部分包括 UML 交互图和包图。

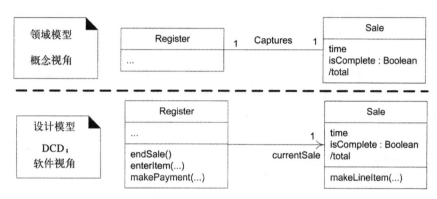

图 16-2　两种视角下的 UML 类图

16.3　定义：类元

UML 类元（classifier）是"描述行为和结构特性的模型元素"[OMG03b]。类元也可以被特化。它们是对众多 UML 元素的泛化，这些元素包括类、接口、用例和执行者。在类图中，最常用的两个类元是常规的类和接口。

16.4　表示 UML 属性的方式：属性文本和关联线

可以用以下方式表示类元的属性 [在 UML 中也称为**结构化性质**（structural property）$^{\ominus}$]：
- **属性文本**表示法，例如 currentSale : Sale。
- **关联线**表示法。
- **两者兼有**。

图 16-3 展示了这三种表示法，图中表示一个 Register 对象有一个属性，Sale 对象（的引用）。属性文本表示法的完整格式是：

```
visibility name : type multiplicity = default {property-string}
```

$\ominus$　通常简称为"性质"（property），但是这样会引起歧义，因为还存在定义更为宽泛的 UML 特性的定义（参见16.9 节）。

而且，UML 允许使用其他编程语言语法进行属性声明，但是需要告知读者和相关工具。

如图 16-1 所示，visibility（可见性）标记包括 +（公共的）、–（私有的）等。

准则：如果没有给出可见性，则通常假设属性为私有的。

注意图 16-3 中关联线表示的属性，其风格是：

❑ **导航性箭头**（navigability arrow）由源（Register）指向目标（Sale），表示 Register 的一个属性是 Sale 对象。

❑ 多重性放置在目标一端，而不是源的一端。
  ● 使用第 9 章介绍的多重性表示法。

❑ **角色名**（rolename）只放置在目标一端，用以表示属性名称（currentSale）。

❑ 不需要关联名称。

准则：当在 DCD 中展示属性作为关联时，要遵循这一风格，这是 UML 规范所建议的。事实上，UML 元模型也允许将多重性和角色名放置在源的一端（例如，图 16-3 中 Register 一端），也允许使用关联名称，但是通常在 DCD 语境下没有什么帮助。

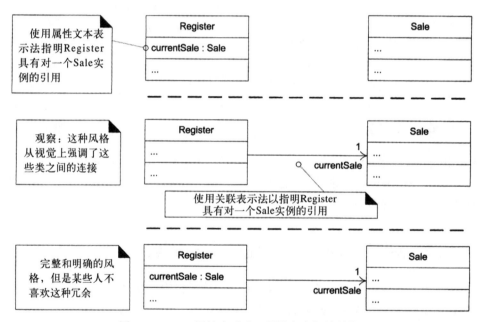

图 16-3　UML 属性表示法：属性文本与关联线

准则：另一方面，对领域模型使用类图时，需要表示关联名称，但是要避免使用导航箭头，因为领域模型不是软件视角。参见图 16-4。

注意，这并不是一种新的关联表示法。这与在第 9 章对领域模型所应用的类图中的 UML 关联表示法是相同的。这里的介绍是在软件视角 DCD 的语境下对该表示法使用的细化。

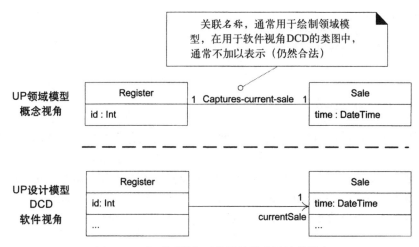

图16-4 在不同视角下使用关联表示法的约定

准则：何时使用属性文本，何时使用关联线

在第9章的领域建模语境下第一次探讨了这个问题。回顾一下，**数据类型**（data type）指的是其唯一标识不重要的对象。常见数据类型都是面向原生的类型，例如：

❑ 布尔、日期（或日期时间）、数字、字符、字符串（文本）、时间、地址、颜色、几何形状（点或矩形）、电话号码、社会安全号、统一生产代码（UPC）、SKU、ZIP（邮政编码）、枚举类型等。

准则：对数据类型对象使用属性文本表示法，对其他对象使用关联线。两者的语义是等价的，但是在图中展示与另一个类框的关联线能够在视觉上强调图中对象的类之间的连接。参见图16-5中的对比示例。

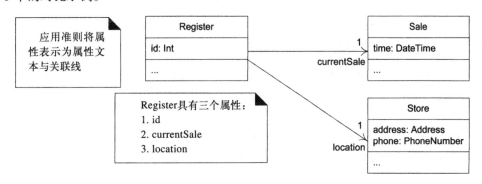

图16-5 应用准则，以两种表示法展示属性

此外，这些不同的风格只是UML表示法的表象。在代码中，它们归结为同一个事物——图16-5中的Register类有三个属性。例如，在Java中：

```
public class Register
{
```

```
private int id;
private Sale currentSale;
private Store location;
// ...
}
```

关联端点的 UML 表示法

如前所述，关联的端点可以有一个导航性箭头，也可以包含可选的**角色名**（正式的名称是**关联端点名**，association end name）来表示属性名称。当然，关联端点还可以附加**多重性**值，例如第 9 章中的'*'或'0..1'。注意，图 16-3 中用来表示属性名称的角色名 currentSale。

如图 16-6 所示，可以使用 {ordered} 或 {ordered, List} 这样的**性质字符串**。{ordered} 是 UML 定义的**关键字**表示集合中的元素是（暂时形成）有序的。另一个相关的关键字是 {unique}，表示一组唯一元素。

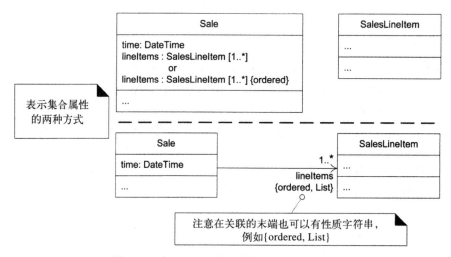

图 16-6　在 UML 中表示集合属性的两种方式

关键字 {list} 说明 UML 也支持用户定义的关键字，这里所定义的 {list} 表示，集合属性 lineItems 将通过实现了 List 接口的对象来实现。

如何使用属性文本和关联线表示集合属性

假设 Sale 的软件对象持有包含了许多 SalesLineItem 对象的 List（一种集合的接口）。例如，在 Java 中：

```
public class Sale
{
private List<SalesLineItem> lineItems =
                    new ArrayList<SalesLineItem>();
// ...
}
```

图 16-6 显示了在类图中表示集合属性的两种方式。

同时注意其中可选性质字符串的使用，例如 {ordered}。

16.5　注解符号：注解、注释、约束和方法体

任何 UML 图都可以使用**注解符号**（note symbol），但在类图中更为常用。UML 注解符号显示为摺角矩形，并使用虚线连接到要注解的元素上。之前的内容中已经使用了注解符号（例如图 16-6）。注解符号可以表示多种事物，例如：

❏ **UML 注解**（note）或**注释**（comment），其定义不影响语义。

❏ **UML 约束**（constraint），必须使用"{...}"将它括起来（参见图 16-14）。

❏ **方法体**（method body）——UML 操作的实现（参见图 16-7）。

图 16-7　在类图中如何表示方法体

16.6　操作和方法

操作

UML 在类框的一个分栏里表示操作特征标记（图 16-1 中有很多例子）。在撰写本书时，操作语法的完整官方格式如下：

```
visibility name (parameter-list) {property-string}
```

注意，这里并没有包括返回类型元素，这是个明显的问题，但是由于某些令人费解的原因，UML 2 规范有意将其排除在外。因此，UML 2 规范有可能会回复为类似 UML 1 的语法，但不管怎样，许多作者和 UML 工具还是会支持 UML 1 的语法形式：

```
visibility name (parameter-list) : return-type {property-string}
```

准则：假设 UML 当前版本中包含了返回类型。

准则：如果没有表示可见性，则通常假设操作是公共的。

性质字符串可以包含任何附加信息，例如可能产生的异常、操作是否是抽象的等等。

除了官方的 UML 操作语法外，UML 允许用任何编程语言编写操作特征标记，例如用 Java 语言编写，但是需要告知读者或工具。例如，以下表达式都是允许的：

```
+ getPlayer(name : String) : Player {exception IOException}
```

```
public Player getPlayer(String name) throws IOException
```

操作不是方法。**UML 操作**是声明，其中包含名称、参数、返回类型、异常列表、可能的前置和后置条件约束等。但是，操作不是实现，而方法是实现。在我们探讨操作契约时（参见第 11 章），阐述了对 UML 操作的约束定义（11.11），可以参考其中 UML 对操作的正式定义。

如何在类图中表示方法

UML 方法（method）是操作的实现。如果定义了约束，则方法必须满足这些约束。可以使用下列几种风格表示方法：

❑ 在交互图中，通过消息的细节和顺序来表示。

❑ 在类图中，使用构造型为 «method» 的 UML 注解符号。

这两种风格在后续章中都会用到。

图 16-7 应用了 UML 注解符号来定义方法体。

注意一个细节，当我们使用 UML 注解来表示方法时，实际上是在同一个图中**混合了动态视图和静态视图**。方法体（定义了动态行为）为静态类图增加了动态元素。

注意，对于书籍或文档图，以及工具生成的输出来说，这种风格是可取的，但是对于草图或工具输入来说，则可能过于烦琐或程式化。工具可以提供弹出窗口，用以简便地输入方法的代码。

DCD 中的操作问题

create 操作

交互图中的 create 消息通常解释为：在 Java 和 C# 等语言中，对 new 操作符和构造器的调用。在 DCD 中，这种 create 消息通常被映射为构造器的定义，其中要使用语言的规则，例如，构造器名字要与类名相同（Java、C++、C#、……）。图 16-1 给出一个例子，通过对构造函数 SuperclassFoo 冠以构造型 «constructor»，使其类属变得清晰明了

访问属性的操作

访问操作用于检索或设置属性，例如，getPrice 和 setPrice。这些操作通常不包含在类图中，因为它们产生了较高的干扰价值比（noise-to-value ratio）；对于 n 个属性，可能会有 $2n$ 个无趣的 getter 和 setter 操作。大多数 UML 工具支持对其显示的过滤，而在墙上画草图时往往会忽略这些操作。

16.7　关键字

UML 关键字（keyword）是对模型元素分类的文本修饰。例如，定义类元框的类别为接口的关键字是（非常令人惊奇！）«interface»。图 16-1 中描述了 «interface» 关键字。图 6-4 在类框中使用了 «actor» 关键字，用以代替人形线条图标来对计算机系统或机器人执行者建模。

准则：在绘制 UML 草图时（追求速度、简便性和创造性），建模者通常会将关键字简化为类似 '<interface>' 或 '<I>' 的形式。

大部分关键字使用"《》"[一]符号表示，但是有些关键字用大括号表示的，例如 {abstract}，这是包含了 abstract 关键字的约束。一般来说，如果 UML 元素声称具有"性质字符串"，例如 UML 操作和 UML 关联的端点，则其中一些性质字符串将是使用大括号格式的关键字（有些可能是用户自定义的术语）。

图 16-1 中描述了 «interface» 和 {abstract} 关键字。

以下是一些预定义的 UML 关键字样例[一]：

关 键 字	含 义	用 法 示 例
«actor»	类元为执行者	在类图中，置于类元名称之上
«interface»	类元为接口	在类图中，置于类元名称之上
{abstract}	抽象元素；不能实例化	在类图中，置于类元名称或操作名称之后
{ordered}	具有强制顺序的一组对象	在类图中，置于关联的端点

16.8 构造型、简档和标记

与关键字相同，构造型也使用符号"《》"[三]表示，例如 «authorship»。但它们不是关键字，这一点容易产生混淆。**构造型**（stereotype）表示对现有建模概念的精化，并且定义在 **UML 简档**（profile）之中。通俗地说，简档是一组相关构造型、标记和约束的集合，其目的是使用 UML 专用于特定领域或平台，例如为项目管理或数据建模的 UML 简档。

UML 预定义了大量构造型[四]，例如 «destroy»（在序列图中使用），同时还允许用户自行定义构造型，因此，在 UML 中构造型提供了扩展机制。

例如，图 16-8 展示了构造型的声明和使用。该构造型使用属性语法声明一组**标记**（tag）。如果用构造型标记元素（例如 Square 类），则所有标记都适用于该元素，并且能够对其赋值。

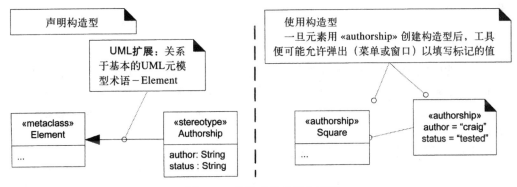

图 16-8 构造型的声明和使用

[一] 注意，在 UMIL.1 中，符号"《》"仅用于表示**构造型**。在 UML 2 中，该符号既可以用于构造型，也可以用于关键字。

[二] 还有大量关键字。详情参见 UML 规范。

[三] 该符号是种特殊的单字符括号，源于法国印刷样式中用以表示引述的符号。由于印刷样式的问题，工具提供商通常使用两个尖括号（"《》"）取代这一更为优雅的法国印刷样式符号。

[四] 参见 UML 规范。

16.9 UML 性质和性质字符串

在 UML 中，**性质**（property）是"表示元素特征的已命名的值。性质具有语义影响"[OMG03b]。有些特性是 UML 预定义的，例如 visibility——操作的性质之一。其他性质可以是用户自定义的。

可以通过许多方式来表示元素的性质，但是 UML 规范采用 UML **性质字符串**（property string）{name1=value1, name2=value2} 的形式，例如 {abstract, visibility=public}。有些性质没有值，例如 {abstract}，这通常表示布尔类型的性质，是 {abstract=true} 的简写。注意，{abstract} 既是约束的示例，也是性质字符串。

16.10 泛化、抽象类、抽象操作

在 UML 中，**泛化**（generalization）用由子类到超类的实线和空心三角箭头表示（参见图 16-1）。泛化的含义是什么？UML 对泛化的定义如下：

泛化——普通的类元与特殊的类元之间的分类学关系。特殊类元的每个实例也是普通类元的间接实例。因此，特殊类元间接地拥有了普通的类元的特性。[OMG03b]

泛化与 OO 编程语言（OOPL）中的**继承**（inheritance）的意义是否相同？这要视条件而定。在领域模型概念视角的类图中，答案为否。对于领域模型，更恰当的解释是，超类是超集而子类是子集。另一方面，在 DCD 软件视角的类图中，其意为由超类到子类的 OOPL 继承。

如图 16-1 所示，**抽象类**（abstract class）和操作既可以采用 {abstract} 标记表示（有助于绘制 UML 草图），也可以采用斜体名称来表示（易于得到 UML 工具的支持）。

与之相反，**终止类**（final class）和不能够被子类复写的操作以 {leaf} 标记表示。

16.11 依赖

依赖线可以用于任何图形，但在类图和包图中更为常用。UML 中所包含的通用**依赖关系**（dependency relationship）表示，**客户**（client）元素（任何种类，包括类、包、用例等）了解其他的**提供者**（supplier）元素，并且表示当提供者有所改变时会对客户产生影响。这是一种广义的关系！

依赖用从客户到提供者的虚线箭头线表示。

依赖可以视为**耦合**（coupling）的另一个版本，耦合是软件开发中的传统术语，意为某元素耦合或依赖于另一元素。

依赖有许多种类，以下是在对象图和类图中比较常见的类型：

❑ 拥有提供者类型的属性。

❑ 向提供者发送消息。对提供者的可见性可能是：

  • 属性、参数变量、局部变量、全局变量或类的可见性（调用静态或类方法）。

❑ 接收提供者类型的参数。

❑ 提供者是超类或接口。

所有这些类型在 UML 中都可以用依赖线表示,但是其中有些类型已经具有了暗示依赖的特殊线条表示法。例如,表示超类的特殊 UML 线、表示接口实现的线、表示属性的线(以关联表示属性的线)。

所以,在这些情形下不需要使用依赖线。例如,在图 16-6 中,Sale 藉由关联线而对 Sales-LineItems 产生了某种依赖。既然这两个元素之间已经存在关联线,则不必添加第二条有虚线箭头的依赖线。

那么,何时表示依赖呢?

准则:在类图中,使用依赖线描述对象之间的全局变量、参数变量、局部变量和静态方法(对其他类的静态方法加以调用)的依赖。

例如,以下 Java 代码显示了 Sale 类的 updatePriceFor 方法:

```java
public class Sale
{
public void updatePriceFor(ProductDescription description)
{
   Money basePrice = description.getPrice();
   // ...
}
// ...
}
```

updatePriceFor 方法接收 ProductDescription 对象作为参数,然后向其发送 getPrice 消息。由此可见,Sale 对象对 ProductDescription 具有参数可见性,并且有发送消息的耦合,因此对 ProductDescription 有依赖。如果后者发生变化,Sale 类将会受到影响。这种依赖可以在类图中表示(参见图 16-9)。

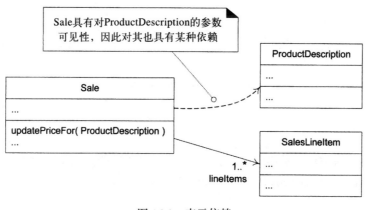

图 16-9 表示依赖

再来看另一个例子。以下的 Java 代码显示了 Foo 类中的 doX 方法:

```
public class Foo
{
public void doX()
{
   System.runFinalization();
   // ...
}
// ...
}
```

其中，doX 方法调用了 System 类的静态方法。因此，Foo 对象对 System 类具有静态方法依赖。这种依赖可以在类图中表示（参见图 16-10）。

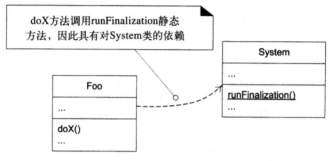

图 16-10 表示依赖

依赖标签

为表示依赖的类型，或者为代码生成工具提供帮助，可以给依赖线附加关键字或构造型[○]。参见图 16-11。

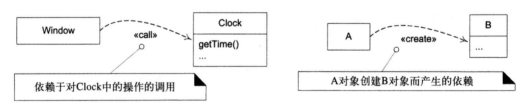

图 16-11 UML 中可选的依赖标签

16.12 接口

UML 提供了多种方法表示**接口**（interface）实现，为客户提供接口和接口依赖（**需求接口**）。在 UML 中，**接口实现**（interface implementation）的正式名称为接口实现（interface realization）。参见图 16-12。

插座表示法（socket notation）是 UML 2 新定义的。它有助于表示 "类 X 需要（使用）接口

○ 对更多的预定义依赖标签可参见 UML 规范。

Y"而无需绘制指向接口 Y 的线。

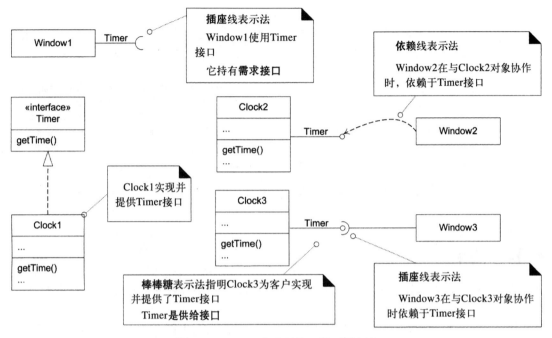

图 16-12 UML 中表示接口的不同方法

16.13 组合优于聚合

聚合（aggregation）是 UML 中一种模糊的关联，松散地暗示了整体 – 部分关系（和许多普通关联一样）。虽然在 UML 中并没有刻意区分聚合与普通关联的语义，但是 UML 还是定义了这一术语。为什么？可以参考 Rumbaugh（UML 的创建者之一）的话：

　　虽然并没有给聚合赋予太多的语义，但是每个人（基于不同理由）都认为这是必要的。可以将其视为建模的安慰剂。[RJB04]

准则：因此，听从 UML 创建者的建议，不要在 UML 中费心去使用聚合，而是在适当的时候使用组合。

组合（composition），也称为**组成聚合**（composite aggregation），这是一种很强的整体 – 部分聚合关系，并且在某些模型中具有效用。组合关系有以下几层含义：1）在某一时刻，部分（例如 Square）的实例只属于一个组成实例（例如 Board）；2）部分必须总是属于组成（不存在随意游离的 Fingers）；3）组成要负责创建和删除其部分，既可以自己来创建 / 删除部分，也可以与其他对象协作来创建 / 删除部分。与该约束相关的是，如果组成被销毁，其部分也必须被销毁，或者依附于其他组成，即不允许存在游离的 Fingers！例如，如果纸质的 Monopoly 游戏的棋盘被销毁，那么其中的方格也会被销毁（概念视角）。同样，在 DCD 软件视角中，如果软件的 Board 对象被销毁，其软件的 Square 对象也被销毁。

在 UML 中，用带有实心菱形箭头的关联线来表示组合，菱形位于关联的组成端（如图 16-13 所示）。

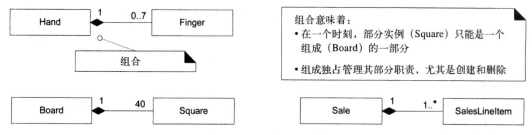

图 16-13 UML 中的组合

准则：组合中的关联名称总是暗示"拥有－部分"的某些变体，因此不要费心对该关联显式地命名。

16.14 约束

约束可以用于大部分 UML 图，但在类图中尤为常见。**UML 约束**（constraint）是对 UML 元素的限制或条件。约束以花括号之间的文本表示，例如 {size>=0}。其中的文本可以是自然语言或其他语言，例如 UML 的形式化规格说明语言——**对象约束语言**（OCL）[WK99]。约束如图 16-14 所示。

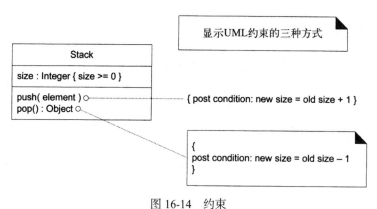

图 16-14 约束

16.15 限定关联

限定关联（qualified association）具有**限定符**（qualifier），限定符用于从规模较大的相关对象集合中，依据限定符的键选择一个或多个对象。一般来说，在软件视角下，限定关联暗示了基于键对事物进行查找，例如 HashMap 中的对象。例如，如果 ProductCatalog 中含有许多 ProductDescription，并且每个 ProductDescription 都能够通过 itemID 来选择，那么图 16-15 中的

UML 表示法可以用于对此进行描述。

　　对于限定关联，有一点需要注意，即多重性的变化。例如，比较图 16-15a 和图 16-15b，限定减少了在关联目标端的多重性，通常是由多变为一，因为限定关联通常暗示从较大集合中选择一个实例。

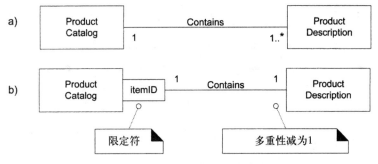

图 16-15　UML 中的限定关联

16.16　关联类

　　关联类（association class）允许将关联本身作为类，并且使用属性、操作和其他特性对其建模。例如，如果 Company 雇佣了许多 Person，建模时使用了 Employ 关联，则可以将关联本身建模为 Employment 类，并拥有 startDate 这样的属性。

　　在 UML 中，用从关联到关联类的虚线表示关联类，如图 16-16 所示。

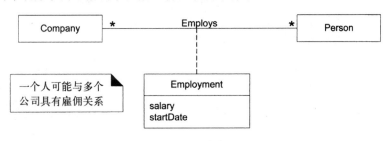

图 16-16　UML 中的关联类

16.17　单例

　　在 OO 设计模式的世界中，有一种极为常见的模式——**单例**模式。在后续章节中会解释该模式，但这里要说明的是，该模式的含义是类实例化后只存在一个实例，不会出现两个实例。换言之，这是"单生儿"的实例。在 UML 图中，可以在类框中名称分栏的右上角标记"1"来表示这种类，如图 16-17 所示。

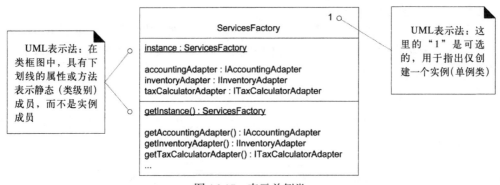

图 16-17 表示单例类

16.18 模板类和接口

许多语言（Java，C++，……）支持**模板化类型**（templatized type），也称为（具有细微的不同含义）**模板**（template）、**参数化类型**（parameterized type）和泛型（generic）$^{\ominus}$。模板在集合类的元素类型中最常用，如 List 和 Map 的元素。例如，在 Java 中，假设 Board 的软件对象持有大量 Square 的 List（一种集合的接口）。同时，实现 List 接口的具体类是 ArrayList：

```
public class Board
{
private List<Square> squares = new ArrayList<Square>();
// ...
}
```

注意，List 接口和 ArrayList 类（实现 List 接口）使用元素类型 Square 而被参数化了。在 UML 中如何表示模板类和接口呢？如图 16-18 所示。

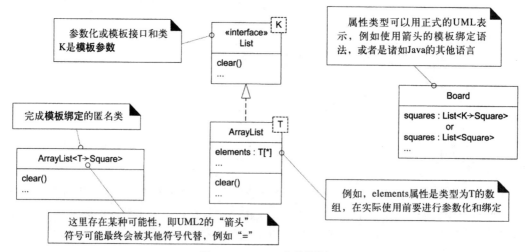

图 16-18 UML 中的模板

$\ominus$ 模板类的作用包括增加类型安全性和性能。

16.19 用户自定义的分栏

在类框中，除了可以使用常用的预定义分栏（例如，名称、属性和操作）外，还可以添加用户自定义的分栏。如图 16-19 中的示例所示。

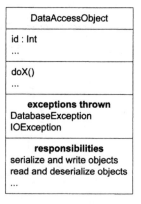

图 16-19 分栏

16.20 主动类

主动对象（active object）运行于自己控制的执行线程之上。毫无疑问，主动对象的类即为**主动类**（active class）。在 UML 中，主动类使用左右两边为双竖线的类框来表示（参见图 16-20）。

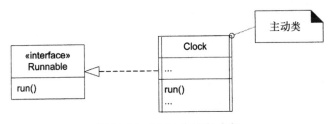

图 16-20 UML 中的主动类

16.21 交互图和类图之间的关系

当我们绘制交互图时，在此动态对象建模的创造性设计过程中会浮现一组类及其方法。例如，如果我们以图 16-21 中的 makePayment 序列图作为起点（解释起来省事），我们会发现，显然能派生出类图中 Register 和 Sale 类的定义。

因此，类图的定义能够从交互图中产生。这表明一种线性的顺序，即先绘制交互图，再绘制类图。但是在实践中，尤其是应用了并行建模的敏捷建模实践后，这些互补的动态视图和静态视图是并行创建的。例如，10 分钟绘制静态视图，10 分钟绘制动态视图，交替进行。

准则：好的 UML 工具应该支持对图的自动变更，以反映在其他相关图中的修改。如果是在墙上绘制草图，那么应该使用一面墙绘制交互图，同时在邻近的墙上绘制类图。

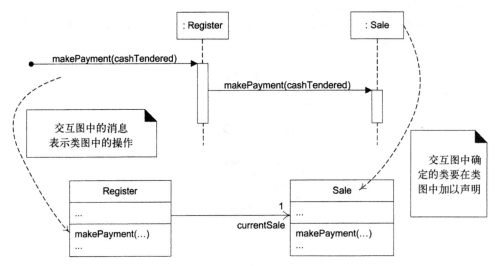

图 16-21 交互图对类图的影响

GRASP：设计带有责任的对象

理解职责是顺利进行面向对象设计的关键。

——马丁·福勒（Martin Fowler）

目标

❑ 学习使用面向对象设计的 5 个 GRASP 原则或模式。

本章和下一章对理解面向对象设计（OOD）的核心内容有重大意义。有时候，OOD 会被解释为：

首先明确你的需求并创建领域模型，然后为适当的类添加方法，再定义对象之间的消息以实现需求。

哎！如此含糊的建议对我们没有任何帮助，因为其中涉及一些深奥的原则和问题。决定方法归属于哪个对象和对象之间如何交互，其意义重大，应谨慎从事。掌握 OOD 涉及一套柔性原则，自由度很大，这正是 OOD 的复杂所在。但 OOD 并不是魔术，其模式是可以命名（重要！）、解释和应用的。例子可以帮助我们，实践可以帮助我们。下面这个小的办法也可以帮助我们：对案例进行研究之后，试着与同事们一起，在墙上（通过回忆）重新创建 Monopoly 的解决方案，并且运用这些原则，如信息专家。

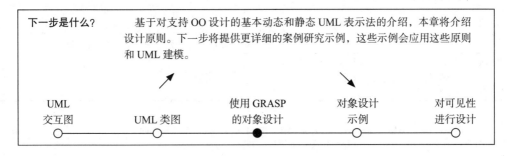

下一步是什么？　　　基于对支持 OO 设计的基本动态和静态 UML 表示法的介绍，本章将介绍设计原则。下一步将提供更详细的案例研究示例，这些示例会应用这些原则和 UML 建模。

UML
交互图　　　UML 类图　　　使用 GRASP
的对象设计　　　对象设计
示例　　　对可见性
进行设计

17.1 UML 与设计原则

由于 UML 只是一种标准的、可视化建模语言，了解它的细节并不能教会你如何用对象思想来思考，而对象思想正是本书的主题。UML 有时候被描述成一种"设计工具"，但是这并不完全正确……

软件开发的关键设计工具是经过良好设计原则教育的头脑，而不是 UML 或任何其他技术。

17.2 对象设计：输入、活动和输出的示例

本节概述了以迭代方法设计的示例全景：

❏ 已经完成了哪些活动？——以前的活动（比如，讨论会）和制品。

❏ 事物之间具有什么样的关系？——以前的制品（比如，用例）对 OO 设计的影响。

❏ 需要完成多少设计建模工作，如何完成？

❏ 有哪些输出？

特别是，希望你能理解分析制品与对象设计之间的关系。

对象设计的输入是什么

让我们从"过程"输入开始。假定我们是 NextGen POS 项目的开发者，并且以下场景是真实的：

第一个**为期两天的需求讨论会**已经完成。	总构架师和业务人员已同意在**第一个为期三周**的时间定量迭代中实现和测试某些**处理销售用例的场景。**
已经详细分析了架构上最重要的和业务价值最高的 **20 个用例中的 3 个用例**，其中包括**处理销售用例**（UP 所建议的典型迭代方法是，开始编程之前仅详细分析 10% 到 20% 的需求）。	**其他制品**已经启动，包括补充规格说明、术语表和领域模型。
编程实验已经解决"演示阻塞"的技术问题，如在触摸屏上 Java Swing UI 是否起作用。	总构架师已经利用 UML 包图提出了**大型逻辑架构**的构想。这是 UP 设计模型的一部分。

需要输入哪些制品，它们与对象设计有什么样的关系[⊖]？这两个问题在图 17-1 和下表中进行了概括。

用例文本定义最终必须得到软件对象的支持（对象必须能够实现用例）的可视行为。在 UP 中，这种 OO 设计也被顺理成章地称为**用例实现**。	**补充规格说明**定义了非功能性的目标，例如国际化，我们的对象必须满足这些目标。
系统序列图确定系统操作消息，它是合作对象交互图中的开始消息。	**术语表**明确来自 UI 层的参数或数据、传递到数据库的数据的细节，以及详细的特定项逻辑或验证需求，如合法的格式和对产品 UPC（通用生产代码）的有效性验证。
操作契约用来补充用例文本，以明确在系统操作中软件对象必须完成什么任务。后置条件定义了系统操作的详细结果。	**领域模型**描述了软件架构的领域层软件领域对象的名称和属性。

⊖ 其他的制品输入可能包括已经修改的现有系统的设计文件。这对于把现有的代码经逆向工程设计为 UML 包图以观察大规模逻辑结构、某些类和序列图来说是很有帮助的。

这些制品不一定都是必要的。记住，在 UP 中所有元素都是可选的，也许是为了降低某种风险而创造的。

对象设计中的活动

现在，我们准备告别分析师的身份而开始设计者和建模者的工作。

给定一个或多个输入，开发者有以下三个选择：1）立即开始编码（理想的情况是用**测试优先开发**方式），2）开始为对象设计进行一些 UML 建模，3）利用其他建模技术，如 CRC cards。[⊖]

在 UML 案例中，真正要关注的并不是 UML，而是可视化建模，即使用一种语言，这种语言比纯文本有更强的可视化功能。例如，在本例中，在一个**建模日**中，我们既要画出交互图，又要画出补充性的类图（动态和静态建模）。更为重要的是，在绘图（和编写代码）活动当中，我们要运用各种 OO 设计原则，如 **GRASP** 和 **GoF 设计模式**。OO 设计建模总的来说，基于**职责驱动设计**（RDD）的隐喻，思考怎样给协作中的对象分配职责。

> 本章和后续几章将探讨应用 RDD、GRASP 以及某些 GoF 设计模式的含义。

在建模日中，团队可能需要分成几个小组，工作 2～6 个小时，通过在墙上构图，或利用软件建模工具，来为设计中具有创造性、最困难的部分建模。其中包括用 UML 图、原型工具、草图等来完成 UI、OO 和数据库的建模。

在绘制 UML 图期间，我们采取现实的态度（在敏捷建模中同样应当如此），即我们绘制模型主要是为了理解和沟通，并不是为了编写文档。当然，我们期望通过某些 UML 图对定义代码有用（或用某种 UML 工具自动生成代码）。

在为期三周的时间定量迭代的前期，例如星期二，开发团队停止建模，换上程序员帽子，以避免在编程之前过度建模（瀑布式方法的思想）。

有哪些输出

图 17-1 描述了某些输入及其与 UML 交互图和类图输出的关系。注意，在设计期间我们可能会提到这些输入的分析，例如重新阅读用例文本或操作契约，浏览领域模型并评审补充规格说明。

在建模日创建了什么（例如）？

❏ 尤其对于对象设计而言，我们期望在开始编码之前针对设计中的难点创建 UML 交互图、类图和包图。

❏ UI 的草图和原型。

❏ 数据库模型（使用 37.7 节介绍的 UML 数据建模简档表示法）。

❏ 报表的草图和原型。

⊖ 所有这些方法是有技巧的，依语境和人而异。

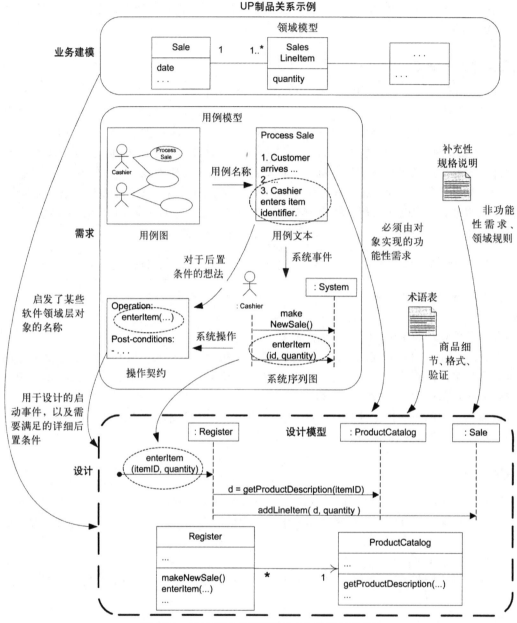

图 17-1　制品关系（强调了对 OO 设计的影响）

17.3 职责和职责驱动设计

　　一种思考软件对象和更大规模构件设计[^①]的流行方式是基于**职责**、**角色**和**协作**。这是被称为**职责驱动设计** [WM02] 的大型方法的一部分。

　　───────────

　　⊖　依照职责的思考方法，可适用于从小对象到系统的系统等任何规模的软件。

在 RDD 中，我们认为软件对象具有职责，即对其所作所为的抽象。UML 把**职责**定义为"类元的契约或义务"[OMG03b]。就对象的角色而言，职责与对象的义务和行为相关。职责分为以下两种类型：做和知道。

对象的"**做**"职责包括：

❑ 自己做一些事情，如创建对象或计算。

❑ 引发其他对象中的动作。

❑ 控制和协调其他对象中的活动。

对象的"**知道**"职责包括：

❑ 知道私有封装数据。

❑ 知道相关对象。

❑ 知道它可以派生或计算的事物。

在对象设计中，职责被分配给对象类。例如，我可以声明" Sale 负责创建 SalesLineItems"（做），或"Sale 负责知道其总额"（知道）。

准则：对于软件领域对象来说，由于领域模型描述了领域对象的属性和关联，因此其通常产生与"知道"相关的职责。例如，如果领域模型的 Sale 类具有 time 属性，那么根据**低表示差异**的目标，软件的 Sale 类自然也应该知道它的 time。

职责的粒度会影响职责到类和方法的转换。大粒度职责具有数百个类和方法。小粒度职责可能只是一个方法。例如，"提供访问关系数据库"的职责可能要涉及一个子系统中的 200 个类和数千个方法。相比之下，"创建 Sale"职责可能仅涉及一个类中的一个方法。

职责与方法并非同一事物，职责是一种抽象，而方法履行职责。

RDD 也包括了**协作**的思想。职责借助于方法来实现，该方法既可以单独动作，也可以与其他方法和对象协作。例如，Sale 类可以定义一个或多个方法来知道其总额，比如命名为 getTotal 方法。为了完成该职责，Sale 可能与其他对象协作，例如向每个 SalesLineItem 对象发送 getSubtotal 消息以获取其小计金额。

RDD 是一种隐喻

RDD 是思考 OO 软件设计的通用隐喻。把软件对象想象成具有某种职责的人，他要与其他人协作以完成工作。RDD 使我们把 OO 设计看作是有职责对象进行协作的共同体。

关键点：GRASP 对一些基本的职责分配原则进行了命名和描述，因此掌握这些原则有助于支持 RDD。

17.4　GRASP：基本 OO 设计的系统方法

GRASP：使用职责进行 OO 设计的学习辅助工具

掌握基本对象设计和职责分配需要详细的原则和推理，对这些原则和推理进行命名和解释是可能的。GRASP 原则或模式是一种学习辅助工具，它能帮助你理解基本对象设计，并且以一种系统的、合理的、可以解释的方式来运用设计推理。对这种设计原则进行理解和使用的基础是分配职责的模式。

本章及后续几章以 GRASP 作为工具，帮助掌握 OOD 的基本知识并理解对象设计中的职责分配。

> 理解在对象设计中如何运用 GRASP 是本书的一个关键目标。

所以，GRASP 是有重要意义的，但另一方面，它只是对原则进行结构化和命名的一种学习辅助工具。一旦你"掌握"了这些基本原则，特定的 GRASP 术语如信息专家（Information Expert）、创建者（Creator）等就不重要了。

17.5　职责、GRASP 和 UML 图之间的联系

你可以想一想，在编写代码或建模时，如何给对象分配职责。在 UML 之中，绘制交互图是考虑这些职责（实现为方法）的时机。

从图 17-2 可以看出，Sale 对象具有创建 Payment 的职责，具体实现是，使用 makePayment 消息向 Sale 发出请求，Sale 在相应的 makePayment 方法中进行处理。此外，履行这个职责需要通过协作来创建 Payment 对象，并调用其构造器。

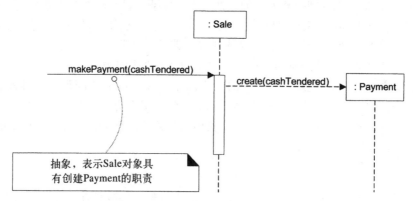

图 17-2　职责与方法是相关的

因此，当我们在绘制 UML 交互图时，就是在决定职责的分配。本章着重强调 GRASP 中的基本原则，以指导在分配职责时可做的选择。这样，当绘制 UML 交互图以及编写代码时，你就可以运用 GRASP 原则了。

17.6　什么是模式

有经验的 OO 开发者（以及其他的软件开发者）积累了一系列通用原则和惯用解决方案来指导他们编制软件。如果以结构化形式对这些问题、解决方案和命名进行描述使其系统化，那么这些原则和习惯用法就可以称为**模式**。例如，下面是一个模式样例：

模式名称：　　　　**信息专家**（Information Expert）

问题：　　　　　　给对象分配职责的基本原则是什么？

解决方案：　　　　将责任分配给具有满足其要求所需的信息的类。

在 OO 设计中，**模式**是对问题和解决方案的已命名描述，它可以用于新的语境。理想情况下，模式为在变化环境中如何运用和权衡其解决方案给出建议。对于特定问题，可以应用许多模式为对象分配职责。

> 简单地讲，好的**模式**是成对的问题 / 解决方案，并且具有广为人知的名称，它能用于新的语境中，同时对新情况下的应用、权衡、实现、变化等给出了建议。

模式具有名称——重要

软件开发是一个年轻领域。年轻领域中的原则缺乏大家广泛认可的名称，这为交流和教育带来了困难。模式具有名称，例如信息专家和抽象工厂。对模式、设计思想或原则命名具有以下好处：

❑ 它支持将概念条块化地组织为我们的理解和记忆。

❑ 它便于沟通。

模式被命名并且广泛发布后（我们都同意使用这个名字），我们就可以在讨论复杂设计思想时使用简语（或简图），这可以发挥抽象的优势。看看下面两个软件开发者之间使用模式名称的讨论：

Jill："嗨！Jack，对于这个持久性子系统，让我们讨论一下外观（Façade）的服务。我们将对 *Mappers* 使用抽象工厂，对延迟具体化使用代理（Proxy）。"

Jack："你刚才究竟说什么呀！"

Jill："喂！看这儿……"

"新模式"是一种矛盾修饰法

新模式如果描述的是新思想，则应当被认为是一种矛盾修饰法。术语"模式"的真实含义是长期重复的事物。设计模式的要点并不是要表达新的设计思想。恰恰相反，优秀模式的意图是将已有的经过验证的知识、惯用法和原则汇编起来；磨砺得越多、越悠久，使用得越广泛，这样的模式就越优秀。

因此，GRASP 模式陈述的并不是新思想，它们只是为广泛使用的基本原则命名并将其汇总起来。对于 OO 设计专家而言，GRASP 模式（其思想而非名称）应作为其基础和熟练掌握的原则。这是最关键的！

GoF 关于设计模式的著作

Kent Beck（因**极限编程**而闻名）在 20 世纪 80 年代中期首先提出了软件命名模式的思想[⊖]。

⊖　模式的概念源自 Christopher Alexander[A1S77] 的（建筑）架构模式思想。软件模式起源于 20 世纪 80 年代的 Kent Beck，他在意识到 Alexander 在建筑领域的模式工作后，与 Ward Cunningham[BC87,Beck94] 在 Tektronix 公司一起进行了开发。

然而，在模式、OO 设计和软件设计书籍的历史上，1994 年是一个重要的里程碑。极为畅销并产生巨大影响 *Design Patterns* 一书 [GHJV95][⊖]就是在这一年出版的，它的作者是 Gamma、Helm、Johnson 和 Vlissides。这本书被认为是设计模式的"圣经"，它描述了 23 个 OO 设计模式，并且命名为策略（Strategy）、适配器（Adaptor）等。因此，这四个人提出的模式被称为 GoF 设计模式。

然而，*Design Patterns* 一书不是入门类书籍，读者要有一定的 OO 设计和编程知识，而且书中的大部分代码是用 C++ 编写的。

在本书稍后的中级章节，特别是在第 26 章、第 36 章和第 37 章介绍了许多最常用的 GoF 设计模式，并且将之应用于我们的案例研究。也可参见本书目录。

学习 GRASP 和基本 GoF 模式是本书的关键目标。

GRASP 是一组模式或原则吗

GRASP 定义了 9 个基本 OO 设计原则或基本构建块。有些人会问："难道 GRASP 描述的是原则而不是模式吗？"《设计模式》一书的序言给出了答案：

> 某人的模式是其他人的原始构建块。

与其专注于标签，本书更侧重于模式风格的实用价值，即模式是一种优秀的学习辅助工具，可以用来命名、表示和记忆那些基本和经典的设计思想。

17.7 现在我们所处的位置

至此，本章已经概述了 OO 设计的背景：

1）**迭代过程背景**（process background）——先前的制品？它们与 OO 设计模型有什么关系？我们应当花费多少时间进行设计建模？

2）作为对象设计隐喻的 RDD：有职责对象协作的共同体。

3）作为 OO 设计思想命名和解释方式的**模式**：分配职责的基本模式是 GRASP，对于更为高级的设计思想则应用 GoF 模式。模式可在建模期间和编码期间应用。

4）UML 用于 OO 设计的**可视建模**，在此期间，GRASP 和 GoF 模式都能使用。

理解了上述内容之后，下面就要着重讨论对象设计的某些细节了。

17.8 使用 GRASP 进行对象设计的简短示例

以下几节将详细地探讨 GRASP，不过我们还是从一个较短的例子开始，了解用于 Monopoly 案例研究的重要思想。共有 9 个 GRASP 模式，本案例只应用以下几个：

⊖ 出版者列出的出版日期是 1995 年，但实际发行是在 1994 年 10 月。

❏ 创建者（Creator）
❏ 信息专家（Information Expert）
❏ 低耦合（Low Coupling）
❏ 控制器（Controller）
❏ 高内聚（High Cohesion）

创建者

问题：由谁创建 Square 对象？

在 OO 设计中，你必须考虑的首要问题之一是：由谁创建对象 X？这是一个"做"职责。例如，在 Monopoly 案例研究中，由谁来创建 Square 对象呢？既然目前任何对象都可以创建 Square，那么对于众多 OO 开发者而言，他们的选择应该是什么？为什么？

是否可以用 Dog 对象（也就是某个任意的类）作为创建者？不行！我们可以确信这一点。为什么？因为（这是关键的一点）它不能符合我们对领域的心智模型。在我们对领域的思考与直接对应的软件对象之间，Dog 不支持**低表示差异**（LRG）。我曾经就字面意义与数千个开发者探讨过这个问题，实际上从印度到美国，每一个开发者都会说，"用 Borad 对象来创建 Square"。十分有趣！这反映了一种"直觉"，OO 软件开发者常常（后面再研究特例）想让"容器"创建被"容纳"的事物，就像 Board 创建 Square 一样。

顺便说一下，我们之所以用 Square 和 Board 这样的名称来定义软件类，而不用 AB324 和 ZC17 是根据 LRG 决定的。它把 UP 领域模型和 UP 设计模型联系起来，或者是把我们对领域的心智模型与软件架构领域层中与之相应的实现联系起来。

以此为背景，这里给出**创建者**（Creator）模式的定义[⊖]。

名称：**创建者**（Creator）

问题：谁来创建一个 A（的实例）？

解决方案（可被视作建议）：如果以下条件之一为真时（越多越好），将创建类 A 实例的职责分配给类 B。

❏ B "包含"或以组合方式聚合 A。

❏ B 记录 A。

❏ B 紧密地使用 A。

❏ B 具有 A 的初始化数据。

注意，这必须和职责的分配联系起来。让我们看看如何应用创建者模式。

首先，在应用创建者和其他 GRASP 模式时，有一个虽小但很重要的问题：B 和 A 指的是软件对象，而不是领域模型对象。我们先试着通过寻找满足 B 角色的现有软件对象来应用创建者。但是如果我们只是刚开始 OO 设计，还没有定义任何软件类，那该怎么办呢？在此案例中，依靠 LRG，来从领域模型中获得灵感。

因此，对于创建 Square 的问题，由于还没有定义软件类，我们观察图 17-3 中的领域模型，

⊖　其他创建模式，例如具体工厂（Concrete Factory）和抽象工厂（Abstract Factory），将在后面讨论。

会发现 Board 包含 Square。这是概念视角，但不是软件视角。当然，我们可以在设计模型里反映这种看法，使 Board 软件对象包含 Square 软件对象。根据 LRG 和创建者的建议，Board 将创建 Square。并且 Square 始终是一个 Board 的一部分，Board 管理 Square 的创建和销毁，Square 与 Board 具有组合聚合关联。

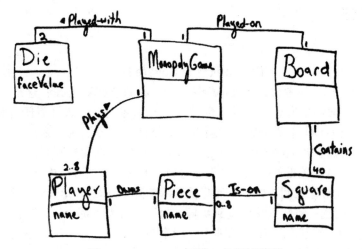

图 17-3　Monopoly 迭代 1 的领域模型

回顾一下，敏捷建模实践是并行和互补地创建动态和静态对象模型的。因此，我同时绘制了局部序列图和类图以反映该设计决策，其中在绘制 UML 图时我运用了 GRASP 模式。参见图 17-4 和图 17-5。注意，在图 17-4 中，当创建了 Board 后，它创建 Square。在本例中为简便起见，我忽略了循环创建 40 个方格这一次要问题。

图 17-4　在动态模型中运用创建者模型　　　图 17-5　在设计模型的 DCD 中，Board 与 Square 具有组合聚合关联。我们在静态模型中应用了创建者

信息专家

问题：如果给定键值，谁知道 Square 对象的相关信息？

在对象设计中，信息专家（通常简称为专家）模式是最基本的职责分配原则之一。

假设对象应该能够引用指定了名称的特定 Square。那么对于指定键值，谁应当负责了解 Square？当然，这是"知道"职责，但是信息专家原则也适用于"做"职责。

　　和创建者一样，任何对象都可以对此负责，但是对于众多 OO 开发者而言，他们会选择什么？为什么？与创建者问题一样，大多数 OO 开发者会选择 Board 对象。把该职责分配给 Board 似乎是显而易见的，但解构其原因并学会在更微妙的情况下应用这个原则是很有教益的。后面的例子会更加微妙。

　　信息专家解释了为什么要选择 Board：

　　名称：**信息专家**（Information Expert）

　　问题：给对象分配职责的基本原则是什么？

　　解决方案（建议）：把职责分配给具有完成该职责所需信息的那个类。

　　职责需要履行职责的信息，即关于其他对象的信息、对象自身的状态、对象周围的环境、对象能够导出的信息，等等。在本例中，为了能够检索和表示任何 Square（指定其名称），某个对象必须知道（持有其信息）所有 Square。前面已经给出决策，如图 17-5 所示，软件 Board 将聚集所有 Square 对象。因此，Board 具有履行此职责所必需的信息。图 17-6 说明了如何在绘图语境中运用专家模式。

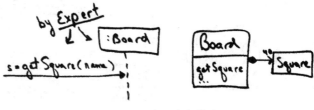

图 17-6　应用专家模式

　　下一个 GRASP 原则是低耦合（Low Coupling），它解释专家为什么是 OO 设计中有效、核心的原则。

低耦合

　　问题：为什么是 Board 而不是 Dog？

　　专家指导我们，由于 Board 了解所有 Square，所以将获知特定 Square（具有唯一的名称）的职责分配给 Board 对象（它拥有这些信息，因此它是信息专家）。但是为什么专家模式给出这样的建议？

　　可在低耦合原则中找到这个问题的答案。简要地说，**耦合**（coupling）是元素与其他元素的连接、感知及依赖的程度的度量。如果存在耦合或依赖，那么当被依赖的元素发生变化时，则依赖者也会受到影响。例如，子类与超类是强耦合的。调用对象 B 的操作的对象 A 与对象 B 的服务之间存在耦合。

　　低耦合原则适用于软件开发的许多维度，它实际上是构建软件最重要的目标之一。就对象设计和职责而言，我们可以像下面这样描述该建议：

　　名称：**低耦合**（Low Coupling）

　　问题：如何减少因变化产生的影响？

　　解决方案（建议）：分配职责以使（不必要的）耦合保持在较低的水平。用该原则对可选方
　　　　　　　　　　案进行评估。

我们用低耦合来评价现有设计，或者评价在新的可选方案（其他方面都等价的方案）之间

作出的选择，我们应该首选耦合更低的设计。

例如我们在图 17-5 中的决策，Board 对象包含许多 Square。为什么不把 getSquare 分配给 Dog（也就是，其他某个任意的类）呢？观察 17-7 中的 UML 草图，根据低耦合的影响来考虑，如果 Dog 具有 getSquare，那么它必须和 Board 协作，以便获取 Board 中的所有 Square 的集合。或许可以使用 Map 集合对象存储这些 Square，Map 允许使用键进行检索。这样，Dog 就可以通过作为键的 name 来存取特定 Square。

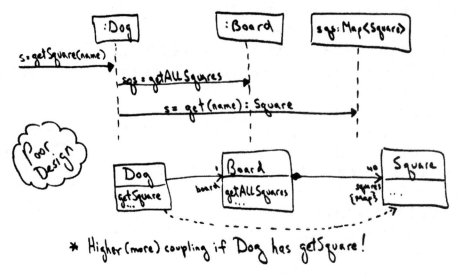

图 17-7　评价耦合对设计影响

对于这个不太好的 Dog 设计与我们起初那个由 Board 来完成 getSquare 的设计，我们来评价一下其总体耦合性。在 Dog 的例子中，Dog 和 Board 都必须知道 Square 对象（两个对象都与 Square 有耦合）；在 Board 的例子中，只有 Board 必须知道 Square 对象（一个对象与 Square 存在耦合）。因此，Board 设计的总体耦合较低，在其他方面都等价的情况下，按照支持低耦合的目标，Board 设计比 Dog 设计要好。

在更高的目标层次上考虑，为什么期望低耦合呢？换言之，为什么我们要减少变化产生的影响呢？因为低耦合往往能够减少修改软件所需的时间、工作量和缺陷。这只是个简要的回答，但是它对于构建和维护软件而言具有重大意义。

> **关键点：专家支持低耦合**
>
> 回到信息专家的动机：该原则可以指导我们做出支持低耦合的选择。专家让我们寻找这样的对象，该对象具有职责所需的大部分信息（如 Board），并把职责分配给该对象。
>
> 如果我们把职责分配到其他地方（例如 Dog），那么总体耦合会比较高，因为存在更多的信息或对象必须被某些事物所分享，而这些事物远离信息源或对象的本源，例如在 Map 集合中的 Square 不得不被 Dog 所分享，而 Dog 远离它们的本源 Board。

应用 UML：请注意图 17-7 的序列图里的几个 UML 元素：

❑ getAllSquares 消息的返回值变量 sqs 也用于为生命线对象命名，即 sqs: Map<Square>（例如，持有 Square 对象的集合类型 Map）。在生命线框中引用返回值变量（发送消息）十分常见。

❑ 在开始的 getSquare 消息中的变量 s 和后来的 get 消息中的变量 s 指的是同一对象。

❑ 消息表达式 s = get(name): Square 表示 s 的类型是 Square 实例的引用。

控制器

简单的分层架构包括 UI 层和领域层等。执行者（例如 Monopoly 游戏中的人类观察者）产生 UI 事件，例如用鼠标点击按钮来玩游戏。UI 软件对象（比如 Java 中的 Jframe 窗口和 Jbutton 按钮）必须对鼠标点击事件做出反应，使游戏能够玩起来。

根据 MVS 原则，我们知道 UI 对象不应当包含应用逻辑或业务逻辑，例如计算玩家的移动。因此，一旦 UI 对象获得了此鼠标事件，它们应该把该请求**委派**（把此任务转发给另一个对象）给领域层的领域对象。

控制器模式回答这样一个简单问题：在 UI 层之后的哪个对象应该首先从 UI 层接收该消息呢？

回过头来考虑图 17-8 所示的系统序列图，其中关键的系统操作是 playGame。观察者（人）以某种方式产生了一个 playGame 请求（例如点击标有"玩游戏"的 GUI 按钮），系统对此进行响应。

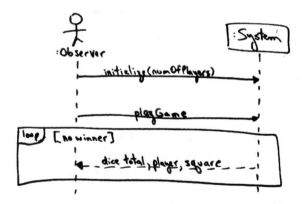

图 17-8 Monopoly 游戏的 SSD。注意 playGame 操作

图 17-9 更详细地描述了这一情形，其中使用了 Java Swing GUI 的 JFrame 窗口和 JButton 按钮[○]。点击 Jbutton，则会向某对象发送 actionPerformed 消息，通常是发送给 JFrame 窗口本身，如图 17-9 所示。然后（这是**关键点**），Jframe 窗口必须把 actionPerformed 消息改写为更具有语义意义的某种事物，例如（对应于 SSD 分析的）playGame 消息，并且将 playGame 消息委派给领域层的领域对象。

○ 类似的对象、消息和协作模式适用于 .NET，Python 等。

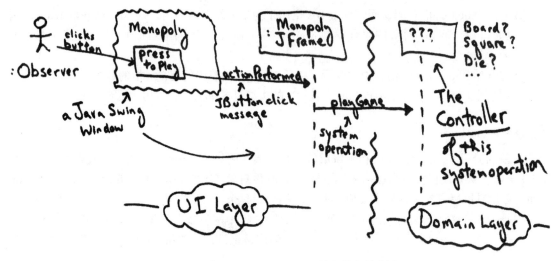

图 17-9 谁是用于 playGame 系统操作的控制器

> 你明白 SSD 系统操作和从 UI 层到领域层的详细对象设计之间的联系吗？这是重要的。

因此，控制器处理了 OO 设计中的一个基本问题：怎样将 UI 层连接到和应用逻辑层？从 UI 层接收 playGame 消息的第一个对象是 Board 吗？或者是其他的对象？

在一些 OOA/D 方法中，控制器的名称被赋予应用逻辑对象，它接收请求并"控制"（协调）对请求的处理。

控制器模式提供下面的建议：

名称：**控制器**（Controller）

问题：在 UI 层之后首先接收和协调（"控制"）系统操作的对象是什么？

解决方案（建议）：把职责分配给能代表下列选择之一的对象：

❑ 代表全部"系统"、"根对象"、运行软件的设备或主要的子系统（这些是外观控制器（facade controller）的所有变体）。

❑ 代表发生系统操作的用例场景（用例或会话控制器（session controller））。

让我们考虑以下选项：

选项 1：代表全部"系统"或"根对象"，例如 MonopolyGame 对象。

选项 2：代表运行软件的设备，这个选项适用于特定的硬件设备，如手机或银行兑钞机（如软件类 Phone 或 BankCashMachine），该选项不适用于本例。

选项 3：代表用例或会话。发生 playGame 系统操作的用例称为玩 Monopoly 游戏。因此，可以用像 PlayMonopolyGameHandler 这样的软件类（在这种情况下，附加"…Handler"或"…Session"是 OO 设计的惯用法）。

如果只有少数几个系统操作，选择选项 #1 的 MonopolyGame 类是比较合理的（在我们讨论高内聚时将对更多情况进行权衡）。因此，图 17-10 说明了基于控制器的设计决策。

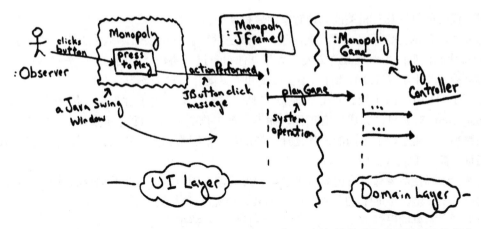

图 17-10 应用控制器模式——使用 MonipolyGame。把 UI 层与软件对象的领域层连接起来

高内聚

基于控制器决策，现在我们正处在右图所示的序列图中的设计点处。系统地运用 GRASP 的详细设计将在下一章讨论，但是现在有两个可形成鲜明对比的方法值得讨论，如图 17-11 所示。

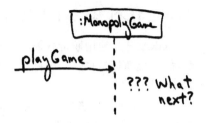

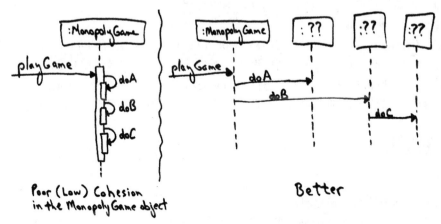

图 17-11 对比不同设计的内聚程度

注意，在左侧的方案中，MonopolyGame 对象自己完成全部工作，而在右侧方案中，它为 playGame 请求对工作进行了委派和协调。**内聚**是软件设计中的一种基本品质，内聚可以非正式地用于度量软件元素操作在功能上的相关程度，也用于度量软件元素完成的工作量。看下面两个例子作为对比。有 100 个方法和 2000 行源代码（SLOC）的 Big 对象，要比只有 10 个方法和 200 行源代码的 Small 对象所完成的任务多很多。如果 Big 对象的 100 个方法覆盖了众多不同的职责领域（如数据库访问和随机数产生），那么 Big 对象比 Small 对象的功能内聚性更低。概

括地讲，代码的数量及其相关性都是对象内聚程度的指示器。

需要说清楚的是，不良内聚（低内聚）不只是意味着对象仅依靠本身工作；实际上，具有 2000 行源代码的低内聚对象或许需要和大量其他对象进行协作。下面是一个关键点：所有的交互也都会趋于产生不良（高）耦合。不良内聚和不良耦合通常是齐头并进的。

就图 17-11 中的两个设计而言，左侧方案比右侧方案的内聚性较差，因为左侧的方案使 MonopolyGame 对象自己完成所有工作，而不是把工作委派或分配给其他对象。这就产生了高内聚的原则，它用于评估不同的设计选择。如果其他情况都相同，我们首选具有高内聚的设计。

名称：**高内聚**（High Cohesion）

问题：怎样使对象保持有内聚、可理解和可管理，同时具有支持低耦合的附加作用？

解决方案（建议）：职责分配应保持高内聚，依此来评估备选方案。

可以说，右侧的设计方案要比左侧的方案更好地支持了高内聚。

17.9 在对象设计中应用 GRASP

GRASP 是通用职责分配软件模式（General Responsibility Assignment Software Patterns）的缩写[⊖]。之所以选择这个名称，是为了暗示掌握（grasping）这些原则对于成功设计面向对象软件的重要性。

对象技术初学者在编码或绘制交互图和类图时应该理解并应用 GRASP 的基本思想，以便尽快地掌握这些基本原则，它们是设计 OO 系统的基础。

GRASP 的 9 个模式如下所示：

创建者（Creator）	控制器（Controller）	纯虚构（Pure Fabrication）
信息专家（Information Expert）	高内聚（High Cohesion）	间接性（Indirection）
低耦合（Low Coupling）	多态性（Polymorphism）	防止变异（Protected Variations）

本章后面的各节将更详细地重新介绍前 5 个模式，其余 4 个模式将在第 25 章进行介绍。

17.10 创建者

|问题|

谁应该负责创建某类的新实例？

创建对象是面向对象系统中最常见的活动之一。因此，应该有一些通用的原则以用于创建职责的分配。如果分配得好，设计就能够支持低耦合，提高清晰度、封装性和可复用性。

|解决方案|

如果以下的条件之一（越多越好）为真时，将创建类 A 实例的职责分配给类 B[⊖]：

❏ B "包含" 或组合聚合 A。

❏ B 记录 A。

⊖ 技术上讲，应当写为 "GRAS Pattern"，而不是 "GRASP Pattern"，但后者听起来更好些。

⊜ 其他创建模式（例如具体工厂和抽象工厂）在后面探讨。

❑ B 紧密使用 A。

❑ B 具有将在创建 A 时传递给 A 的初始化数据。因此对于 A 的创建而言，B 是专家。B 是对象 A 的创建者。

如果有一个以上的选项适用，通常首选聚合或包含 A 的类 B。

示例

在 NexTGen POS 应用中，谁应当负责创建 Sales-LineItem 实例？按照创建者模式，我们应当寻找聚合、包含 SalesLineItem 实例的类。考虑图 17-12 所示的部分领域模型。

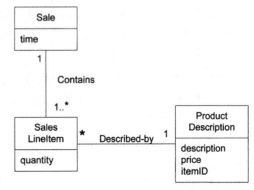

图 17-12　部分领域模型

因为 Sale 包含（实际上是聚合）许多 SalesLine-Item 对象，所以根据创建者模式，Sale 是具有创建 SalesLineItem 实例职责的良好候选者。这样便产生了图 17-13 中的对象交互设计。

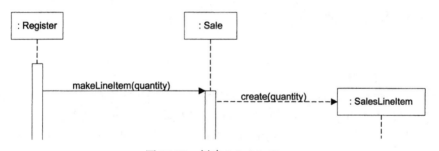

图 17-13　创建 SalesLineItem

这项职责的分配要求在 Sale 中定义 MakeLineItem 方法。再次强调，在绘制交互图时考虑和决定这些职责的分配。然后在类图的方法分栏中概括职责分配结果，方法是职责的具体实现。

讨论

创建者模式指导我们分配那些与创建对象有关的职责，这是很常见的任务。创建者模式的基本意图是寻找在任何情况下都与被创建对象具有连接的创建者。如此选择是为了保持低耦合。

组合聚合部分，容器容纳内容，记录者进行记录，所有这些都是类图中类之间极为常见的关系。创建者模式建议，封装的容器或记录器类是创建其所容纳或记录的事物的很好的候选者。当然，这只是一个指南。

注意，我们在考虑创建者模式时提到了组合（composition）的概念。组合对象是创建其部件的绝佳候选者。

有时，可以通过寻找具有在创建过程中传递的初始化数据的类来识别创建者。这实际上就是专家模式的例子。初始化数据在创建期间是通过某种初始化方法（如带有参数的 Java 构造器）来传递的。例如，假定在创建 Payment 实例时，需要使用 Sale 的总额对其进行初始化。因为 Sale 知道其总额，所以它是 Payment 的候选创建者。

禁忌

对象的创建常常具有相当的复杂性，例如为了性能而使用回收的实例，基于某些外部性质的值有条件地从一族相似类中创建实例，等等。在这些情况下，最好的方法是把创建职责委派给称为具体工厂（Concrete Factory）或抽象工厂（Abstract Factory）[GHJV95] 的辅助类，而不是使用创建者模式所建议的类。工厂的具体介绍参见 26.4 节。

优点

❑ 支持低耦合，这意味着更低的维护依赖和更高的复用机会。这种方法可能不会增加耦合性，因为其所创建的类对于创建者类而言已经是可见的，正是由于存在已有的关联，因此它成为创建者。

相关模式或原则

❑ 低耦合。

❑ 具体工厂和抽象工厂。

❑ 整体 – 部分 [BMRSS96] 描述了一种定义支持构件封装的聚合对象的模式。

17.11 信息专家（或专家）

问题

给对象分配职责的通用原则是什么？

一个设计模型也许要定义数百或数千个软件类，一个应用程序也许需要实现数百或数千个职责。在对象设计中，当定义对象之间的交互时，我们对软件类的职责分配做出选择。如果选择得好，系统就会更易于理解、维护和扩展，而我们的选择也能为未来的应用提供更多复用构件的机会。

解决方案

把职责分配给信息专家，它具有履行这个职责所必需的信息。

示例

在 NextGen POS 应用中，某个类需要知道销售的总额。

> 分配职责应当从清晰地描述职责开始。

根据上述建议，对职责的描述是：

谁应当负责了解销售的总额？

按照信息专家（Information Expert）的建议，我们应当寻找具有确定总额所需信息的那个对象类。

现在，关键的问题是，我们要查看领域模型或设计模型来分析具有所需信息的类？领域模型描述的是真实世界领域内的概念类，设计模型描述的是软件类。

答案：

1）如果在设计模型中存在相关的类，首先查看设计模型。

2）否则查看领域模型，并尝试利用（或扩充）它的表示，以激发相应设计类的创建。

例如，假设我们刚刚开始设计工作，并且没有（或只有规模很小的）设计模型。因此我们希望在领域模型里寻找信息专家，也许这个信息专家就是真实世界的 Sale。然后，我们在设计模型中加入同样称为 Sale 的软件类，把获取总额的职责分配给 Sale 类，并以名为 getTotal 的方法来表示。这种方法支持低表示差异，使对象的软件设计与我们设想的真实领域的组织方式更加接近。

为了详细地研究这个例子，我们考虑图 17-14 中的部分领域模型。

确定总额要哪些信息？我们应该知道销售的所有 SalesLineItem 实例及其小计之和。Sale 实例包含了上述信息。按照信息专家的指引，Sale 是适合这一职责的对象类，它是这项工作的信息专家。

如上所述，在创建交互图的语境下，会经常出现这种职责问题。为了给对象分配职责，假设我们通过绘图来开始工作。图 17-15 中的部分交互图和类图说明了某些决策。

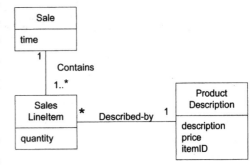

图 17-14 Sale 的关联

图 17-15 部分交互图和类图

目前这些图还没有完成。为了确定销售项的小计，我们需要哪些信息呢？答案是 SalesLineItem.quantity、和 ProductDescription.price。SalesLineItem 知道其数量和与其关联的 ProductDescription。因此，根据专家模式，应该由 SalesLineItem 确定小计，它就是信息专家。

根据交互图，这意味着 Sale 应当向每个 SalesLineItem 发送 getSubtotal 消息，并对其得到的结果求和，如图 17-16 所示。

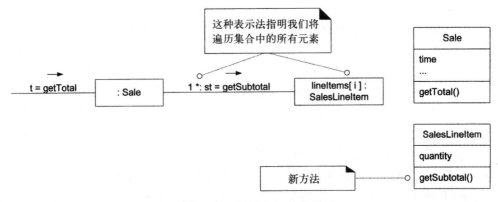

图 17-16 计算 Sale 的总额

为了履行获知并回答小计的职责，SalesLineItem 必须知道产品价格。

ProductDescription 是回答价格的信息专家，因此 SaleLineItem 向它发送询问产品价格的消息，如图 17-17 所示。

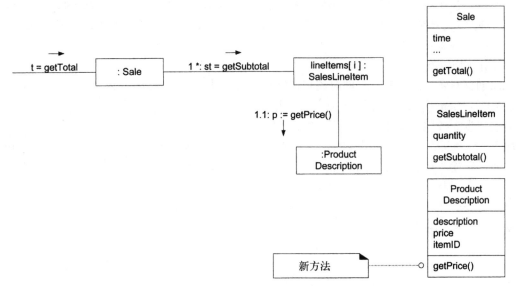

图 17-17　计算 Sale 的总额

综上，为了履行获知和回答销售总额的职责，我们给三个对象的设计类分配了三个职责，如下所示：

在绘制交互图的语境中，我们考虑并决定了这些职责。然后，我们可以在类图的方法分栏中总结相应的方法。

设计类	职责
Sale	知道销售的总额
SalesLineItem	知道销售项的小计
ProductDescription	知道产品的价格

我们分配每个职责的原则是信息专家，即把职责分配给具有履行此职责所需信息的对象。

讨论

信息专家经常用于职责分配，这是对象设计中不断使用的基本指导原则。专家并不意味着模糊或奇特的想法，它表达了一种常见的"直觉"，即对象完成与其所具有的信息相关的职责。

注意，履行职责往往需要分布在不同类的对象的信息。这意味着许多"局部"的信息专家要通过协作来完成任务。例如，销售总额问题最终需要三个对象类协作完成。只要信息分布在不同对象上，对象就需要通过消息进行交互来共同完成工作。

专家模式通常导致这样一种设计，软件对象所做的操作通常是作用于它们在真实世界中所代表的非生命体的那些操作；Peter Coad 称之为" DIY"（Do it Myself）策略 [Coad95]。例如，在真实世界中，不借助电子装置的帮助，销售本身无法告诉你它的总额，销售是一种非生命体，销售的总额是由某人计算出来的。但是在面向对象的软件领域，所有软件对象都是"活的"或"有生命的"，并且它们可以承担职责，完成任务。从根本上说，它们所做的事情与它们所了解的信息相关。我称其为对象设计的"动画"原则；这就像在卡通中一样，一切都是活的。

信息专家模式（与对象技术中的其他事物一样）是对真实世界的模拟。我们一般把职责分配给那些具有履行任务所必需的信息的个体。例如在企业中，谁应当负责创建损益报表？答案是有权访问创建所需信息的人，或许是首席财务官。正如因为信息分布在不同的对象上，软件对象之间要互相协作一样，首席财务官也要和其他人协作。公司的首席财务官也许会要求会计师生成关于借贷的报告。

禁忌

在某些情况下，专家模式建议的方案也许并不合适，通常这是由于耦合与内聚问题所产生的（这些原则本章稍后讨论）。

例如，谁应当负责把 Sale 存入数据库呢？的确，大多数要保存的信息位于 Sale 对象中，于是专家会建议将此职责分配给 Sale 类。那么按照这一决定进行逻辑推理，每个类都应当有能把自身保存到数据库中的服务。但这样会导致内聚、耦合及冗余方面的问题。例如，Sale 类现在必须包含与数据库处理相关的逻辑，如与 SQL 和 JDBC(Java 数据库连接) 相关的处理逻辑。因此，Sale 类不仅仅关注"作为销售"的纯应用逻辑。现在由于存在其他职责而降低了它的内聚。这个类必须与其他子系统的数据库服务进行耦合，如和 JDBC 服务耦合，而不只是与软件对象在领域层的其他对象耦合，所以使耦合度上升。这样也会导致在大量持久性类中重复出现类似的数据库逻辑。

所有这些问题都表明这种做法违反了基本架构原则，即设计要分离主要的系统关注。将应用逻辑置于一处（如领域软件对象），数据库逻辑置于另一处（如单独的持久性服务子系统）等，而不是在同一构件中把不同的系统关注混合起来。$^\ominus$

支持主要关注的分离可以改善设计中的耦合和内聚。因此，即使按照专家模式，把数据库业务的职责分配给 Sale 类是合理的，但是却由于其他原因（通常是内聚和耦合），会使我们最终得出不佳的设计。

优点

❏ 因为对象使用自身信息来完成任务，所以信息的封装性得以维持。这样就支持了低耦合，进而形成更为健壮的、可维护的系统。低耦合也是一种 GRASP 模式，将在下一节讨论。

❏ 行为分布在那些具有所需信息的类之间，因此提倡定义内聚性更强的"轻量级"的类，这样易于理解和维护。该模式通常支持高内聚（另一种模式，在后面讨论）。

相关模式或原则

❏ 低耦合

❏ 高内聚

$\ominus$ 参见第 33 章对关注分离的讨论。

也称为；类似于

"把职责与数据置于一处"，"知其责，行其事"，"DIY"，"把服务与其属性置于一处"。

17.12 低耦合

问题

怎样降低依赖性，减少变化带来的影响，提高复用性？

耦合（Coupling）是对某元素与其他元素之间的连接、感知和依赖程度的度量。具有低（或弱）耦合的元素不会过度依赖于其他元素；"过度"是与语境相关的，但我们必须对此进行检查。这些元素包括类、子系统、系统等。

具有高（或强）耦合的类依赖于许多其他的类，这样的类或许不是我们所需要的。有些类会遇到以下问题：

❏ 由于相关类的变化而导致本体的被迫变化。

❏ 难以单独地理解。

❏ 由于使用高耦合类时需要它所依赖的类，因此很难复用。

解决方案

分配职责，保持低耦合。利用这一原则来评估可选方案。

示例

考虑如下 NextGen 案例研究的局部类图：

假设我们需要创建 Payment 实例并使它与 Sale 关联。哪个类应负责此事呢？因为在真实世界领域中，Register 记录了 Payment，所以创建者模式建议将 Register 作为创建 Payment 的候选者。Register 实例会把 addPayment 消息发送给 Sale，并把新的 Payment 作为参数传递给它。图 17-18 所示的局部交互图反映了这一点。

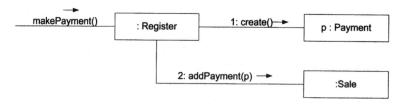

图 17-18　Register 创建 Payment

这种职责分配使 Register 类和 Payment 类之间产生了耦合，即 Register 类要知道 Payment 类。

应用 UML：注意，Payment 实例被显式地命名为 p，以便在消息 2 中，它可作为参数引用。图 17-19 给出了创建 Payment 并使它和 Sale 相关联的另一种方案。

根据职责分配，哪个设计支持低耦合？在这两个例子中，我们都假设 Sale 最终都必须耦合于 Payment。在第一个设计方案中，Register 创建 Payment，在 Register 和 Payment 之间增加耦合；在第 2 个设计方案中，Sale 负责创建 Payment，其中没有增加耦合。如果单独地从耦合的角度来看，第 2 个设计方案是首选，因为保持了总体上的的低耦合。这个例子说明两个不同模式（低耦合和创建者）为何会导致不同方案。

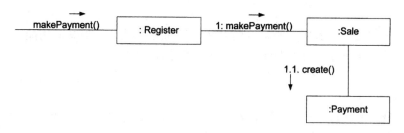

图 17-19 Sale 创建 Payment

> 在实践中，耦合程度不能脱离专家、高内聚等其他原则孤立地考虑。不过，它的确是改进设计所要考虑的因素之一。

讨论

低耦合是在制定设计决策期间必须牢记的原则，它是应该不断考虑的潜在目标。它是评估所有设计决策时要运用的评估原则（evaluative principle）。

在 C++、Java 和 C# 这样的面向对象语言中，从 TypeX 到 TypeY 耦合的常见形式包括：

❑ TypeX 具有引用 TypeY 的实例或 TypeY 自身的属性（数据成员或实例变量）。

❑ TypeX 对象调用 TypeY 对象的服务。

❑ TypeX 具有以任何形式引用 TypeY 的实例或 TypeY 自身的方法。通常包括类型 TypeY 的参数或局部变量，或者由消息返回的对象是 TypeY 的实例。

❑ TypeX 是 TypeY 的直接或间接子类。

❑ TypeY 是接口，而 TypeX 是此接口的实现。

低耦合提倡职责分配要避免产生具有负面影响的高耦合。

低耦合支持在设计时降低类的依赖性，这样可以减少变化所带来的影响。低耦合不能脱离专家和高内聚等其他模式孤立地考虑，而应作为影响职责分配的设计原则之一。

子类与其超类之间有很强的耦合性。因为这是一种强耦合形式，所以要仔细地考虑涉及超类派生的任何决定。例如，假设对象必须持久地存储于关系数据库或对象数据库中。此时，你可以遵循相对常见的设计实践，创建一个称为 PersistentObject 的抽象超类，并且由这个超类派生其他类。这样定义子类尽管具有自动继承持久性行为的优点，但是其缺点是，它使领域对象和特定技术服务之间具有高度耦合性，并且混淆了不同的架构关注。

没有绝对的度量标准来衡量耦合程度的高低。重要的是能够估测当前耦合的程度，并估计增加耦合是否会导致问题。一般来说，本质上具有内在通用性以及高复用概率的类，具有较低的耦合性。

低耦合的极端例子是类之间没有耦合。这个例子违反了对象技术的核心隐喻：系统由相互连接的对象构成，对象之间通过消息通信。耦合度过低会产生不良设计，其中会使用一些缺乏内聚性、膨胀、复杂的主动对象来完成所有工作，并且存在大量被动、零耦合的对象来充当简单的数据存储库。类之间的适度耦合，对于创建面向对象系统是来说是正常和必要的，其中的任务是通过被连接的对象之间的协作来完成的。

> 禁忌

高耦合对于稳定和普遍使用的元素而言并不是问题。例如，J2EE 应用能安全地将自己与 Java 库（java.util 等）耦合，因为 Java 库是稳定、普遍使用的。

权衡利弊

高耦合本身并不是问题所在，问题是与在某些维度上不稳定的元素之间的高耦合，这些方面包括接口、实现或仅仅是存在。

重要的一点是：作为设计者，我们可以增加灵活性，封装细节和实现，以及在系统众多方面降低耦合的一般性设计。但如果我们在没有现实动机的情况下致力于"未来证明"或降低耦合度，则所花费的时间并不值得。

你必须在降低耦合和封装事物之间进行选择，应该关注在实际当中极其不稳定或演化的地方。例如，在 NextGen 项目中，我们知道，系统需要连接不同的第三方税金计算器（具有各自单独的接口）。因此在这个变化点上设计低耦合是切实可行的。

> 优点

❑ 不受其他构件变化的影响。
❑ 易于单独理解。
❑ 便于复用。

> 背景

耦合与内聚是设计中真正的基本原则，应当受到重视，并为所有软件开发者所应用。Larry Constantine 是 20 世纪 70 年代结构化设计的奠基人，现在提倡多关注可用性工程 [CL99]，他在 20 世纪 60 年代提出耦合和内聚是重要原则，并大力推广这一原则 [Constantine68，CMS74]。

> 相关模式

❑ 防止变异。

17.13 控制器

> 问题

在 UI 层之上首先接收和协调（控制）系统操作的第一个对象是什么？

在 SSD 分析期间，要首先探讨**系统操作**。这些是我们系统的主要输入事件。例如，当使用 POS 终端的收银员按下"结束销售"按钮时，他就发起了表示"销售已经终止"的系统事件。类似地，当使用文字处理器的书写者按下"拼写检查"按钮时，他就发起了表示"执行拼写检查"的系统事件。

控制器（Controller）是 UI 层之上的第一个对象，它负责接收和处理系统操作消息。

解决方案

把职责分配给能代表以下选择之一的类：

❑ 代表整个"系统"、"根对象"、运行软件的设备或主要子系统，这些是外观控制器的所有变体。

❑ 代表用例场景，在该场景中发生系统事件，通常命名为 <UseCaseName>Handler、<UseCaseName>Coordinator 或 <UseCaseName>Session（用例或会话控制器）。

　● 对于同一用例场景的所有系统事件使用相同的控制器类。

　● 通俗地说，会话是与执行者进行交谈的实例。会话可以具有任意长度，但通常按照用例来组织（用例会话）。

推论：注意"窗口"（window）、"视图"（view）或"文档"（document）类不在此列表内。这些类不应该完成与系统事件相关的任务。通常情况下，它们接收这些事件，将其委派给控制器。

图 17-20　NextGen POS 应用中的若干系统操作

示例

使用代码示例，人们能更好地理解该模式的应用。查看"实现"部分中富客户和 Web UI 的 Java 代码示例。

NextGen 应用包含若干系统操作，如图 17-20 所示。该模型将系统本身表示为一个类（对于建模来说，这是合法的，并且有时是很有用的）。

在分析过程中，系统操作可以分配给分析模型中的 System 类，表示它们是系统操作。然而，这并不是说在设计中使用名为 System 的软件类完成系统操作。相反，需要将这些系统操作职责分配给控制器类（见图 17-21）。

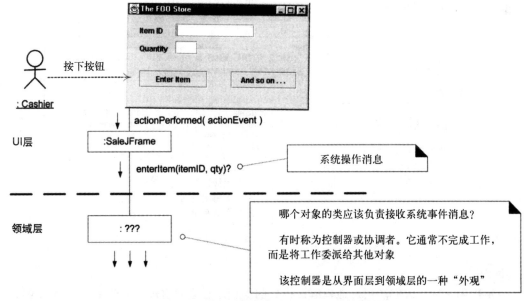

图 17-21　哪个对象应该是 enterItem 的控制器

对于 enterItem 和 endSale 这样的系统事件，应使用谁作为控制器？

根据控制器模式，下面给出一些选择：

❑ 代表整个"系统"、"根对象"、装置或子系统：Register，POSSystem

❑ 代表用例场景中所有系统事件的接收者或处理者：ProcessSaleHandler，ProcessSaleSession

注意，在 POS 领域内，Register（称为 POS 终端）是一个带有软件运行的专用设备。

就交互图而言，图 17-22 中的一个例子可能会有所帮助。

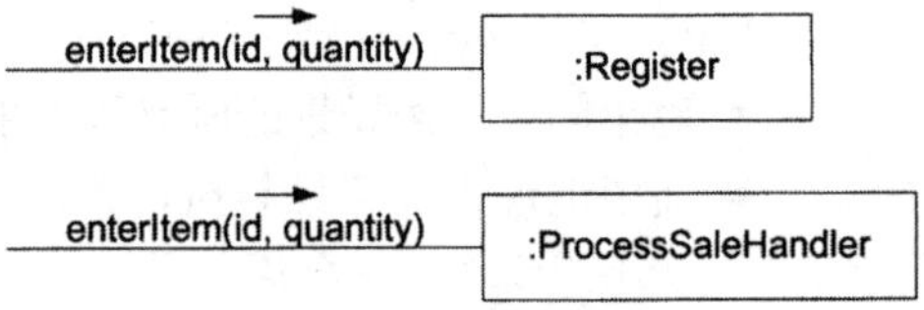

在这些类中选择最合适的控制器要受其他一些因素的影响，这将在后面的内容中探讨。

进行设计时，在系统行为分析期间确定的系统操作应分配给一个或多个控制器类，例如 Register，如图 17-23 所示。

图 17-22　控制器的选择

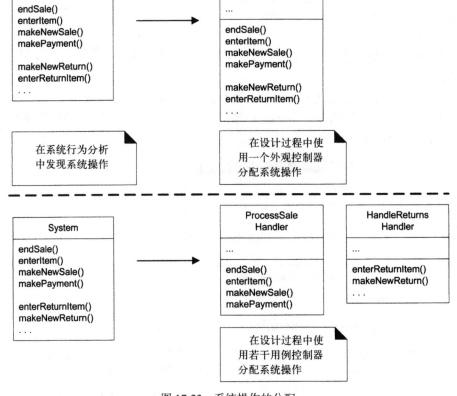

图 17-23　系统操作的分配

討论

使用代码示例，人们能更好地理解该模式的应用。查看"实现"一节中富客户和 Web UI

的 Java 代码示例。

简言之，这是委派（delegation）模式。根据理解，UI 层不应当包含应用逻辑，所以 UI 层对象必须把工作请求委派给其他层。当"其他层"是领域层时，控制器模式总结了常见选择，作为一个 OO 开发者，你需要选择作为代表来接收工作请求的领域对象。

系统接收外部输入事件，通常涉及由人操纵的 GUI。包括外部消息在内的其他输入媒介有处理呼叫的电信交换机所产生的信号，或在过程控制系统中来自传感器的信号等。

在所有情况下，你必须为这些事件选择一个处理者。求助于控制器模式的指导，可以得到一般情况下可接受的、合适的选择。如图 17-21 所示，控制器是从 UI 层进入领域层的一种外观。

通常，你希望对用例的所有系统事件使用相同的控制器类，以便控制器可以维护关于用例状态的信息。这种信息是有用的，例如可以识别操作次序错误的系统事件（例如，endSale 操作在 makePayment 操作之前完成）。不同的控制器可用于不同的用例。

控制器设计中的常见缺陷是分配的职责过多。这时，控制器会具有不良（低）内聚，从而违反了高内聚原则。

准　则

正常情况下，控制器应当把需要完成的工作委托给其他的对象。控制器只是协调或控制这些活动，本身并不完成大量工作。

详情请见"问题和解决方案"部分。

第一类控制器是表示整个系统、设备或子系统的外观控制器。其思想是选择某个类名，指定其为应用的其他层之上的封面或外观，并且使其提供 UI 层向其他层调用服务的主要接触点。外观可以是整个物理单元的抽象，如 Register⊖、TelecommSwitch、Phone 或 Robot；也可以是代表整个软件系统的类，如 POSSystem；还可以是设计者用来表示整个系统或子系统的其他概念，如果是游戏软件的话，甚至可以是 ChessGame。

当没有"过多"的系统事件，或者用户界面（UI）不能把系统事件消息重定向到其他控制器（如在消息处理系统中）时，选择外观控制器是合适的。

如果你选择用例控制器，那么对于每个用例，应该使用不同的控制器。注意，这种控制器不是领域对象，它是支持系统的人工构造物（在 GRASP 模式的术语里是纯虚构（Pure Fabrication））。例如，如果 NextGen 应用包含处理销售和处理退货这样的用例，那么会有 ProcessSaleHandler 类等。

何时应该选择用例控制器？当把职责分配给外观控制器会导致低内聚或高耦合的设计时，通常是当外观控制器的职责过多而变得"臃肿"时，就需要考虑使用用例控制器。当有跨越不同进程的大量系统事件时，用例控制器是比较合适的。它可以将这些系统事件的处理解析为不同的可管理和独立的类，同时能够对感知和推理用例场景当前状态提供基本支持。

在 UP 和 Jacobson 较早的 Objectory 方法 [Jacobson92] 中，（可选地）存在边界、控制和实

⊖　有许多术语能够用于物理的 POS 单元，包括记录器（register）、销售点终端（POST）等。随着时间推移，"记录器"（register）已经同时包括表达物理单元的概念以及记录销售和支付等事物的逻辑抽象概念两个含义。

体类的概念。**边界对象**（boundary object）是接口的抽象，**实体对象**（entity object）是与应用无关的（一般是持久性的）领域软件对象，**控制对象**（control object）是此控制器模式描述的用例处理者。

控制器模式的重要结果是，UI 对象（例如，窗口或按钮对象）和 UI 层不应具有履行系统事件的职责。换句话说，系统操作应当在对象的应用逻辑层或领域层进行处理，而不是在系统的 UI 层处理。示例见"问题和解决方案"部分。

Web UI 和控制器的服务器端应用

类似的委派方法可用于 ASP.NET 和 WebForms：代码分离（code behind）文件中含有 Web 浏览器点击按钮的事件处理器，它会获得对领域控制器对象（例如，POS 案例研究中的 Register 对象）的引用，接着为工作委托请求。这与 ASP.NET 程序设计中常用的、脆弱的编程风格形成对比，其中，开发者在代码分离文件中插入了应用逻辑的处理，于是在 UI 层混入了应用逻辑。

服务器端的 Web UI 框架（如 Structs）包含 Web-MVC（模型－视图－控制器）模式的概念。Web-MVC 中的控制器与 GRASP 控制器不同。前者是 UI 层的一部分，并且控制 UI 层的交互及页面流。GRASP 控制器是领域层的一部分，它控制或协调工作请求的处理，它根本不知道所用的 UI 技术（如 Web UI, Swing UI, …）是什么。

对于使用 Java 技术的服务器端设计，从 Web UI 层（例如，从 Structs 的 Action 类）到 Enterprise JavaBean(EJB) Session 对象的委托也是常见的。在这种情况下，使用了控制器的变体 #2，即对象表示用例会话或用例场景。在这种情况下，EJB 的 Session 对象本身会进一步委托给领域层对象，此外，你可以运用控制器模式在纯领域层选择合适的接收者。

综上所述，对服务器端系统操作的适当处理在很大程度上受所选择的服务器技术构架的影响，并且仍然是一个不断变化的目标。但是仍然能够继续应用模型－视图分离的基本原则。

即使使用富客户端 UI（例如，Swing UI）与服务器交互，控制器模式仍然适用。客户端 UI 把请求转发到本地的客户端控制器，控制器将全部或部分请求处理转发给远程服务。这种设计降低了 UI 与远程服务器的耦合，通过客户端侧控制器的间接性，使其易于（例如）向本地或者远端提供服务。

优点

❏ **增加了可复用和接口可插拔的潜力**。这些优点保证不在接口层处理应用逻辑。从技术上讲，控制器职责可以在接口对象中处理，但这样的设计意味着程序代码和应用逻辑的实现会嵌入接口或窗口对象。接口作为控制器（interface-as-controller）的设计会降低在未来应用中复用逻辑的机会，因为与特定接口（例如，类似窗口的对象）绑定的逻辑很少能够适用于其他应用。反之，把系统操作的职责委托给控制器可以支持在未来应用中复用逻辑。并且，因为应用逻辑没有与接口层绑定，所以可以替换为其他接口。

❏ **获得了推测用例状态的机会**。有时候，我们必须保证系统操作以合法顺序发生，或者我们希望推测运行中用例的活动和操作的当前状态。例如，我们可能必须保证直到 endSale 操作发生后，makePayment 操作才能发生。如果是这样，我们就必须在某处捕捉这个状态信息。可以利用控制器，尤其是在用例中始终使用同一个控制器时（所推荐的）更应如此。

实现

下面是使用 Java 技术的两个例子，一个例子是在 Java Swing 的富客户端使用，另一个例子是在服务器上使用带有 Structs（Servlet 引擎）的 Web UI。

请注意，你应当在 .NET WinForms 和 ASP.NET WebForms 中使用类似的方法。在设计良好的 .NET 中，一则很好的实践（经常被违反模型 – 视图分离原则的 MS 编程者所忽视）是不要在事件处理器或"代码分离（code behind）"文件（它们都是 UI 层的部分）中嵌入应用逻辑代码。相反，在 .NET 事件处理器或"代码分离"文件中，应该只获得对领域对象的引用（例如 Register 对象），并将职责委派给它。

使用 Java Swing 的实现：富客户端 UI

这一部分假定你熟悉的 Swing 的基本知识。代码中包含注释以解释关键点。注意，①说明 ProcessSaleJFrame 窗口持有对领域控制器对象 Register 的引用。在②处为按钮点击定义了处理器。③展示了其中的关键消息——向领域层中的控制器发送 enterItem 消息。

```java
package com.craiglarman.nextgen.ui.swing;
    // 导入 ...

    // 在 Java 中，JFrame 是常见窗口
public class ProcessSaleJFrame extends JFrame
{

    // 窗口持有对领域对象 " 控制器 " 的引用

①  private Register register;

    // 在创建窗口时，向其传入 Register
public ProcessSaleJFrame(Register _register)
{
    register = _register;
}
    // 点击该按钮以执行系统操作 "enterItem"
private JButton BTN_ENTER_ITEM;

    // 这是重要方法！
    // 这里展示了从 UI 层发送到领域层的消息
private JButton getBTN_ENTER_ITEM()
{
    // 按钮是否存在 ?
    if (BTN_ENTER_ITEM != null)
        return BTN_ENTER_ITEM;

    // 否则按钮需要被初始化 ...
    BTN_ENTER_ITEM = new JButton();
```

```
    BTN_ENTER_ITEM.setText("Enter Item");
        // 这是关键部分！
        // 在 Java 中，这里用来为按钮定义点击处理器

②   BTN_ENTER_ITEM.addActionListener(new ActionListener()
    {
    public void actionPerformed(ActionEvent e)
    {
            // Transformer 是将 String 转换为其他数据类型的工具类
            // 因为 JTextField GUI 小窗口部件持有 Strings
        ItemID id = Transformer.toItemID(getTXT_ID().getText());
        int qty = Transformer.toInt(getTXT_QTY().getText());

            // 这里我们跨越了从 UI 层到领域层的边界
            // 委派给 "控制器"
            // ＞＞＞ 这是关键语句 ＜＜＜
③           register.enterItem(id, qty);
    }
    } ); // addActionListener 调用结束
    return BTN_ENTER_ITEM;
    } // 方法结束
// ...
} // 类结束
```

使用 Java Structs 实现：客户端浏览器和 WebUI

这一部分假定你熟悉 Structs 的基本知识。注意，①获得了对服务器端 Register 领域对象的引用，Action 对象必须插入到 Servlet 语境中。②展示了关键消息——向领域层的领域控制器对象发送 enterItem 消息。

```
package com.craiglarman.nextgen.ui.web;
// ... 导入

    // 在 Struts 中，Action 对象与 Web 浏览器按钮点击具有关联，
    // 当按钮被点击时，该对象（在服务端）被调用
public class EnterItemAction extends Action {

    // 当在客户端浏览器中点击按钮时，
    // 这是在服务器端所调用的方法
public ActionForward execute( ActionMapping mapping,
                              ActionForm form,
                              HttpServletRequest request,
                              HttpServletResponse response )
                          throws Exception
{
    // 服务器具有 Repository 对象，
    // 该对象可以引用多个事物，
    // 其中包括 POS "记录器" 对象
    Repository repository = (Repository)getServlet().
        getServletContext().getAttribute(Constants.REPOSITORY_KEY);
```

```
①    Register register = repository.getRegister();

        // 从 Web 表单中提取 itemID 和 qty
    String txtId = ((SaleForm)form).getItemID();
    String txtQty = ((SaleForm)form).getQuantity();
        // Transformer 是将 String 转换为其他数据类型的工具类
    ItemID id = Transformer.toItemID(txtId);
    int qty = Transformer.toInt(txtQty);

        // 在这里，我们跨越了从 UI 层到领域层的边界
        // 委托给 " 领域控制器 "
        // > > > 这是关键语句 < < <

②    register.enterItem(id, qty);

        // ...
    } // 方法结束
    } // 类结束
```

问题和解决方案

臃肿的控制器

设计不良的控制器类内聚性低，即没有重点，并且要处理过多领域的职责，这种控制器叫做**臃肿的控制器**。臃肿的迹象有：

- ❑ 只有一个控制器类来接收系统中全部的系统事件，而且有很多系统事件。如果选择了外观控制器，有时会碰到这种情况。
- ❑ 控制器本身执行了许多完成系统事件所需的任务，而不是把工作委托出去。这通常会违反信息专家和高内聚模式。
- ❑ 控制器有许多属性，并且它维护关于系统或领域的重要信息（这些职责本应分发给其他对象），或者它要复制在其他地方可以找到的信息。

解决控制器臃肿有两个办法：

1）增加更多控制器。系统不是只能有一个控制器。应使用用例控制器，而不是外观控制器。例如，考虑具有许多系统事件的应用（如航空预订系统），它可以包括以下控制器：

用例控制器
MakeReservationHandler
ManageSchedulesHandler
ManageFaresHandler

2）设计控制器，使它把完成每个系统操作的职责务委托给其他对象。

UI 层不处理系统事件

再强调一次，控制器模式的重要推论是，UI 对象（例如，窗口对象）和 UI 层不应具有处理系统事件的职责。例如，考虑一个 Java 设计，它使用 JFrame 来显示信息。

假设 NextGen 应用有一个窗口用来显示销售信息，并捕获收银员的操作。使用控制器模式，图 17-24 描述了在 POS 系统的一部分中，JFrame 与控制器和其他对象之间比较合理的关系（已简化）。

注意，SaleJFrame 类（UI 层的一部分）把 enterItem 请求委托给了 Register 对象。它不涉及处理操作或决定怎样去处理它，此窗口只是把它委托给其他层。

　　应使用控制器模式把系统操作职责分配给应用层或领域层中的对象，而不是 UI 层中的对象，这样可以提高复用的可能性。如果 UI 层对象（如 SaleJFrame）处理表示部分业务过程的系统操作，那么在接口对象（如类似窗口）中就会包含业务过程逻辑。这样就减少了复用业务逻辑的机会，因为它与特定接口和应用耦合。因此，图 17-25 的设计是不理想的。

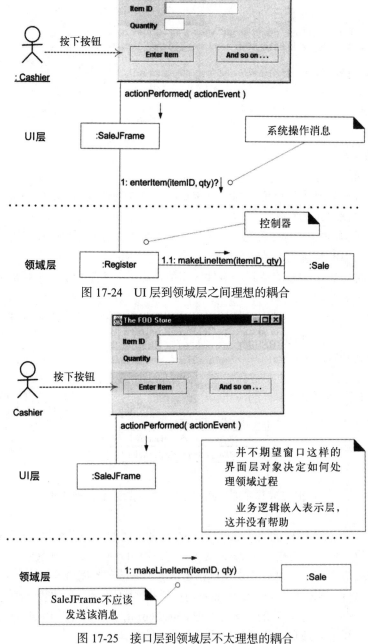

图 17-24　UI 层到领域层之间理想的耦合

图 17-25　接口层到领域层不太理想的耦合

将系统操作的职责分配给领域对象控制器，能够更加容易地复用程序逻辑，这些程序逻辑能支持未来应用中相关的业务流程。这也使拔除当前的 UI 层并使用其他 UI 架构和技术，或者在一种离线的"批处理"模式来运行系统更加容易。

消息处理系统和命令模式

有些应用是消息处理系统或服务器，它们接收来自其他进程的请求。电信交换机就是一个很常见的例子。在这样的系统中，接口和控制器的设计稍有不同。后续章将讨论其细节，但从本质上说，常见的解决方案是使用命令（Command）模式 [GHJV95] 或命令处理器（Command Proccesor）模式 [BMRSS96]，这些内容将在第 37 章介绍。

> 相关模式

- ❏ **命令**（Command）——在消息处理系统中，可以用命令对象来表示和处理每个消息 [GHJV95]。
- ❏ **外观**（Facade）——外观控制器是一种外观 [GHJV95]。
- ❏ **层**（Layer）——这是 POSA 模式 [BMRSS96]。把领域逻辑置于领域层而不是表示层，这是层模式的一部分。
- ❏ **纯虚构**（Pure Fabrication）——这是 GRASP 模式，其中的软件类是由设计者任意创建的（虚构的），而不是来源于领域模型。用例控制器是一种纯虚构。

17.14 高内聚

> 问题

怎样保持对象的专注、可理解和可管理，并且能够支持低耦合？

从对象设计的角度上说，**内聚**（或更为专业地说，是功能内聚）是对元素职责的相关性和专注度的度量。如果元素具有高度相关的职责，而且没有过多工作，那么该元素具有高内聚性。这些元素包括类、子系统等等。

> 解决方案

分配职责可保持较高的内聚性。可利用这一点来评估候选方案。

内聚性较低的类要做许多互不相关的工作，或需要完成大量的工作。这样的类是不合理的，它们会导致以下问题：

- ❏ 难以理解
- ❏ 难以复用
- ❏ 难以维护
- ❏ 脆弱，经常会受到变化的影响

内聚性低的类通常表示大粒度的抽象，或承担了本应委托给其他对象的职责。

> 示例

让我们再次回顾在阐述低耦合模式时所使用的示例问题，并且就高内聚对其进行分析。

假设我们要创建一个（现金）Payment 实例，并使其与 Sale 关联。哪个类可以负责这项工作呢？因为在真实世界领域中，Register 记录 Payment，所以创建者模式建议将 Register 作为创建 Payment 的候选者。Register 实例发送 addPayment 消息给 Sale，把新的 Payment 作为参数传递过去。如图 17-26 所示。

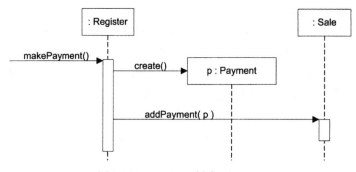

图 17-26　Register 创建 Payment

这种职责分配方式给 Register 赋予了支付的职责，Register 承担完成 makePayment 系统操作的部分职责。

在这个例子中，这是可以接受的。但是如果我们继续让 Register 类负责越来越多的、与系统操作有关的某些或大部分工作，它的任务负荷不断增加，而成为非内聚的类。

假设有 50 个系统操作，都要由 Register 接收。如果 Register 要完成与每个操作都有关系的工作，它就会成为"臃肿的"、非内聚的对象。这并不是说，创建单个 Payment 的任务导致 Register 成为非内聚的，而是说，从整体职责分配的全局出发，它可能具有低内聚的倾向。

从开发技巧的角度看，对于对象设计者，无论最终设计的决策如何，最重要的是我们知道要考虑内聚的影响，这是最有价值的成就。

与之相比，如图 17-27 所示，第二个设计把创建 Payment 的职责委派给了 Sale，从而支持了 Register 的更高内聚。

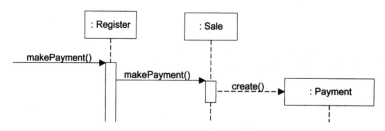

图 17-27　Sale 创建 Payment

因为第二种设计既支持高内聚，又支持低耦合，所以它是可取的。

在实践中，内聚程度不能脱离其他职责及其他原则（如专家和低耦合）单独地考虑。

讨论

与低耦合一样，在所有的设计决策期间，高内聚是要时刻牢记的原则，它是一个需要不断考虑的基本原则。它是评估所有设计决策时，设计者要使用的评价原则。

Grady Booch 认为，当构件元素（如类）"能够共同协作并提供某种良好界定的行为"[BOOCH94] 时，则存在高功能性内聚。

以下是描述不同功能性内聚程度的一些场景：

1）**非常低的内聚。**由一个类单独负责完全不同的功能领域中的大量事物。

❑ 假设存在一个名为 RDB-RPC-Interface 的类，它负责与关系数据库交互的所有工作，同时负责处理远程过程的调用。这是两个完全不同的功能领域，并且每个领域都需要大量代码来支持。因此，应该将这些职责分为一组与 RDB 访问相关的类和一组与 RPC 支持相关的类。

2）**低内聚。**由一个类单独负责一个功能性领域内的复杂任务。

❑ 假设存在一个称为 RDBInterface 的类，它负责与关系数据库的交互的所有工作。这个类的所有方法都是相关的，但是有很多方法和大量的支持代码，其中或许有数百或数千个方法。这个类应当分为一组轻量级的类，共享工作以提供 RDB 访问。

3）**高内聚。**由一个类在一个功能领域中承担适度的职责，并与其他类协作完成任务。

❑ 假设存在称为 RDBInterface 的类，它只部分地负责与关系数据库进行交互。为了检索和存储对象，它要和许多与 RDB 访问有关的类交互。

4）**适度内聚。**由一个类负责几个不同领域中的轻量级和单独的职责，这些领域在逻辑上与类的概念相关，但彼此之间并不相关。

❑ 假设存在称为 Company 的类，它负责了解所有雇员信息和财务信息的所有工作。这两个领域虽然在逻辑上都与公司的概念相关，但彼此之间并没有太紧密的关联。另外，其公共的方法并不多，支持代码的量也较少。

作为一个经验法则，高内聚的类的方法数目较少、功能性有较强的相关，而且不需要做太多的工作。如果任务规模较大的话，它就与其他对象协作，共同完成这项任务。

高内聚的类优势明显，因为它易于维护、理解和复用。高度相关的功能性与少量的操作相结合，也可以简化维护和改进的工作。细粒度的、高度相关的功能性也可以提高复用的潜力。

高内聚模式（与对象技术中的许多事物一样）有真实世界的类比。显而易见，如果一个人承担了过多不相关的职责，特别是本应委托给别人的职责，那么此人一定没有很高的工作效率。从某些还没有学会如何分派任务的经理身上可以发现这种情况，这些人正承受着低内聚所带来的困扰，可能随时崩溃。

另一个经典原则：模块化设计

耦合和内聚是软件设计中历史悠久的原则，但用对象进行设计并不意味着忽略原有的基本原则。其中与耦合和内聚关系紧密的另一个原则是促进**模块化设计**。引证如下：

模块化是将系统分解成一组内聚的、松散耦合的模块的性质 [BOOCH94]。

我们通过创建具有高内聚的方法和类来促进模块化设计。在基本的对象级别上，我们为每个方法设计清晰和单独的目标，并且把一组相关关注置于一个类中，以此来实现模块化。

内聚和耦合；阴和阳

不良内聚通常会导致不良耦合，反之亦然。我把内聚和耦合称为软件工程中的阴和阳，因为它们有相互依存的影响。例如，考虑一个 GUI 窗口小部件类，它表示并绘制窗口小部件，把数据存入数据库，并调用远程对象服务。这样，它不但完全不是内聚的，而且还耦合了大量（全异）元素。

|禁忌|

在少数情况下，可以接受较低内聚。

一种情况是，将一组职责或代码放入一个类或构件中，以使某个人能方便地对其进行维护（尽管这种分组可能也会使维护工作变得很糟糕。但是假设应用中含有嵌入式 SQL 语句，而根据其他良好的设计原则，这些语句应该被分布到 10 个类中，如 10 个"数据库映射器"类。现在，通常仅有 1 ～ 2 个 SQL 专家知道如何才能最佳地定义和维护这些 SQL 语句。即使许多面向对象的程序员为此项目工作，但可能只有很少的面向对象程序员会有较强的 SQL 技能。假设这个 SQL 专家并不是合格的 OO 程序员。基于以上情况，软件架构师可以决定，把所有的 SQL 语句分组到一个类中，即 RDBOperations 类中，这样可以便于 SQL 专家在一个位置处理所有 SQL。

另一种情况是具有分布式服务器对象的低内聚构件。由于远程对象和远程通信所带来的开销和性能影响，有时候需要创建数量较少并且规模较大的低内聚服务器对象，以便为大量操作提供接口。这种方法也与称为**粗粒度远程接口**的模式相关。在这种模式中，远程操作的粒度更粗，以便在远程操作调用中，可以完成或请求更多的工作，这样能够减轻网络的远程调用对于性能的不良影响。举个简单例子，使用一个接收一组数据的远程操作 setData 来代替具有三个细颗粒操作（setName、setSalary 和 setHireDate）的远程对象，可以减少远程调用从而获得较好的性能。

|优点|

❑ 能够更加轻松、清楚地理解设计。

❑ 简化了维护和改进工作。

❑ 通常支持低耦合。

❑ 由于内聚的类可以用于某个特定的目的，因此细粒度、相关性强的功能的重用性增强。

17.15 推荐资源

RDD 的隐喻来自 Kent Beck、Ward Cunningham、Rebecca Wirfs-Brock 等人在 Portland 的 Tektronix 公司对 Smalltalk 所进行的具有影响的对象工作。《设计面向对象的软件》（*Designing Object-Oriented Software*）[WWW90] 是一本里程碑式的著作，一直以来都具有重要的意义。Wirfs-Brock 最近出版了另外一本 RDD 方面的书籍《对象设计：角色、职责和协作》（*Object Design: Roles, Responsibilities, and Collaborations*）[WM02]。

这里推荐的另外两本重点介绍对象设计基本原则的著作：Riel 的《OOD 启思录》（*Object-Oriented Design Heuristics*）和 Coad 的《对象模型》（*Object Models*）。

使用 GRASP 的对象设计示例

要发明创造，你得有丰富的想象力和一堆废物。

——托马斯·爱迪生（Thomas Edison）

目标

❏ 设计用例实现。

❏ 应用 GRASP 为类分配职责。

❏ 应用 UML 阐述和思考对象的设计。

简介

本章对案例研究应用了 OO 设计原则和 UML，并展示了合理设计的带有职责且协作的较大规模对象的示例。请注意，GRASP 模式的名称本身并不重要，它只是帮助我们系统地思考基本 OO 设计的学习辅助工具。

下一步是什么？　　基于对使用 GRASP 的基本 OO 设计原则的介绍，本章将在案例研究中应用这些原则。下一章将澄清一些细微但重要的问题，即对象之间可见性的设计。

UML　　　使用 GRASP　　　对象设计　　　对可见性　　　将设计映射
类图　　　的对象设计　　　示例　　　　　进行设计　　　为代码

关　键　点

在设计过程中，无论是画图还是编码，职责的分配和协作方式的设计都是非常重要和具有创造性的步骤。

非魔力地带

本章将详细阐述 OO 开发者如何基于设计原则进行思考。实际上，经过一段时间的实践后，这些原则在开发者头脑中将变得根深蒂固，并且有时几乎会帮助开发者下意识地作出决断。

但是首先，我想阐明的是，在对象设计中不需要什么"魔力"，不需要任何不合理的决断——职责的分配和协作方式的选择是能够被合理解释和学习的。事实上，OO 设计更接近科学而非艺术，尽管存在巨大的创造性和优雅设计的空间。

18.1　什么是用例实现

上一章的基本 OO 设计原则侧重于细微的设计问题。相比之下，本章对领域对象⊖设计的描述着眼于整个用例场景。你将看到更为大型的协作关系和更为复杂的 UML 图。

引用如下：

> "**用例实现**（use-case realization）描述某个用例基于协作对象如何在设计模型中实现"[RUP]。

更精确地说，设计者能够描述用例的一个或多个场景的设计，其中的每个设计都称为用例实现（尽管不标准，也许最好还是称为**场景实现**）。用例实现是 UP 术语，用以提示我们在表示为用例的需求和满足需求的对象之间的联系。

UML 图是描述用例实现的常用语言。正如前一章所述，我们可以在此用例实现的设计中应用对象设计的原则和模式，例如信息专家模式和低耦合模式等。

回顾一下，图 18-1 描述了一些 UP 制品之间的关系，其中强调了用例模型和设计模型——用例实现。

下面说明了一些制品之间的关系：

❑ 用例指出了 SSD 中所示的系统操作。

❑ 系统操作可以成为输入到领域层交互图的控制器中的起始消息，如图 18-2 所示。

❑ 那些 OOA/D 初学者经常会忽略这个**关键点**。

❑ 领域层交互图阐述了对象如何交互以完成所需任务——用例实现。

18.2　制品注释

SSD、系统操作、交互图和用例实现

在 NextGen POS 的当前迭代中，我们要考虑处理销售用例的 SSD 中所识别的系统操作和场景：

❑ makeNewSale

❑ enterItem

⊖ 我在第 13 章曾经解释过，本书的案例研究主要关注领域层，而不是 UI 或服务层，尽管后两者同样重要。

❏ endSale

❏ makePayment

　　如果使用通信图来描述用例实现，我们将绘制不同的通信图来表示对每个系统操作消息的处理。当然，对于序列图也同样如此，如图 18-3 所示。

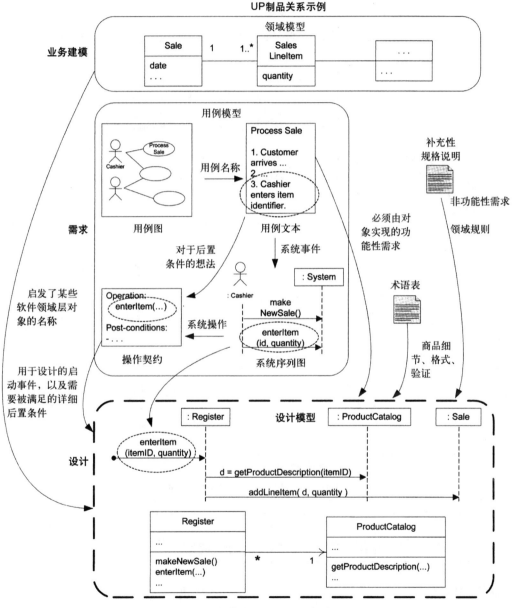

图 18-1　制品关系，强调用例实现

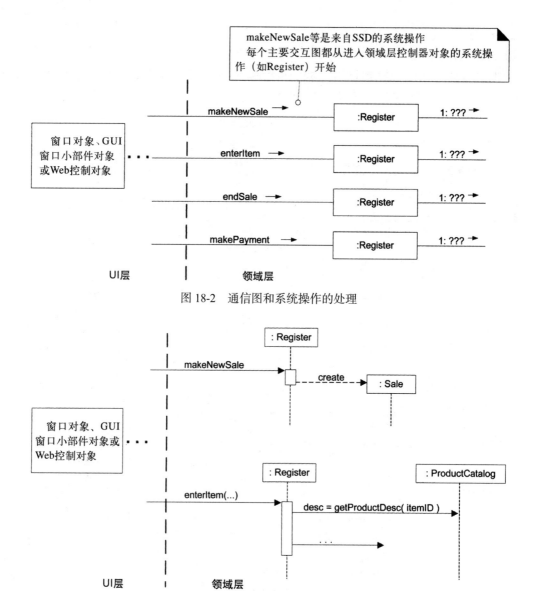

图 18-2 通信图和系统操作的处理

图 18-3 序列图和系统操作的处理

关 键 点

将 SSD 中的系统操作作为领域层控制对象的起始消息。

用例和用例实现

很自然，用例是用例实现的首要输入。用例文本和补充性规格说明、术语表、UI 原型、报表原型等所表述的相关需求都告知开发者需要建造什么。但是要时刻记住，所记录的需求是不完善的——通常相当不完善。

让客户尽量参与

上面小节给人的印象是，文档是进行软件设计和开发的关键需求输入。但是实际上，很难比得上客户在评估演示、讨论需求和测试、确定优先级等方面的持续参与。敏捷方法的原则之一就是"在整个项目过程中，业务人员和开发者必须每天都在一起共同工作"，这是一个非常有价值的目标。

操作契约和用例实现

如前所述，可以直接根据用例文本或某人的领域知识来设计用例实现。但是对于某些复杂的系统操作，就需要编写契约以获得更多的分析细节。例如：

契约 CO2：enterItem

操作：	enterItem(itemID : ItemID, quantity : integer)
交叉引用：	用例：处理销售
前置条件：	有正在进行的销售交易
后置条件：	❑ 已创建 SalesLineItem 的实例 sli（创建实例）。
	❑ ……

对于每一个契约，我们会依据相关用例文本完成后置条件的状态变更，并设计消息的交互以满足需求。例如，对于给定的部分 enterItem 系统操作，我们可以绘制部分交互图，以满足 SalesLineItem 实例创建时的状态变更，如图 18-4 所示。

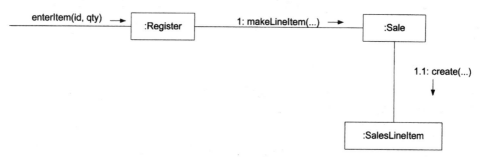

图 18-4　满足契约后置条件的部分交互图

领域模型和用例实现

在交互图中，领域模型为一些软件对象（例如 *Sale* 概念类和 *Sale* 软件类）提供了灵感。和所有分析制品一样，现有的领域模型也是不完美的，你应该想到其中会有错误和遗漏。你将发现以前遗漏的新概念，也会排除以前识别的一些概念，对关联和属性亦是如此。

设计模型中的设计类及其名称是否必须来源于领域模型？完全不必如此。在设计期间通常会发现一些在早期领域分析中遗漏的新概念，同时也经常会虚构出一些软件类，这些软件类的名称和目的可能会与领域模型完全无关。

18.3　下一步工作

本章剩余部分的组织方式如下：

1）对 NextGen POS 进行详细讨论。

2）同样对 Monopoly 案例研究进行详细讨论。

对这些案例研究应用 UML 和模式，让我们进入细节……

18.4　NextGen 迭代的用例实现

接下来将基于 GRASP 模式揭示采用对象对用例实现进行设计的过程中所作出的选择和决策。书中将有意识地进行详细解释，以表明在 OO 设计中并不存在什么魔力——一切将基于合理的原则。

初始化和"启动"用例

启动的用例实现是设计语境，在该语境中要考虑创建大部分的"根"或生命期长的对象。后面各小节将讨论其设计细节。

> **准　　则**
>
> 在编码时，首先要进行一些"启动"初始化的编程。但是在 OO 设计建模的过程中，要先发现真正需要创建和初始化的内容，最后才考虑"启动"初始化设计。然后，再对初始化进行设计以支持其他用例实现。

基于这一准则，我们将在设计启动之前探讨处理销售用例实现。

如何设计 makeNewSale

顾客携带要购买的物品到达收银台后，收银员发出请求以启动一次新的销售交易，此时将发生 makeNewSale 系统操作。该用例足以决定需要什么，但是为了在案例研究中解释这一方法，我们为所有系统操作编写了契约。

契约 CO1：makeNewSale

操作：	makeNewSale()
交叉引用：	用例：处理销售
前置条件：	无
后置条件：	❑ 已创建 Sale 的实例 s（创建实例）。
	❑ s 已关联到 Register（形成关联）。
	❑ s 的属性已初始化（修改属性）。

选择控制器类

我们首先要作出的决策是为系统操作消息 enterItem 选择控制器。根据控制器模式，这里有一些选择：

表示整个"系统""根对象"、特定设备或主要子系统	Store：一种根对象，因为我们认为大部分其他领域对象在 Store 之内 Register：运行软件的特定设备，也称为 POSTerminal（POS 终端） POSSystem：整个系统的名称
表示用例场景中所有系统事件的接收者或处理者	ProcessSaleHandler：其构成模式是：< 用例名称 > "Handler"或"Session" ProcessSaleSession

如果只有为数不多的系统操作，并且外观控制器并不承担太多的职责（换言之，不会导致非内聚），则选择 Register 这样的设备对象外观控制器是适宜的。如果我们有大量系统操作并且希望分配职责以使每个控制器类都是轻量的和专注的（内聚），此时应选择用例控制器（use case controller）。在本案例研究中，由于只存在少量的系统操作，因此 Register 就可以满足要求。

> 记住，此 Register 是设计模型中的软件对象，而不是物理机器。

因此，根据控制器模式，图 18-5 所示的交互图以向 Register 软件对象发送系统操作 make-NewSale 消息作为开始。

创建新的 Sale

我们必须创建软件对象 Sale，GRASP 的创建者模式建议将创建的职责分配给一个聚合、包含或记录要创建的对象的类。

分析一下领域模型就会发现，可以认为 Register 是记录 Sale 的类。确实，在业务中，"Register"（登记簿）一词已经使用了数百年了，其含义正是记录（或登记）账户交易（例如销售交易）。

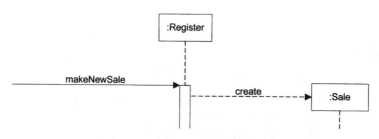

图 18-5　应用 GRASP 控制器模式

因此，Register 是创建 Sale 的合理候选者。注意其中是如何支持低表示差异（LRG）的。通过让 Register 创建 Sale，我们能够方便地将 Register 与 Sale 关联起来，这样在会话的未来操作期间，Register 将引用当前的 Sale 实例。

除了上述内容之外，当创建 Sale 时，还必须创建一个空集合（例如 Java 的 List）来记录所有将来会添加的 SalesLineItem 实例。该集合将包含在 Sale 实例中，并由 Sale 维护，这意味着就创建者模式而言，Sale 是创建该集合的合理候选者。

所以，Register 创建 Sale，而 Sale 创建空集合，这些都可以由交互图中的多个对象来表示。图 18-6 中的交互图描述了这一设计。

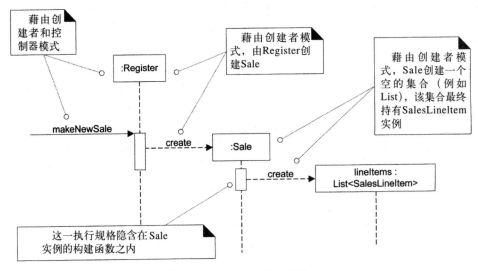

图 18-6　Sale 和集合的创建

总结

这个设计并不困难，但是对控制器和创建者进行详细解释主要是为了阐述如何根据原则与模式（如 GRASP）合理、系统地决定和解释设计的细节。

如何设计 enterItem

在收银员输入顾客要购买的物品的 itemID 及（可选的）数量时，将发生 enterItem 系统操作。以下是完整的契约：

契约 CO2：enterItem

操作：	enterItem(itemID : ItemID, quantity : integer)
交叉引用：	用例：处理销售
前置条件：	存在正在进行的销售交易
后置条件：	❏ 已创建 SalesLineItem 的实例 sli（创建实例）。
	❏ sli 已关联到当前 Sale（形成关联）。
	❏ sli.quantity 已变为 quantity（修改属性）。
	❏ 已基于 itemID 的匹配，将 sli 关联到 ProductDescription（形成关联）。

我们现在将构造满足 enterItem 后置条件的交互图，同时使用 GRASP 模式以作出设计决策。

选择控制器类

我们首先要作出的选择涉及处理系统操作消息 enterItem 的职责。基于控制器模式，与

makeNewSale 相同，我们将继续使用 Register 作为控制器。

是否要显示商品的描述和价格

由于模型 – 视图分离的原则，非 GUI 对象（例如 Register 或 Sale）的职责不应涉及输出任务。因此，尽管在用例中声明该操作之后要显示商品描述和价格，但是我们此时将忽略有关显示的设计。

就信息显示的责任而言，所需要的只是信息是已知的，在本例中正是如此。

创建新的 SalesLineItem

enterItem 契约的后置条件表明需要创建、初始化以及建立与 SalesLineItem 的关联。分析领域模型后会发现一个 Sale 包含多个 SalesLineItem 对象。受领域模型的启发，我们决定软件的 Sale 也同样可以包含多个软件的 SalesLineItem。所以，根据创建者模式，Sale 的软件对象是创建 SalesLineItem 对象的合适候选者。

我们可以通过将新实例存储在其行项目集合中，将 Sale 与新创建的 SalesLineItem 关联起来。后置条件表明，当创建 SalesLineItem 时，需要一个数量值，所以，Register 必须将此值传递给 Sale，Sale 必须将此值作为 create 消息的一个参数。在 Java 中，可以用带参数的构造函数来实现。

根据创建者模式，发送 makeLineItem 消息到 Sale 来创建一个 SalesLineItem。Sale 创建了一个 SalesLineItem，然后将此新实例存储在其集合中。

makeLineItem 消息的参数包括 quantity，以便 SalesLineItem 可以记录此值，以及与 itemID 匹配的 ProductDescription。

寻找 ProductDescription

SalesLineItem 要与匹配 itemID 的 ProductDescription 建立关联。这意味着我们必须基于 itemID 匹配来检索 ProductDescription。

在考虑如何实现此查找之前，应先考虑由谁承担此职责。所以，第一步是：

通过清晰陈述职责来开始分配职责。

重述这一问题：

谁应该负责基于 itemID 匹配来知道 ProductDescription ？

这既不是创建对象的问题，也不是为系统事件选择控制器的问题。现在，我们可以看到信息专家模式在设计中的首次应用。

在许多情况下，信息专家模式是主要应用的模式。信息专家模式表明持有完成职责所需信息的对象应该负责上述职责。谁知道所有 ProductDescription 对象呢？

分析领域模型会发现，ProductCatalog 在逻辑上包含所有的 ProductDescription。再次从领域中获取灵感，我们设计具有类似组织方式的软件类，即一个软件类 ProductCatalog 将包含多个软件类 ProductDescription。

根据上述考虑和信息专家模式，ProductCatalog 是实现查找 ProductDescription 职责的良好候选者，因为它知晓所有的 ProductDescription 对象。

查找可以通过一个名为 getProductDescription（在某些图中简写为 getProductDesc）的方法

来实现[⊖]。

ProductCatalog 的可见性

谁应该发送 getProductDescription 消息给 ProductCatalog 来请求 ProductDescription 呢？

合理的假设是，在最初的"启动"用例中，创建长生命期的 Register 和 ProductCatalog 实例，并且 Register 对象与 ProductCatalog 对象之间存在永久连接。根据这一假设（当我们开始设计初始化时，可能将此假设记录在任务列表中以确保在设计中实现），可以让 Register 向 ProductCatalog 发送 getProductDescription 消息。

这意味着出现了对象设计中的另一个概念：可见性。**可见性**（visibility）是一个对象"看见"或引用另一个对象的能力。

> 如果某对象要发送消息到另外一个对象时，它必须拥有对接收消息对象的可见性。

既然我们假设 Register 拥有对 ProductCatalog 的永久连接或引用，则它也拥有对 ProductCatalog 的可见性，因此，Register 可以向 ProductCatalog 发送 getProductDescription 这样的消息。后续各章将更深入地探讨可见性问题。

最终的设计

根据以上讨论，图 18-7 中的交互图和图 18-8 中的 DCD（动态和静态视图）反映了就职责分配和对象交互所作出的决策。在图中标记了所考虑到的 GRASP 模式，这样能够使我们对这种设计有所体会。对职责分配和对象交互的设计需要认真考虑。

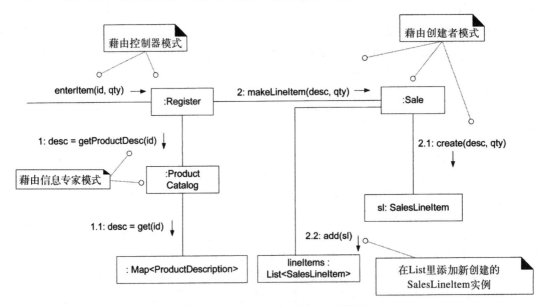

图 18-7　enterItem 交互图，动态视图

⊖　不同语言对访问方法的命名有不同约定。Java 通常使用 object.getFoo() 的形式；C++ 倾向于使用 object.foo() 的形式；而 C# 使用 object.Foo 的形式，（如同 Eiffel 和 Ada）其中隐藏了是通过方法调用来访问还是直接访问公共的属性。

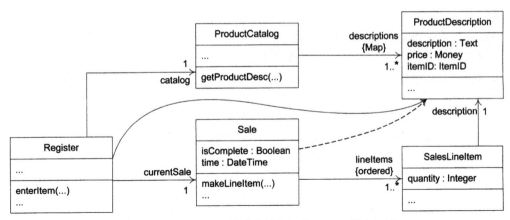

图 18-8 和 enterItem 设计有关的部分 DCD，静态视图

然而，一旦牢固"掌握"了这些原则，通常就可以迅速或几乎下意识地作出设计决策。

从数据库中检索 ProductDescription

在 NextGen POS 应用的最终版本里，不可能把所有 ProductDescription 全部装载到内存里，但可以把它们存储在一个关系数据库中，然后按需检索即可。考虑到性能或容错性，有些可能会被本地缓存。为了简单起见，从数据库检索的问题稍后再讨论，这里假设把所有 ProductDescription 都装载到内存里。

第 37 章将讨论持久化对象的数据库访问主题，这是一个更大的主题，受到技术选择（如 Java 或 .NET）的影响。

如何设计 endSale

在收银员按下表示销售项输入完毕的按钮后，将会产生 endSale 系统操作（也可以命名为 endItemEntry）。下面给出了相应的契约：

契约 CO3：endSale

操作：	endSale()
交叉引用：	用例：处理销售
前置条件：	存在正在进行的销售交易
后置条件：	❑ Sale.isComplete 已被置为 true（修改属性）。

选择控制器类

首先要作出的抉择涉及处理系统操作消息 endSale 的职责。基于 GRASP 的控制器模式，像考虑 enterItem 时一样，我们继续使用 Register 作为控制器。

设置 Sale.isComplete 属性

契约的后置条件表明：

❑ Sale.isComplete 将置为 true（属性修改）。

和以前一样，除非是控制器或创建问题（实际不是这样的问题），否则信息专家模式应该是我们首先要考虑的模式。

谁应该负责将 Sale 的 isComplete 属性设置为 true 呢？

根据信息专家模式，应该由 Sale 本身完成这项工作，因为它拥有和维护 isComplete 属性，所以 Register 将发送一个 becomeComplete 消息给 Sale，后者将 isComplete 属性设置为 true（如图 18-9 所示）[○]。

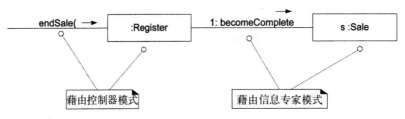

图 18-9　完成销售项的输入

计算销售总额

考虑处理销售用例的如下片段：

主成功场景：

> 1. 客户到达……
>
> 2. 收银员告诉系统创建一个新的销售交易。
>
> 3. 收银员输入商品标识。
>
> 4. 系统记录销售项和……
>
> 收银员重复步骤 3 ～ 4，直到指示完成。
>
> 5. 系统显示计算好的总价与税金。

在第 5 步中，需要显示销售总额。根据模型 – 视图分离的设计原则，我们现在不应该关注如何显示销售总额，而是必须保证知道销售总额。注意，目前没有一个设计类知道销售总额，所以我们要设计对象的交互图来满足此需求。

和前面一样，除非是控制器或创建问题（实际不是这样的问题），信息专家模式应该是我们首先要考虑的模式。

根据信息专家模式，你可能已经得出结论，应该由 Sale 自己来负责了解销售总额。但是为了使寻找信息专家的推理过程更为清晰，请考虑下面的分析过程。

1）陈述职责：

- 谁应该负责了解销售总额？

2）概括所需信息：

- 销售总额是所有销售条目的小计之和。
- 销售条目小计 = 销售条目数量 × 产品描述价格。

3）列出实现此职责所需的信息和了解这些信息的类。

○　该消息的命名风格见 Smalltalk 的约定。在 Java 中可能是 setComplete(true)。

销售总额所需信息	信息专家
ProductDescription.price	ProductDescription
SalesLineItem.quantity	SalesLineItem
所有当前 Sale 中的 SalesLineItems	Sale

下面我们对此推理过程进行更详细的分析：

❏ 谁应该负责计算销售总额呢？根据信息专家模式，应是 Sale 本身，因为它知道计算销售总额所必需的所有 SalesLineItem 实例。所以，Sale 将承担获知销售总额的职责，用 getTotal 方法实现。

❏ Sale 计算销售总额时，需要每一个 SalesLineItem 的销售小计。谁应该负责计算 SalesLineItem 的销售小计呢？根据信息专家模式，应该是 SalesLineItem 本身，因为它知道销售条目数量和与之关联的 ProductDescription。因此，SalesLineItem 将承担获知销售小计的职责，用 getSubtotal 方法实现。

❏ SalesLineItem 计算其销售小计时需要知道 ProductDescription 的价格。谁应该负责提供 ProductDescription 的价格呢？根据信息专家模式，应该是 ProductDescription 本身，因为它将价格封装为它的一个属性。因此，ProductDescription 将承担获知价格的职责，用 getPrice 方法实现。

天哪，解析太详细了！

虽然上方内容对于本案例的分析而言比较琐碎，而且在实际设计中也不需要进行如此细致的描述，但是如果遇到更为复杂的情形，那么应该应用这种推理策略来寻找信息专家。只要你遵循以上逻辑，你将会明白如何将信息专家模式应用于几乎任何问题。

设计 Sale.getTotal

经过上述讨论，现在可以创建交互图来说明当 Sale 接收到 getTotal 消息时将会发生什么。图中的第一个消息是 getTotal，但要注意，getTotal 消息并不是一个系统操作消息（例如 enterItem 或 makeNewSale）。

从中可以得出以下观察结果：

并不是每个交互图都要从系统操作消息开始，可以从设计者希望表示其交互的任何消息开始。

相应的交互图如图 18-10 所示。首先，发送 getTotal 消息到 Sale 实例。然后，Sale 给每个相关的 SalesLineItem 实例发送 getSubtotal 消息。随后，SalesLineItem 又向其关联的 ProductDescription 发送 getPrice 消息。

因为算术（通常）不是通过消息来说明的，那么可以通过在定义计算的图中附加算法或约束来阐述计算的细节。

谁将给 Sale 发送 getTotal 消息呢？最有可能的是 UI 层的对象，如 Java 的 JFrame。

观察图 18-11 中使用的 UML 2 注解符号风格的 «method»。

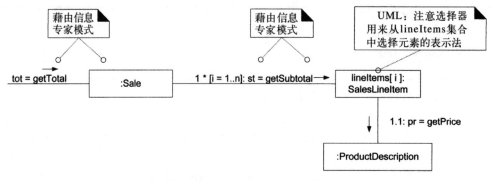

图 18-10　Sale.getTotal 交互图

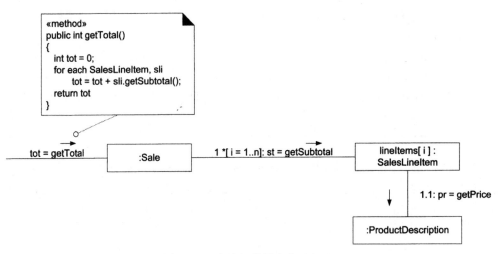

图 18-11　在注解符号中表示方法

如何设计 makePayment

当收银员输入所支付的现金数额后，将发生 makePayment 系统操作。以下是该操作的完整契约：

契约 CO4：makePayment

操作：	makePayment(amount : Money)
交叉引用：	用例：处理销售
前置条件：	有正在进行的销售交易
后置条件：	❑ 已创建 Payment 的实例 p（创建实例）。
	❑ p.amountTendered 已变为 amount（修改属性）。
	❑ p 已关联到当前的 Sale（形成关联）。
	❑ 当前的 Sale 已关联到 Store（将其加入已完成销售交易的历史日志中）（形成关联）。

我们的设计应满足 makePayment 的后置条件。

创建 Payment

该契约中有一个后置条件为：

❑ 已创建 Payment 的实例 p（创建实例）。

这是一个创建职责，所以我们考虑应用 GRASP 创建者模式。

谁来记录、聚合、经常使用或包含 Payment 呢？在真实领域中，"收款机"记录账户信息，因此可以认为 Register 在逻辑上记录了 Payment，为了在软件设计中达到减小表示差异的目的，可以将 Register 作为承担此职责的候选者。此外，我们应该想到，Sale 软件将频繁地使用 Payment，所以 Sale 也可以作为承担此职责的候选者。

寻找创建者的另一个方法是应用信息专家模式，即谁是与初始数据相关的信息专家？在这个例子中，初始数据是所收到的现金支付的数额。Register 是接收系统操作 makePayment 消息的控制器，所以它将最早持有收款总额的信息。因此，Register 再次成为候选者。

总而言之，产生了两个候选者：

❑ Register

❑ Sale

现在，根据以上分析引出一个关键的设计准则：

准　　则

当存在多个可选设计时，应更深入地观察可选设计所存在的**内聚**和**耦合**，以及未来可能存在的演化压力。选择具有良好内聚、耦合和在未来出现变化时能保持稳定的设计。

可以基于 GRASP 的高内聚和低耦合模式来考虑可选设计。如果选择 Sale 来创建 Payment，则 Register 的工作（或职责）就会减轻（使得 Register 的定义更为简单）。同时，Register 不需要知道 Payment 实例是否存在，因为 Payment 可以通过 Sale 间接地记录下来（这降低了 Register 的耦合度）。这样便得到图 18-12 所示的设计。

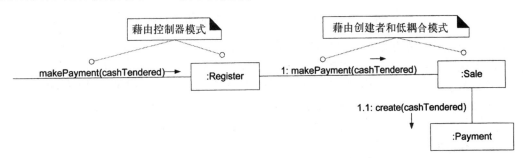

图 18-12　Register.makePayment 的交互图

该交互图能够满足契约的后置条件：创建 Payment，与 Sale 建立关联，并且设置 amountTendered 属性。

记录 Sale 的日志

需求要求，一旦完成了销售交易，应该在历史日志中加以记录。和往常一样，除非是控制器或创建问题（实际也不是如此），否则应该将信息专家模式作为首先考虑的模式，并且职责应该陈述如下：

> 谁负责知道所有已记录的销售交易并完成日志记录工作？

为了在软件设计（与我们的领域概念相关）中实现低表示差异的目标，我们自然能够想到 Store 应该负责知道所有已记录的销售交易，因为这些记录与财务紧密相关。其他的选择包括典型的账务概念，如 SalesLedger。当设计不断完善，Store 的内聚性变差时，使用 SalesLedger 对象是合理的选择（如图 18-13 所示）。

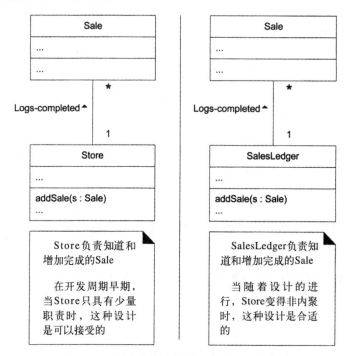

图 18-13 谁应该负责知道已完成的销售交易

同时还要注意，契约的后置条件表明需要建立 Sale 与 Store 之间的联系。在实际设计中，我们不会实现这一后置条件。我们之前没有考虑到 SalesLedger，但是现在我们已经有了该对象，并且选择使用它而不是 Store。如果真是这样，（理想情况下）最好将 SalesLedger 加入领域模型中，因为它是现实世界领域中的概念。我们应该预计到在设计过程中会出现这种发现和变更。

在这个例子中，我们将坚持最初的计划，使用 Store（见图 18-14）。

计算支付余额

处理销售用例要求在票据上打印并且以某种形式显示支付余额。

根据模型 – 视图分离原则，我们现在不应关心如何显示或打印支付余额，但是要保证它是已知的。注意，没有任何类知道余额，所以我们需要创建满足该需求的对象交互设计。

和往常一样，除非是控制器或创建问题（实际并非如此），否则信息专家模式就是我们应首先考虑应用的模式。其职责陈述如下：

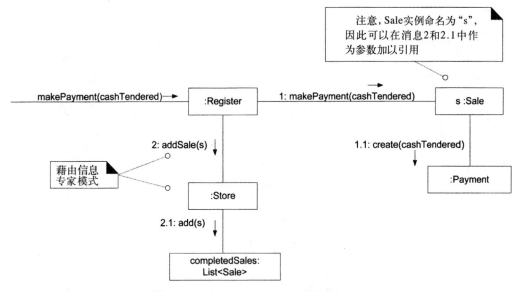

图 18-14　在日志中记录已完成的销售交易

谁负责知道支付余额呢?

为了计算支付余额,需要知道销售总额和所收取的支付现金总额。因此,Sale 和 Payment 是解决这个问题的部分信息专家。

如果主要由 Payment 负责知道余额,那么它需要具有对 Sale 的可见性,以便向 Sale 请求销售总额。由于到目前为止 Sale 对于 Payment 来说还不可见,因此会增加整体设计的耦合度——不支持低耦合模式。

相反,如果主要由 Sale 负责知道余额,它需要具有对 Payment 的可见性,以便向 Payment 请求所收取的现金总额。由于 Sale 是 Payment 的创建者,Sale 已经拥有对 Payment 的可见性,因此该方法不会增加设计的整体耦合度,因此这是更可取的设计。

综上所述,图 18-15 所示的交互图提供了了解余额的解决方案。

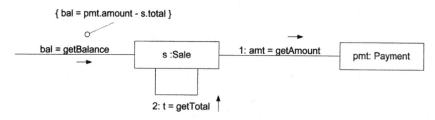

图 18-15　Sale.getBalance 的交互图

NextGen 迭代 1 最终的 DCD

依照本章的设计决策,图 18-16 描述了领域层新设计的 DCD 静态视图,该视图反映了在迭代 1 中所选的处理销售场景的用例实现。

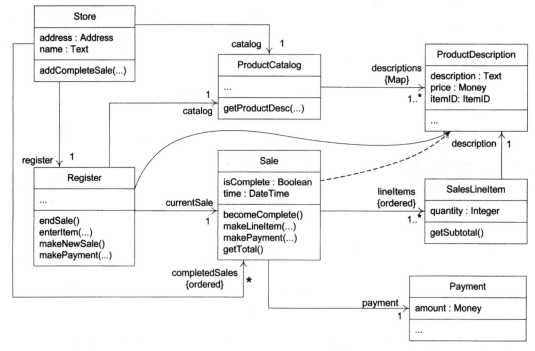

图 18-16　反映了更多设计决策的更为完整的 DCD

当然，我们还有更多的面向对象设计工作要做，无论是在编码时还是在建模时，无论是在 UI 层还是在服务层。

如何将 UI 层连接到领域层

UI 层对象获取领域层对象可见性的常见设计如下：

❑ 从应用的起始方法（例如，Java 的 main 方法）中调用初始化器对象（例如，Factory 对象）同时创建 UI 对象和领域对象，并且将领域对象传递给 UI。

❑ UI 对象从众所周知的源检索领域对象，如一个负责创建领域对象的工厂对象。

一旦 UI 对象拥有了与 Register 实例（在本设计中作为外观控制器）的连接，它就可以向其发送系统事件消息，例如 enterItem 和 endSale 消息（见图 18-17）。

在 enterItem 消息的例子中，我们希望窗口在每次输入后显示当前总金额。其设计方案如下：

❑ 在 Register 中增加一个 getTotal 方法。UI 发送 getTotal 消息到 Register，Register 再将此消息委托给 Sale。这有利于维护从 UI 层到领域层的低耦合——UI 只知道 Register 对象。但是，这样会扩展 Register 对象的接口，从而降低了它的内聚度。

❑ 当 UI 层需要知道销售总额（或其他任何与 Sale 相关的信息）时，UI 层请求当前 Sale 对象的引用，然后直接发送相应的消息给 Sale。这样的设计将增加从 UI 层到领域层的耦合度。然而，正如我们在 GRASP 低耦合模式中讨论的那样，内部或自身较高的耦合度不是问题；反之，与不稳定元素的耦合才是真正的问题所在。假设我们认为 Sale 作为设计组成部分是稳定对象（这是合理的）。因此，与 Sale 的耦合并不是主要问题。
如图 18-18 所示，设计采用了第二种方案。

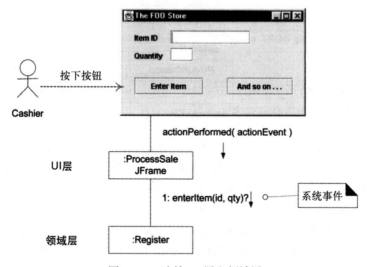

图 18-17　连接 UI 层和领域层

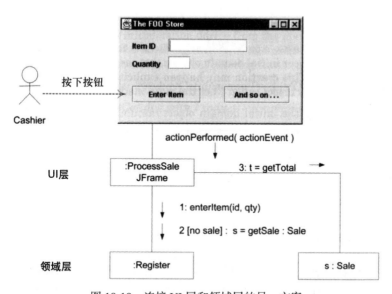

图 18-18　连接 UI 层和领域层的另一方案

初始化和"启动"用例

何时创建初始化的设计

大多数（即使不是所有）系统都具有隐式的或显式的启动用例，并且具有与应用启动相关的初始化系统操作。尽管从抽象上讲，startUp 系统操作是最早要执行的操作，但是在实际设计中要将该操作交互图的开发推迟到其他所有系统操作的设计工作之后。这一实践保证能够发现所有相关初始化活动所需的信息，这些活动将用于支持其后的系统操作交互图。

准　　则

最后做初始化的设计。

如何完成应用的启动

启动用例中的 startUp（或初始化）系统操作抽象地表示应用开始时执行的初始化阶段。为理解如何为这一操作设计交互图，首先必须要理解会发生初始化的语境。应用如何启动和初始化与编程语言和操作系统有关。

对于所有的情形，常见的设计约定是创建一个**初始领域对象**（initial domain object）或一组对等的初始领域对象，这些对象是首先要创建的软件"领域"对象。这些创建活动可以显式地在最初的 main 方法中完成，也可以在 main 方法调用 Factory 对象时完成。

通常，一旦创建了初始领域对象（假设为单一的情况），该对象将负责创建其直接的子领域对象。例如，若选择 Store 作为初始领域对象，那么该对象可以负责创建 Register 对象。

例如，在 Java 应用中，main 方法可以创建初始领域对象，或者委托给 Factory 对象完成这一工作。

```
public class Main
{
public static void main(String[] args)
{
    // Store 是初始领域对象
    // Store 创建其他一些领域对象
    Store store = new Store();
    Register register = store.getRegister();
    ProcessSaleJFrame frame = new ProcessSaleJFrame(register);
    ...
}
}
```

选择初始领域对象

初始领域对象的类应该是什么？

准　　则

选择位于领域对象的包含或聚合层次结构的根部或附近的类作为初始领域对象。该类可能是外观控制器，例如 Register，也可能是容纳所有或大部分其他对象的某些对象，例如 Store。

对高内聚和低耦合的考虑将影响对这些候选者的选择。在本应用中，我们选择 Store 作为初始领域对象。

设计 Store.create

创建和初始化的任务来自之前设计工作的需要，如对处理 enterItem 的设计等。通过反思前面对交互的设计，我们可以确定以下初始化工作：

❑ 创建 Store、Register、ProductCatalog 和 ProductDescription。

❑ 建立 ProductCatalog 与 ProductDescription 的关联。

❑ 建立 Store 与 ProductCatalog 的关联。

❑ 建立 Store 与 Register 的关联。

❑ 建立 Register 与 ProductCatalog 的关联。

图 18-19 表示了上述的设计。根据创建者模式，我们选择 Store 创建 ProductCatalog 和 Register。同理，选择 ProductCatalog 创建 ProductDescription。回忆一下，这种创建 ProductDescription 的方法是临时的。在最终设计中，我们将根据需要从数据库中提取它们。

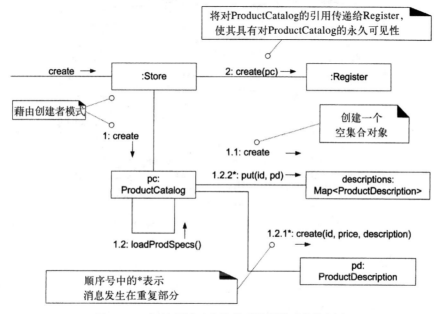

图 18-19　初始领域对象及其后继领域对象的创建

应用 UML：观察 ProductDescription 所有实例的创建并且以重复方式将其加入容器中，用跟在序号后面的"*"表示。

现实世界领域的建模和设计之间存在一个有趣的偏差，即软件的 Store 对象只创建一个 Register 对象。而实际的商店可能拥有许多真实的登记簿或 POS 终端。然而，我们所考虑的是软件设计而不是真实世界。在我们当前的需求里，软件 Store 只需创建软件 Register 的一个实例。

> 领域模型和设计模型中对象类之间的多重性可能有所不同。

18.5　Monopoly 迭代的用例实现

首先，要说明一个观点：请不要因为这不是一个业务应用而忽略它。该案例研究中包含的逻辑将变得十分复杂（尤其是在后期迭代中），其中包含大量需要解决的 OO 设计问题。应用信息专家模式评估各种备选方案的内聚和耦合，这一对象设计的核心原则与所有领域的对象设计都有关系。

在迭代 1 中，我们设计了 Monopoly 的简化版本，实现玩 Monopoly 游戏用例的场景。该案例中具有两个系统操作：initialize（或 startUp）和 playGame。根据前面的准则，我们首先重点考虑该案例中主要系统操作 playGame，然后在最后步骤中再对初始化进行设计。

同样，为了实现低表示差异（LPG）的目标，我们再度考察图 18-20 的领域模型。我们将从中获得灵感来对设计模型中的领域层进行设计。

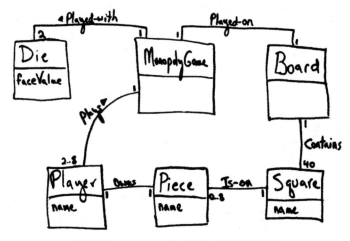

图 18-20　Monopoly 迭代 1 的领域模型

如何设计 playGame

当人类游戏观察者执行某些 UI 手势（例如点击"开始游戏"的按钮）请求游戏开始模拟，同时查看输出时，playGame 系统操作发生。

因为大多数人都熟知该游戏的规则，因此我们没有详细描述用例或操作契约，我们的重点是设计问题，而非需求。

选择控制器类

我们首先要作出的设计决策是，为从 UI 层到领域层的系统操作消息 playGame 选择控制器。根据控制器模式，得到以下一些选择：

表示了整个"系统"、"根对象"、特定设备或主要子系统。	MonopolyGame 是一种根对象。我们认为大部分其他领域对象"包含在"MonopolyGame 中。在大部分 UML 草图中将缩写为 MGame。 代表整个系统的 MonopolyGameSystem。
表示用例场景中所有系统事件的接收者或处理者。	由 <用例名称> 加"Handler"的命名模式所构成的 PlayMonopolyGameHandler。 PlayMonopolyGameSession

如果只有少量的系统操作（本例只有 2 个系统操作）并且外观控制器不承担太多的职责（也就是说，不会变得非内聚），这时适宜选择 MonopolyGame（图 18-21 中的 MGame）这样的根对象外观控制器。

游戏循环算法

在讨论 OO 设计选择之前，我们先考虑模拟的基本算法。首先，给出以下术语：

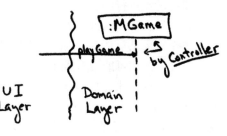

图 18-21 对 playGame 系统操作应用控制器

❏ 轮次（turn）——玩家投掷骰子并且移动棋子。

❏ 回合（round）——所有玩家完成一个轮次。

以下是游戏的循环算法伪码：

```
for N rounds
    for each Player p
        p takes a turn
```

再次声明，在迭代 1 中不存在赢家，因此该模拟只是运行 N 个回合。

谁来负责控制游戏循环

回顾算法，第一个职责是控制游戏循环，游戏循环控制 N 轮，每个玩家都有一个回合。这是一个"做"的职责，而不是创建或控制器的问题，因此很自然会想到专家模式。应用专家模型意味着要询问"完成该职责需要什么信息"，分析如下：

所 需 信 息	谁持有这些信息
当前轮数	目前没有任何对象拥有它，但根据低表示差异，将该职责分配给 MonopolyGame 是合理的
所有玩家（以使每个玩家都可以进行一回合）	藉由领域模型，MonopolyGame 是合适的候选者

因此，根据专家模式，MonopolyGame 是控制游戏循环和协调游戏轮次的合理选择。图 18-22 用 UML 对此进行了描述。注意，其中使用了私有的（内部的）playRound 帮助者（helper）方法。该方法至少实现了两个目标：

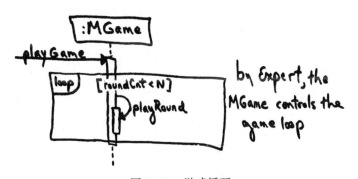

图 18-22 游戏循环

1）这种做法将一个回合游戏的逻辑分解为帮助者方法，这样能够将内聚的行为块组织为独立的小方法。

□ 优秀的 OO 方法设计提倡使用具有单一目标的小方法，这样可以在该方法级别上支持高内聚。

2）playRound 这个名字来源于领域词汇，这有助于增强理解。

谁来轮流进行回合

每个回合都包括投掷骰子，并且根据骰子的总点数将棋子移动到相应的方格里。

哪个对象来负责玩家的回合？这是"做"的职责，所以要再次应用专家模式。

现在，人们可能会本能地反应出"Player 对象应该承担该职责"，因为在现实世界中确实是由参与游戏的人来完成该项活动的。然而 OO 设计并不是一对一地模拟现实领域的活动，尤其是关于人的行为——这是**关键点**。如果你应用（错误）准则"就像为人分配职责一样为软件对象分配职责"，那么在 POS 领域中，Cashier 软件对象就要完成几乎所有事情！这样做会违反高内聚和低耦合原则，使对象过于庞大。

相反，对象设计要根据信息专家（和其他）原则将职责分配给众多对象。

因此，我们不能仅仅因为现实中人类玩家轮流进行回合就选择 Player 对象。

然而，正如我们将要看到的那样，Player 最终将成为轮流进行回合的合理选择。但是这一判断是基于专家模式得来的，而非源于现实中人的行为。应用专家模式意味着要询问"完成该职责需要什么信息"，分析如下：

所 需 信 息	谁持有这些信息
玩家当前的位置（知道移动的起点）	受启发于领域模型，Piece 知道其所在的 Square，Player 知道它的 Piece。因此根据 LRG，Player 软件对象能够知道其当前位置
两个 Die 对象（用以抛掷并计算总点数）	受启发于领域模型，既然我们认为骰子是游戏的一部分，那么 MonopolyGame 可以作为候选者
所有方格——方格的组织（以便移动到正确的方格）	基于 LRG，Board 是合理的候选者

现在出现了一个有趣的问题！对于"进行回合"这一职责存在三个局部信息专家：Player、MonopolyGame 和 Board。

这个问题有趣的地方在于如何解决它。OO 开发者需要对上述信息进行评估和权衡。下面给出解决该问题的第一个准则。

准则：当有多个局部信息专家有待选择时，将职责赋予具有支配作用的信息专家，即持有主要信息的对象。这样有助于支持低耦合。

遗憾的是，在本案例研究中，所有候选者各持有三分之一的信息，信息量基本相等，没有支配性的专家。

此时，可以尝试下面一个准则。

准则：当存在多个设计选择时，考虑每个选择对耦合和内聚的影响，由此选择最佳的方案。

好，可以应用这条准则。MonopolyGame 已经承担了一些工作，因此赋予其更多的工作会影响其内聚性，尤其是与 Player 和 Board 对象相比，这些对象目前还未承担任何职责。但是，我们仍然无法在这两个对象中作出选择。

因此，再应用第三准则。

准则：当基于其他准则还是无法明确地选择出适当的方案时，则要考虑这些软件对象在未来可能的演化以及信息专家、内聚和耦合等方面的影响。

例如，在迭代1中，进行回合并不会涉及大量信息。然而，可以考虑一下后续迭代中要处理的完整游戏规则。那么，如果玩家有足够的钱或者其颜色符合玩家的"颜色策略"，进行回合可能涉及购买玩家所落子位置的地产。哪个对象会知道玩家的现金总量？答案是 Player（根据 LRG）。哪个对象会知道玩家的颜色策略？答案是 Player（根据 LRG，因为 Player 包含游戏者当前持有的财产）。

因此，根据以上准则，在我们考虑整个游戏规则后，藉由专家模式来判断，Player 将是最适当的候选者。

> **我的天，这真是详细！**
>
> 确实，这里的讨论比你通常想要学习的更为详细！然而，如果你现在能够遵循这一推理并且在新的环境里加以应用，这些准则将会对你今后的 OO 开发职业生涯有极大帮助，因此这是值得付出努力的。

基于以上讨论，图 18-23 描述了正在形成的动态设计和静态设计。

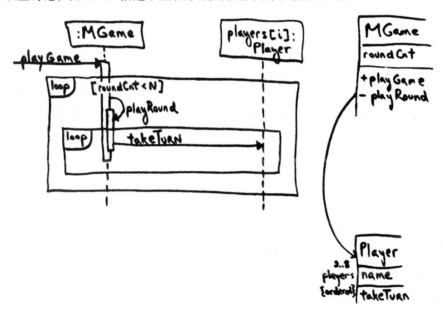

图 18-23　根据专家模式，Player 负责完成回合

应用 UML：注意其中所采用的方式，即向名为 players 的集合中的每个 player 发送 takeTurn 消息。

进行回合

进行回合意味着：

1）计算 2 ～ 12 之间的随机数（两个骰子点数总和的范围）。

2）计算下一个方格的位置。

3）将玩家的棋子从原来的位置移动到新的方格里。

首先是随机数的问题。根据 LRG，我们将创建 Die 对象及其 faceValue 属性。计算新的随机 faceValue 涉及改变 Die 中的信息，因此基于专家模式，Die 应该能够"抛掷"其自身（使用领域术语就是产生新的随机值），并且负责计算其属性 faceValue。

其次是新的方格位置问题。根据 LRG，Board 知道其所属的方格。根据专家模式，Board 将负责根据原来的方格位置和偏移量（骰子的总点数）来计算新的方格位置。

第三是棋子移动的问题。根据 LRG，Player 知道其对应的 Piece，并且 Piece 知道其所在方格位置（甚至是由 Player 直接获知其方格的位置）是合理的。根据专家模式，Piece 将设置其新的位置，但是该新位置可能是接收自其属主，即 Player。

谁来协调所有的工作

以上三个步骤需要由某个对象来协调。既然 Player 负责进行回合，则应该由 Player 来进行协调。

可见性的问题

然而，由 Player 来协调这些步骤意味着它要与 Die、Board 和 Piece 对象进行协作。同时，这也暗示了需要**可见性**，即 Player 必须持有对这些对象的引用。

既然 Player 需要在所有回合都拥有每个 Die、Board 和 Piece 对象的可见性，则我们通常可以在启动期间初始化 Player，使其具有对这些对象的永久性引用。

playGame 的最终设计

根据以上的设计决策，图 18-24 描述了生成的动态设计，图 18-25 描述了生成的静态设计。注意，其中的每个消息和每个职责的分配都是基于 GRASP 原则系统、合理地形成的。当你逐步掌握这些原则后，你将能够对整个设计进行推理，并且能够基于耦合、内聚、专家等原则对现有设计进行评估。

应用 UML

❑ 注意，在图 18-24 中展示了两个序列图。其中，上面的序列图没有展开发送给 Player 的 takeTurn 消息。而在下面的图中，展开了 takeTurn 消息。这在绘制草图时是很常见的，这样不会使绘制在墙上的图形过于庞大。两个图形之间存在非正式的关联。如果要使其更正式一些，可以使用 UML 的 sd 和 ref 图框（参见第 15 章），这些表示法适用于 UML 工具。但是对于在墙上绘制的草图，非正式的风格足矣。

❑ 还要注意，在发给 Die 对象的 roll 和 getFaceValue 消息周围使用了循环图框，表示消息发送给集合中的每个元素。

❑ 注意 getSquare 消息中的参数 fvTot。我以这种非正式形式来表示 Die 对象 faceValues 的总和。在"绘制 UML 草图"时，如果观众对语境信息有所了解，那么这种非正式的形式是适宜的。

命令 – 查询分离原则

注意，在图 18-24 中，发送给 Die 的 roll 消息之后跟随着第二个消息 getFaceValue 用于提取其新的 faceValue。特别是，roll 方法是 void 的，即没有返回值。例如：

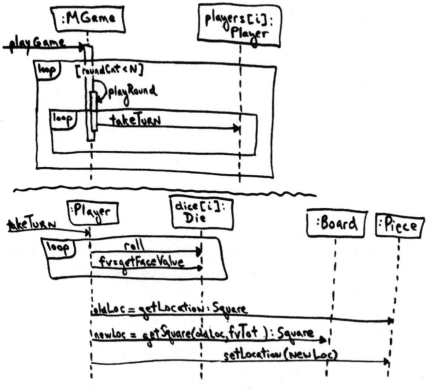

图 18-24 playGame 的动态设计

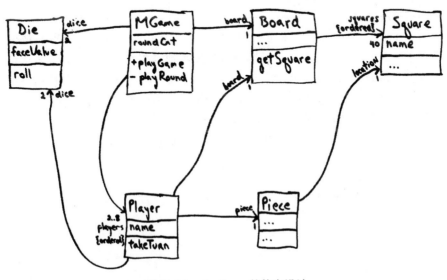

图 18-25 playGame 的静态设计

```
// 风格1; 在官方解决方案中使用
public void roll()
{
    faceValue = // 生成随机数
}
public int getFaceValue()
{
    return faceValue;
}
```

为什么不将两个方法合并起来，使 roll 方法返回新的 faceValue 呢？如下所示：

```
// 风格2; 为什么这种方式不好？
public int roll()
{
    faceValue = // 生成随机数
    return faceValue;
}
```

你可以发现大量使用风格2的代码例子，但是这种方式并不合适，因为它违反了**命令-查询分离原则**（Command-Query Separation Principle），CQS 是针对方法的经典 OO 设计原则 [Meyer88]。该原则指出，任何方法都可能是如下情况之一：

❑ 执行动作（更新、调整，……）的命令方法，这种方法通常具有改变对象状态等副作用，并且是 void 的（没有返回值）。

❑ 向调用者返回数据的查询，这种方法没有副作用，不会永久性地改变任何对象的状态。

关键是，一个方法不应该同时属于以上两种类型。

roll 方法是命令，它具有改变 Die 对象的 faceValue 属性状态的副作用。因此，它不应该同时返回新的 faceValue，否则该方法也会成为查询，从而违反了"必须为 void"的规则。

动机：为何有所困扰

CQS 被广泛认为是计算机科学中可取的理论，因为通过它，你能够更容易地推测出程序的状态，而无须同时修改该状态。这样使得设计更便于理解和预见。例如，如果应用一直遵循 CQS，那么你会知道查询或 getter 方法不会作出任何修改，而命令也不会有任何返回。这是个简单的模式。这通常被证明是值得信赖的，因为如果突然采用其他方法，将会产生令人不快的意外，从而违反软件开发中**最小意外**（Least Surprise）的原则。

考虑如下人为的但爆炸性的反例，其中的查询方法违反了 CQS：

```
Missile m = new Missile();
    // 看上去对我无妨！
String name = m.getName();

...
public class Missile
{
// ...
public String getName()
{
```

```
    launch(); // 发射导弹!
    return name;
  }
} // end of class
```

初始化和"启动"用例

在启动用例中，至少在抽象上会发生初始化系统操作。在本设计中，我们必须首先选择合适的根对象来作为其他对象的创建者。例如，MonopolyGame 自身便是合适的候选根对象。例如，根据创建者模式，MonopolyGame 可以正当地创建 Board 和 Player，而 Board 可以正当地创建 Square。我们可以用 UML 交互图来表示动态设计的细节，但是我将借此机会来展示在类图中构造型为 «create» 的 UML 依赖线。图 18-26 描述了创建逻辑的静态视图。我忽略了详细的交互细节。事实上，这也是适宜的，因为从该 UML 草图中，我们（绘制此图的开发者）能够很容易指出编码时所需的创建细节。

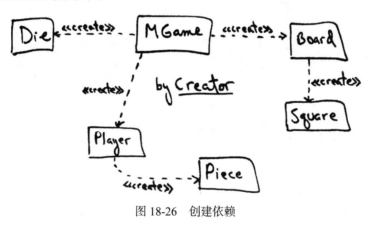

图 18-26 创建依赖

18.6 过程：迭代和演化式对象设计

在前面几章里，我为用例实现的迭代和演化式对象设计提出了大量建议，其中包括：

❑ 第 14 章"迈向对象设计"。

❑ 17.2 节"对象设计：输入、活动和输出的示例"。

其中的基本观点是：保持设计的轻量化和简短，快速进入编码和测试，不要试图在 UML 模型中细化所有事物。对设计中有创造性和困难的部分进行建模。

图 18-27 对完成此项工作所用时间和空间给出了建议。

UP 中的对象设计

再次以 UP 作为迭代方法的示例：用例实现是 UP 设计模型的一部分。

初始——不到细化阶段，通常不会开始设计模型和用例实现的设计，因为其中涉及详细的设计决策，这对于初始阶段而言为时尚早。

细化——在该阶段中，可能要为设计中大部分在架构上重要的或有风险的场景创建用例实现。然而，不会为所有场景绘制 UML 图形，并且不需要完整和细粒度的细节。其思想是着重于主要的设计决策，为关键用例实现绘制交互图，这将受益于对可选方案的深思熟虑。

构造——为剩余的设计问题构造用例实现。

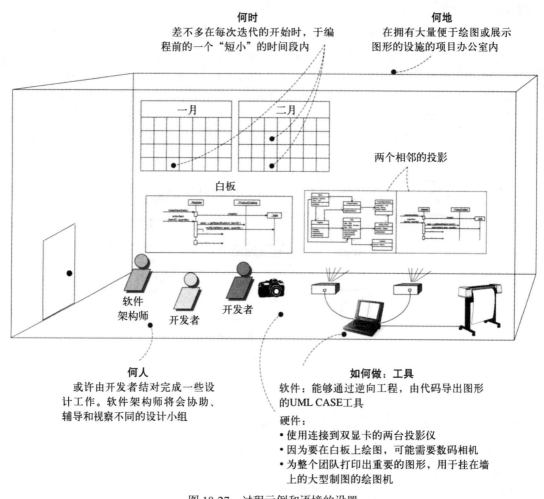

图 18-27　过程示例和语境的设置

表 18-1 对此进行了总结。

表 18-1　UP 制品及定时的样例（s 表示开始，r 表示精化）

科　目	制　品 迭代→	初　始 I1	细　化 E1, …, En	构　造 C1, …, Cn	移　交 T1, …, Tn
业务建模	领域模型		s		
需求	用例模型（SSD）	s	r		
	补充性规格说明	s	r		
	术语表	s	r		

（续）

科 目	制 品 迭代→	初 始 I1	细 化 E1, …, En	构 造 C1, …, Cn	移 交 T1, …, Tn
设计	**设计模型**		s	r	
	软件架构文档		s		
	数据模型		s	r	

18.7 总结

设计对象交互和职责分配是对象设计的核心。这些设计决策对对象软件系统是否清晰、是否具有扩展性和可维护性具有重大影响，同时也对构件复用的程度和质量具有影响。职责分配可以遵循一定的原则，GRASP 模式总结了面向对象设计最常用的原则。

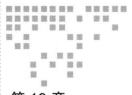

对可见性进行设计

数学家是把咖啡变成定理的设备。

——保罗·厄多斯（Paul Erdös）

目标

❑ 识别四种可见性。

❑ 通过设计建立可见性。

简介

可见性是一个对象看见其他对象或引用其他对象的能力。本章将探讨这一基本但必要的设计问题。有时，对象设计初学者不会考虑并设计实现必要的可见性。

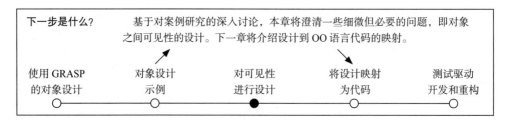

| 下一步是什么？ | 基于对案例研究的深入讨论，本章将澄清一些细微但必要的问题，即对象之间可见性的设计。下一章将介绍设计到 OO 语言代码的映射。 |

使用 GRASP 的对象设计 ——→ 对象设计示例 ——→ 对可见性进行设计 ——→ 将设计映射为代码 ——→ 测试驱动开发和重构

19.1　对象之间的可见性

为系统操作（enterItem 等）创建的设计描述了对象之间的消息。为了使发送者对象能够向接收者对象发送消息，发送者必须具有接收者的可见性，即发送者必须拥有对接收者对象的某种引用或指针。

例如，从 Register 发送到 ProductCatalog 的 getProductDescription 消息意味着 ProductCatalog 实例对于 Register 实例来说是可见的，如图 19-1 所示。

当创建交互对象的设计时，必须要保证表示了支持消息交互的必要的可见性。

19.2 什么是可见性

在常见用法中，**可见性**（visibility）是对象"看到"或引用其他对象的能力。更广义地说，可见性与范围问题有关：某一资源（例如实例）是否在另一资源的范围之内？实现对象 A 到对象 B 的可见性通常有四种方式：

❑ **属性可见性**——B 是 A 的属性。
❑ **参数可见性**——B 是 A 中方法的参数。
❑ **局部可见性**——B 是 A 中方法的局部对象（不是参数）。
❑ **全局可见性**——B 具有某种方式的全局可见性。

考虑可见性的动机是：

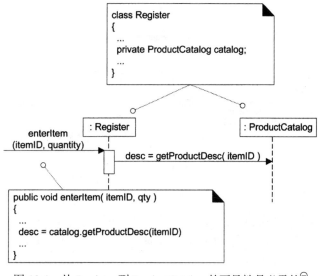

图 19-1 从 Register 到 ProductCatalog 的可见性是必需的○

为了使对象 A 能够向对象 B 发送消息，对于 A 而言，B 必须是可见的。

例如，要创建由 Register 实例向 ProductCatalog 实例发送消息的交互图，Register 必须拥有对 ProductCatalog 的可见性。典型的可见性解决方案是将对 ProductCatalog 实例的引用作为 Register 的属性来维护。

属性可见性

当 B 作为 A 的属性时，则存在由 A 到 B 的**属性可见性**（attribute visibility）。这是一种相对持久的可见性，因为只要 A 和 B 存在，这种可见性就会保持。这也是面向对象系统中可见性的常见形式。

在下面的 Register 的 Java 类定义中，Register 实例可以拥有对 ProductCatalog 的属性可见性，因为 ProductCatalog 是 Register 的属性（Java 实例变量）。

```
public class Register
{...
private ProductCatalog catalog;
...
}
```

○ 在这里和后续代码示例中，为简洁起见可能会使用简化的语言。

这种可见性是必要的，因为在图 19-2 所示的 enterItem 交互图中，Register 要向 ProductCatalog 发送 getProductDescription 消息。

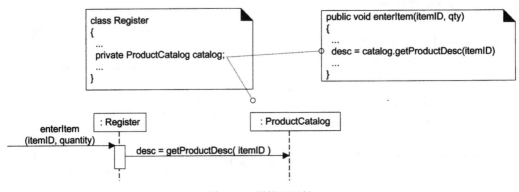

图 19-2 属性可见性

参数可见性

当 B 作为参数传递给 A 的方法时，存在由 A 到 B 的**参数可见性**（parameter visibility）。这种可见性是相对暂时的，因为它只在方法的范围内存在。参数可见性是属性可见性之后在面向对象系统中第二种常见的可见性形式。

举个例子，当向 Sale 实例发送 makeLineItem 消息时，ProductDescription 实例作为参数被传递。在 makeLineItem 方法范围内，Sale 具有对 ProductDescription 的参数可见性（如图 19-3 所示）。

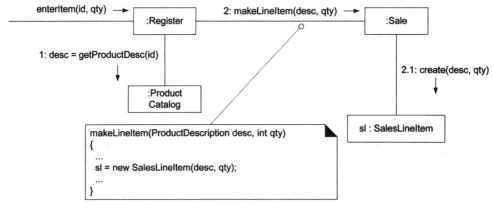

图 19-3 参数可见性

经常会将参数可见性转换为属性可见性。当 Sale 创建新的 SalesLineItem 时，Sale 会将 ProductDescription 传递给 SalesLineItem 的初始化方法（在 C++ 或 Java 中，将会是其**构造器**）。在初始化方法中，将参数赋值给属性，以此建立起属性可见性（如图 19-4 所示）。

局部可见性

当 B 被声明为 A 的方法内的局部对象时，存在由 A 到 B 的**局部可见性**（local visibility）。这种可见性是相对临时的，因为其仅存在于方法的范围之内。局部可见性是参数可见性之后的面向对象系统中第三种常见的可见性形式。

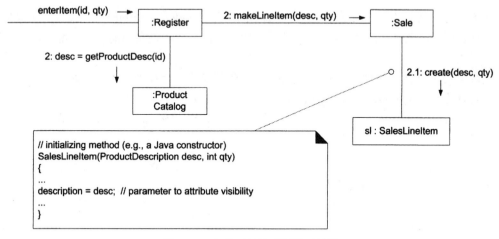

图 19-4　参数可见性到属性可见性

实现局部可见性的两种常见方式是：

❑ 创建新的局部实例并将其分配给局部变量。

❑ 将方法调用返回的对象分配给局部变量。

和参数可见性一样，将本地声明的可见性转换为属性可见性是很常见的。

在 Register 类的 enterItem 方法中会发现上面介绍的第二种方式（将返回对象分配给局部变量）的示例（如图 19-5 所示）。

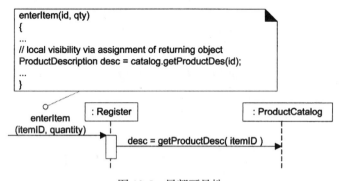

图 19-5　局部可见性

在第二种方式中还存在一种微妙的版本，即方法不显式声明变量，但是调用方法会得到其返回对象，于是便存在了一个隐含的局部变量。例如：

```
//  对 foo 对象具有隐含的局部可见性
//  通过 getFoo 调用得到返回的 foo 对象

anObject.getFoo().doBar();
```

全局可见性

当 B 对于 A 是全局时，存在由 A 到 B 的**全局可见性**（global visibility）。这是一种相对持久的可见性，因为只要 A 和 B 的存在，这种可见性就会存在。这是在面向对象系统中最不常见的可见性形式。

实现全局可见性的一种方式是将实例赋值给全局变量，这在某些语言（如 C++）中是可能的，但是有些语言（如 Java）不予支持。

实现全局可见性的首选方法是使用**单例**模式 [GHJV95]，该模式将在后续章节中讨论。

第 20 章　*Chapter 20*

将设计映射为代码

小心上述代码中的缺陷；

我只证明过它们是正确的，但还未试过。

——唐纳德·克努特，中文名高德纳（Donald Knuth）

目标

❏ 使用面向对象语言将设计制品映射为代码。

简介

我们已经为案例研究的当前迭代完成了交互图和 DCD，现在完全可以用这些思想和细节来编写一些对象的领域层代码了。

在设计工作中创建的 UML 制品（交互图和 DCD）可以作为代码生成过程的输入。

按照 UP 的术语，存在着一个**实现模型**。源代码、数据库定义、JSP/XML/HTML 页面等都是实现制品。因此，本章中创建的代码可以被看作是 UP 实现模型的一部分。

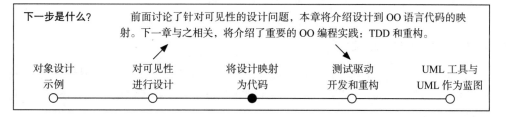

语言样例

本书在示例中使用 Java 语言，因为 Java 应用范围广，大家比较熟悉。但是，这并不意味着对 Java 有特别的认可，C#、Visual Basic、C++、Smalltalk、Python 和其他语言都适合对象设计原则，并且也可以将本案例研究中的设计映射为代码。

20.1 编程和迭代、演化式开发

之前的设计建模不应被理解为不要原型的设计或边编程边设计，现代开发工具为快速探索和重构替代方案提供了优秀的环境，一些（通常是大量的）编程时的设计是值得的。

用 OO 语言（例如 Java 或 C#）创建代码并不是 OOA/D 的一部分，它是最终的目标。在设计模型中创建的制品为生成代码提供了必要的信息。

用例、OOA/D 和 OO 编程结合使用可以提供从需求到代码的端到端路线图。各种制品能够被可追溯地和有效地输入到其后续制品中，并最终形成可运行的应用。但这一过程并不会一帆风顺或者只要机械地遵循即可，因为其中的变数很多。但是路线图可以为实践和讨论提供一个起点。

实现过程中的创造和变数

在设计工作中完成了一些制定决策和创造性的工作。在后续对这些示例生成代码的讨论中，会看到一些相对机械的转换过程。

然而，一般来说，编程工作并非微不足道的代码生成步骤，事实恰恰相反！实际上，在设计建模中产生的结果只是不完整的第一步。在编程和测试过程中，会做出很多的变更并且要发现和解决细节问题。

如果做得好，那么可以将 OO 设计建模过程中形成的思想和理解（不是图和文档）作为良好的基础，以优雅和健壮的方式扩展以应对编程中遇到的新问题。但是，要对编程中存在的变化和偏差有所预计和计划。这是在迭代和演化式方法中的关键（也是务实的态度）。

20.2 将设计映射到代码

面向对象语言中的实现需要为以下元素编写源代码：

❑ 类和接口的定义。
❑ 方法的定义。

下面的各节将讨论在 Java 中如何生成这些代码（作为典型情况讨论）。这些讨论基本上与使用生成代码的 UML 工具或是一些墙上草图的工作无关。

20.3 由 DCD 创建类的定义

至少，DCD 描述了类或接口的名称、超类、操作的特征标记以及类的属性等。这已经足以在 OO 语言中创建基本类的定义了。如果 DCD 是使用 UML 工具绘制的，那么还可以从图形中生成基本的类定义。

定义具有方法特征标记和属性的类

对于 SalesLineItem 在 Java 中的定义，可以直接由 DCD 映射为属性定义（Java 字段）和方法特征标记，如图 20-1 所示。

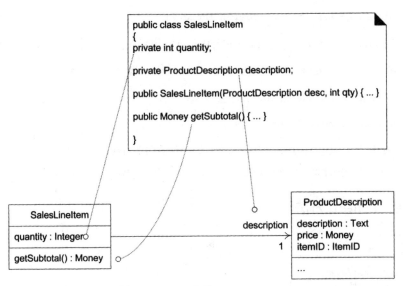

图 20-1 Java 中的 SalesLineItem

注意 Java 的构造器 SalesLineItem(...) 的源代码中添加的内容。它是从 enterItem 交互图中发送给 SalesLineItem 的 create(desc, qty) 消息中派生的。该图指出，Java 中的构造器必须支持这些参数。类图中通常不包含 create 方法，因为这些方法十分普遍，并且在不同的目标语言下有多义性。

20.4 从交互图创建方法

交互图中的一系列消息可以转换为方法定义中的一系列语句。图 20-2 中的 enterItem 交互图描述了 enterItem 方法的 Java 定义。对于本例，我们将探讨 Register 及其 enterItem 方法的实现。图 20-3 给出了 Register 类在 Java 中的定义。

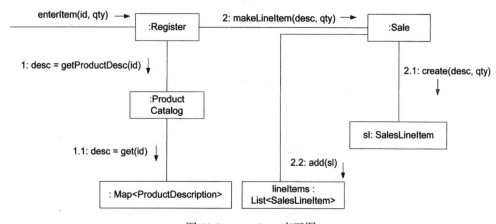

图 20-2 enterItem 交互图

enterItem 消息是发送给 Register 实例的；因此，应该在 Register 类中定义 enterItem 方法：

```
public void enterItem(ItemID itemID, int qty)
```

消息 1：向 ProductCatalog 发送 getProductDescription 消息以检索 ProductDescription。

```
ProductDescription desc = catalog.getProductDescription(itemID);
```

消息 2：向 Sale 发送 makeLineItem 消息。

```
currentSale.makeLineItem(desc, qty);
```

总之，交互图中展示的方法中的每一系列消息都映射为 Java 方法中的语句。

图 20-4 展示了完整的 enterItem 方法及其与交互图的关系。

Register.enterItem 方法

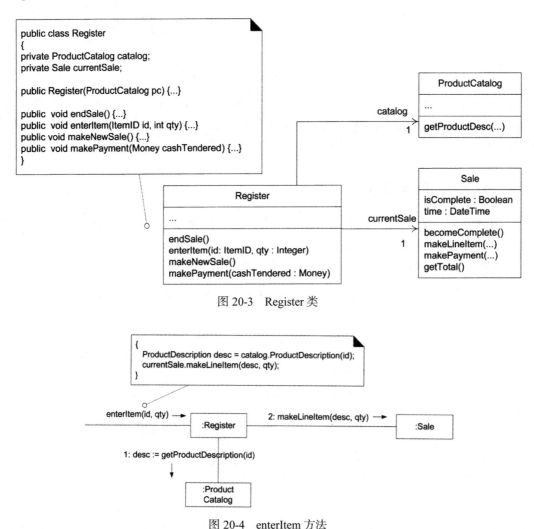

图 20-3　Register 类

图 20-4　enterItem 方法

20.5 代码中的集合类

一对多关系非常常见。例如，Sale 必须维护对一组众多 SalesLineItem 实例的可见性，如图 20-5 所示。在 OO 编程语言中，这些关系通常通过引入**集合**（collection）对象（例如 List 或 Map）甚至简单数组来实现。

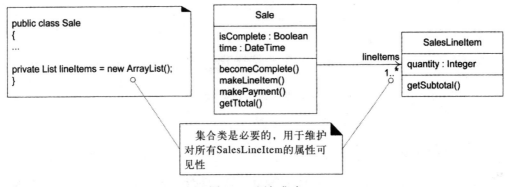

图 20-5　添加集合

例如，Java 库中包括 ArrayList 和 HashMap 这样的集合类，它们分别实现 List 和 Map 接口。通过使用 ArrayList，Sale 类可以定义一个维护 SalesLineItem 实例的有序列表的属性。

选择使用哪种集合类当然要受需求影响。基于键的查找需要使用 Map，可增长的有序列表需要使用 List 等。

还有一点，注意其中对 lineItems 属性的声明，其类型是接口。

准则：如果对象实现的是接口，那么使用接口而不是具体类来声明变量。

例如，图 20-5 中对 lineItems 属性的定义描述了这一准则。

```
private List lineItems = new ArrayList();
```

20.6 异常和错误处理

到目前为止，在解决方案的开发过程中忽略了异常处理。这是我们有意为之的，因为我们要聚焦于职责分配和对象设计的基本问题。但是对于应用开发，在设计建模过程中考虑大规模的异常处理策略是明智的（因为这对大规模的架构具有影响），当然在实现过程中也是如此。简言之，就 UML 而言，可以在消息和操作声明的性质字符串中指出异常（参见 16.6 节）。

20.7 定义 Sale.makeLineItem 方法

作为最后一个例子，基于 enterItem 协作图还可以写出 Sale 类的 makeLineItem 方法。图 20-6 展示了节选的交互图和对应的 Java 方法。

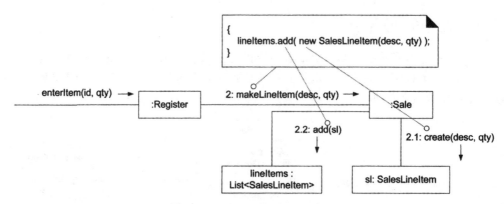

图 20-6　Sale.makeLineItem 方法

20.8　实现的顺序

　　类的实现（理想情况下，还包括完整的单元测试）要按照从耦合度最低到耦合度最高的顺序来完成（如图 20-7 所示）。例如，可能首先要实现的类是 Payment 或 ProductDescription；其次是只依赖于先前实现的类的 ProductCatalog 或 SalesLineItem。

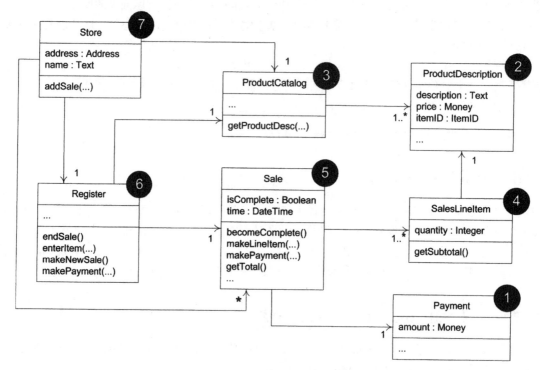

图 20-7　实现和测试类的可能顺序

20.9　测试驱动或测试优先的开发

测试驱动的开发（Test-Driven Development，TDD）或**测试优先的开发**（test-first development）是极限编程（XP）方法 [Beck00] 提倡的优秀实践，这些实践（同大部分 XP 实践一样）也适用于 UP 和其他迭代方法。在这种实践中，编写被测试代码之前编写单元测试代码，同时开发者要为所有生产代码编写单元测试代码。基本的节奏是先写一点测试代码，然后写一点生产代码，并使其通过测试，然后编写更多的测试代码，以此类推。在后续的章中将讨论更多的细节。

20.10　总结

如上所述，从 UML 类图到类的定义以及从交互图到方法体之间存在翻译过程。但是在编程工作中仍然存在创造、演化和探索的空间。

20.11　NextGen POS 程序解决方案简介

本节展示了本次迭代中用 Java 实现的领域层类的样例。所生成的代码都是根据之前讨论的将设计映射为代码的原则，从设计工作中生成的设计类图和交互图中产生的。

> 在此列出代码的主要意图是展示设计制品到基本代码之间的转换。这些代码所定义的只是简单的情形，其中并没有具有同步、异常处理等健壮、完整开发的 Java 程序。

因为代码很简单，所以为简洁起见，没有加注释。

Payment 类

```
// 几乎所有类都置于命名如下的包中:
package com.foo.nextgen.domain;

public class Payment
{
    private Money amount;
    public Payment( Money cashTendered ){ amount = cashTendered; }
    public Money getAmount() { return amount; }
}
```

ProductCatalog 类

```
public class ProductCatalog
{
    private Map<ItemID, ProductDescription>
            descriptions = new HashMap()<ItemID, ProductDescription>;
    public ProductCatalog()
    {
        // 样例数据
        ItemID id1 = new ItemID( 100 );
```

```
        ItemID id2 = new ItemID( 200 );
        Money price = new Money( 3 );
        ProductDescription desc;
        desc = new ProductDescription( id1, price, "product 1" );
        descriptions.put( id1, desc );
        desc = new ProductDescription( id2, price, "product 2" );
        descriptions.put( id2, desc );
    }
    public ProductDescription getProductDescription( ItemID id )
    {
        return descriptions.get( id );
    }
}
```

Register 类

```
public class Register
{
    private ProductCatalog catalog;
    private Sale currentSale;
    public Register( ProductCatalog catalog )
    {
        this.catalog = catalog;
    }
    public void endSale()
    {
        currentSale.becomeComplete();
    }
    public void enterItem( ItemID id, int quantity )
    {
        ProductDescription desc = catalog.getProductDescription( id );
        currentSale.makeLineItem( desc, quantity );
    }
    public void makeNewSale()
    {
        currentSale = new Sale();
    }
    public void makePayment( Money cashTendered )
    {
        currentSale.makePayment( cashTendered );
    }
}
```

ProductDescription 类

```
public class ProductDescription
{
    private ItemID id;
    private Money price;
    private String description;
    public ProductDescription
```

```
      ( ItemID id, Money price, String description )
   {
      this.id = id;
      this.price = price;
      this.description = description;
   }
   public ItemID getItemID() { return id; }
   public Money getPrice() { return price; }
   public String getDescription() { return description; }
}
```

Sale 类

```
public class Sale
{
   private List<SalesLineItem> lineItems =
                        new ArrayList()<SalesLineItem>;
   private Date date = new Date();
   private boolean isComplete = false;
   private Payment payment;
   public Money getBalance()
   {
      return payment.getAmount().minus( getTotal() );
   }
   public void becomeComplete() { isComplete = true; }
   public boolean isComplete() { return isComplete; }
   public void makeLineItem
      ( ProductDescription desc, int quantity )
   {
      lineItems.add( new SalesLineItem( desc, quantity ) );
   }
   public Money getTotal()
   {
      Money total = new Money();
      Money subtotal = null;
      for ( SalesLineItem lineItem : lineItems )
      {
         subtotal = lineItem.getSubtotal();
         total.add( subtotal );
      }
   return total;
   }
   public void makePayment( Money cashTendered )
   {
      payment = new Payment( cashTendered );
   }
}
```

SalesLineItem 类

```
public class SalesLineItem
```

```
{
   private int quantity;
   private ProductDescription description;
   public SalesLineItem (ProductDescription desc, int quantity )
   {
      this.description = desc;
      this.quantity = quantity;
   }
   public Money getSubtotal()
   {
      return description.getPrice().times( quantity );
   }
}
```

Store 类

```
public class Store
{
   private ProductCatalog catalog = new ProductCatalog();
   private Register register = new Register( catalog );
   public Register getRegister() { return register; }
}
```

20.12　Monopoly 程序解决方案简介

本节展示的是本次迭代中用 Java 实现的领域层类。迭代 2 将会对这些代码和设计进行精化和改进。由于这些代码很简单，为简洁起见，没有加注释。

Square 类

```
// 几乎所有类都置于命名如下的包中：
package com.foo.monopoly.domain;

public class Square
{
   private String name;
   private Square nextSquare;
   private int index;
   public Square( String name, int index )
   {
      this.name = name;
      this.index = index;
   }
   public void setNextSquare( Square s )
   {
      nextSquare = s;
   }
   public Square getNextSquare(  )
   {
      return nextSquare;
```

```
    }
    public String getName(  )
    {
       return name;
    }
    public int getIndex(  )
    {
       return index;
    }
}
```

Piece 类

```
public class Piece
{

    private Square location;
    public Piece(Square location)
    {
       this.location = location;
    }
    public Square getLocation()
    {
       return location;
    }
    public void setLocation(Square location)
    {
       this.location = location;
    }
}
```

Die 类

```
public class Die
{

    public static final int MAX  = 6;
    private int            faceValue;
    public Die(  )
    {
       roll(  );
    }
    public void roll(  )
    {
       faceValue = (int) ( ( Math.random(  ) * MAX ) + 1 );
    }
    public int getFaceValue(  )
    {
       return faceValue;
    }
}
```

Board 类

```
public class Board
{

    private static final int SIZE    = 40;
    private List               squares = new ArrayList(SIZE);
    public Board()
    {
        buildSquares();
        linkSquares();
    }
    public Square getSquare(Square start, int distance)
    {
        int endIndex = (start.getIndex() + distance) % SIZE;
        return (Square) squares.get(endIndex);
    }
    public Square getStartSquare()
    {
        return (Square) squares.get(0);
    }
    private void buildSquares()
    {
        for (int i = 1; i <= SIZE; i++)
        {
            build(i);
        }
    }
    private void build(int i)
    {
        Square s = new Square("Square" + i, i - 1);
        squares.add(s);
    }
    private void linkSquares()
    {
        for (int i = 0; i < (SIZE - 1); i++)
        {
            link(i);
        }
        Square first = (Square) squares.get(0);
        Square last = (Square) squares.get(SIZE - 1);
        last.setNextSquare(first);
    }
    private void link(int i)
    {
        Square current = (Square) squares.get(i);
        Square next = (Square) squares.get(i + 1);
        current.setNextSquare(next);
    }
}
```

Player 类

```
public class Player
{
   private String name;
   private Piece  piece;
   private Board  board;
   private Die[]  dice;

   public Player(String name, Die[] dice, Board board)
   {
      this.name = name;
      this.dice = dice;
      this.board = board;
      piece = new Piece(board.getStartSquare());
   }
   public void takeTurn()
   {
        // 掷骰子
      int rollTotal = 0;
      for (int i = 0; i < dice.length; i++)
      {
         dice[i].roll();
         rollTotal += dice[i].getFaceValue();
      }
      Square newLoc = board.getSquare(piece.getLocation(), rollTotal);
      piece.setLocation(newLoc);
   }
   public Square getLocation()
   {
      return piece.getLocation();
   }
   public String getName()
   {
      return name;
   }
}
```

MonopolyGame 类

```
public class MonopolyGame
{
   private static final int ROUNDS_TOTAL  = 20;
   private static final int PLAYERS_TOTAL = 2;
   private List players = new ArrayList( PLAYERS_TOTAL );
   private Board   board = new Board( );
   private Die[]   dice  = { new Die(), new Die() };
   public MonopolyGame( )
   {
      Player p;
      p = new Player( "Horse", dice, board );
```

```java
            players.add( p );
            p = new Player( "Car", dice, board  );
            players.add( p );
    }
    public void playGame(   )
    {
        for ( int i = 0; i < ROUNDS_TOTAL; i++ )
        {
            playRound();
        }
    }
    public List getPlayers(   )
    {
        return players;
    }
    private void playRound(   )
    {
        for ( Iterator iter = players.iterator(   ); iter.hasNext(   ); )
        {
            Player player = (Player) iter.next();
            player.takeTurn();
        }
    }
}
```

测试驱动的开发和重构

逻辑是自信地犯错的艺术。

——约瑟夫·伍德·克鲁奇（Joseph Wood Krutch）

目标

❏ 在案例研究的语境中介绍这两种重要的开发实践。

简介

极限编程（XP）所提倡的重要测试实践是：首先编写测试。它还提倡持续重构代码以改进质量，包括降低冗余、提高清晰度等。现代工具都支持这两种实践，并且有许多 OO 开发者信赖这些实践的价值。

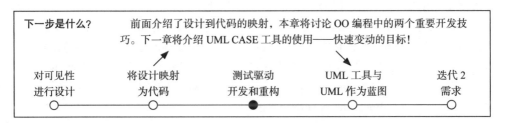

21.1 测试驱动的开发

测试驱动的开发（TDD）[Beck00] 是迭代和敏捷 XP 方法提倡的优秀实践，（与大部分 XP 实践一样）也适用于 UP，该实践也称为**测试优先的开发**。TDD 不仅仅涵盖**单元测试**（对构件个体进行测试），但是这里着重介绍对单个类进行单元测试的应用。

在 TDD 风格的 OO 单元测试中，要先编写测试代码，再编写要测试的类，并且开发者要为几乎所有的生产代码编写单元测试代码。

基本的节奏是先编写一小段测试代码，然后编写一小段生产代码，使其通过测试，然后再编写更多的测试代码，依此类推。

关键点：首先编写测试，想象被测试的代码已经编写。

TDD 的优点包括：

❑ **能够保证编写单元测试**——如果事后再进行编写，人们（或至少是程序员）往往会忽略单元测试。

❑ **使程序员获得满足感从而更始终如一地坚持编写测试**——能够令人忍受和使人愉悦的测试工作要比听起来重要得多。如果开发者遵循传统风格首先编写生产代码，随意地调试，然后再事后添加所期望的单元测试，这样做不会令人感到满足。这是测试后置的开发，在这种风格中，人们总会说"我想跳过编写测试，仅此一次"——这是人类的心理。但是，如果先编写测试，我们会感觉面前存在着具有价值的挑战和问题：我能够编写通过这一测试的代码吗？当所编写的代码通过测试后，成就感就会油然而生——我们实现了目标。同时，这一目标是有用的，是可执行的、可重复的测试。我们不能忽略开发的心理因素——编程是人为的努力。

❑ **有助于澄清接口和行为的细节**——这听起来很微妙，但这是 TDD 在实践中的主要价值。当你首先为对象编写测试时，考虑一下你的思维活动：当你编写测试代码时，你必须设想已有的对象代码。例如，如果你在测试代码中编写了 sale.makeLineItem(description, 3) 来测试 makeLineItem 方法（当时并不存在），你就必须要思考方法名称、返回值、参数和行为等公共视图的细节。这种反思能够使详细设计更清楚。

❑ **可证明、可再现、自动验证**——显然，数周之内构建的成百上千个单元测试能够提供某种有意义的正确性验证。由于这些测试可以自动运行，因此十分简便。随着时间的流逝，当测试库由 10 个测试增长到 50 个测试再到 500 个测试时，随着应用规模的不断增长，早期在编写测试方面投入的大量工作将会真正开始产生回报。

❑ **改变事物的信心**——在 TDD 中，最终将会有成百上千个单元测试，每个产品类都有相应的单元测试类。当开发者需要更改（由自己或其他人所编写的）现有代码时，存在可以运行的单元测试集[⊖]，它能够立即提供反馈来说明这种改变是否会导致错误。

最为流行的单元测试框架是 xUnit 系列（对于众多语言来说），你可通过 www.junit.org[⊖]获得其信息。对于 Java，其常用版本是 JUnit。同时还有针对 .NET 的 NUnit 等。大多数 Java IDE 都集成了 JUnit，例如 Eclipse（www.eclipse.org）。

示例

假设我们使用 JUnit 和 TDD 来创建 Sale 类。在编写 Sale 类之前，我们在 SaleTest 类中按照如下步骤编写单元测试方法：

⊖ CruiseControl 是时下流行的免费开源工具，可以自动重建应用并运行所有单元测试。你可以从 Web 上找到这一工具。

⊖ xUnit 系列（和 JUnit）由 Kent Beck（XP 的创建者）及 Eric Gamma（GoF 之一，流行的 Eclipse IDE 的首席架构师）发起。

1）创建 Sale——被测试的事物，也称为**测试固件**（fixture）。

2）使用 makeLineItem 方法（makeLineItem 方法是我们想要测试的公共方法）为其增加一些商品条目。

3）请求总计金额，并且使用 assertTrue 方法来验证是否为期望的值。如果 assertTrue 不为 true，则说明存在错误。

遵循以下模式完成每个测试方法：

1）创建测试固件。

2）对其完成某些操作（你希望测试的某些操作）。

3）评估结果是否为期望的值。

需要注意的**关键点**是，我们没有先为 Sale 编写所有的单元测试，我们只编写了一个测试方法，在 Sale 类中实现该方法并确保通过测试，然后再重复这一过程。

要使用 JUnit，必须创建扩展 JUnit TestCase 类的测试类，这样测试类便可继承各种单元测试的行为。

在 JUnit 中，要为想要测试的每个 Sale 方法创建单独的测试方法。一般来说，应该为 Sale 类的每个公共方法编写单元测试方法（可能是多个）。不要为 get 和 set 方法编写测试方法（通常会自动生成）。

要测试 doFoo 方法，应根据约定将测试方法命名为 testDoFoo。

例如：

```
public class SaleTest extends TestCase
{
  // ...
  // 测试 Sale.makeLineItem 方法
 public void testMakeLineItem()
 {
     // 步骤 1：创建测试固件
     // 这是要测试的对象。
     // 按照约定命名为 'fixture'。
     // 通常定义为实例字段而不是局部变量。
  Sale fixture = new Sale();

     // 设置辅助测试的对象。
  Money total = new Money( 7.5 );
  Money price = new Money( 2.5 );
  ItemID id = new ItemID( 1 );
  ProductDescription desc =
          new ProductDescription( id, price, "product 1" );

     // 步骤 2：执行测试方法

     // 注意：我们是基于假想的 makeLineItem 方法而编写这些代码的。
     // 我们编写测试时的假想活动有利于提升或澄清我们对对象接口细节的理解。
     // 因此，TDD 对于明确对象设计的细节有好处。
```

```
        // 测试 makeLineItem
    sale.makeLineItem( desc, 1 );
    sale.makeLineItem( desc, 2 );

        // 步骤 3: 评估结果

        // 对于复杂的评估可以有大量 assertTrue 语句
        // 验证其结果是否为 7.5

    assertTrue( sale.getTotal().equals( total ));
 }
}
```

只有在编写完 testMakeLineItem 测试方法之后，我们才开始编写 Sale.makeLineItem 方法，并且要使之通过这一测试。因此就产生了测试驱动开发或测试优先开发这样的术语。

IDE 对 TDD 和 xUnit 的支持

大多数 IDE 都会对 xUnit 工具提供支持。例如，Eclipse 支持 JUnit。其中的 JUnit 包括可视化的提示，即当所有测试通过后，将会显示绿条。由此产生了 TDD 的一句俗语：保持状态条为绿色就是保持代码的纯净。图 21-1 对此进行了描述。

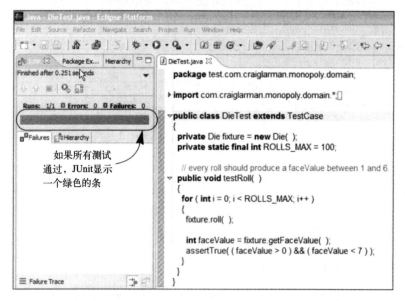

图 21-1　Eclipse 对 TDD 和 JUnit 的支持

21.2　重构

重构 [Fowler99] 是重写或重新构建已有代码的结构化和规律性方法，它不会改变已有代码的外在行为，而是采用一系列少量转换步骤，并且每一步都考虑了重新执行的测试。不断地重构代码也是 XP 的一个实践，该实践也适用于所有迭代方法（包括 UP）[⊖]。

重构的本质是一次实行一小步保留行为的转换（每次转换都称为"重构"）。每次转换之后，要重新执行单元测试，以保证重构不会导致错误。因此，重构和 TDD 有关系——所有的单元测试都要支持重构过程。

每次重构（伴随着重新执行的单元测试）都是少量的，但是一系列重构会对代码和设计产生主体性的重新构造（为了使代码和设计更好），同时所有的重构都要保证代码的行为与过去一致。

重构有哪些活动和目标？重构的活动和目标只是为了得到优秀的代码：

❑ 去除冗余的代码。

❑ 改善清晰度。

❑ 使过长的方法变得较短。

❑ 去除硬编码的字面常量。

❑ 更多……

良好重构后的代码应该是简短、紧凑、清晰的，并且没有冗余——看起来就像是编程高手的作品。不具有这些品质的代码是**坏味代码**（code smell）。换言之，这是糟糕的设计。坏味代码是重构中的比喻，表示代码中可能会有错误。之所以选择"坏味代码"这个名称是因为当我们检查坏味代码时，这些代码实际上可能是合适的，不需要改进。该名称与**恶臭代码**（code stench）相对，恶臭代码是真正需要清理的垃圾代码！以下是坏味代码的一些特点：

❑ 冗余的代码。

❑ 大型方法。

❑ 具有大量实例变量的类。

❑ 具有大量代码的类。

❑ 明显相似的子类。

❑ 在设计中很少使用甚至没有使用接口。

❑ 许多对象之间有很大的耦合度。

❑ 包含大量垃圾代码……[⊖]

重构正是对坏味代码进行矫正的过程。与模式类似，重构也具有名称，例如提炼方法（Extract Method）。大约有 100 多个已命名的重构。下面列出一些重构样例：

重　　构	描　　述
提炼方法（Extract Method）	将较长的方法转换为短小的方法，其中将原有方法中的部分内容分解为私有的帮助者方法（helper method）
提炼常量（Extract Constant）	使用常量变量（constant variable）替换字面常量
引入解释变量（提炼局部变量的特化）	将表达式的部分或完整结果置入临时变量，该变量的名字应该能够说明其目的
使用工厂方法代替构造器调用	例如在 Java 中，调用创建对象的帮助者方法（helper method）来代替对新操作和构造器的调用（隐藏细节）

⊖ 在 1990 年，Ralph Johnson（GoF 之一）和 Bill Opdyke 首先提出了重构。Kent Beck（XP 的创建者）与 Martin Fowler 是另外两名重构的先行者。

⊖ 参见最初的和主要的 OO、模式，XP 和重构的 Wiki（c2.com/cgi/wiki），其中有大量关于坏味代码和重构的页面。这是个令人着迷的站点……

示例

　　这个示例描述了常用的提炼方法重构。注意图 21-2 中所列的 Player 类中的 takeTurn 方法，其中在代码的开始部分完成了抛掷骰子的操作并在循环中完成了计算总点数的操作。这段代码本身是独立且内聚的行为单元，我们可以将这些代码提炼为私有的帮助者方法 rollDice，以使 takeTurn 方法变得简短、清晰，并且能更好地支持高内聚要求。注意，在 takeTurn 方法中需要 rollTotal 的值，因此该帮助者方法必须返回 rollTotal[⊖]。

```
public class Player
{
   private Piece  piece;
   private Board  board;
   private Die[]  dice;
   // ...
public void takeTurn()
{
    // 掷骰子
   int rollTotal = 0;
   for (int i = 0; i < dice.length; i++)
   {
      dice[i].roll();
      rollTotal += dice[i].getFaceValue();
   }
   Square newLoc = board.getSquare(piece.getLocation(), rollTotal);
   piece.setLocation(newLoc);
}
} // 类结束
```

图 21-2　重构之前的 takeTurn 方法

图 21-3 是应用提炼方法重构之后的代码。

```
public class Player
{
   private Piece  piece;
   private Board  board;
   private Die[]  dice;
   // ...
public void takeTurn()
{
    // 重构的帮助者方法
   int rollTotal = rollDice();
```

图 21-3　应用提炼方法重构之后的代码

⊖　这违反了命令-查询分离原则，但是对于私有方法来说这一原则并不十分严格。这只是准则，不是规则。

```
      Square newLoc = board.getSquare(piece.getLocation(), rollTotal);
      piece.setLocation(newLoc);
}
private int rollDice()
{
   int rollTotal = 0;
   for (int i = 0; i < dice.length; i++)
   {
      dice[i].roll();
      rollTotal += dice[i].getFaceValue();
   }
   return rollTotal;
}
} // 类结束
```

图 21-3　应用提炼方法重构之后的代码（续）

在迭代 2 中我们会看到 rollDice 帮助者方法并不是出色的方案，纯制造（Pure Fabrication）模式将提出能够同时保持命令 – 查询分离原则的可选方案，但这里的方法主要是用来阐述重构操作的。

在第二个简短示例中，我将介绍引入解释变量重构，这是我所喜爱的简单重构之一，因为该重构可以澄清、简化和减少注释的需要。参见图 21-4 和图 21-5。

```
   // 有良好的方法名称 , 但是方法体的逻辑不清晰
boolean isLeapYear( int year )
{
   return( ( ( year % 400 ) == 0 ) ||
      ( ( ( year % 4 ) == 0 ) && ( ( year % 100 ) != 0 ) ) );
}
```

图 21-4　引入解释变量之前

```
   // 有所改进
boolean isLeapYear( int year )
{
   boolean isFourthYear = ( ( year % 4 ) == 0 );
   boolean isHundrethYear = ( ( year % 100 ) == 0);
   boolean is4HundrethYear = ( ( year % 400 ) == 0);
   return (
      is4HundrethYear
      || ( isFourthYear && ! isHundrethYear ) );
}
```

图 21-5　引入解释变量之后

IDE 对重构的支持

大部分常用的 IDE 都支持自动重构。参见图 21-6 和图 21-7，其中展示了 Eclipse IDE 对提炼方法重构的应用。rollDice 方法是自动生成的，由 takeTurn 方法对其进行调用。注意，该工具十分智能，能够发现需要返回 rollTotal 变量。不错！

public Player(String name, Die[] dice, Board board)
{
this.name = name;
this.dice = dice;
this.board = board;
piece = new Piece(board.getStartSquare());
}
public void takeTurn()
{
// roll dice
int rollTotal = 0;
for (int i = 0; i < dice.length; i++)
{
dice[i].roll();
rollTotal += dice[i].getFaceValue();
}
Square newLoc = board.getSquare(piece.getLocation(), rollTotal);
piece.setLocation(newLoc);
}
Extract Method
Method name: rollDice
Access modifier: public protected default private
Add thrown runtime exceptions to method signature
Generate Javadoc comment
Replace duplicate code fragments
Method signature preview:
private int rollDice()
Preview >
OK
Cancel

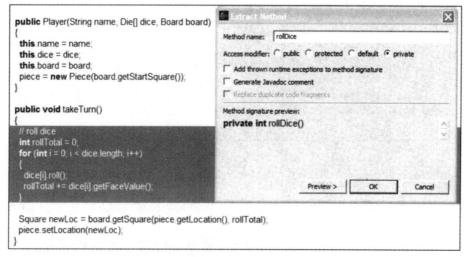

图 21-6 重构之前的 IDE

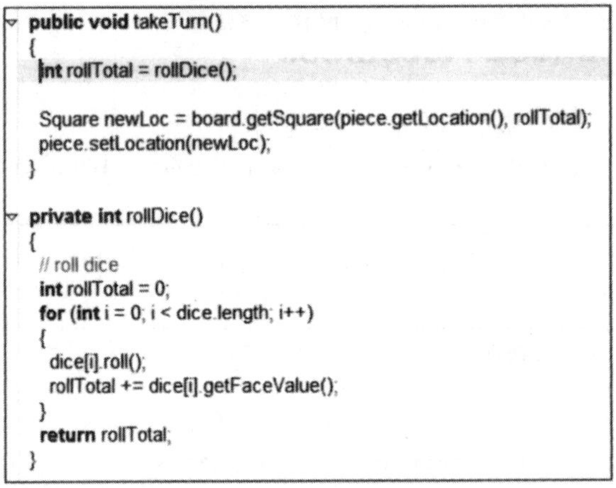

public void takeTurn()
{
int rollTotal = rollDice();
Square newLoc = board.getSquare(piece.getLocation(), rollTotal);
piece.setLocation(newLoc);
}
private int rollDice()
{
// roll dice
int rollTotal = 0;
for (int i = 0; i < dice.length; i++)
{
dice[i].roll();
rollTotal += dice[i].getFaceValue();
}
return rollTotal;
}

图 21-7 重构之后的 IDE

21.3 推荐资源

有关 TDD 的 Web 有：

- www.junit.org
- www.testdriven.com

其中有几篇有用的文章，包括 Beck 的 "Test Driven Development: By Example"、Astels 的 "Test Driven Development" 和 Rainsberger 的 "JUnit Recipes"。

有关重构的 Web 有：

❑ www.refactoring.com

❑ c2.com/cgi/wiki?WhatIsRefactoring

Martin Fowler 的《重构：改善既有代码的设计》（*Refactoring: Improving the Design of Existing Code*）是经典的介绍代码级重构的著作。同样优秀的著作还有 Joshua Kerievsky 的《从重构到模式》（*Refactoring to Patterns*）[⊖]，此文献是面向高级设计的。

⊖ 本书英文影印版已由机械工业出版社出版。——编辑注

UML 工具与 UML 作为蓝图

经验真是奇妙的东西，能让你在再次犯错时能够意识到。

——F. P. Jones

目标

❏ 定义正向、逆向和双向工程。

❏ 对选择 UML 工具给出建议。

❏ 对如何结合使用 UML 工具和墙上草图给出建议。

简介

因为 UML 工具是一个变化很快的主题——信息很快就会过时，所以本章不对特定 UML 工具进行详细讨论，而是指出其中一些常见特性以及使用这些工具进行 "UML 作为蓝图"（UML as blueprint）的方法。

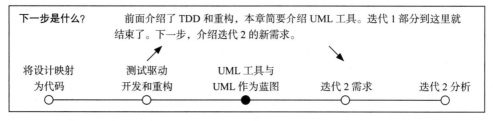

前面已经提到过，人们希望应用 UML 的三种方式包括：

❏ **UML 作为草图**。

❏ **UML 作为蓝图**——适合用于代码和图形的生成。利用工具，使用相对详细的图形来指导某些代码的生成（如 Java）。同时，还可以从代码中生成图形，用来可视化代码库。生成代码以后，通常还需要开发人员在编程时添加大量细节。

❑ **UML 作为编程语言**——UML 形式的软件系统的完整可执行规格说明。可执行代码将被自动生成（或者由虚拟机直接解释 UML），但是开发人员通常不会看到或修改这些代码，开发人员仅以 UML 作为"编程语言"进行工作。

第一、二种情形比较常见。大部分 UML 工具支持第二种方法，即视 UML 为蓝图，而不是编程语言。

22.1 正向、逆向和双向工程

在 CASE（计算机辅助软件工程）工具的领域里，**正向工程**（forward engineering）是指从图形生成代码，**逆向工程**（reverse engineering）是指从代码生成图形，而**双向工程**（round-trip engineering）是指以上两种工程的闭环——是支持双向生成的工具，并且支持 UML 图形和代码之间的同步，当任何一方发生变化时，这个工具都能够理想地进行自动和及时的同步。

所有 UML 工具都声称支持这些特性，但是大部分 UML 工具只能实现其中部分特性。为什么？这是因为多数工具只能完成静态模型：它们可以从代码生成类图，但是无法生成交互图。对于正向工程来说，它们可以从类图中生成类的基本定义（例如 Java），但是无法从交互图中生成方法体。

然而，代码不仅是变量声明，而且是动态行为！例如，假设你想了解现有应用或框架的基本调用流结构。如果你的工具可以从代码中生成序列图，那么你就很容易根据系统调用流逻辑来理解其基本协作。

22.2 什么是有价值特性的常见报告

这些年来，我常常有很多机会拜访或咨询 UML 工具的大客户。相当一致地，开发人员在试用工具一段时间后，最终都会报告：（相对于文本增强型的 IDE 而言）这个工具的"阻碍"能力看上去要比帮助能力大。当然，并非所有情况都是如此——我所说的是一般的情形。随着新一代工具的不断产生，这种有关价值的体验似乎得到了改进。总而言之，对于 UML 工具的价值，客户所反馈的最为一致的长期报告是：UML 工具对于逆向工程具有价值，因为这些工具能够作为可视化学习的辅助工具来帮助理解现有代码。从代码生成 UML 包、类和交互图，然后在监视器上显示这些图形，或把这些图形打印在大幅绘图纸上，这似乎有助于开发者对大型代码库进行浏览。我同意这种说法。

随着时间的推移，当更多 UML 工具与文本增强型 IDE（比如 Eclipse 和 Visual Studio）更好地结合起来，以及它们在可用性上有所改进时，我可以预言，在正向和双向工程中使用 UML 工具，将会得到更为一致的价值报告。

22.3 选择工具时要注意什么

基于以上评论，我总结了一些对 UML 工具选择的建议——这些建议基于客户花费大量金钱得来的经验教训，在此与读者共享。

- ❑ 首先，试用一个免费的 UML 工具。这其中存在多种选择。在结束免费试用之后再决定是否购买工具。
- ❑ 如果你选择了试验性的工具，特别是在选择公司标准工具或者做出大量购买决策时，在做决定之前，要让尽可能多的开发人员在真实项目中试用这一工具。决策应该基于长时间实际使用该工具的开发人员的建议，而不是基于仅仅做过粗略研究的架构师或其他人员的建议。
- ❑ 选择一个可以与你最喜欢的文本增强型 IDE 结合的 UML 工具。
- ❑ 选择支持从代码生成序列图的逆向工程的 UML 工具。如果有一个免费工具在其他方面都很理想但不支持该特性，则可以让大部分开发人员使用这种免费工具，同时只购买能够支持该特性的商业工具的几个副本，以备在你想要了解调用流模式的时候使用。
- ❑ 选择支持用大字体和大图形在绘图机上打印大幅图纸的工具，以便使大尺寸可视化成为可能。

22.4 如果绘制了 UML 草图，如何在编码后更新该图形

如果你是将 UML 工具与 IDE 结合使用，单独工作，而不是在墙上画草图，那么同步图形只是 IDE 中简单的逆向工程操作。

但是，如果你是与一个小团队一起工作，并且在每次迭代完成时都要在白板上使用 UML 草图一起建模，这时将会怎样？考虑以下场景：

1）在为期三周的迭代开始时，有一个建模日涉及在墙上用 UML 草图建模。

2）接下来是大约三周的编码和测试。

3）最后，现在该开始下一次迭代的建模日了。

这时候，如果你想基于代码库的现有状态再画一些墙上草图，该怎么办呢？这里有一条建议：在建模日之前，使用 UML 工具进行逆向工程，从代码生成 UML 图——包、类和交互图。然后，对于最感兴趣的部分，用绘图机在大幅绘图纸上打印出来。将其挂在建模室墙上比较高的地方，这样在建模日时，开发人员就可以参考这些图形，在上面画草图，同时在它们下面的白板或胶片上画草图。

22.5 推荐资源

软件工具天生就是变化较快的东西，下列网址有一个相对完整的 UML 工具列表：

www.objectsbydesign.com/tools/umltools_byCompany.html

第四部分　*Part 4*

细化迭代 2——更多模式

第 23 章

迭代 2：更多模式

目标

❑ 为迭代 2 定义需求。

简介

为了在广度上分享建立对象系统的常用步骤，讲述初始阶段的几章和讲述细化阶段中迭代 1 的几章中强调了广泛使用的基本分析和对象设计技能。

在本次迭代中，案例研究只强调：

❑ 本质对象设计。

❑ 使用模式来创建稳固的设计。

❑ 应用 UML 使模型可视化。

这些内容是本书的主要目标和关键技能。

因为（在迭代 1 中）已经就对象的基本思想进行了详细解释，所以这里对需求分析或领域建模只进行最小限度的讨论，同时对设计的解释也更为简洁。在本次迭代中当然会有其他大量的分析、设计和实现活动，但是为了与读者分享如何进行对象设计的信息，在此对这些活动都不进行重点介绍。

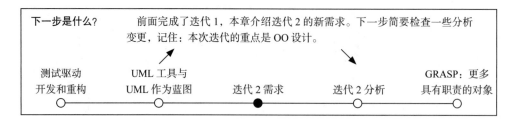

23.1 从迭代1到迭代2

在迭代1结束的时候，应该已经完成下列任务：

❑ 所有软件都已经被严格地测试：单元、验收、负载、可用性等。UP中的思想是尽早、实际并连续不断地验证质量和正确性，使得早期反馈能够指导开发人员对系统进行调整和改进，以发现其中的"正确道路"。

❑ 客户定期地参与对已完成部分的评估，从而使开发人员获得对调整和澄清需求的反馈。而且，客户可以尽早地看见系统的进展。

❑ 已经对系统（这里的系统包括所有子系统）进行了完整的集成和固化，使其成为基线化的内部版本。

由于本节强调的是对OOA/D的介绍，因此为简洁起见，省略了结束迭代1和启动迭代2的大量活动。以下内容是被省略了的大量活动中的一小部分：

❑ 迭代计划会议，用以决定下一迭代的工作内容，解决存在的问题，并定义主要任务。

❑ 在新迭代开始的时候，使用UML工具通过逆向工程从上次迭代的源代码中导出图形（其结果是UP设计模型的一部分）。这些图形可以用绘图机打印成大尺寸，贴在项目房间的墙上，作为沟通的辅助手段来说明下次迭代的逻辑设计起点。

❑ 对UI的可用性分析和工程也正在进行中。对于许多系统的成功而言，这是个极为重要的技巧和活动。但是，其主题是繁杂和琐碎的，而且超出了本书的范围。

❑ 数据库建模和实现也在进行中。

❑ 举行了另一个为期两天的需求讨论会，其中以详述形式编写了更多用例。在细化过程中，大约对10%的最具有风险性的需求进行了设计和实现，同时并行地深入探讨和定义了大约80%的用例，但是这些需求中的大部分都要到后续迭代中才会实现。

❑ 参加需求讨论会的人包括来自第一次迭代的一些开发人员（包括软件架构师），使得在本次需求讨论会上，与会人员能够借鉴在实际快速构建软件过程中所得到的理解（和混淆），对其进行调查和询问。我们只有从软件构建过程中才可以真正发现原本并不知晓的需求信息——这是UP以及迭代与演化式方法中的关键思想。

案例研究的简化

在熟练使用UP的项目中，为早期迭代所选择的需求，是根据风险和高业务价值组织的，这样就能够尽早识别并解决高风险问题。但是，如果在案例研究中也完全采用同样的策略，却不能帮助我们在早期迭代中解释OOA/D的基本思想和原则。因此，我们在定义需求的优先级时采取了一些特例，其目的是为了支持教学目标而非项目风险目标。

23.2 迭代2的需求和重点：对象设计和模式

如上所述，迭代2很大程度上忽视了案例研究的需求分析和领域分析，而是着重于使用职责和GRASP进行对象设计，并且应用一些GoF设计模式。

NextGen POS

NextGen POS 应用中的迭代 2 要处理以下几个我们关注的需求：

1）支持第三方外部服务的的变化。例如，必须能够与不同的税金计算器进行连接，而每个税金计算器都有其独特的接口。对不同的账务系统等，也是如此。每种产品都为共同的核心功能提供了不同的 API 和协议。

2）复杂的定价规则。

3）需要进行设计，使得在销售总额变化时刷新 GUI 窗口。

只在处理销售用例的场景语境中，才（为本次迭代）考虑这些需求。

请注意这些并不是新发现的需求，而是在初始阶段就识别了的需求。例如，最初的处理销售用例已经指出了定价问题：

主成功场景

1. 顾客携带所要购买的商品或服务到达 POS 收费口。

2. 收银员请求系统创建新销售。

3. 收银员输入商品项的标识。

4. 系统记录销售条目并展现项描述、价格和累计总额。

根据一系列定价规则计算价格。

……

而且，补充规约中的各小节为定价记录了详细的领域规则，并指出需要支持不同的外部系统。

补充规约

……

接口

软件接口

对于大部分外部协作的系统（税金计算器、账务、库存等），我们需要能够插入这些不同的系统及接口。
……

领域（业务）规则

ID	规 则	可 变 性	来 源
规则 4	购买者打折规则。例如： 员工打折 20% 优先顾客打折 10% 年长者打折 15%	高 每个零售商都有不同的规则	零售商政策
……	……	……	……

感兴趣的领域信息

定价

除了领域规则部分所描述的定价规则之外，还要注意产品具有原始价格，并且可能存在永久性的低标价。如果有低标价，那么产品的价格（在进一步打折之前）应该为该永久性的低标价。即使存在低标价，由于账务和税务方面的原因，还是需要维护产品的原始价格。

......

跨越多次迭代对用例进行增量式开发

由于这些需求，我们要在迭代 2 中对处理销售用例进行修订，但是因为实现了更多场景，所以该系统是增量式发展的。常见的方式是，在多次迭代中对同一用例的不同场景或特性进行工作，并且逐渐地扩展系统以最终实现对所有功能需求的处理。另一方面，在一次迭代内也可以完全实现一些简短的用例。

但是，不应该把一个场景分开在多次迭代中处理，一次迭代应该完成一个或多个端到端的场景。

迭代 1 进行了简化，以使问题和解决方案探讨起来不会过于复杂。另外，出于同样的考虑，这里只引入了少量的附加功能。

Monopoly

Monopoly 应用在第二次迭代中所增加的附加需求包括：

❑ 实现玩 Monopoly 游戏用例的基本、关键场景：玩家在棋盘四周的方格中移动。像以前一样，游戏以模拟方式运行，除了玩家数量外，不需要任何用户输入。但是，在迭代 2 中要应用一些特殊方格规则。下列各点对其进行了描述……

❑ 在游戏的开始，每个玩家都会收到 1500 美元。认为游戏有无限的金钱。

❑ 当玩家落到 Go 方格时，这个玩家将收到 200 美元。

❑ 当玩家落到 Go-To-Jail 方格时，这个玩家要被移到 Jail 方格上。

❑ 但是，与完整规则不同，他们可以轻松出狱。在下一回合时，玩家只需滚动骰子，根据总点数移动。

❑ 当玩家落到 Income-Tax 方格时，这个游戏者要支付最少 200 美元或其资产 10% 的税金。

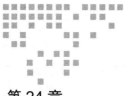

第 24 章

快速地更新分析

任何足够高级的 BUG 都是与特性不可区分的。

——Rich Kulawiec

目标

❑ 快速地突出显示一些分析制品的变更，特别是在 Monopoly 领域模型中的变更。

简介

本章简要介绍需求和领域分析中的一些变更。同时介绍与 NextGen 的 SSD 和 Monopoly 领域模型相关的值得注意的建模和 UML 技巧。

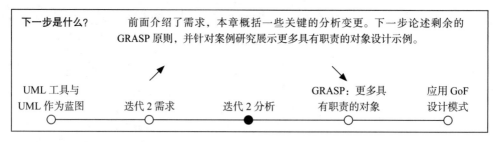

下一步是什么？ 前面介绍了需求，本章概括一些关键的分析变更。下一步论述剩余的 GRASP 原则，并针对案例研究展示更多具有职责的对象设计示例。

UML 工具与 UML 作为蓝图 — 迭代 2 需求 — 迭代 2 分析 — GRASP：更多具有职责的对象 — 应用 GoF 设计模式

24.1 案例研究：NextGen POS

用例

在本次迭代中不需要精化该用例。

但是，在过程的级别上，（如同 UP）我建议在本次迭代举行为期一到两日的简短的需求讨论会（在迭代 1 接近结束时是如此，在接近迭代 2 结束时也是如此），在这期间将会调查和详细编写更多需求。对于先前已经充分分析的用例（例如处理销售），将会基于在迭代1编程和测试中所获得的理解重新进行讨论，并且有可能进行精化。在迭代方法中，要注意早期编程和测试与同时进行的需求分析之间的相互影响，需求分析将基于对早期开发的反馈进行改进。

SSD

这次迭代包括增加对具有不同接口的第三方外部系统（例如税金计算器）的支持。NextGen POS系统将与这些外部系统进行远程通信。因此，为了阐明有哪些新的系统级事件，我们应该更新SSD，使其至少能够反映一些系统间的协作。

图24-1阐述了信用卡支付场景的SSD，其中需要与若干外部系统进行相互协作。尽管本次迭代并没有处理信用卡支付的设计，但是为了更好地理解系统间协作，以及对具有不同接口的外部系统提供所需的支持，建模者（我本人）还是基于此绘制了SSD（可能还有其他若干制品）。

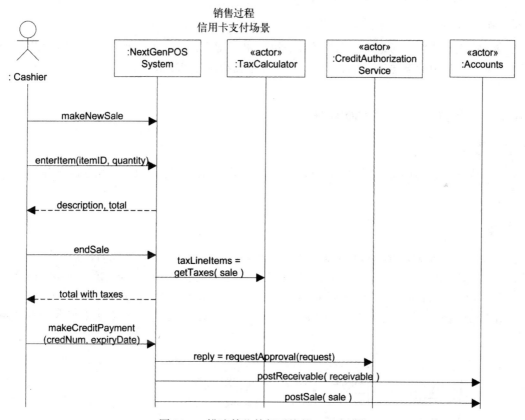

图 24-1　描述某些外部系统的 SSD 场景

领域模型

在对领域建模有了一些经验后，建模者就可以估计一组新需求对领域模型的影响是否较小或较大，包括新概念、关联和属性。与前一次迭代形成对比的是，此时要解决的需求并不会涉及许多新的领域概念。对新需求进行简要调查可以从中发现一些领域概念（例如 PriceRule），但是不太可能出现大量新事物。

在这种情况下，比较合理的做法是，跳过对领域模型的精化，快速投入到设计工作中，让领域概念的发现发生在对设计模型进行对象设计的过程中、在开发人员考虑好解决方案时、甚至是在实际编码的时候。

使用 UP 的过程成熟标志是，知道何时创建制品能够带来显著价值，或者是当遇到呆板的"完成作业"式的步骤时能够较好地略过。

另外，不仅仅存在过度建模的问题，还存在建模不足的问题。开发人员经常会避开任何分析或建模，因为这看起来似乎是低价值和费时间的事。但是，如果掌握了分析和设计的基本准则，适应了这种"语言"（无论是用例、UML 还是墙上的 UI 原型），并以敏捷建模的精神应用，此时建模是能够带来价值的。

系统操作契约

在本次迭代中没有考虑新的系统操作，因此也不需要契约。无论如何，当契约所提供的精确细节对于用例中的描述是一种改进时，才需要把契约作为选项来考虑。

24.2　案例研究：Monopoly

用例，等等

由于大家都知道的游戏规则，因此用例被省略了。不需要更新 SSD，并且也没有书面的操作契约。

领域模型

Square、GoSquare、IncomeTaxSquare 和 GoToJailSquare 等概念都是类似的，它们都是方格的变体。在这种情况下，可能（并且通常是有用的）的方法是把这些概念组织为**泛化－特化类层次结构**（或者简称**类层次结构**），其中的**超类** Square 代表着更一般的概念，而**子类**是更为特化的概念。

在 UML 中，泛化－特化关系使用由特化类指向更一般的类的大三角箭头来表示，如图 24-2 所示。

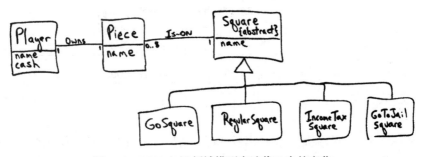

图 24-2　Monopoly 领域模型在迭代 2 中的变化

泛化（generalization）是识别概念之间共性部分并定义超类（一般概念）和子类（特化概念）关系的活动。它是在概念间构建分类的方式，这些概念将在类层次结构中加以描述。

后续章节将更为详细地描述泛化和特化主题。参见 31.2 节。

在领域模型中识别超类和子类是有价值的，因为它们的存在使我们可以更一般、精炼和抽象地理解概念。它有助于精简表达、提高理解并减少重复信息。

什么时候展示子类？下面是一些常见的准则：

准　　则

当有下列情况时，创建超类的概念子类：

1）子类具有我们感兴趣的额外属性。

2）子类具有我们感兴趣的额外关联。

3）子类在处理、响应和操作上与超类或其他子类有显著的差异。

准则 3）适用于不同类型方格的情形。根据领域规则，GoSquare 与其他类型方格的处理方法是不同的。这是一个值得注意的独特概念——领域模型是识别值得注意的概念的极为有效的地方。

因此，图 24-2 所示的是已更新的领域模型。注意，在领域规则中视为不同的每个独特的方格都被表示为单独的类。

指南：以下是本模型中的一些领域建模指南和观点：

❑ Square 类被定义为 {abstract}。

- **指南**：将超类声明为抽象类。虽然这是与软件无关的概念视角，但是这也是常用的 OO 指南，即所有软件超类都是抽象的。

❑ 对所有子类名称都附以超类名称——命名为 IncomeTaxSquare 而不是 IncomeTax。这是一个好的惯用法，也更为准确，因为我们并不是为 income tax 概念建模，而是对 Monopoly 游戏中的 income tax square 概念进行建模。

- **指南**：在子类上附以超类名称。

❑ 没有任何特殊之处的 RegularSquare 也是一个独特的概念。

❑ 现在涉及到了金钱，Player 具有 cash 属性。

GRASP：更多具有职责的对象

运气是设计的残渣。

——布兰奇·瑞基（Branch Rickey）

目标
❏ 学习使用其余的 GRASP 模式。

简介
在前面的章节里，我们应用了 5 个 GRASP 模式：

❏ 信息专家（Information Expert）、创建者（Creator）、高内聚（High Cohesion）、低耦合
（Low Coupling）和控制器（Controller）。

本章将介绍最后四个 GRASP 模式：

❏ 多态性（Polymorphism）

❏ 间接性（Indirection）

❏ 纯虚构（Pure Fabrication）

❏ 防止变异（Protected Variation）

一旦理解了这些模式，我们就拥有了讨论设计的丰富、共享的词汇。随着对"gang-of four"（GoF）设计模式（如策略和抽象工厂）的介绍（见后面的章节），我们的设计词汇将不断丰富起来。因为模式的名称能简洁地表达出复杂的设计概念，所以一个简短的句子也能表达出许多设计信息。例如以下这个句子："我建议使用由抽象工厂生成的策略来支持防止变异和关于 <X> 的低耦合"就传达出许多设计信息。

后续几章将介绍其他有用的模式以及如何在案例分析的第二次迭代中应用这些模式。

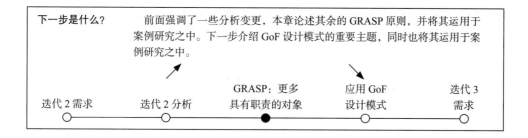

下一步是什么？　前面强调了一些分析变更，本章论述其余的 GRASP 原则，并将其运用于案例研究之中。下一步介绍 GoF 设计模式的重要主题，同时也将其运用于案例研究之中。

迭代 2 需求　　　迭代 2 分析　　　GRASP：更多　　　应用 GoF　　　迭代 3
　　　　　　　　　　　　　　　　　具有职责的对象　　设计模式　　　需求

25.1　多态性

问题

如何处理基于类型的选择？如何创建可插拔的软件构件？

基于类型的选择——条件变化是程序的一个基本主题。如果使用 if-then-else 或 case 语句的条件逻辑来设计程序，那么当出现新的变化时，则需要修改这些 case 逻辑——通常遍布各处。这种方法很难方便地扩展有新变化的程序，因为可能需要修改程序的多个地方——任何存在条件逻辑的地方。

可插拔软件构件——看一看客户 – 服务器关系中的构件，如何才能够替换服务器构件，而不对客户端产生影响呢？

解决方案

当相关选择或行为随类型（类）有所不同时，使用多态性操作给变化的行为类型分配职责。⊖

推论：不要测试对象的类型，也不要使用条件逻辑来执行基于类型的不同选择。

示例

NextGen 问题：如何支持第三方税金计算器？

在 NextGen POS 应用中，必须支持多种外部的第三方税金计算器（例如 Tax-Master 和 Good-As-Gold TaxPro）；系统需要能够集成不同的产品。每个税金计算器具有不同的接口，因此需要有类似但不同的行为以适配每种外部的固定接口或 API。一种产品可能支持原生 TCP socket 协议，另一种可能提供 SOAP 接口，而第三种可能会提供 Java RMI 接口。

哪些对象应该负责处理这些不同的外部税金计算器接口呢？

因为计算器适配的行为随计算器类型而有所不同，所以基于多态性，我们应该为不同的计算器（或计算器适配器）对象自身分配适配的职责，这可以通过多态性的 getTaxes 操作来实现（如图 25-1 所示）。

这些计算器适配器对象并非是外部的计算器，而是表示外部计算器的本地软件对象，或者说是计算器的适配器。通过向该本地对象发送消息，最终将会产生对外部计算器原生 API 的调用。

每个 getTaxes 方法都以 Sale 对象作为参数，这样才能够使计算器分析销售。每个 getTaxes

⊖　多态性具有多个相关含义。在上述语境中，多态性指的是，当不同对象的服务类似或相关时，"为这些服务指定同一名称"[Coad95]。不同的对象类型通常实现同一接口，或者在具有同一超类的实现层次结构中相关，但是这是依赖于具体语言的；例如，诸如 Smalltalk 的动态绑定语言无须如此。

方法的实现将会不同：TaxMasterAdapter 将请求适配到 Tax-Master API，依此类推。

UML——注意：在图 25-1 中接口和接口实现的 UML 表示法。

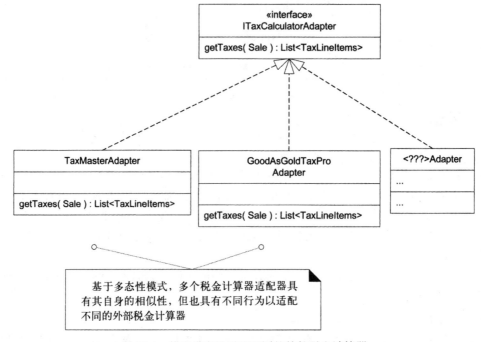

图 25-1 使用多态性适配不同的外部税金计算器

Monopoly 问题：如何设计不同的方格动作？

回顾以前所举的例子，当游戏者位于 Go 方格时会收到 200 美元。当游戏者落到 Income Tax 方格时会有不同的动作，依此类推。注意：对不同类型的方格有不同的规则。让我们回顾一下多态性设计原则：

当相关备选方案或行为随类型（类）而有所不同时，使用多态性操作为变化的行为类型分配职责。**推论**：不要测试对象的类型，也不要使用条件逻辑来执行基于类型的不同备选方案。

基于推论，我们知道不应该设计如下伪码中的 case 逻辑（在 Java 或 C# 中是 switch 语句）：

```
// 不良设计
SWITCH ON square.type

CASE GoSquare: player receives $200
CASE IncomeTaxSquare: player pays tax
...
```

相反，以上原则建议我们为每种行为变化的类型创建一个多态性操作。该操作可以针对各种不同类型（类），诸如 RegularSquare、GoSquare 等而不同。这一多态性操作是什么呢？它是当玩家落在某个方格时会发生什么。因此，可以将这一多态操作命名为 landedOn 或类似的名字。所以，基于多态性，我们可以为具有不同 landedOn 职责的每种方格创建单独的类，并且在每个类中实现一个 landedOn 方法。图 25-2 描述了其静态视图的类设计。

应用 UML：注意，在图 25-2 中对 landedOn 操作使用的 {abstract} 关键字。

准则：除非在超类中具有默认的行为，否则将超类中的多态性方法声明为 {abstract}。

其他值得注意的问题是动态设计：如何演化交互图？哪些对象应该给玩家要落子的方格发送 landedOn 消息呢？既然 Player 软件对象已经知道其位置方格（其落子的方格），那么根据低耦合和专家原则，Player 类是发送该消息的适当选择，因为 Player 已经具有对相应方格的可见性。

当然，该消息应该在 takeTurn 方法结束时发送。请回顾迭代 1 中对 takeTurn 的设计（见 18.5 节）以了解我们的起点。图 25-3 和图 25-4 描述了演化的动态设计。

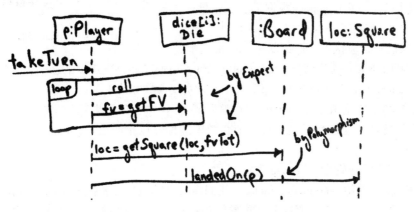

图 25-2 对 Monopoly 问题应用多态性

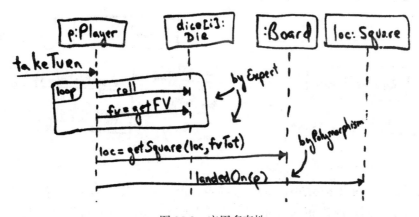

图 25-3 应用多态性

应用 UML：

❑ 注意，在图 25-3 和图 25-4 中表示多态性情形的非正式方法，即在草图 UML 时采用分离的图来表示多态性情形。另一种选择（尤其是在使用 UML 工具时）可以采用 sd 和 ref 图框的方式。

❑ 注意，在图 25-3 中，对象 Player 标识有"p"，该标识用以表示在 landedOn 消息中，我们可以在参数列表中引用该对象（你可以在图 25-4 中看到，让 Square 对 Player 具有参数可见性是很有用的）。

❑ 注意，在图 25-3 中，Square 对象标识有"loc"（location 的简写），对 getSquare 消息的返回值也有同样的标识。这意味着它们是同一对象。

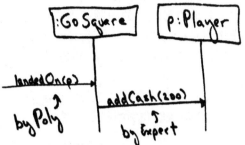

图 25-4　GoSquare 的情形

让我们就 GRASP 和设计问题来考虑每种多态性的情形：

❑ 参见图 25-4 的 GoSquare。根据低表示差异，Player 应该知道其持有的现金量。因此，根据专家模式，应该由 Player 发送 addCash 消息。因此，Square 需要拥有 Player 的可见性，以便其能够发送该消息；从而，Player 要被作为 landedOn 消息中的参数"p"来传递以实现参数可见性。

❑ 参见图 25-5 中的 RegularSquare。在这种情况下，不会发生任何事情。尽管可以使用 UML 注解框，但是我只是非形式地在图中加标签以指明这种情况。在代码中，该方法体将为空——有时称其为 NO-OP（没有操作）方法。这正是多态性的魔力，我们需要使用这一方法以避免特定的 case 逻辑。

❑ 参见图 25-6 中的 IncomeTaxSquare。我们需要计算玩家净资产的 10%。根据低表示差异和专家模式，谁应该知道这个？答案是 Player。因此，由 Square 请求玩家的资产，然后扣除相应的金额。

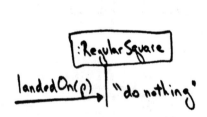

图 25-5　RegularSquare 的情形

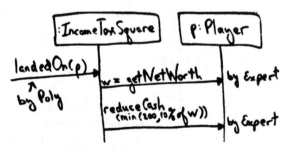

图 25-6　IncomeTaxSquare 的情形

❑ 参见图 25-7 中的 GoToJailSquare。很简单，此时必须改变 Player 的位置。根据专家模式，该对象应该接收 setLocation 消息。可能的方式是，GoTo-JailSquare 在初始化时，其属性获得 JailSquare 的引用，这样它就可以将该方格作为参数传递给 Player。

UML 草图： 注意在图 25-4 中，垂直的生命线被画为实线，而不是传统的虚线。这在徒手草图时十分方便。更进一步而言，这两种形式都是 UML 2 所认可的形式——在画草图时不一定要求所有内容都符合正确的 UML 形式，这时严格的表示法并不重要，关键在于参与方能够互相理解。

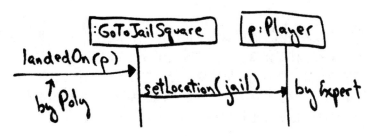

图 25-7　GoToJailSquare 的情形

改进耦合

作为一个小的面向对象设计精化，我们注意迭代 1 的图 18-25，其中 Piece 记住了方格的位置信息，但 Player 并没有记住，因此 Player 必须从 Piece 中提取位置信息（向 Board 发送 getSquare 消息），然后对 Piece 重新分配位置。这是一种不良设计，而且在本次迭代中，当 Player 必须还向它的 Square 发送 landedOn 消息时，这一设计变得更为糟糕。为什么？这里面有什么错误？答案是：问题在于耦合。

显然，Player 需要永久地知道自己的 Square 位置对象，而不是 Piece，因为 Player 一直与其 Square 协作。你应该将这视为改善耦合的重构机会——当对象 A 持续需要对象 B 中的数据时，意味着：1）对象 A 应该持有该数据；2）对象 B 而不是对象 A 应该具有这一职责（基于专家模式）。

因此，在迭代 2 中，我对此设计进行了精化，将知道其所处方格的职责分配给 Player 而不是 Piece；图 25-2 中的 DCD 和图 25-3 中的交互图都反映了这一精化。

实际上，我们甚至可以怀疑 Piece 对象在领域模型中是否有用。在真实世界里，棋盘上的塑料小棋子是人的有用代理，因为我们太大了，而且我们还要到厨房去取冰啤酒呢！但是在软件中，Player 对象（作为微小的软件元素）可以履行 Piece 的角色。

讨论
多态性是一个基本的设计原则，用于设计系统如何组织以处理类似的变化。基于多态性分配职责的设计能够被简便地扩展以处理新的变化。例如，增加新的具有 getTaxes 多态性方法的计算器适配器将会对现有设计产生很小的影响。

准则：何时使用接口进行设计

多态性意味着在大部分 OO 语言中要使用抽象超类或接口。何时应该考虑使用接口呢？普遍的答案是，当你想要支持多态性但是又不想约束于特定的类层次结构时，可以使用接口。如果使用了抽象超类 AC 而不是接口，那么任何新的多态性方案都必须是 AC 的子类，这对于诸如 Java 和 C# 的单根继承语言来说将十分受限。经验法则是，如果有一个具有抽象超类 C1 的类层次结构，可以考虑制造一个与 C1 的公有方法特征标记相对应的接口 I1，然后声明 C1 来实现接口 I1。这样，对于新的多态性方案，即使目前没有避免在 C1 下进行子类化的立即动机，也能够获得灵活的演化点，用来应对将来未知的情况。

禁忌

有时，开发者会针对某些未知的可能性变化进行"未来验证"的推测，由此而使用接口和多态性来设计系统。如果这种变化点明确由即时或非常可能的可变性所驱动，那么通过多态性来增加灵活性一定是合理的。但是，这里需要进行批判性评估，因为有些时候使用多态设计形成的变化点在实际中不一定发生或从未实际发生过，这种不必要的付出很常见。在投入灵活性的改进前，要现实地对待可变性的真实可能性。

优点
❏ 易于增加新变化所需的扩展。
❏ 无需影响客户便能够引入新的实现。

相关模式
❏ 防止变异
❏ 大量流行的 GoF 设计模式 [GHJV95]，本书将基于多态性讨论其中的适配器（Adapter）、命令（Commond）、组合（Composite）、代理（Proxy）、状态（State）和策略（Strategy）模式。

别称和类似模式
选择消息，不要询问"什么类型"。

25.2　纯虚构

问题

当你并不想违背高内聚和低耦合或其他目标，但是基于专家模式所提供的方案又不合适时，哪些对象应该承担这一职责？

面向对象设计有时会被描述为：实现软件类，使其表示真实世界问题领域的概念，以降低表示差异；例如 Sale 和 Customer 类。然而，在很多情况下，只对领域层对象分配职责会导致不良内聚或耦合，或者会降低复用潜力。

解决方案

将一组高内聚的职责分配给一个人为制造的类，该类并不代表问题领域的概念——它是虚构出来的，用以支持高内聚、低耦合和复用。

这种类是凭空虚构的。理想状况下，分配给这种虚构物的职责要支持高内聚和低耦合，使这种虚构物清晰或纯粹——因此称为纯虚构。

最后，在英文中，纯虚构（pure fabrication）这一习语的含义是：当我们穷途末路时所捏造的某物。

示例

NextGen 问题：在数据库中保存 Sale 对象

例如，假设需要在关系数据库中保存 Sale 的实例。根据信息专家模式，存在一些理由可以将此职责分配给 Sale 类自身，因为 Sale 持有需要保存的数据。但是考虑如下含义：
❏ 这一任务需要相对大量的支持面向数据库的操作，而与实际的销售概念无关，这样会使

Sale 类变得非内聚。

❑ Sale 类必须与关系数据库接口（如 Java 技术中的 JDBC）耦合，这样便增加了耦合。而且这种耦合甚至不是针对其他领域对象的，而是针对特定种类的数据库接口。

❑ 在关系数据库中保存对象是十分普遍的任务，许多类都需要支持这一任务。将此职责置于 Sale 类中表明了难以复用，或是在其他类中存在大量完成此项工作的冗余。

因此，即便就信息专家而言，Sale 是将其保存于数据库中的合理候选者，但是这样会导致低内聚、高耦合和难以复用的设计——正是此类困境使得我们需要虚构某些事物。

合理的方案是创建一个新类，该类只负责在某种持久性存储介质（例如关系数据库）中保存对象；对该类命名为 PersistentStorage。[⊖]该类是纯虚构的臆想之物。

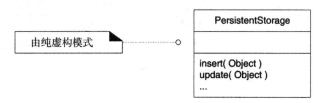

注意其名称：PersistentStorage。虽然这个概念是可以被理解的，但是我们却无法在领域模型中找到这个名称或"持久性存储"的概念。如果设计师询问商店里的业务人员："你使用持久性存储对象吗"，他们不会理解。他们能够理解诸如"销售"和"支付"的概念。而PersistentStorage 并不是领域概念，它只是为了便于软件开发而凭空捏造或虚构的概念。

纯虚构解决了如下设计问题：

❑ 使 Sale 保持高内聚和低耦合的良好设计。

❑ PersistentStorage 类本身是相对内聚的，具有唯一目标，即在持久性存储介质中存储或插入对象。

❑ PersistentStorage 类是十分普遍和可复用的对象。

在本例中创建纯虚构正是由环境所驱使的——消除了基于专家模式的不良设计，改善了内聚和耦合，增加了潜在的复用性。

注意：与所有 GRASP 模式一样，纯虚构模式强调的是职责应该置于何处。在本例中，职责由 Sale 类（源于专家）转移给了纯虚构。

Monopoly 问题：处理骰子

在重构一章的例子中，我在 Player.takeTurn 方法中对滚动骰子的行为（滚动并计算骰子的总点数）应用了提炼方法（见 21.2 节）。在结束该例时，我也提到了这种重构方案并不理想，并且提出在稍后会给出更优的方案。

在当前设计中，由 Player 滚动所有骰子并且计算点数总和。骰子是在大量游戏中十分常用的对象。将其滚动和计点的职责分配给 Monopoly 游戏的 Player 时，计算总点数的服务将无法推广到其他游戏。另一个缺点是：如果不再次滚动骰子，则不可能获知当前的骰子总点数。

⊖　在实际的持久性框架中，为了创建合理设计，最终会需要不止一个纯虚构类。该对象将成为针对大量后端帮助者类的前端外观。

但是，选择来源于 Monopoly 游戏领域模型内启发的其他对象也会导致同样的问题。这样便促使我们使用纯虚构的事物来提供相关服务。

尽管在 Monopoly 中不存在骰盅，但是许多游戏都会使用骰盅，将所有骰子放入骰盅，摇动骰盅并让骰子滚到桌子上。因此，我建议采用纯虚构的骰盅 Cup（注：我们还是试图使用类似的与领域相关的术语）来持有所有骰子、滚动骰子并计算其总点数。图 25-8 和图 25-9 展示了这一新的设计。Cup 持有一个包含多个 Die 对象的集合。当某对象给 Cup 发送滚动骰子的消息时，Cup 向其所有骰子发送滚动消息。

图 25-8　关于 Cup 的 DCD

讨论

此类对象的设计可以被广泛地分为两组：

❑ 通过**表示性分解**（representational decomposition）所产生的选择。

❑ 通过**行为性分解**（behavioral decomposition）所产生的选择。

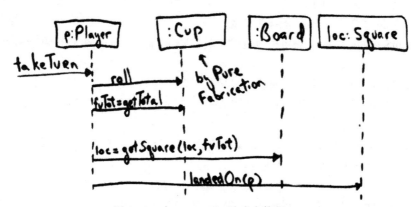

图 25-9　在 Monopoly 游戏中使用 Cup

例如，诸如 Sale 等软件类的创建是通过表示性分解得来的；这种软件类项涉及或代表领域中的事物。表示性分解是对象设计中的常见策略，并支持低表示差异的目标。但是有时，我们需要通过对行为分组或通过算法来分配职责，而无需创建任何名称或目的与现实世界领域概念相关的类。

诸如 TableOfContentsGenerator 等"算法"对象就是一个好例子，其目的（令人惊讶！）是为了生成目录大纲，并被开发者创建为帮助类或便利类，其间并没有考虑从书籍和文档的领域术语中选择名称。开发者将其视为便利类，将相关的行为或方法组织在一起，其动机正是行为性分解。

加以对比，名为 TableOfContents 的软件类源于表示性分解，而且其包含的信息应该与真实领域的概念（例如章节名称）一致。

识别类是否为纯虚构并不重要。这只是表示总体思想的教学概念，即有些软件类的灵感来自领域中的表示，而有些软件类只是对象设计者为图方便而"捏造"的。设计这些便利类通常是为了组合一些常用行为，其动机正是行为性分解而非表示性分解。

换言之，纯虚构通常基于相关的功能性进行划分，因此这是一种以功能为中心的或行为的对象。

大量现有的面向对象设计模式都是纯虚构的例子：适配器（Adapter）、策略（Strategy）、命令（Command）等 [GHJV95]。

最后值得重申的是：有时根据信息专家模式所提供的方案并不理想。即使对象由于持有大量相关信息而被作为职责的候选者，但是在其他方面，这种选择会导致不良设计，通常是由于内聚和耦合中的问题。

| 优点 |

❏ 支持高内聚，因为职责被解析到细粒度的类中，这种类只聚焦于极为特定的一组相关任务。
❏ 增加了潜在的复用性，因为细粒度纯虚构类的职责可适用于其他应用。

| 禁忌 |

那些对象设计初学者和更熟悉以功能组织和分解软件的人有时会滥用行为性分解及纯虚构对象。夸张的是，功能正好变成了对象。创建"功能"或"算法"对象本来并没有错，但是这需要平衡于表示性分解设计的能力（例如应用信息专家的能力），这样便能够使诸如 Sale 等表示类同样具有职责。信息专家所支持的目标是，将职责与这些职责所需信息结合起来赋予同一个对象，以实现对低耦合的支持。如果滥用纯虚构，会导致大量行为对象，其职责与执行职责所需的信息没有结合起来，这样会对耦合产生不良影响。其通常征兆是，对象内的大部分数据被传递给其他对象用以处理。

| 相关模式和原则 |

❏ 低耦合
❏ 高内聚
❏ 纯虚构通常会接纳本来是基于专家模式所分配给领域类的职责。
❏ 所有 GoF 设计模式 [GHJV95]（例如适配器（Adapter）、命令（Command）、策略（Strategy）等）都是纯虚构。
❏ 事实上，几乎所有其他设计模式也都是纯虚构。

25.3　间接性

| 问题 |

为了避免两个或多个事物之间直接耦合，应该如何分配职责？如何使对象解耦合，以支持

低耦合并提高复用性潜力？

解决方案

将职责分配给中介对象，使其在其他构件或服务之间进行调解，以避免它们之间的直接耦合。中介创建了其他构件之间的间接性（indirection）。

示例

TaxCalculatorAdapter

这些对象对于外部税金计算器来说充当了中介的角色。通过多态性，它们为内部对象提供了一致的接口，并且隐藏了外部 API 的变化。通过增加一层间接性和多态性，适配器对象保护了内部设计，使其不受外部接口变化的影响（见图 25-10）。

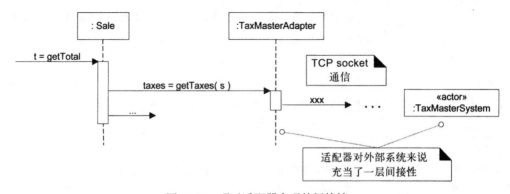

图 25-10　通过适配器实现的间接性

应用 UML：注意在图 25-10 中是如何对外部 TaxMaster 远程服务应用建模的：使用 «actor» 关键字作为标识，用以指出这对我们的 NextGen 系统来说是外部软件构件。

PersistentStorage

在纯虚构的例子中，我们通过引入 PersistentStorage 类对 Sale 和关系数据库服务进行解耦合，这也是将职责分配给间接性的例子。PersistentStorage 也可视为 Sale 和数据库之间的中介。

讨论

"计算机科学中的大多数问题都可以通过增加一层间接性来解决"，这一格言特别适用于面向对象设计。⊖

如同大量现有的设计模式是纯虚构的特例一样，许多设计模式也同样是间接性的特例。适配器（Adapter）、外观（Facade）和观察者（Observer）就是这样的例子 [GHJV95]。此外，许多纯虚构是因为间接性而产生的。间接性的动机通常是为了低耦合，即在其他构件或服务之间加入中介以进行解耦。

优点

❑ 实现了构件之间的低耦合。

⊖ 这句名言出自 David Wheeler。注意：还有一个意义相反的格言："大多数性能问题都可以通过去除一层间接性来解决！"

相关模式和原则

❑ 防止变异

❑ 低耦合

❑ 大量 GoF 模式，诸如适配器（Adapter）、桥（Bridge）、外观（Facade）、观察者（Observer）和中介（Mediator）[GHJV95]。

❑ 大量间接性中介都是纯虚构。

25.4 防止变异

问题

如何设计对象、子系统和系统，使这些元素的变化或不稳定性不会对其他元素产生不良影响？

解决方案

识别预计变化或不稳定之处，分配职责来创建围绕它们的稳定接口。

注意：这里使用的"接口"指的是广泛意义上的访问视图，而不仅仅是诸如 Java 接口等字面含义。

示例

例如，前述的外部税金计算器问题及其使用多态性的解决方案能够描述防止变异（见图 25-1）。其中的不稳定或变化之处是外部税金计算器所具有的不同接口或 API。POS 系统需要能与大量现有税金计算器系统进行集成，并且还能与现在还不存在但将来可能出现的第三方计算器进行集成。

通过增加一层间接性，即接口，并且使用具有不同 ITaxCalculatorAdapter 实现的多态性，这样便实现了对内部系统的保护而避免了外部 API 的变化所产生的影响。内部对象只与稳定的接口协作，各种适配器实现隐藏了外部系统的变化。

讨论

这是非常重要和基本的软件设计原则！本书中几乎所有的软件或架构设计技巧都是防止变异的特例，例如数据封装、多态性、数据驱动设计、接口、虚拟机、配置文件、操作系统等。

防止变异（PV）最早是由 Cockburn 在 [VCK96] 中以命名模式的形式发表，实际上这个十分基本的设计原则在数十年来有过不同的名称，例如术语**信息隐藏** [Parnas72]。

源于防止变异的机制

PV 是一个根本原则，其促成了大部分编程和设计的机制和模式，用来提供灵活性和防止变化——这些变化包活数据、行为、硬件、软件构件、操作系统等中的变化。

就某种程度而言，从以下方面能够发现开发者或架构师的成熟度：不断地增长更多实现 PV 机制的知识、选择值得解决的适宜的 PV 问题、选择恰当的 PV 解决方案的能力等。早期，人们学习数据封装、接口和多态性等核心机制用来实现 PV。后来，人们学习的技术包括基于规则的语言、规则解释器、反射和元数据设计、虚拟机等，这些技术都能够用于防止某些变化。

例如：

防止变异的核心机制

数据封装、接口、多态性、间接性和标准都是源于 PV 的。注意：诸如虚拟机和操作系统等构件是实现 PV 的间接性的复杂例子。

数据驱动设计（Data-Driven Design）

数据驱动设计涵盖了一大族技术，包括读取来自外部的代码、值、类文件路径、类名等，用以在运行时以某种方式改变系统行为或"参数化"系统。其他变体还包括样式表、对象－关系映射元数据、属性文件、读取窗口布局等。通过外置、读取并判断这些变体，能够防止数据、元数据或声明性变化等对系统产生影响。

服务查找（Service Lookup）

服务查找包括使用命名服务（例如 Java JNDI）或用来获取服务的经纪人（例如 Java Jini 或 Web Service 的 UDDI）等技术。通过使用查找服务的稳定接口，客户能够避免服务位置变化的影响。这是数据驱动设计的一种特例。

解释器驱动的设计（Interpreter-Driven Design）

解释器驱动的设计包括：读取并执行外部规则的规则解释器、读取并运行程序的脚本或语言解释器、虚拟机、执行网络的神经网络引擎、读取并分析约束集的约束逻辑引擎等。这种方式能够通过外部逻辑表达式变更或参数化系统行为。系统通过外置、读取、解释逻辑而避免了逻辑变化的影响。

反射或元级的设计（Reflective or Meta-Level Design）

这种方法的一个例子是，使用 java.beans.Introspector 以获取 BeanInfo 对象，并为 bean 的 X 属性请求 getter 方法的 Method 对象，然后调用 Method.invoke。通过使用自省和元语言服务的反射算法，系统可以避免逻辑或外部代码变化的影响。该方法可以视为数据驱动设计的特例。

统一访问（Uniform Access）

诸如 Ada、Eiffel 和 C# 等语言支持一种语法构造，使得方法和字段访问以相同的方式表达。例如，aCircle.radius 可能是调用 radius():float 方法或是直接引用公共字段，这依赖于该类的定义。我们可以将公共字段变为访问方法，而无需改变客户代码。

标准语言（Standard Language）

诸如 SQL 等官方语言标准提供了各种不断涌现的语言的变化保护。

Liskov 替换原则（LSP）

LSP [Liskov88] 以对接口的不同实现或扩展超类的子类对防止变异原则进行了形式化说明。引证如下：

这里所需的是类似以下的替换性质：如果对于类型为 S 的每个对象 o1，存在类型为 T 的对象 o2，使得对于所有以 T 定义的程序 P，当 o1 替换 o2 时，P 的行为保持不变，则 S 是 T 的子类型 [Liskov88]。

一般来说，在对 T 有任何替换实现或子类（称为 S）情况下，引用类型 T（某接口或抽象超类）的软件（方法、类……）应该正常或按照预期工作。例如：

```
public void addTaxes( ITaxCalculatorAdapter calculator, Sale sale )
```

```
{
    List taxLineItems = calculator.getTaxes( sale );
    // ...
}
```

对于这里的方法 addTaxes，无论传递任何 ITaxCalculatorAdapter 的实现作为其实参，该方法都应该继续"按照预期"进行工作。LSP 是一种简单的思想，它把对大多数对象开发者而言是直觉的东西形式化了。

隐藏结构的设计

在本书的第 1 版中，一种被称为 **"不要和陌生人讲话"**（Don't Talk to Strangers）或是 **"得墨式耳定律"**（Law of Demeter）[Lieberherr88] 的重要、经典的对象设计原则被表示为 9 种 GRASP 模式之一。简而言之，其含义是不要历经远距离的对象结构路径去向远距离的间接对象（陌生人）发送消息（讲话），应该避免这种设计。这种设计对于对象结构（不稳定性的常见之处）中的变化而言极为脆弱。但是在本书的第 2 版中，用更为普遍的 PV 替换了"不要和陌生人讲话"，因为后者是前者的特例。也就是说，对"不要和陌生人讲话"规则的应用是一种针对结构变化的防止变异机制。

"不要和陌生人讲话"约束了你应该在方法里给哪些对象发送消息。它要求在方法里，只应该给以下对象发送消息：

1）this 对象（或 self）。

2）方法的参数。

3）this 的属性。

4）作为 this 属性的集合中的元素。

5）在方法中创建的对象。

其意图是避免客户与间接对象和对象之间的对象连接的知识产生耦合。

直接对象是客户的"熟人"，间接对象是"陌生人"。客户应该和熟人讲话，而避免和陌生人讲话。

以下是一个例子，它（轻微地）违反了"不要和陌生人讲话"原则。其中的注释解释了其中的违例。

```
class Register
{
private Sale sale;

public void slightlyFragileMethod()
{
    // sale.getPayment() 是向 " 熟人 " 发送消息的 (#3 可以通过 )
    // 但是对于 sale.getPayment().getTenderedAmount()
    // getTenderedAmount() 消息发送给陌生人 Payment

    Money amount = sale.getPayment().getTenderedAmount();
    // ...
```

```
    }
    // ...
}
```

这段代码通过结构连接从熟人对象（Sale）游历到陌生人对象（Payment），然后向它发送了一个消息。这种设计十分脆弱，因为它依赖于 Sale 对象连接到 Payment 对象的事实。实际上，这未必是问题。

但是，考虑下一个代码段，它沿着结构路径游历得更远。

```
public void moreFragileMethod()
{
    AccountHolder holder =
        sale.getPayment().getAccount().getAccountHolder();

    // ...
}
```

或者更为普遍的是：

```
public void doX()
{
    F someF =
        foo.getA().getB().getC().getD().getE().getF();

    // ...
}
```

这个例子是刻意构造的，但是你可以发现其中的模式：为了向一个远距离间接对象发送消息，需要沿着对象连接的路径更远地游历——和陌生人讲话。这种设计与对象连接的特定结构产生了耦合。程序游历的路径越长，也就越脆弱。为什么呢？因为对象结构（连接）可能会发生变化。这对于早期迭代或新应用尤其突出。

Karl Lieberherr 及其同事在 Demeter 项目下做了有关良好对象设计原则的研究。由于他们频繁地发现对象结构中的变化和不稳定性，并且发现与对象连接耦合的代码经常会破裂，所以识别出了得墨忒耳定律（不要和陌生人讲话）。

然而，正如在后续"预测 PV 和选择你的战斗"一节中讨论的，并不总是需要对此进行防范；这种防范依赖于对象结构的不稳定性。在标准库（例如 Java 库）中，对象类之间的结构连接是相对稳定的。在成熟系统中，结构也更为稳定。在早期迭代中的新系统，其结构是不稳定的。

一般来说，遍历的路径越长，就越脆弱，这对于遵循"不要和陌生人讲话"原则较为有效。

严格遵循这一定律（防备结构变化）需要对"熟人"对象增加新的公共操作；这些操作提供了最终所需的信息，并且隐藏了信息获取的细节。例如，支持前面两种情况下的"不要和陌生人讲话"，有以下两种情形：

```
// 情形 1
Money amount = sale.getTenderedAmountOfPayment();
```

```
// 情形 2
AccountHolder holder = sale.getAccountHolderOfPayment();
```

禁忌

警告：预测 PV 和选择你的战斗

首先，值得定义以下两个变更点：

❑ **变化点**——现有、当前系统或需求中的变化，例如必须支持多个税金计算器接口。

❑ **演化点**——预测将来可能会产生的变化点，但并不存在于现有需求中。⊖

对变化点和演化点，都可以应用 PV

警告：有时，对演化点进行"将来验证"预测的成本超过了由真实变化迫使的对原有较为"脆弱"的简单设计进行重新设计的成本。也就是说，对演化点做工程保护的成本要高于对简单设计重做的成本。

例如，我回想起在一个寻呼机消息处理系统中，架构师为了支持灵活性和预防在演化点上的变化，加入了脚本语言和解释器。然而，在增量发布版本的返工过程中，移除了这种复杂（且低效）的脚本——因为根本不需要。还有，我在刚开始 OO 编程（20 世纪 80 年代早期）时，得了"泛化"病，我倾向于花费很多时间来创建那些我真正需要编写的类的超类。我当时是想让所有事情都变得非常通用和灵活（对变化进行了预防），以便在将来环境下能够得到回报——但是这种回报从未来临。我错误地判断了为此所值得的付出。

这里并不是提倡重新设计和脆弱的设计。如果实际需要灵活性和对变化的预防，那么就应该应用 PV。但是如果预测将来验证或预测"复用"的可能性十分不确定，则需要有克制和批判的态度。

初学者倾向于脆弱的设计，而中等程度的开发者则倾向于过度想象的、灵活的、一般化的设计（从来都不会得到实用）。专家级设计师凭借洞察力作出选择；有时，简单和脆弱的设计的变更成本与发生变化的可能性相平衡。

优点

❑ 易于增加新变化所需的扩展。

❑ 可以引入新的实现而无需影响客户。

❑ 低耦合。

❑ 能够降低变化的成本或影响。

相关模式和原则

❑ 大部分设计原则和模式都是防止变异的机制，这包括多态性、接口、间接性、数据封装、大部分 GoF 设计模式等。

⊖ 在 UP 中，可以在**变更案例**（Change Case）中形式化记录进化点：每个案例都描述了对未来架构师有益的演化点的相关内容。

❑ 在 [Pree95] 中，变化点和演化点被称为"热点"。

| 别称和类似模式 |

PV 基本上等同于信息隐藏和开放 – 封闭（open-closed）原则，这些是更老的术语。作为模式社团的一种"官方"模式，1996 年，Cockburn 在 [VCK96] 中将这种思想命名为"防止变异"。

信息隐藏

David Parnas 的著名论文 "On the Criteria To Be Used in Decomposing Systems Into Modules" [Parnas72] 是一个经典示例，该论文经常被引用但很少有人读过。在该论文中，Parnas 介绍了**信息隐藏**（Information Hiding）的概念。或许因为这一术语听起来像是关于数据封装的思想，所以这一术语经常被误解为数据封装，而且有些书籍错误地将其定义为数据封装的同义词。相反，Parnas 所指的信息隐藏是说，由于困难和可能的变化而对其他模块隐藏与设计相关的信息。以下是他关于信息隐藏作为指导设计原则的讨论：

相反，我们提议，以一组困难的设计决策或可能变化的设计决策作为开始。然后，设计每个模块，使其对其他模块隐藏此类决策。

也就是说，Parnas 的信息隐藏与 PV 所表达的原则是一样的，而不仅仅是数据封装——它只是隐藏设计信息的众多技术之一。然而，这一术语已经被广泛地再解释为数据封装的同义词，因此不可能不会对其原意产生误解。

开放 – 封闭原则

Bertrand Meyer 在 [Meyer88] 中描述了**开放 – 封闭原则**（OCP），该原则基本上等价于 PV 模式和信息隐藏。OCP 的定义是：

模块应该同时（对扩展、可适应性）开放和（对影响客户的更改）封闭。

OCP 和 PV 基本上是同一原则的具有不同侧重的两种表示：即预防变化点和预防演化点。在 OCP 中，"模块"包括所有离散的软件元素，包含方法、类、子系统、应用等。

在 OCP 的语境中，短语"对于 X 封闭"意味着 X 变化时不对客户产生影响。例如，通过使用数据封装机制中的私有字段和公共访问方法，"类对于实例字段定义而言是封闭的"。与此同时，它们对于修改私有数据的定义而言是开放的，因为外部客户并非直接与私有数据耦合。

还有另一个例子，通过实现稳定的 ITaxCalculatorAdapter 接口，"税金计算器适配器对于其公共接口而言是封闭的"。然而，这些适配器对于扩展是开放的，它们对于外部税金计算器 API 的变化所作出的修改是私有的，这样并不会破坏它们的客户。

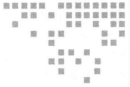

应用 GoF 设计模式

重心的转移（偏向模式）将对我们编写程序的方式产生深远和持久的影响。

——Ward Cunningham 和 Ralph Johnson

目标

❑ 介绍和应用一些 GoF 设计模式。

❑ 说明 GRASP 原则是对其他设计模式的归纳。

简介

本章探讨了 NextGen 案例分析的用例实现中的 OO 设计，该用例实现对具有不同接口的第三方外部服务、更为复杂的产品定价规则和可插拔的业务规则提供了支持。本章将重点介绍如何应用 GoF 模式和更多的 GRASP 基本模式。它说明可以基于对模式的应用来学习和解释对象设计和职责分配。模式指的是可以与设计对象结合的设计原则和习惯用法的一个词汇。

本章将介绍 23 个 GoF 设计模式中的部分模式，后续章节将有更多的介绍，包括：

❑ "使用 GoF 模式完成更多对象设计"（见第 36 章）。

❑ "使用模式设计持久性框架"（见第 37 章）。

GoF 设计模式

最先是在 17.6 节中介绍了 GoF 设计模式及其开创性影响。简要回顾一下，最先描述这些模式的是设计模式（design patterns）[GHJV95]，这一著作具有重要影响并极为流行，其中阐述了 23 个在对象设计中很有用的模式。

并非所有 23 个模式都被广泛应用，其中常用和最为有效的大概有 15 个模式。

如果要成为一个对象设计者，我推荐彻底地学习《设计模式》这本书，尽管这本书假设读者已经是有足够经验的面向对象设计人员，并且又拥有 C++ 和 Smalltalk 的背景知识。与《设计模式》相比，本书提供的只是入门介绍。

26.1 适配器（GoF）

25.1 节中所讨论的 NextGen 问题引发了多态性模式，而且其解决方案正是使用 GoF 适配器模式的例子。

名称：　　　　　　　**适配器**（Adapter）

问题：　　　　　　　如何解决不相容的接口问题，或者如何为具有不同接口的类似构件提供稳定的接口？

解决方案（建议）：　通过中介适配器对象，将构件的原有接口转换为其他接口。

回顾：NextGen POS 系统需要支持多种第三方外部服务，其中包括税金计算器、信用卡授权服务、库存系统和账务系统。它们都具有不同的 API，而且还无法改变。

有一种解决方案是：增加一层间接性对象，通过这些对象将不同的外部接口调整为在应用程序内使用的一致接口。图 26-1 描述了该解决方案。

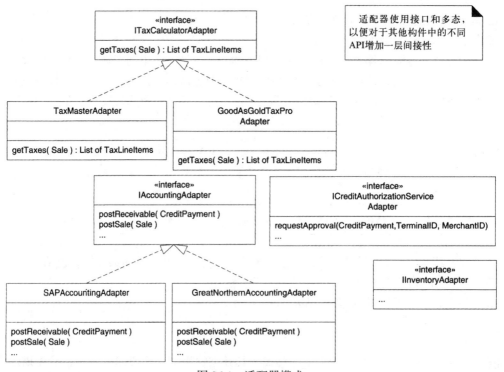

图 26-1　适配器模式

如图 26-2 所示，对于选定的外部服务，将使用一个特定适配器实例来表示[⊖]，例如针对账务系统的 SAP，当向外部接口发出 postSale 请求时，首先通过适配器进行转换，使其能够通过 HTTPS 上的 SOAP XML 接口来访问 SAP 在局域网上提供的 Web Service。

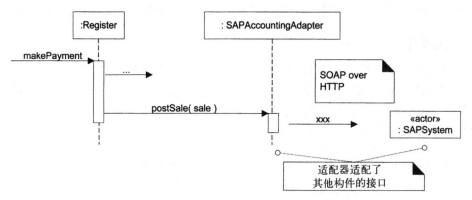

图 26-2 使用适配器

> **准则：在类型名称中包含模式名称**
>
> 注意：类型名称中包含了模式名称"Adapter"。这是相对常见的风格，这使得其他人在阅读代码或图形时能够很容易地理解其中使用了哪些模式。

[相关模式]

隐藏外部系统的资源适配器也可以被视为外观对象（本章中要讨论的另一个 GoF 模式），因为资源适配器使用单一对象封装了对子系统或系统的访问（外观的本质）。然而，当包装对象是为不同外部接口提供适配时，该对象才被特称为资源适配器。

26.2 一些 GRASP 原则是对其他设计模式的归纳

上述适配器模式的使用可以视为某些 GRASP 构造模块的特化：

适配器支持**防止变异**，因为它通过应用了接口和**多态性**的间接对象，改变了外部接口或第三方软件包。

问题是什么？模式过多！

Pattern Almanac 2000 [Rising00] 列出了大约 500 种设计模式，并且此后又发布了数百种模式。如此之多的模式，使求知欲望强烈的程序员都没有时间去实际编程了。

解决方案：找到根本原则

是的，对于有经验的设计者来说，详细了解和记住 50 种以上最重要的设计模式非常重要，

⊖ 在 J2EE 连接器架构（JCA）中，对外部服务的适配器被更明确地称为资源适配器（resource adapter）。

但是很少有人能够学习或记住 1000 个模式，因此需要对这些过量的模式进行有效分类。

但是，现在有好消息了：大多数设计模式可以被视为少数几个 GRASP 基本原则的特化。这样除了能够有助于加速对详细设计模式的学习之外，而且对发现其根本的基本主题（防止变异、多态性、间接性等）更为有效，它能够帮助我们透过大量细节发现应用设计技术的本质。

示例：适配器和 GRASP

图 26-3 说明了我的观点，可以用 GRASP 原则的基本列表来分析详细的设计模式。UML 的泛化关系可以用来指出概念上的连接。目前，这种思想可能过于理论化。但这是必要的，当你花费了数年应用那些大量的设计模式后，你会越来越体会到本质主题的重要性，而极为细节化的适配器或策略等任何模式都将变得次要。

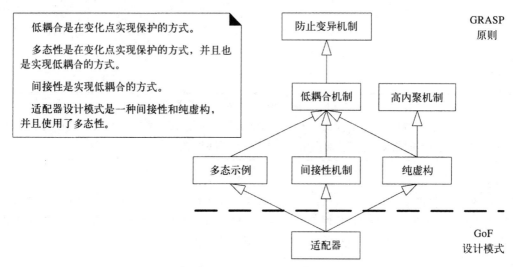

图 26-3　适配器与某些 GRASP 核心原则的关系

26.3　设计中发现的"分析"：领域模型

从图 26-1 的适配器设计中可以观察到，getTaxes 操作将会返回 TaxLineItems 列表。也就是说，如果更深层次地思考和调查税金是如何处理的，税金计算器是如何工作的，那么建模者（我）会发现销售与一组税金条目产生了关联，例如国税、地税等。（政府总会有机会发明出新的税收项目！）

该类不仅是在设计模型中新创建的软件类，而且还是领域概念。在设计或编程过程中总是会发现有价值的领域概念，而且对需求也会产生经过精化的理解——迭代开发支持这种增量式的发现。

这种发现是否应该在领域模型（或术语表）中得到反映？如果领域模型在将来会被作为后续设计工作的输入，或者作为学习关键领域概念的手段，那么对领域模型的增补是有价值的。图 26-4 描述了更新后的领域模型。

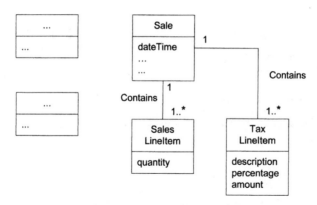

图 26-4　更新后的部分领域模型

26.4　工厂

该模式也称为**简单工厂**（Simple Factory）或**具体工厂**（Concrete Factory）。该模式虽然不是 GoF 设计模式，但是应用极为广泛。它也是 GoF 抽象工厂（Abstract Factory）模式的简化，并且经常被描述为抽象工厂的变种，尽管严格说来这种说法并不准确。无论如何，由于它的广泛应用和与 GoF 的关联，本书将在这里对此进行介绍。

适配器在设计中会引发一个新问题：在前述适配器模式的解决方案中，对外部服务有不同的接口，那么是谁创建了这些适配器？并且如何决定创建哪种类的适配器，例如是创建 TaxMasterAdapter 还是 GoodAsGoldTaxProAdapter？

如果是某个领域对象来创建这些适配器，那么领域对象的职责会超出了单纯的应用逻辑（例如销售总额的计算），并且会涉及与外部软件构件连接相关的其他内容。

这一点强调了另一个基本设计原则（通常被视为构架设计原则）：设计要保持**关注分离**（separation of concern）。也就是说，将不同关注分离或模块化为不同领域，以确保内聚。基本上，这是对 GRASP 高内聚原则的应用。例如，领域层软件对象强调相对单纯的应用逻辑职责，而另外一组对象负责关注与外部系统的连接。

因此，选择领域对象（例如 Register）来创建适配器不能支持关注分离的目标，也降低了内聚。

在这种情况下，常用的替代方案是使用**工厂**模式，其中定义纯虚构的"工厂"对象来创建对象。工厂对象如下一些优势：

❑ 分离复杂创建的职责，并将其分配给内聚的帮助者对象。

❑ 隐藏潜在的复杂创建逻辑。

❑ 允许引入提高性能的内存管理策略，例如对象缓存或再生。

名称：　　　　　　　**工厂**（Factory）

问题：　　　　　　　当有特殊考虑（例如存在复杂创建逻辑、为了改良内聚而分离创建职责 等）时，应该由谁来负责创建对象？

解决方案（建议）：　创建称为工厂的纯虚构对象来处理这些创建职责。

图 26-5 描述了使用工厂的解决方案。

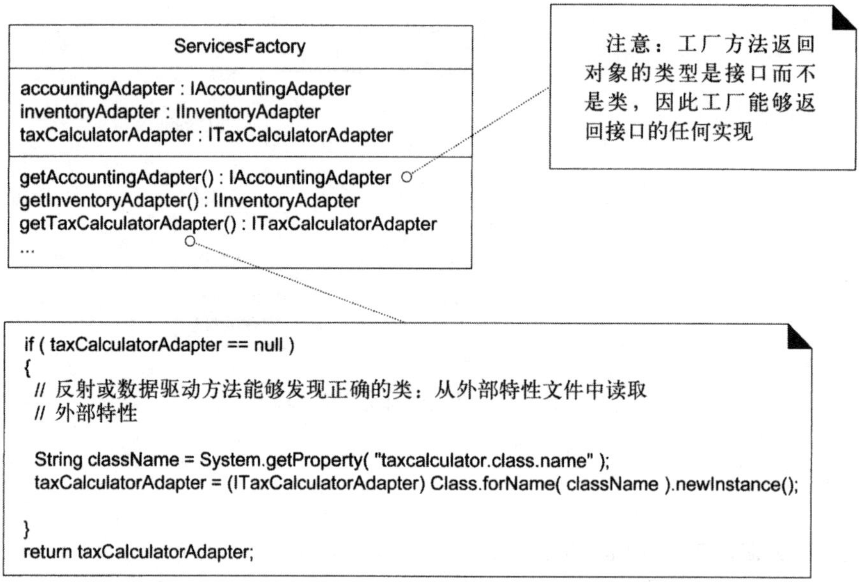

图 26-5 工厂模式

注意：在 ServicesFactory 中，决定使用哪个类来创建的逻辑是，从外部源读取类的名称（例如，如果使用 Java 则以系统特性文件作为外部源），然后动态装载这个类。此例中，局部地使用了**数据驱动设计**。这种设计对于实现适配器类的变化方面做到了防止变异原则。无需更改工厂类中的源代码，通过修改属性值并且确保新类存在于 Java 的类路径中，我们就可以为新的适配器类创建实例。

相关模式

通常使用单例模式来访问工厂模式。

26.5 单例（GoF）

ServicesFactory 的设计又引发了另一个新问题：由谁来创建工厂自身，如何访问工厂？

首先，注意在该过程中只需要一个工厂实例。其次，因为在代码的不同位置都需要访问适配器以调用外部服务，所以我们很快就会提出要在代码的不同位置调用工厂中的方法。因此，这里存在可见性问题：如何获得单个 ServicesFactory 实例的可见性？

有一种解决方案是，将 ServicesFactory 作为参数传递给任何需要其可见性的地方，或者在初始化需要其可见性的对象时，使该对象持有 ServicesFactory 的永久性引用。这是可能实现的，但是并不方便；另一种替代方案是**单实例类**模式。

有时，我们更期望支持单一实例的全局可见性或单点访问，而不是其他形式的可见性。对于 ServicesFactory 的实例来说，正是如此。

名称： **单例**

问题： 只有唯一实例的类即为"单例类"。对象需要全局可见性和单点访问。

解决方案（建议）：　对类定义静态方法用以返回单例。

例如，图 26-6 展示了单例模式的实现。

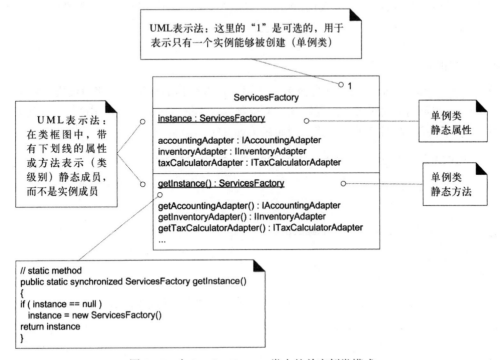

图 26-6　在 ServicesFactory 类中的单实例类模式

应用 UML：注意其中是如何表示单例类的，即在名称分栏的右上角用"1"来表示。

因此，其中的关键思想是，对类 X 定义静态方法 getInstance，该方法提供了 X 的唯一实例。

在本例中使用这种方法，开发人员便可以通过类的静态方法 getInstance 得到其唯一实例的全局可见性，例如：

```
public class Register
{

public void initialize()
{
   ... do some work ...
   // 通过调用 getInstance 访问单例的工厂类
   accountingAdapter =
      ServicesFactory.getInstance().getAccountingAdapter();

   ... do some work ...
}
// 其他方法 ...
} // 类的结束
```

由于（对大部分语言而言）公共类的可见性是全局的，因此在代码中的任何一点，在任何类的任何方法中，都可以写为：

SingletonClass.getInstance()

例如 SingletonClass.getInstance().doFoo()，这种写法是为了获得对于单例类的实例的可见性，并且对其发送消息。这样很难会感觉到 doFoo 是全局的！

实现和设计问题

单例类的 getInstance 方法通常会被频繁调用。在多线程的应用中，使用**缓式初始化**（lazy initialization）逻辑的创建步骤是需要线程并发控制的临界区。因而，假设实例是缓式初始化的，则通常要采用并发控制对其进行封装。例如在 Java 中：

```
public static synchronized ServicesFactory getInstance()
{
   if ( instance == null )
   {
      // 对于多线程应用来说是临界区
      instance = new ServicesFactory();
   }
   return instance;
}
```

对于缓式初始化，为什么不像下面例子中一样使用**预先式初始化**（eager initialization）呢？

```
public class ServicesFactory
{

// 预先初始化
private static ServicesFactory instance =
   new ServicesFactory();
public static ServicesFactory getInstance()
{
   return instance;
}
// 其他方法 ...
}
```

人们通常倾向于使用第一种方式中的缓式初始化，其主要原因是：

❑ 如果该实例永远不会被真正访问，就会节省创建工作（并避免可能会占用的大量资源）。

❑ 缓式初始化放入 getInstance 有时会包含复杂和有条件的创建逻辑。例如图 26-7 所示。

单例类的实现还存在另一个问题：为什么不将所有服务方法都定义成类自己的静态方法，而是使用具有实例方法的实例对象？例如我们给 ServicesFactory 增加名为 getAccountingAdapter 的静态方法。但是，人们通常还是倾向于使用实例和实例方法，原因有以下几点：

❑ 实例方法允许定义单例类的子类，以对其进行精化；静态的方法不是多态性的（纯虚方法）而且在大多数语言（Smalltalk 除外）中不允许在子类中对其覆写。

❑ 大多数面对对象的远程通信机制（比如 Java 的 RMI）只支持实例方法的远程使用，而不支持静态方法。单实类应该支持远程使用，尽管事实上很少这么做。

❑ 类并非在所有应用场景中都是单例类。在应用 X 中，它可能是单例类，但是在应用 Y 中，它又可能是多实例的。而且，在开始设计时就考虑使用单例类的情况并不少见，这时有可能在将来发现使用其多实例的需要。因此，使用实例方法的解决方案提供了灵活性。

相关模式

单例模式通常运用于工厂对象和外观对象（我们将要讨论的另一个 GoF 模式）。

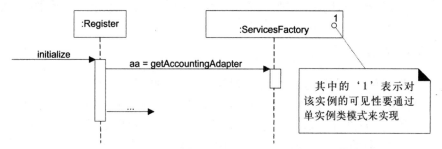

图 26-7　在 UML 中含有标记'1'暗示了 getInstance 是单例类模式的消息

26.6　具有不同接口的外部服务问题的结论

我们的解决方案是：使用适配器、工厂和单例模式的结合，为具有不同接口的外部税金计算器、账务系统等提供防止变异。图 26-8 描述了使用这些模式的用例实现。

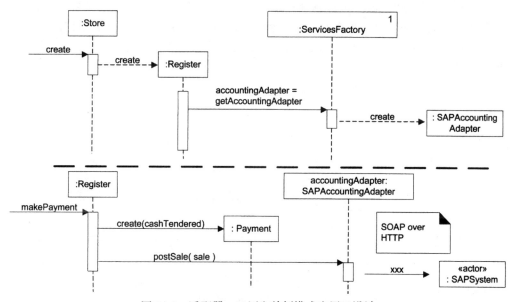

图 26-8　适配器、工厂和单例模式应用于设计

该设计可能并不理想，并且总是具有改进余地。但是，该案例研究所要努力实现的目标是：说明设计至少可以使用一组原则或模式成分来进行构造，同时完成和解释这种设计是具有系统化方法的。我很希望读者能够发现图 26-8 中的设计是由基于模式的推理而来，这些模式

包括：控制器（Controller）、创建者（Creator）、防止变异（Protected Variations）、低耦合（Low Coupling）、高内聚（High Cohesion）、间接性（Indirection）、多态性（Polymorphism）、适配器（Adapter）、工厂（Factory）和单例（Singleton）。

注意：当大家对模式的理解一致时，设计者在沟通或文档编制时可以非常简洁。我可以说"为了处理外部服务具有不同接口的问题，我们可以使用由单例工厂创建的适配器"。对象设计者在实际沟通中可能就是这样说的；使用模式和模式名称可以提高进行设计沟通时的抽象程度。

26.7 策略（GoF）

下一个要解决的设计问题是提供更为复杂的定价逻辑，例如商店在某天的折扣、老年人折扣等。

销售的定价策略（也可以称作规则、政策或算法）具有多样性。在一段时期内，对于所有的销售可能会有 10% 的折扣，后期可能会对超出 200 美元的销售给予 10% 的折扣，并且还会存在其他大量变化。我们如何对这些各种各样的定价算法进行设计呢？

名称：　　　　　　策略（Strategy）

问题：　　　　　　如何设计变化但相关的算法或政策？如何设计才能使这些算法或政策具有可变更的能力？

解决方案（建议）：　在单独的类中分别定义每种算法／政策／策略，并且使其具有共同接口。

由于定价行为根据策略（或算法）而不同，因此我们需要创建多个 SalePricingStrategy 类，每个类都具有多态性的 getTotal 方法（见图 26-9）。每个 getTotal 方法都将 Sale 对象作为参数，这样便能够使定价策略对象在 Sale 中找到打折之前的价格，并且对此应用打折规则。每个 getTotal 方法的实现将是不同的：PercentDiscountPricingStrategy 将提供百分比折扣，等等。

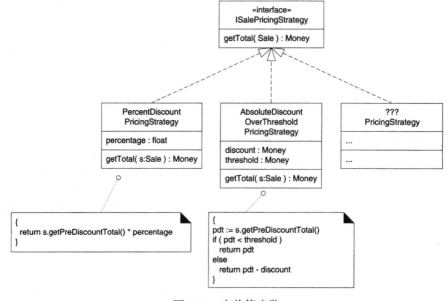

图 26-9　定价策略类

策略对象将依附于**语境对象**（context object）——策略对象对其应用算法。在本例中，语境对象是 Sale。当 getTotal 消息被发送给 Sale 时，它会把部分工作委派给它的策略对象，如图 26-10 所示。其中并不要求发给语境对象和策略对象的消息具有相同的名称，但是这种做法十分常见，例如本例（getTotal 和 getTotal）。无论如何，语境对象会将其自身的引用传递给策略对象，这种做法十分普遍（事实上，通常是必要的），这样策略对象便能够拥有语境对象的参数可见性，以便用于将来的协作。

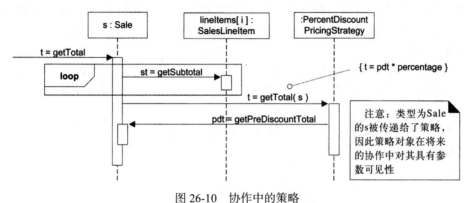

图 26-10　协作中的策略

注意：语境对象（Sale）需要其策略的属性可见性。如图 26-11 所示。

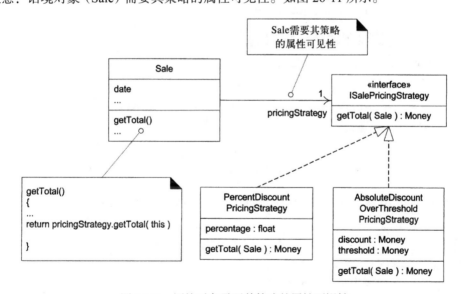

图 26-11　语境对象需要其策略的属性可视性

使用工厂创建策略

不同的定价算法或策略会根据时间而变化。谁应该创建策略呢？有一种直接的方法就是再次应用工厂模式：PricingStrategyFactory 可以负责创建应用中所需的所有策略（所有可插拔或可

变的算法或政策）。与 ServicesFactory 一样，它可以从系统特性文件（或一些外部数据源）读取
定价策略的实现类，然后创建其实例。使用这种局部数据驱动的设计（或反射设计），我们能够
在任何时候（在 NextGen POS 应用运行时），通过创建指定的不同策略类，实现对定义政策的动
态变更。

注意：策略使用了一种新工厂，也就是说，与 ServicesFactory 有所不同。该工厂支持高内
聚目标，每个工厂都内聚地着重于相关一族对象的创建。

应用 UML：在图 26-11 中可以观察到，引用直接关联于 ISalePricingStrategy 接口，而不是
具体类。这表明 Sale 中的引用属性将会以接口而不是类进行声明，这样使得接口的任何实现都
可以与该属性绑定。

注意：由于定价政策的频繁变化（可能每小时一次），因此不需要在 PricingStrategyFactory
的字段中缓存所创建的策略实例，而应该每次都在外部特性文件中读取类名，重新创建并实例
化所需策略。

与大多数工厂一样，PricingStrategyFactory 应该是单例（一个实例）并且应该通过单例模式
来访问（见图 26-12）。

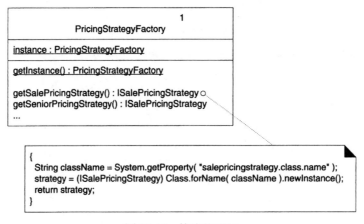

图 26-12　策略的工厂

当创建了 Sale 实例后，它可以向工厂请求其定价策略，如图 26-13 所示。

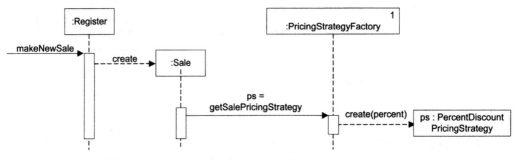

图 26-13　创建策略

读取和初始化百分比值

最后，到现在为止，我们还没有考虑如何处理不同的百分比或绝对值折扣的数值。例如，在星期一，PercentageDiscountPricingStrategy 的折扣值可能是 10%，而在星期二，其折扣值可能是 20%。

同时还要注意的是，百分比折扣不仅与时间段相关，可能还与购买者的类型（例如老年人等）相关。

这些数据将存储于某种外部数据存储（例如关系数据库）中以便修改。那么，应该由哪个对象读取这些数据，并确保将其分配给相应的策略呢？ StrategyFactory 本身就是一种合理选择，因为定价策略是由 StrategyFactory 创建的，并且它能够知道从数据存储中读取哪个百分比值（当前折扣、老年人折扣等）。

从外部数据存储中读取数值的设计可能会非常不同，可能简单，也可能复杂，例如（对于 Java 技术）可以是简单的 JDBC SQL 调用，或者是为了隐藏特定位置、数据查询语言或数据存储类型而增加一层间接性对象。对数据存储的变化点和演化点进行分析后，将会发现是否需要防止变异。例如，我们可能会问"我们是否满足于长期使用具有 SQL 的关系数据库"，如果是，则在 StrategyFactory 中简单地调用 JDBC 就可以了。

总结

对于动态变化的定价策略的防止变异可以通过策略和工厂模式实现。建立在多态性和接口基础上的策略可以实现具有可插拔的对象设计。

| 相关模式 |
策略是基于多态性的，并且对于变化的算法提供了防止变异。策略通常由工厂创建。

26.8　组合（GoF）和其他设计原则

这里可以提出另一个有趣的需求和设计问题：我们如何来处理多个互相冲突的定价策略？例如商店在今天（星期一）有效的政策有：

❑ 对老年人有 20% 的折扣政策。

❑ 对于购物金额满 400 美元的优先客户给予折 15% 的折扣。

❑ 在星期一，购物金额满 500 美元享受 50 美元的折扣。

❑ 买一罐大吉岭茶，则所有购买物品都享受 15% 的折扣。

假设一个老年人同时也是优先顾客，他购买了一罐大吉岭茶和 600 美元的素汉堡（很明显，他热衷于素食，喜爱喝茶）。此时应该适用哪个定价政策？

需要澄清的是：对该销售的定价策略存在三种因素：

1）时间期限（星期一）。

2）客户类型（老年人）。

3）具体产品条目（大吉岭茶）。

另一点需要澄清的是：上例列举的四个政策中有三个实际上都是"百分比折扣"策略，这就简化了我们看问题的复杂度。

这个问题的部分答案需要对该商店定义**解决冲突的策略**。通常，商店会应用"对顾客最有利"（最低价格）的策略来解决冲突，但并非一定如此，情况也可能会发生变化。例如，在财政困难时期，该商店可能会使用"最高价格"的策略来解决冲突。

首先要注意的是，可以同时存在多个策略，也就是说，一个销售可能有多个定价策略。另一点需要注意的是，定价策略可以与顾客类型（比如说老年人）相关。这对创建的设计具有影响：当 StrategyFactory 在为顾客创建定价策略时，必须知道顾客类型。

同样，定价策略可以与所购买的产品类型（例如大吉岭茶）相关。这对创建的设计同样具有影响：StrategyFactory 在创建与产品相关的定价策略时，必须知道 ProductDescription。

有没有办法来改变设计，使 Sale 对象不需要知道是否要处理一个或多个定价策略，而且同时还能够提供一种设计来解决冲突？有，使用组合模式。

名称：	**组合**（Composite）
问题：	如何能够像处理非组合（原子）对象一样，（多态性地）处理一组对象或具有组合结构的对象呢？

解决方案（建议）： 定义组合和原子对象的类，使它们实现相同的接口。

例如，名为 CompositeBestForCustomerPricingStrategy（名字很长，但至少可以描述其含义）的新类可以实现 ISalesPricingStrategy，并且其本身就包含了其他 ISalesPricingStrategy 对象。图 26-14 详细解释了这一设计理念。

注意，这该设计中，其中组合类 CompositeBestForCustomerPricingStrategy 继承了属性 pricingStrategies，该属性包含一组 ISalePricingStrategy 对象。这是组合对象的标志性特性：外部的组合对象包含一组内部对象，外部和内部对象实现相同的接口。也就是说，组合类本身也要实现 ISalePricingStrategy 接口。

因此，我们对 Sale 对象附加的策略既可以是组合的 CompositeBestForCustomerPricingStrategy 对象（其内包含了其他策略），又可以是原子的 PercentDiscountPricingStrategy 对象，而 Sale 不知道或不关心其定价策略是原子的还是组合的策略——对 Sale 对象来说都一样。这只是另一个实现了 ISalePricingStrategy 接口并接收 getTotal 消息的对象（见图 26-15）。

应用 UML：在图 26-15 中，请注意表示对象实现接口的方式，当我们并不关心特定的实现类时，可以采用这种方式。

用 Java 代码样例加以澄清，以下是 CompositePricingStrategy 及其一个子类的定义（见图 26-16）：

```
// 超类，所有子类都由此而继承一组策略

public abstract class CompositePricingStrategy
    implements ISalePricingStrategy
{

protected List strategies = new ArrayList();
public add( ISalePricingStrategy s )
```

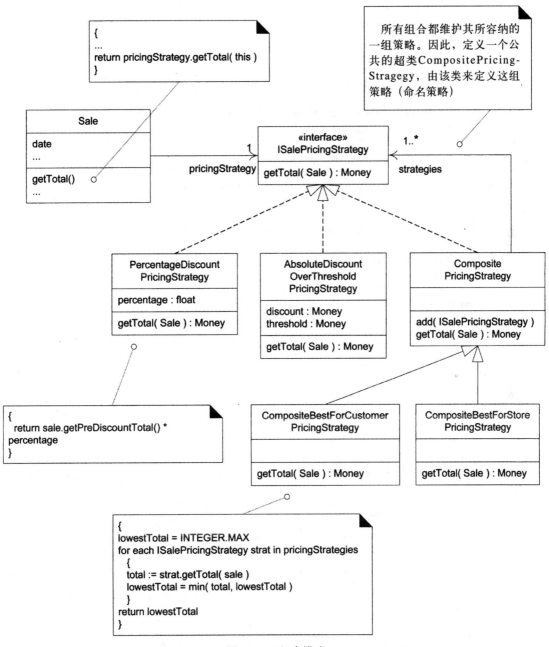

图 26-14 组合模式

```
{
    strategies.add( s );
}


public abstract Money getTotal( Sale sale );
} // 类的结束
```

```
// 返回其内部总额最小的 SalePricingStrategies 的组合策略

public class CompositeBestForCustomerPricingStrategy
    extends CompositePricingStrategy
{
public Money getTotal( Sale sale )
{
    Money lowestTotal = new Money( Integer.MAX_VALUE );
    // 遍历所有内部策略

    for( Iterator i = strategies.iterator(); i.hasNext(); )
    {
        ISalePricingStrategy strategy =
            (ISalePricingStrategy)i.next();
        Money total = strategy.getTotal( sale );
        lowestTotal = total.min( lowestTotal );
    }
return lowestTotal;
}

} // 类的结束
```

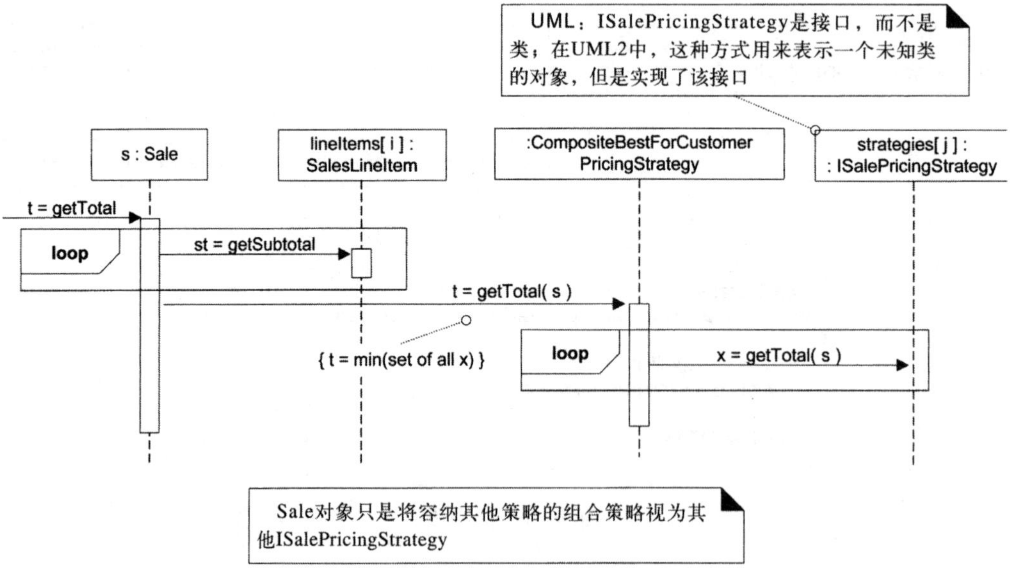

图 26-15　与组合的协作

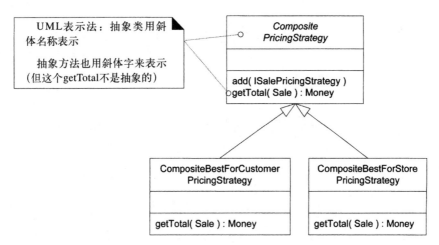

图 26-16 UML 中的抽象超类、抽象方法和继承

创建多个 SalePricingStrategies

使用组合模式，我们使一组多个（有冲突）的定价策略对于 Sale 对象来说与单个定价策略一样。包含该组的组合对象也实现了 ISalePricingStrategy 接口。对于该设计问题更具有挑战性（并且更有趣）的部分是：我们什么时候创建这些策略？

良好的设计应该在开始时为商店创建一个包含当前所有折扣政策（如果没有有效折扣，可以设为 0%）的组合，例如某个 PercentageDiscountPricingStrategy。然后，如果在该场景的下一步中，发现还需要应用另一个定价策略（例如老年人折扣），此时通过使用继承来的 Composite-PricingStrategy.add 方法，能够轻松地在组合中增加这一策略。

在该场景中，可能有三个地方需要在组合中增加策略：

1）商店当前定义的折扣，在创建销售时增加。

2）顾客类型折扣，在 POS 获知顾客类型时增加。

3）产品类型折扣（如果购买大吉岭茶，所有购买商品享受 15% 折扣），在向销售输入该产品条目时增加。

第一种情况的设计如图 26-17 所示。正如前面讨论过的初始设计一样，可以在系统特性文件中读取需要实例化的策略类的名称，并且可以在外部数据存储中读取百分比的数值。

对于第二种顾客类型折扣的情况，首先回顾一下其用例中的扩展：

用例 UC1：处理销售

......

扩展（或替代流程）:

5b. 顾客声称其符合折扣条件（例如，雇员、优先顾客）

　　1. 收银员发出折扣请求。

　　2. 收银员输入顾客标识。

　　3. 系统基于折扣规则显示折扣总额。

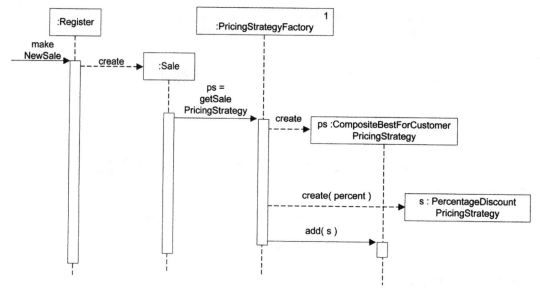

图 26-17 创建组合策略

以上表明在 POS 系统上，除了 makeNewSale、enterItem、getSale 和 makePayment 之外，还需要一个新的系统操作。我们把这第 5 个系统操作命名为 enterCustomerForDiscount；它可以作为 endSale 操作之后的可选操作。其中表明某种形式的客户标识（即 customerID）必须能够通过用户界面进行输入。可能通过读卡器或者键盘获得客户标识。

图 26-18 和图 26-19 展示了针对第二种情况的设计。我们并不奇怪，其中使用了工厂对象来负责创建额外的定价策略。其中可能还需要另一个 PercentageDiscountPricingStrategy 来表示诸如老年人折扣等策略。但是与最初的设计一样，对于顾客类型的特定百分比折扣，需要读取系统特性文件来选择相应的类，以便对类或值的变更提供防止变异。注意其中的组合模式，Sale 可能会赋予两个或多个冲突的定价策略，但是对 Sale 对象来说，该组合还是可以视为单一的策略。

应用 UML：图 26-18 和图 26-19 展示了 UML 2 在交互图方面的一个重要思想：使用 ref 和 sd 图框来关联图形。

在设计中考虑 GRASP 和其他原则

回顾一些基本 GRASP 模式的思想：对于第二种情况，为什么不是由 Register 来向 Pricing-StrategyFactory 发送消息，创建新的定价策略，然后将其传递给 Sale？原因之一是为了支持低耦合。Sale 已经与工厂耦合了；如果也让 Register 与之协作，则会增加该设计中的耦合。进一步而言，Sale 是获知其当前定价策略的信息专家（该策略将会被修改），因此将该职责委派给 Sale 依然是合理的。

注意，在该设计中，Register 根据指定的 ID 向 Store 请求 Customer，由此 customerID 转换为 Customer。首先，将 getCustomer 的职责分配给 Store 是合理的，根据信息专家和低表示差异的原则，Store 可以获知所有 Customer。而且因为 Register 已经具有对 Store 的属性可见性（早期设计工作中得出的），所以应该由 Register 向 Store 发出请求；如果必须由 Sale 来向 Store 发出请求，那么 Sale 将需要 Store 的引用，从而增加了超出其当前水平的耦合，并因此不支持低耦合原则。

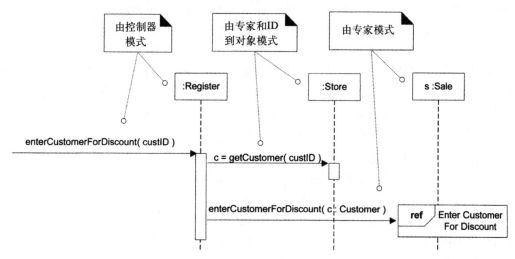

图 26-18　为客户折扣创建定价策略（第一部分）

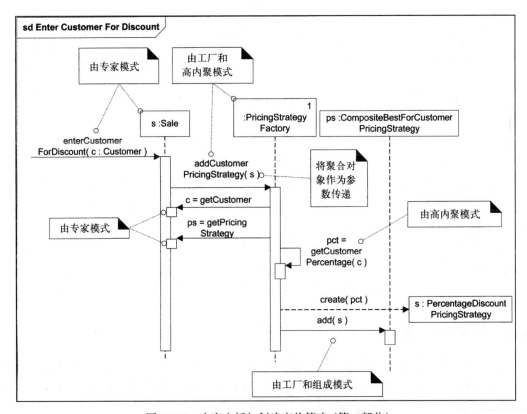

图 26-19　为客户折扣创建定价策略（第二部分）

ID 到对象

其次，为什么不将 customerID（"ID"可能是一个数字）转换为 Customer 对象呢？在对象设计中，将事物的键和 ID 转换成真正的对象是常见实践。这种转换通常发生在 ID 和键从 UI 层进入设计模型领域层的时候。该实践不具有模式名称，但是它可以作为候选模式，因为这是有经验的对象设计者的惯用做法——或许可以称为 ID 到对象。为什么要考虑此问题呢？即使设计者最初并没有感到使用对象的需要，并且认为简单数字或 ID 是足够的，但是真正的 Customer 对象封装了一组关于顾客的信息，并且具有行为（例如相关于信息专家），当持有这样的对象时，随着设计的增长，通常会变得有益和灵活。注意，在早期的设计中，将 itemID 转换为 ProductDescription 是另一个 ID 到对象模式的例子。

将聚合对象作为参数传递

最后，注意在 addCustomerPricingStrategy(s:Sale) 消息中，我们向工厂传递了 Sale，然后该工厂又回过头来向 Sale 请求 Customer 和 PricingStrategy。

为什么不将这两个对象从 Sale 中提取出来直接传递给工厂呢？答案是另一个普遍的对象设计惯例：避免将子对象从父对象或聚合对象中提取出来，并且传递这些子对象。相反，应该传递包含子对象的聚合对象。

遵守这个原则可以增加灵活性，因为这样工厂可以与整个 Sale 进行协作，我们可能没有预计到其中的一些需求和协作，但是这样也减少对工厂对象需求的预计；设计者在不知道工厂可能还需要哪些更多的特定对象时，就将整个 Sale 作为参数传递。虽然这种惯用做法没有名称，但是它是与低耦合和防止变异相关。或许我们可以将其称为将聚合对象作为参数传递模式。

总结

这个设计问题能够引出大量对象设计的技巧。有经验的对象设计者能够通过学习出版物中的解释，熟记其中的大部分模式，并消化为自己的核心原则，例如 GRASP 家族中所描述的原则。

注意，尽管这里对组合的应用是针对策略集的，但是组合模式也能够应用于其他类型的对象，而不仅仅是策略。例如，通常会通过组合来创建宏命令（包含其他命令的命令）。后续章节将描述命令（Command）模式。

> 相关模式

组合模式通常与策略和命令模式一起使用。组合是基于多态性的，并且对客户提供了防止变异，使其不会因为与之相关的对象是原子的还是组合的而受到影响。

26.9　外观（GoF）

为本次迭代选择的另一个需求是可插拔的业务规则。也就是说，在场景中的某些可预测点，例如当处理销售用例中出现 makeNewSale 或 enterItem 时，或者当收银员开始收取现金时，想要购买 NextGen POS 的客户可能会对其行为进行少量定制。

更准确地说，假设需要可以使活动无效的规则。例如：

❑ 假设创建新销售时，可能要识别该销售是否以礼券方式进行支付（这是可能并且普遍的做法）。然后，商店可能会规定如果使用礼券只可以购买一件商品。此时，enterItem 在完成第一次操作后应该变为无效。

❑ 如果销售使用礼券支付，在对该顾客找零时，除了礼券之外所有其他支付类型的找零都应该置为无效。例如，如果收银员请求现金找零或更新顾客在其商店账户上的积分时，这些请求都应该被判断为无效。

❑ 假设创建新销售时，可以识别其为慈善捐助（从商店到慈善机构）。商店可能会规定每次输入的条目价值只能低于 250 美元，并且只有当前登录者为经理时才允许对该销售添加条目。

对于需求分析来说，必须识别整个用例中的特定场景点（enterItem, chooseCashChange, ⋯）。在本例中，只考虑了 enterItem，但是对所有点都可以等价地应用相同的方案。

假设软件架构师想要设计此类方案，并且不想对现有软件构件造成过多影响。也就是说，她或他想要实现关注分离的设计，并且要把这些规则处理解析成为独立的关注。进一步说，架构师并不确定这种可插拔规则处理的最佳实现方式，并且可能想要对表示、装载和评估这些规则的各种解决方案进行试验。例如，可以使用策略模式实现这些规则，或者使用读取和解释一组 IF-THEN 规则的免费开源解释器，或者使用购买的商业规则解释器等方案。

为解决该设计问题，可以使用外观模式：

名称：	**外观**（Facade）
问题：	对一组完全不同的实现或接口（例如子系统中的实现和接口）需要公共、统一的接口。可能会与子系统内部的大量事物产生耦合，或者子系统的实现可能会改变。怎么办？
解决方案（建议）：	对子系统定义唯一的接触点——使用外观对象封装子系统。该外观对象提供了唯一和统一的接口，并负责与子系统构件进行协作。

外观是"前端"对象，是对子系统服务的唯一入口⊖；子系统的实现和其他构件是私有的，并不对外部构件可见。外观对子系统实现的变化提供了防止变异。

例如，我们将定义"规则引擎"子系统，它的具体实现还不清楚⊖。它将对操作负责评估一组规则（基于某些隐藏的实现），然后指出是否存在使该操作无效的规则。

该子系统的外观对象将被称为 POSRuleEngineFacade，如图 26-20 所示。设计者决定在所有定义了可插拔规则的方法的开始之处调用这一外观，如下例所示：

```
public class Sale
{
public void makeLineItem( ProductDescription desc, int quantity )
{
```

⊖ 这里使用的"子系统"，非正式地表示了对相关构件的单独分组，并不是 UML 中的严格定义。

⊖ 有一些免费开源的和商业的规则引擎。例如在 http://herzberg.ca.sandia.gov/jess/ 可以找到 Jess，Jess 是对学术使用免费的规则引擎。

```
SalesLineItem sli = new SalesLineItem( desc, quantity );

    // 调用外观
if ( POSRuleEngineFacade.getInstance().isInvalid( sli, this ) )
    return;

lineItems.add( sli );
}
// ...
} // 类的结束
```

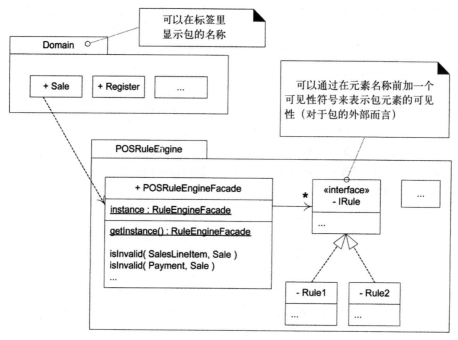

图 26-20　具有外观的 UML 包图

注意：其中对单例模式的使用。外观通常是通过单例模式进行访问的。

使用该设计，在"规则引擎"子系统中隐藏了如何表示和评估规则的实现和复杂性，该子系统通过 POSRuleEngineFacade 外观来访问。注意，外观对象所隐藏的子系统可能包含数十或数百个对象类，或者甚至是非面向对象的解决方案，但是作为该子系统的客户，我们所看到的只是它的一个公共的访问点。

所有对规则处理的关注都被委派给了另一个子系统，这样也在一定程度上实现了关注分离的目的。

总结

外观模式很简单并且应用广泛。它将子系统隐藏在一个对象之后。

相关模式

外观通常通过单例模式进行访问。它们对子系统的实现提供了防止变异，并且通过增加间接性对象有助于对低耦合的支持。外部对象只被耦合到子系统中的一个点：即外观对象。

正如在适配器模式中所描述的，适配器对象可能用来封装对具有不同接口的外部系统的访问。这就是一种外观，但是其强调的是对不同接口的适配，因此被更具体地称为适配器。

26.10 观察者／发布 – 订阅／委派事件模型（GoF）

本次迭代的另一个需求是：当总额变化后，GUI 窗口要能够刷新销售总额的显示（见图 26-21）。这里的思想只解决了一种情况下的问题，在后续迭代中，将扩展该方案，使其也能够为其他发生变化的数据刷新 GUI 显示。

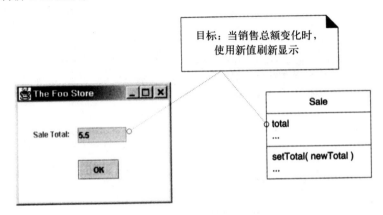

图 26-21   当销售总额变化后更新接口

当 Sale 更新了总额后，Sale 对象向窗口发送消息，使其刷新显示。为什么不采用这样的解决方案呢？

回顾一下，模型 – 视图分离原则不提倡此类解决方案。它认为"模型"对象（诸如 Sale 这样的非 UI 对象）不应该知道像窗口这样的视图或表示对象。它改进了其他层与表示（UI）层对象的低耦合。

支持这种低耦合的结果是，它允许替换现有视图或表示层，或者可以使用新的窗口来代替特定窗口，同时不会对非 UI 对象产生影响。（例如）如果模型对象不知道 Java Swing 对象，那么就可能拔掉 Swing 接口，或者拔掉特定窗口，然后插入其他什么。

因此，模型 – 视图分离对变化的用户界面提供了防止变异。

为解决这个设计问题，可以使用观察者模式。

名称：　　　　　**观察者**（Observer）(**发布 – 订阅**（Publish-Subscribe）)

问题：　　　　　不同类型的订阅者对象关注于发布者对象的状态变化或事件，并且想要在发布者产生事件时以自己独特的方式作出反应。此外，发布者想要保持与订阅者的低耦合。如何对此进行设计呢？

解决方案（建议）：　定义"订阅者"或"监听器"接口。订阅者实现此接口。发布者可以
　　　　　　　　　　　动态注册关注某事件的订阅者，并在事件发生时通知它们。

图 26-22 详细描述了此类解决方案的示例。

该示例中的主要思想和步骤是：

1）定义接口：在本例中是具有 onPropertyEvent 操作的 PropertyListener。

2）定义实现该接口的窗口。

　　SaleFrame1 将实现 onPropertyEvent 方法。

3）在 SaleFrame1 窗口初始化时，向其传递 Sale 实例以显示其总额。

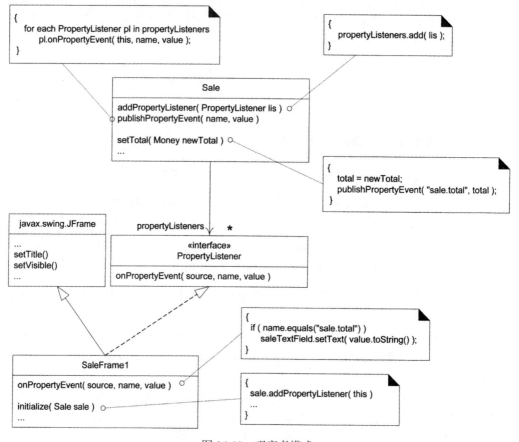

图 26-22　观察者模式

4）SaleFrame1 窗口通过 addPropertyListener 消息向 Sale 实例注册或订阅特性事件的通知。也就是说，当特性（例如总额）变化时，该窗口希望得到通知。

5）注意 Sale 并不知道 SaleFrame1 对象，它只知道实现了 PropertyListener 接口的对象。这就降低了 Sale 和窗口的耦合——只对接口耦合，而不是对 GUI 类耦合。

6）Sale 实例因而就成为了"特性事件"的发布者。当总额变化时，它会遍历所有订阅了的

PropertyListeners，并通知每一个订阅者。

　　SaleFrame1 对象是观察者 / 订阅者 / 监听器。在图 26-23 中，它订阅了其关注的 Sale 的特性事件，Sale 是特性事件的发布者。Sale 在其 PropertyListener 订阅者的列表中加入了此对象。注意 Sale 并不知道作为 SaleFrame1 对象的 SaleFrame1，只知道它是 PropertyListener 对象；这就降低了从模型到视图层的耦合。

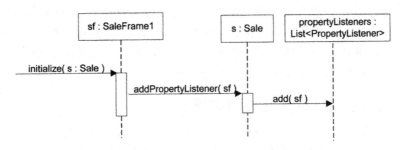

图 26-23　观察者 SaleFrame1 向发布者 Sale 订阅

　　如图 26-24 所示，当 Sale 的总额变化时，它会遍历过所有注册过的订阅者，并且通过向每个订阅者发送 onPropertyEvent 消息来"发布事件"。

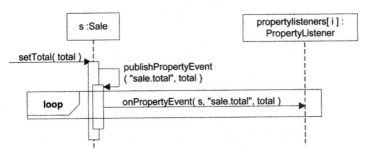

图 26-24　Sale 向其所有订阅者发布特性事件

　　应用 UML：注意，图 26-24 在交互图中处理多态性消息的方法。onPropertyEvent 消息是多态性的；多态性的特定实现将在其他图中展示，如图 26-25 所示。

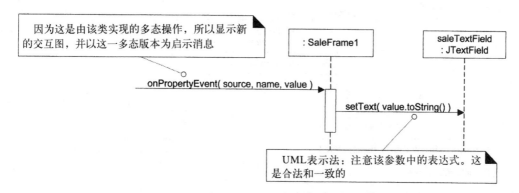

图 26-25　订阅者 SaleFrame1 接收已发布事件的通知

这样，实现了 PropertyListener 接口的 SaleFrame1 也实现了 onPropertyEvent 方法。当 SaleFrame1 接收到消息后，它会向 GUI 窗口小部件 JTextField 对象发送消息，使其用新的销售总额进行刷新。见图 26-25。

在该模式中，模型对象（Sale）到视图对象（SaleFrame1）还是存在一定的耦合。但这是与 PropertyListener 接口之间的松耦合，而该接口并不依赖于表示层。而且，该设计也不需要任何订阅者对象实际地向发布者注册（没有一定要监听的对象）。也就是说，Sale 中注册的 PropertyListeners 列表可以为空。总而言之，与对象的泛化接口之间的耦合并不需要被表示出来，而且可以动态地增加（或删掉）其中的对象，这就实现了对低耦合的支持。因此，通过使用接口和多态性，对变化的用户接口实现了防止变异。

为何称为观察者 / 发布 - 订阅 / 委派事件模型

最初，这一习语被称为发布 - 订阅，这个名称也是为人们所熟知的。其中由一个对象负责"发布事件"，例如当总额变化时，Sale 对象会发布"特性事件"。可能没有对象对此关注，在这种情况下，Sale 没有注册的订阅者。但是当有对象对此关注时，该对象将通过请求发布以对其进行通知，而成为了关注该事件的"订阅者"或注册者。这可以通过 Sale.addPropertyListener 消息来实现。当事件发生时，将会有消息通知注册过的订阅者。

它被称为观察者是因为监听器或订阅者在对相应事件进行观察；这一术语在 20 世纪 80 年代早期常见于 Smalltalk。

它（在 Java 中）也被称为委派事件模型（Delegation Event Model），因为发布者将事件处理委派给了监听器（订阅者，见图 26-26）。

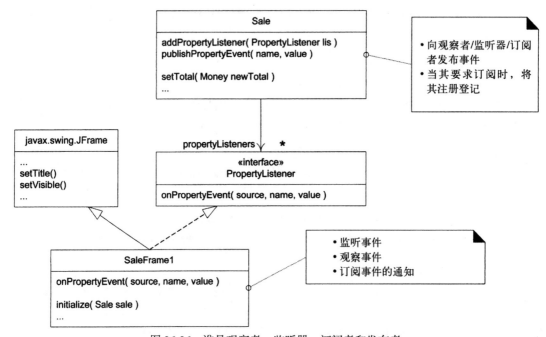

图 26-26　谁是观察者、监听器、订阅者和发布者

观察者不仅仅用来连接 UI 和模型对象

前一个例子说明了如何使用观察者来连接非 UI 对象和 UI 对象。但是其他用法也十分普遍。

该模式是 Java 技术（AWT 和 Swing) 和微软 .NET 在处理 GUI 窗口事件时最为常用的方式。每个窗口小部件都是 GUI 相关事件的发布者，其他对象可以订阅所关注的事件。例如，Swing JButton 当被按下时，会发布相应的"动作事件"。另一个对象对这个按钮进行注册，以便在此按钮被按下时，得到相应的消息，然后可以完成某一动作。

另一个例子是图 26-27 所描述的 AlarmClock，它是告警事件的发布者，这一事件具有各种订阅者。这个例子很具有说明性，因为它强调了许多类都可以实现 AlarmListener 接口，许多对象可以同时是已注册的监听器，并且都能够以自己独特的方式对此"告警事件"做出反应。

发布者的一个事件可以拥有多个订阅者

如图 26-27 所示，一个发布者实例可以有零到多个注册订阅者。例如，AlarmClock 的一个实例可以有 3 个注册的 AlarmWindows、4 个 Beeper 和一个 ReliabilityWatchDog。当告警事件发生时，所有这 8 个 AlarmListeners 都会通过 onAlarmEvent 得到通知。

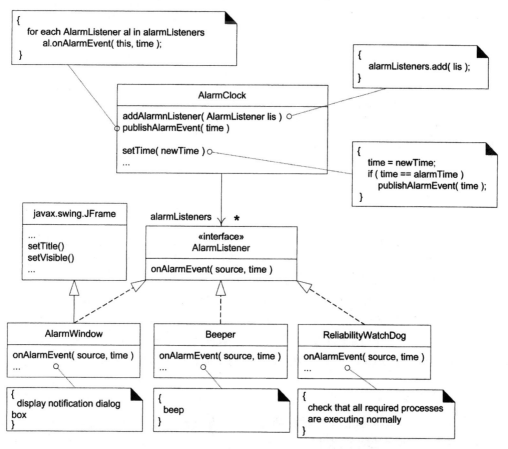

图 26-27 观察者应用于告警事件，具有不同订阅者

实现

事件

在 Java 和 C# .NET 对观察者的实现中，都可以通过正常的消息来传达"事件"，例如 onPropertyEvent。而且在这两种情况下，都可以将事件定义为类，并填充相应的事件数据。这样，事件就可以作为事件消息中的参数进行传递。

例如：

```
class PropertyEvent extends Event
{
   private Object sourceOfEvent;
   private String propertyName;
   private Object oldValue;
   private Object newValue;
   //...
}

//...

class Sale
{
   private void publishPropertyEvent(
      String name, Object old, Object new )
   {
      PropertyEvent evt =
       new PropertyEvent( this, "sale.total", old, new);

      for each AlarmListener al in alarmListeners
       al.onPropertyEvent( evt );
   }
   //...
}
```

Java

1996 年 1 月 JDK 1.0 发布的时候，它包含了一种脆弱的发布 – 订阅实现，这一实现的基础是分别称为 Observable 和 Observer 的类和接口。实际上，这是对 Smalltalk 在 20 世纪 80 年代早期实现的发布 – 订阅方法的复制，并且没有任何改进。

因此在 1996 年后期，作为 JDK 1.1 的一部分，更为健壮的 Java 委派事件模型（Delegation Event Model，DEM）有效地取代了 Observable-Observer，DEM 也是发布 - 订阅的一个版本。为了后向兼容，JDK 1.1 也保留了原来的设计（但是一般情况下要避免使用）。

本章所描述的设计与 DEM 一致，但是稍微进行了简化以强调核心思想。

总结

观察者在对象通信方面提供了一种松耦合方式。发布者只通过接口获知订阅者，订阅者可以动态地向发布者注册（或取消注册）。

相关模式

观察者是基于多态性的。当发布者产生事件时，与之通信的对象在其所属的类和数量上可能会发生变化，而观察者对其提供了防止变异。

26.11 总结

从上述描述中可以得到的主要教训是：基于模式的支持能够进行对象设计和职责分配。这些模式提供了一套可解释的惯用做法，设计良好的面向对象系统可以建立于该基础之上。

26.12 推荐资源

Gamma、Helm、Johnson 和 Vlissides 的《设计模式》(*Design Patterns*)[一]是开创性的模式著作，该书是所有对象设计者的必读之书。

每年都会举行"Pattern Languages Of Programs"（PLOP）会议，该会议会出版模式的年度纲要，即 Pattern Languages of Program Design 系列，包括卷 1、卷 2 等。整个系列都是值得阅读的。

《面向模式的软件体系结构》(*Pattern-Oriented Software Architecture*) 卷 1 和卷 2[二]在更深入的层次上论述了大型构架方面的模式。其中卷 1 介绍了模式的分类学。

目前已经出版的模式就有数百种之多，Rising 总结的《模式年鉴》(*Pattern Almanac*) 包含其中很大一部分模式。

[一] 本书中文翻译版和英文影印版已由机械工业出版社出版。——编辑注
[二] 这两本书的中文翻译版已由机械工业出版社出版。——编辑注

第五部分 *Part 5*

细化迭代 3——中级主题

迭代 3——中级主题

目标

❑ 定义迭代 3 的需求。

简介

初始阶段和迭代 1 揭示了大量面向对象分析和设计建模的基础知识。迭代 2 特别强调对象设计。迭代 3 所涉及的主题比较宽泛，将探讨各种各样的分析和设计主题，包括：

❑ 更多 GoF 设计模式及其在框架（尤其是一个持久化框架）的设计中的应用。

❑ 架构分析；使用 N+1 视图模型对架构建立文档。

❑ 使用 UML 活动图对过程进行建模。

❑ 泛化和特化。

❑ 包的设计。

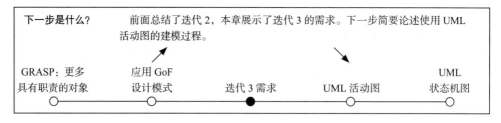

> **下一步是什么？** 前面总结了迭代 2，本章展示了迭代 3 的需求。下一步简要论述使用 UML 活动图的建模过程。
>
> GRASP：更多 具有职责的对象 — 应用 GoF 设计模式 — 迭代 3 需求 — UML 活动图 — UML 状态机图

27.1 NextGen POS 案例

迭代 3 中的需求包括：

❑ 当无法访问远程服务时，使用本地服务。例如，如果无法访问远程产品数据库，则使用一个带有缓冲数据的本地版。

❑ 提供对 POS 设备处理（例如现金抽屉、硬币分配器等）的支持。

❑ 处理信用卡支付授权。

❑ 支持持久对象。

27.2 Monopoly 案例

迭代 3 中的需求包括：

❑ 实现一个玩 Monopoly 游戏用例的基本和关键场景：游戏者在棋盘四周的方格中移动。同以前一样，以模拟方式运行的游戏除了需要游戏者数量以外不需要其他用户输入。但是，在迭代 3，将应用一组更为完整的规则。后续内容描述了这些规则。

❑ 引入了"经营用地""铁路"和"公共广场"等方格，当游戏者落入对应方格中，适用下面的逻辑规则……

❑ 如果该"经营用地""铁路"或"公共广场"方格不被任何人拥有，落入此处的游戏者可以购买它。如果游戏者选择购买，游戏者拥有的钱将减少一定数额，该数额等于被购买的"经营用地""铁路"或"公共广场"的价格，同时游戏者成为该方格的拥有者。

    ● 游戏开始时可以设置价格，值可以任意选定，例如可以设置为 Monopoly 的官方价格。

❑ 如果该"经营用地""铁路"或"公共广场"方格已经被游戏者本人拥有，则什么都不会发生。

❑ 如果该"经营用地""铁路"或"公共广场"方格已经被其他游戏者拥有，则落入该方格的游戏者必须向拥有者支付租金。租金的计算方式如下：

    ● "经营用地"的租金是（该用地的位置编号）美元。例如，如果位置编号是 5，则租金是 5 美元。

    ● "铁路"的租金为铁路拥有者所拥有铁路数的 25 倍。例如，拥有者有 3 处铁路，则租金为 75 美元。

    ● "公共广场"的租金为游戏者落入该处时所掷骰子数值的 4 倍（不需要重新掷一次骰子）。

Chapter 28 第 28 章

UML 活动图及其建模

没有备份的就是不重要的。

——系统管理员的座右铭

目标

❑ 通过示例和各种建模应用对 UML 活动图表示法进行介绍。

简介

一个 UML 活动图表示一个过程中的多个顺序活动和并行活动。这些活动图有助于对业务流程、工作流、数据流和复杂算法进行建模。

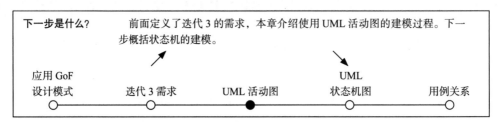

| 下一步是什么？ | 前面定义了迭代 3 的需求，本章介绍使用 UML 活动图的建模过程。下一步概括状态机的建模。 |

28.1 示例

图 28-1 中演示了基本的 UML 活动图表示法，这种活动图包括**动作**（action）、**分区**（partition）、**分叉**（fork）、**汇合**（join）和**对象节点**（object node）等。从本质上讲，此图显示了一系列动作，其中某些动作可以是并行的。这些表示法大部分都是不言自明的，但有两点细微之处需要说明：

❑ 一旦某个动作完成，紧接着会有一个自动的向外迁移。

❑ 活动图能够既表示控制流又表示数据流。

28.2　如何应用活动图

UML **活动图**提供了丰富的表示法来表示一系列活动，其中包括并行的活动。活动图可用于任何视角或目的，但常用于可视化业务工作流及过程和用例。

业务流程建模

我的一个客户经营包裹快递业务。快递包裹的过程相当不简单；其中涉及众多参与方（顾客、司机等）和大量步骤。尽管可以用文本（例如用例文本）描述这一过程，但活动图恰是"图画胜于千言"这一说法的最好例证。我的客户通过活动图可视化的手段来理解其复杂的业务流程。分区有助于观察多个参与方以及运输流程中涉及的并行动作，对象节点可以描述正在移动的东西。对当前的业务流程建模之后，他们可视化地探索变更和优化。图28-1是一个应用UML活动图进行业务流程建模的简单例子。如果将客户的整个包裹快递业务流程模型显示出来会占满整面墙！

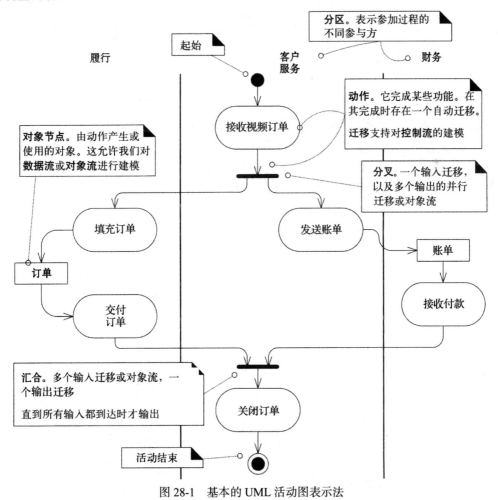

图28-1　基本的 UML 活动图表示法

数据流建模

从 20 世纪 70 年代开始，**数据流图**（DFD）就已经成为流行的方法，用于对软件系统过程中所涉及的主要步骤和数据进行可视化。这不同于业务流程建模，尽管理论上讲 DFD 可以用于业务流程建模，但其通常用于表示计算机系统中的数据流。DFD 可以用来记录主要数据流或以数据流的方式探索新的高级设计。图 28-2 是使用经典 Gane-Sarson 表示法的 DFD 示例。注意其中对过程步骤进行了编号，以表示顺序。

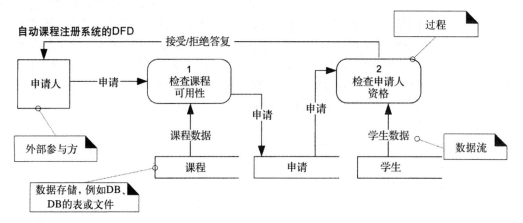

图 28-2　使用 Gane-Sarson 表示法的经典 DFD

对于文档化和探索来说，DFD 模型所提供的信息都具有效用，但 UML 中并没有包含 DFD 表示法。幸运的是，UML 活动图能够实现同一目的——用于数据流建模，从而代替传统的 DFD 表示法。图 28-3 展示了与图 28-2 中的 DFD 相同的信息，但是它使用了 UML 活动图。注意，除对象节点（object node）以外，UML **数据存储节点**（datastore node）也适用于数据流表示。

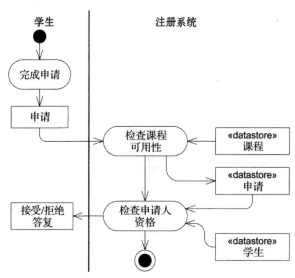

图 28-3　使用 UML 活动图表示法来表示数据流模型

并发编程和并行算法建模

尽管其细节超出了本书范围，但这里还是稍做说明。并发编程问题中的并行算法涉及多个分区、分叉和汇合行为。例如，这些算法可用于3D模拟中有限元和有限差分模型、原油储备模型、材料应力分析和天气建模。整个物理空间被分成大块，每一块由一个并行的线程（或进程）执行。在这些例子中，使用UML活动图分区（partition）来表示不同的操作系统线程或进程。使用对象节点（object node）对共享对象和数据进行建模。同时，分叉（fork）用于对多个线程（或进程）的创建和并行执行进行建模，每分区一个线程（或进程）。

28.3 其他UML活动图表示法

当某个活动需要在另外一个活动图中展开时，如何表示？如图28-4和图28-5所示，可以使用**耙子**（rake）符号来表示。

图 28-4 在另外一个活动图中展开一个活动

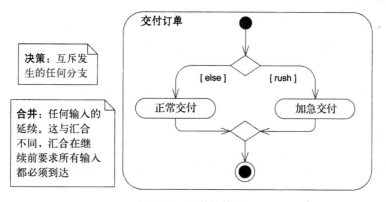

图 28-5 活动的扩展

如何表示条件分支？参见图28-5中所使用的**决策**（decision）符号。与之相关的是**合并**（merge）符号，用来表示分支流如何回归到一起。

图28-6中展示了信号。当你需要对时间触发动作或取消请求等诸如此类的事件建模时，信号非常有用。

此外，还有更多有效的UML活动图表示法。这里只重点介绍一些最常用的元素。

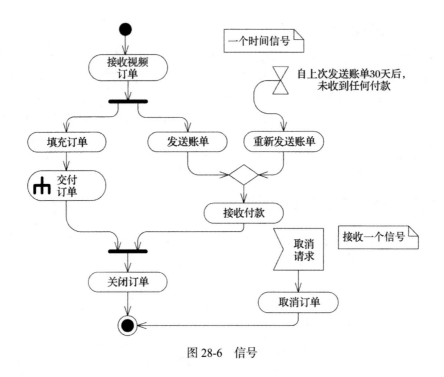

图 28-6 信号

28.4 准则

在活动图建模方面，有下面一些准则：

☐ 活动图通常对于涉及众多参与方的非常复杂的过程建模最有价值。对于简单的过程，用例文本就够用了。

☐ 在进行业务流程建模时，可以利用耙子（rake）符号和子活动图。在 level 0 图的概览中，保持较高的抽象水平，从而使图形具有清晰、简洁的品质。在 level 1 甚至 level 2 的子图中展开细节。

☐ 与上一条相关的是，尽量保持同一张图中所有动作节点的抽象级别一致。举一个反例，假设在 level 0 的图中有一个叫"交付订单"的动作节点，还有一个叫"计算税款"的动作节点。这些动作的抽象级别非常不同。

28.5 示例：NextGen 中的活动图

图 28-7 中的局部模型表示对处理销售用例中的过程应用 UML 活动图的例子。展示这一案例研究的示例是为了保证完整性。但是实际上不会费心去创建这个，有了用例文本，而且过程相对简单，这样做就没什么边际价值了。

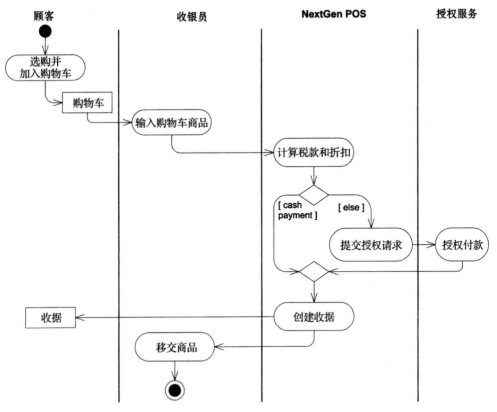

图 28-7　使用 UML 活动图对处理销售用例建模

28.6　过程："统一过程"中的活动图

统一过程的科目之一是**业务建模**（Business Modeling），其用途是理解和沟通"将要部署系统的组织的结构和动态特征"[RUP]。业务建模科目的关键制品是**业务对象模型**（UP 中领域模型的超集）。本质上，业务对象模型使用 UML 类图、序列图和活动图对业务运转方式进行了可视化。因此，在 UP 的业务建模科目中，活动图尤为适用。

28.7　背景

一直以来，存在着众多的流程建模和数据流图示语言，而 UML 活动图日渐流行，成为事实上的标准，但是它还有其他重要变体。

活动图的语义松散地基于 **Petri 网**，Petri 网是计算机科学中一个重要的计算理论。Petri 网的隐喻实现是：**令牌**流过活动图。例如，当令牌到达一个动作节点时，动作将执行。当所有必要的输入令牌到达汇合节点，输出令牌将被创建。

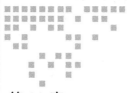

Chapter 29 第 29 章

UML 状态机图和建模

不，不，你不是在思考，你只是有条理而已。

——尼尔斯·玻尔（Niels Bohr）

目标

❏ 通过示例和各种建模应用介绍 UML 状态机图表示法。

简介

同活动图一样，UML 状态机图是动态视图。UML 包含了可用来描述事物（事务、用例和人等）的事件和状态的表示法。

本章仅介绍一些最重要的特性，不涉及那些较少使用的表示法。

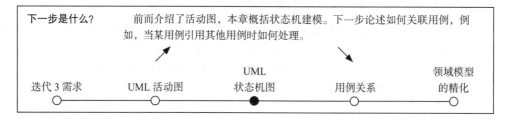

下一步是什么？ 前面介绍了活动图，本章概括状态机建模。下一步论述如何关联用例，例如，当某用例引用其他用例时如何处理。

迭代 3 需求 · · · · · · · · UML 活动图 · · · · · · · · UML 状态机图 · · · · · · · · 用例关系 · · · · · · · · 领域模型的精化

29.1 示例

如图 29-1 所示，UML **状态机图**（state machine diagram）描述了某个对象的状态和感兴趣的事件以及对象响应该事件的行为。转换（transition）用标记有事件的箭头表示。状态（state）用圆角矩形表示。通常会包含一个初始伪状态，当实例创建时，自动从初始伪状态转换到另外一个状态。

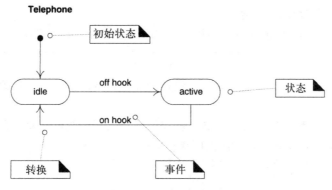

图 29-1 电话的状态机图

状态机图显示了对象的生命周期：对象经历的事件、对象的转换和对象在这些事件之间的状态。状态机图不必描述所有可能的事件，如果所发生的事件未在图中表示，则说明其不影响该状态机图所关注的内容。因此，我们可以根据需要创建状态机图，以任意简单或复杂的细节程度描述对象的生命周期。

29.2 定义：事件、状态和转换

事件（event）是指一件值得注意的事情的发生。例如：
❏ 电话接线员拿起话筒。
状态（state）是指对象在各事件之间某时刻所处的情形。例如：
❏ 接线员挂机之后再次拿起话筒之前电话处于"idle"状态。
转换（transition）是两个状态之间的关系。它表明当某事件发生时，对象从先前的状态转换到后来的状态。例如：
❏ 当事件"off hook"发生时，电话从"idle"状态转换为"active"状态。

29.3 如何应用状态机图

状态无关和状态依赖对象

如果一个对象对某事件的响应总相同，则认为此对象对于该事件**状态无关**（或非模态）。例如，如果对象接收某个消息，响应该消息的方法总做相同的事情，则该对象对于该消息状态无关。如果对于所有事件，对象的响应总是相同的，则该对象是一个**状态无关对象**。相反，**状态依赖对象**对事件的响应根据对象的状态或模式而不同。

准　　则
考虑为具有复杂行为的状态依赖对象而不是状态无关对象建立状态机图。

例如，电话的行为依赖于状态。电话对于按下某个按钮这一事件的响应方式依赖于电话的

当前状态——"摘机""使用中"等。

只有针对这些复杂的状态依赖问题，状态机图才有助于人们实现对某些方面的理解和文档化。

准 则

一般来讲，业务信息系统通常只有少数几个复杂的状态依赖类，对此，状态机建模通常用处不大。

与此相反，在过程控制、设备控制、协议处理和通信等领域，通常有许多状态依赖对象。对于这些领域，应该熟悉和考虑使用状态机建模。

对状态依赖对象建模

泛泛地讲，可以采用两种方式应用状态机：

1）对复杂的事件交互对象建模。

2）对操作协议和语言规范的合法序列建模。

❑ 如果将语言、协议或者过程看作"对象"，此种方式可以被视为第一种方式的特化。用于与语境无关的语言的形式化文法是一种状态机。

以下是一组通常为状态依赖对象的常见对象，对这些对象创建状态机图是有意义的。

复杂的反应式对象

❑ 软件控制的**物理设备**。

● 电话、汽车和微波炉：它们对于事件有复杂、丰富的响应，响应行为依赖于当前状态。

❑ **事务处理**以及相关的**业务对象**。

● 某个业务对象（销售、订单、支付等）如何响应事件？例如，取消事件发生时"订单"对象如何响应？理解货运业务中包裹可能经历的所有事件和状态对于设计、验证和过程改进很有帮助。

❑ **角色转换器**——这些是可以改变其角色的对象。

● 某个人从平民转为退伍军人。每个角色由一个状态表示。

协议和合法序列

❑ **通信协议**

● 使用状态机图，TCP 和其他新协议很容易被准确理解。状态机图说明了何时操作是合法的。例如，在 TCP 中，当协议处理器处于" closed"状态时，" close"请求应该被忽略。

❑ **UI 页面/窗口流或导航**——在进行 UI 建模时，它对于理解 Web 页面和窗口的合法序列非常有用，这通常很复杂。状态机对 UI 导航建模而言是一个很有用的工具。

❑ **UI 流控制器或会话**——这些与 UI 导航建模有关，但是特别关注控制页面流的服务器端对象。它们通常是表示当前客户会话的服务器端对象。例如，一个 Web 应用程序根据当前会话状态和接收到的下一个操作，保存 Web 客户端的会话状态并且控制向新的 Web 页面或者当前 Web 页面新的展示的转换。

❑ **用例系统操作**

● 你是否还记得处理销售用例的系统操作：makeNewSale、enterItem 等？这些操作应该以合法的顺序进行。例如，endSale 操作只能在一个或者多个 enterItem 操作之后出现。通常，这样的顺序应显而易见，如果情况复杂，则可以使用状态机建模，将用例自身当作一个对象。

❑ **单个 UI 窗口的事件处理**

● 理解一个窗口或者表单处理的事件及其合法序列。例如，只有剪贴板中有东西时，粘贴动作才有效。

29.4　更多 UML 状态机图表示法

转换动作和监护

转换可以触发动作。在软件实现中，这可能意味着状态机图所表示对象的某个方法的调用。

转换可以有一个条件监护逻辑测试或布尔测试。只有测试通过时，转换才发生，见图 29-2。

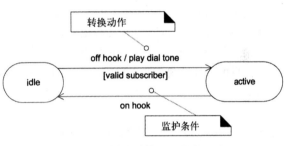

图 29-2　转换动作和监护表示法

嵌套状态

状态允许嵌套，以包含子状态，子状态继承其父状态的所有转换，见图 29-3。这是 Harel 状态机图方法的一个关键贡献，它使简洁的状态机图成为可能，UML 状态机图正是由此而来的。以图形化的方式，子状态被嵌套地放入父状态的框图里。

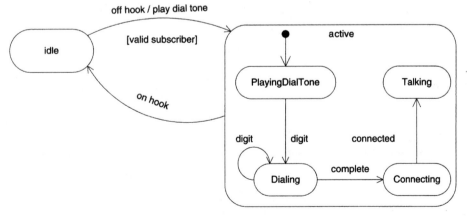

图 29-3　嵌套状态

例如，当发生某个到"active"状态的转换时，"PlayingDialTone"状态被创建，并自动转换到该状态。无论对象处于"active"状态的哪一个子状态，只要"on hook"事件发生，就发生向"idle"状态的转换。

29.5 示例：使用状态机进行 UI 导航建模

一些 UI 应用程序（特别是 Web UI 应用程序）有很复杂的页面流。在创造性的设计阶段，状态机是很有用的工具，可用于为页面流建立文档以方便人们理解其含义，也可用于建模页面流。

当进行 UI 敏捷建模和使用 UI 原型构造方法时，常用的方法是使用贴在墙上的纸来建模。每一张纸代表一个 Web 页面，贴在纸上的便笺条代表元素：黄色代表"信息"，粉红色代表"控件"（例如"按钮"）。每一张纸上都有标注，例如帮助页面、产品页面等。

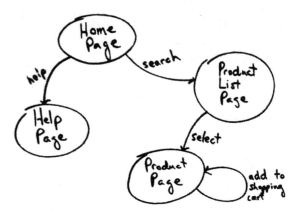

这种"低技术，好手感"的方法除了对页面内容建模有用之外，对页面流建模也很有用处。因此，在临近"Web 页面墙"的白板上，我可以勾勒出一张 UML 状态机图。用状态表示页面，事件表示引起从一个页面向另外一个页面转换的用户事件，例如按钮被按下。图 29-4 是一个 UI **导航建模**的例子。当然，这个小例子不足以说明此方法的有效性。对于大型的、复杂的页面结构，此方法很有效。

图 29-4 使用状态机进行 Web 页面导航建模

29.6 示例：NextGen 用例的状态机图

在该案例研究中没有真正合适的复杂反应式对象，因此我用一个状态机图展示了用例操作的合法序列。图 29-5 说明了它在处理销售用例中的应用。

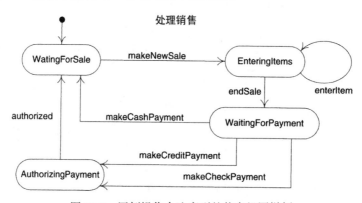

图 29-5 用例操作合法序列的状态机图样例

29.7　过程：UP中的状态机图

在 UP 中没有叫"状态模型"的东西。事实上，任何模型（设计模型、领域模型、业务对象模型等）中的任何元素都可以使用状态机图来帮助理解它们响应事件的动态行为。例如，与设计模型中设计类 Sale 相关的一个状态机图，其本身也是设计模型的一部分。

29.8　推荐资源

Cook 和 Daniels 所著的《设计对象系统》（*Design Object Systems*）一书对状态模型在面向对象分析和设计方面的应用有很好的描述。Douglass 所著的《实时 UML》（*Real Time UML*）对状态模型也有很好的讨论，该书的内容重点在于实时系统，但具有广泛的适用性。

Chapter 30 第 30 章

用 例 关 系

为什么程序员总是将万圣节和圣诞节搞混? 因为 OCT(31) = DEC(25)。

目标

☐ 以文本和图形两种形式, 使用包含 (include) 和扩展 (extend) 关联将用例联系在一起。

简介

用例彼此之间可能具有联系。例如, 处理信用卡支付用例可作为处理销售、处理租金等常规用例的一部分。通过关联将用例组织起来, 不会对系统需求和行为产生影响。相反, 这只是简单的组织机制, 能够 (理想地) 促进对用例的理解和沟通、减少文本重复、改善用例文档的管理。

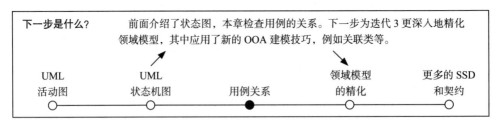

下一步是什么? 前面介绍了状态图, 本章检查用例的关系。下一步为迭代 3 更深入地精化领域模型, 其中应用了新的 OOA 建模技巧, 例如关联类等。

UML | UML | | 领域模型 | 更多的 SSD
活动图 | 状态机图 | 用例关系 | 的精化 | 和契约

准则: 避免陷入用例关系的陷阱

在一些使用用例的软件公司中, 花费了过多时间争论在用例图中如何关联用例, 而没有关注更重要的工作: **编写用例文本**。这实际反映了软件项目中分析工作的深层问题: 人们在低价值的分析和建模活动中花费了太多精力。如果你认为一开始就必须分析清楚, 就会不可避免地使分析工作陷入瘫痪的麻烦。

因此, 尽管本章讨论用例关系, 但是首先应意识到, 用例关系具有一些价值, 但更重要的工作是编写用例文本。说明需求是通过编写用例文本完成的，而不是通过组织用例完成的，组织用例只是可选步骤，可能会改善对用例的理解、减少重复。如果一个团队在开始建立用例模型时，花费数小时（甚至几天）讨论用例图和用例关系（"应该是包含关系还是扩展关系？是否应**特化**这个用例？"），而不是关注于关键的用例文本，那就本末倒置了。

此外，在 UP 和其他迭代方法中，将用例关系组织起来可以在细化阶段逐步演化；在项目开始阶段，如同瀑布方法那样，试图定义和精化完整的用例图及其关系，并没有益处。

30.1 包含关系

这是最常见、最重要的关系。

多个用例中存在部分相同的行为，这是常见的现象。例如，处理销售、处理租金、向失业救济计划捐献等用例可能都包含了信用卡支付的交互行为。与其重复文本描述，不如将这部分交互行为分离为单独的子功能用例，并适用包含关系加以指示。这是对文本的简单重构和链接，可以避免冗余。[○]

示例：

UC1：处理销售

......

主成功场景：

1. 顾客到某个 POS 终端为购买的产品或服务付费。

......

7. 顾客支付，系统处理付款。

扩展：

7b. 用信用卡支付：包含"处理信用卡支付"用例。

7c. 用支票支付：包含"处理支票支付"用例。

......

UC7：处理租金

......

扩展：

6b. 用信用卡支付：包含"处理信用卡支付"用例。

......

UC12：处理信用卡支付

......

级别：子功能

○ 如果使用可导航的超链接来实现会更好。

> **主成功场景：**
> 1. 客户输入信用卡账户信息。
> 2. 系统向外部的支付授权服务系统发送支付授权请求。
> 3. 系统接收到同意支付的信息，并通知收银员。
> 4. ……
> **扩展：**
> 2a. 系统与外部系统交互时检测到错误：
>   1. 系统通知收银员发生错误。
>   2. 收银员要求客户选择其他支付手段。
> ……

这是**包含**（include）关系。

简单地使用下划线或某种高亮显示风格是表示被包含的用例的较为简洁的表示法。例如：

UC1：处理销售

> ……
> **扩展：**
> 7b. 用信用卡支付：<u>处理信用卡支付</u>。
> 7c. 用支票支付：<u>处理支票支付</u>。
> ……

注意，处理信用卡支付子功能用例最初位于处理销售用例的扩展部分，把它分离出来是为了避免重复。同时也应该注意，子功能用例与诸如处理销售这样的普通业务过程用例一样，也有主成功场景和扩展这些结构。

Fowler 给出了何时使用包含关系的简单且实用的准则 [Fowler03]：

> 当在两个或多个独立用例中存在重复，而你想避免这种冗余时，可以使用**包含**关系。

还有一个动机，就是将过于冗长的用例简单地分解为子单元可以方便对其的理解。

在异步事件处理中使用包含关系

包含关系的另外一个用途是描述异步事件的处理，例如，用户可以在任何时候选择或分支到特定窗口、功能、Web 页面或一组步骤。

事实上，在第 6 章中已经讨论了支持这些异步分支的用例表示法，但那时没有引出对被包含子用例的讨论。

最基本的表示法是在扩展部分中使用诸如 a*、b* 这种形式的标记。以前提到过，这种风格意味着扩展或事件可以在任何时候发生。范围标记是一种辅助变体，例如 3-9，如果异步事件可以在相对较大的用例步骤范围中发生，则使用范围标记，但也不全都如此。

UC1：处理 FooBars

......

主成功场景：

1. ......

扩展：

a*. 任何时候，客户都可以选择编辑个人信息：编辑个人信息。

b*. 任何时候，客户都可以选择打印帮助：展现打印帮助。

2-11. 客户取消：取消交易确认。

......

总结

对大部分涉及用例间关系的问题，都可以使用包含关系处理。概括如下：

> 如下情形可以分解出子功能用例并使用包含关系：
> ❑ 用例在其他用例中重复使用。
> ❑ 用例非常复杂并冗长，将其分解为子单元便于理解。

正如我将要给予解释的，还存在其他关系：扩展和泛化。但是，用例建模专家 Cockburn 建议优先使用包含关系：

> 使用包含关系来处理用例之间的关系是首要原则。遵循这条原则的人们介绍说：与那些混淆包含、扩展和泛化关系的人们相比，他们和他们的读者很少会对其所编写的用例产生迷惑 [Cockburn01]。

30.2 术语：具体用例、抽象用例、基础用例和附加用例

具体用例（concrte use case）是由参与者发起，完成了参与者所期望的完整行为 [RUP]。它们通常是基本业务过程用例。例如，处理销售是具体用例。于此形成对比，**抽象用例**（abstract use case）永远不能被自己实例化；它是其他用例的子功能用例。处理信用卡支付是抽象用例，它不能独立存在，只能是其他用例例如处理销售用例的一部分。

包含其他用例的用例，或者是被其他用例扩展或者泛化的用例被称为**基础用例**（base use case）。处理销售用例包含处理信用卡支付子功能用例，因而它是基础用例。另一方面，被其他用例包含的用例，或者扩展、泛化其他用例的用例称为**附加用例**（addition use case）。处理信用卡支付用例被处理销售用例包含，因而是附加用例。附加用例通常是抽象用例。基础用例通常是具体用例。

30.3 扩展关系

假设某个用例文本因为某些原因不能被修改（至少不能大改）。不断地修改用例，添加无数

新的扩展和条件步骤，这样可能会导致用例难以维护，或者用例作为稳定的制品已经成为了基线，并且不能改动。那么，在不修改原始文本的情况下，如何向用例添加内容？

扩展（extend）关系为此提供了答案。其思路是，创建扩展或附加用例，并且在其中描述：在何处和何种条件下该用例扩展某基础用例的行为。例如：

UC1：处理销售（基础用例）

......

扩展点：VIP 客户，步骤 1。支付，步骤 7。

主成功场景：

1. 顾客到某个 POS 收费口为购买的产品或服务付费。

......

7. 顾客付费，系统处理支付。

......

UC15：处理赠券支付（扩展用例）

......

触发：客户想使用赠券支付。

扩展点：处理销售中的支付。

级别：子功能

主成功场景：

1. 客户将赠券交给收银员。
2. 收银员输入赠券 ID。

......

这是一个**扩展**关系的例子。需要注意的是，**扩展点**的使用以及扩展用例是由某些条件所触发的。扩展点是基础用例中的标记，扩展用例是通过该标记来引用扩展点的，因此基础用例的步骤编号可以改变，而不会影响扩展用例。

有时候，扩展点可能仅是"用例 X 中的任何点"。这种情形特别常见于某些拥有大量异步事件的系统，例如字处理器（"做拼写检查""做词典查找"等）、或者是反应式控制系统。需要注意，如同在前面包含关系部分中所描述的，包含关系也可以用来描述异步事件处理。当基础用例不能修改时，使用扩展关系是可行的选择。

基础用例（处理销售）对扩展用例（处理赠券支付）没有任何引用是扩展关系的最重要特征。因此，基础用例不需要定义或处理扩展触发的条件。处理销售用例自身是完备的，它不需要知道扩展用例的信息。

注意，处理赠券支付附加用例也可以通过在处理销售用例中使用包含关系来引用，如同处理信用卡支付用例一样。这样处理通常是适当的。但是本例中存在不能修改处理销售用例这样的约束条件，因此使用扩展关系比包含关系更为恰当。

更进一步来说，此赠券支付场景可以作为扩展直接添加在处理销售用例的扩展部分。此办法既避免了创建单独的子功能用例，又不用扩展关系也不用包含关系。

> 事实上，直接更新基础用例的扩展部分是推荐的方法，这样避免了创建复杂的用例关系。

某些用例准则建议使用扩展用例和扩展关系，将有条件行为或者可选行为加入基础用例。这一观点是不正确的，它没有考虑到，将有条件行为或者可选行为加入基础用例的最简单办法是，将其直接写入扩展部分。仅仅为处理可选行为而引入更多的用例和复杂的关系是不明智的。由于某些原因而不能修改基础用例，此时是使用扩展技术最为现实的动机。

30.4 泛化关系

讨论泛化关系超出了本书的范围。但是，注意：许多用例专家即使不使用这种可选关系也能够成功完成用例工作，这些关系对用例增加了另一层复杂度，并且业内人士也未就如何从中获益达成共识。用例顾问们共同的观测结论是，大量用例关系会导致复杂结果，并且会花费大量徒劳的时间。

30.5 用例图

图 30-1 展示了包含关系的 UML 表示法，案例研究中只使用了包含关系，其遵循了用例建模专家的建议，即保持事物简单，优先使用包含关系。

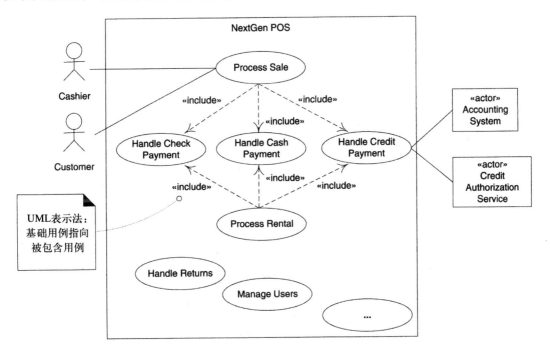

图 30-1 用例模型中的用例包含关系

图 30-2 展示了扩展关系的 UML 表示法。

图 30-2　扩展关系

第 31 章

领域模型的精化

拙劣的分类和错误的概括是混乱生活的祸根。

——H. G. Wells 的总结

目标
☐ 使用泛化、特化、关联类、时间间隔、组合和包等概念精化领域模型。
☐ 确定在何时表示子类才具有价值。

简介
泛化和特化是领域建模中支持简练表达的基本概念；更进一步讲，概念类的层次结构经常成为激发软件类层次结构设计的灵感源泉。软件类层次结构设计利用继承机制减少了代码的重复。关联类捕获关联关系自身的信息。时间间隔反映了某些业务对象仅在有限的一段时间内有效这一概念。使用包可以将大的领域模型组织成较小的单元。大部分概念将在 NextGen 案例研究的语境中进行介绍；精化的 Monopoly 领域模型会在 31.19 节开始展示。

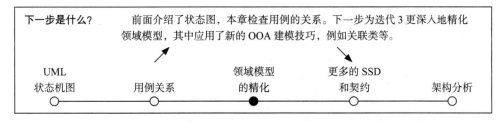

下一步是什么？ 前面介绍了状态图，本章检查用例的关系。下一步为迭代 3 更深入地精化领域模型，其中应用了新的 OOA 建模技巧，例如关联类等。

UML 状态机图　　用例关系　　领域模型的精化　　更多的 SSD 和契约　　架构分析

31.1　NextGen 领域模型中的新概念

同在迭代 1 中一样，通过反复研究本阶段需求中的概念，逐步增量地开发领域模型。诸如概念分类列表（Concept Category List）、名词短语识别（Noun Phrase Identification）这样的技术对开发领域模型会有所帮助。研究讨论这一主题的其他作者的著作（如 [Fowler96]）是开发健壮、丰富的领域模型的有效途径。

概念分类列表

表 31-1 显示了本次迭代中应该考虑的一些有价值的概念。

表 31-1 概念分类列表

分　类	示　例
有形对象	CreditCard, Check
事务	CashPayment , CreditPayment, CheckPayment
其他外部的计算机或者机电系统	CreditAuthorizationService,
抽象名词概念	CheckAuthorizationService
组织机构	CreditAuthorizationService,
	CheckAuthorizationService
金融、工作、合同、法律事务等的记录	AccountsReceivable

从用例中识别名词短语

需要反复提醒，名词短语识别技术不能机械地用于识别领域模型中的有关概念。由于自然语言具有歧义性，文本中的有关概念不会总是显式存在，必要的判断和适当的抽象是必要的。尽管如此，名词短语识别技术由于简单易懂，依然是领域建模方面很实用的技术。

本次迭代解决使用信用卡或者支票支付的处理销售用例的场景。下面解释如何从这些场景中识别名词短语：

用例 UC1：处理销售

……

扩展：

7b. 信用卡支付：

  1. 客户输入**信用卡账户信息**。

  2. 系统向外部的**支付授权服务系统**发送**支付授权请求**，请求支付批准。

    系统侦测到与外部系统协作失败：

    ①系统向收银员发送错误信号。

    ②收银员要求客户使用其他支付手段。

  3. 系统接收到**支付批准**应答，并通知收银员。

    系统接收到拒绝支付应答：

    ①系统向收银员通知拒绝应答。

    ②收银员要求客户使用其他支付手段。

  4. 系统记录此次**信用卡支付**的信息，其中包含支付批准信息。

5. 系统显示信用卡支付签名输入机制。

6. 收银员要求客户签名。客户签名。

7c. 支票支付

1. 客户填写**支票**，并且同**驾驶证**一起交给收银员。

2. 出纳员将驾驶证号码写在支票上，输入这些信息，请求**支票支付授权**。

3. 产生一个**支票支付请求**并且将它发送到外部的**支票授权服务系统**。

4. 接收到支票支付批准应答并通知收银员。

5. 系统记录此次**支票支付**的信息，包含支付批准信息。

......

授权服务的事务

通过名词短语识别技术可以揭示诸如 CreditPaymentRequest、CreditApprovalReply 这样的概念。事实上，这些概念可以看做与外部服务的某种类型的事务。识别这些事务很有用处，因为各种活动和过程往往与事务活动相关。

这些事务不一定需要表示为计算机记录或者字节流。它们表现了对事务的抽象，而与其执行的含义无关。例如，信用卡支付请求可以由人通过电话进行，也可以由两台计算机相互发送消息或者记录来完成，等等。

31.2 泛化

CashPayment、CreditPayment、CheckPayment 这些概念很相似。在这种情形下，可能和有用的方法是将它们组织成**泛化 – 特化类层次结构**（或简称为**类层次结构**）[注]（如图 31-1 所示），其中**超类** Payment 表示更为普通的概念，**子类**表示更为特殊的概念。

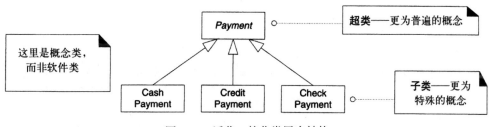

图 31-1 泛化 – 特化类层次结构

注意，本章讨论的类是概念类，而不是软件类。

泛化（generalization）是在多个概念中识别共性和定义超类（普遍概念）与子类（具体概念）关系的活动。此活动对概念进行分类学意义上的分类，并将其在类层次结构中表示出来。

⊖ 在本章的后面部分，我们将研究为什么需要建立类层次结构。

在领域模型中识别父类和子类是一个有价值的活动，这样可以使我们对概念有更概括、精炼和抽象的描述。它可以精简表示、改善理解、减少重复信息。尽管我们现在关注 UP 领域模型，而不是软件设计模型，但软件设计模型设计和使用继承将超类和子类实现为软件类也会得到更好的软件质量。

因此：

准　　则

识别领域中与本次迭代有关的超类和子类，并且在领域模型中阐明。

应用 UML——回顾在前面章节介绍的泛化关系的表示法。在 UML 中，从较特殊元素指向较一般元素的中空心箭头表示元素之间的泛化关系（见图 31-2）。无论独立箭头风格还是共享箭头风格，都可以使用。

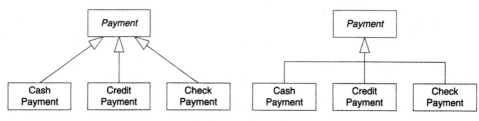

图 31-2　使用独立箭头和共享箭头表示法的类层次结构

31.3　定义概念超类和子类

既然识别概念超类和子类具有价值，那么就类的定义和类集⊖而言，清晰、准确地理解泛化、超类、子类将非常有帮助。后续章节将揭示了这些内容。

泛化和概念类的定义

概念超类和子类之间是什么关系？

定　　义

概念超类（conceptual superclass）的定义较子类的定义更为概括或包含范围更广。

例如，考虑超类 Payment 和它的子类（例如 CashPayment 等）。假定 Payment 的定义是，它表示发生购买行为时金钱（不一定是现金）从一方到另一方的转移，所有的支付都转移了一定数量的金钱。其对应的模型如图 31-3 所示。

CreditPayment 表示通过信用卡机构的金钱转移，

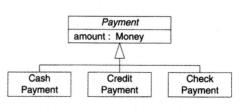

图 31-3　Payment 类的层次结构

⊖ 也就是说，类的内涵和外延。这里的讨论源于 [MO95]。

转移时需要授权。Payment 的定义比 CreditPayment 的定义所包含的范围更广，也更概括。

泛化和类集

就集合的成员关系而言，概念子类和超类具有相关性。

> **定　义**
> 概念子类集合的所有成员都是其超类集合的成员。

例如，就集合成员关系而言，集合 CreditPayment 的所有实例也都是集合 Payment 的成员。图 31-4 是用 Venn 图来表示集合关系。

概念子类定义的一致性

当创建一个类层次结构后，有关超类的陈述都适用于子类。例如，图 31-5 表示所有的 Payment 都有 amount 属性，并且都与某个 Sale 类具有关联。

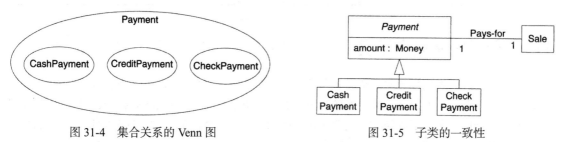

图 31-4　集合关系的 Venn 图　　　　图 31-5　子类的一致性

所有 Payment 的子类都必须有 amount 属性并且都与某个 Sale 关联。通常来讲，与超类定义一致性这个规则是 100% 规则：

> **准则：100% 规则**
> 概念超类的定义必须 100% 适用于子类。子类必须 100% 与超类一致：
> ❑ 属性
> ❑ 关联

概念子类集合的一致性

概念子类应该是超类集合的一个成员。因此，CreditPayment 应该是 Payment 集合的一个成员。

非正式地讲，这表达出一种概念，即概念子类是"一种"（is a kind of）超类。CreditPayment 是一种 Payment。更精练地讲，is-a-kind-of 被称为 is-a。

此种一致性称为 Is-a 规则。

> **准则：Is-a 规则**
> 子类集合的所有成员必须是其超类集合的成员。

> 使用自然语言，通常可以通过构造下面的陈述语句进行非正式的测试：子类是一种（is-a）超类。

例如，语句"CreditPayment 是一个 Payment"是有意义的，并且它传达出集合成员关系一致性这一概念。

什么是正确的概念子类

根据上面的讨论，在构造领域模型时应该应用下面的测试[⊖]来定义一个正确的子类：

准 则
潜在的子类应遵守下述规则： ❏ 100% 规则（定义的一致性） ❏ Is-a 规则（集合成员关系的一致性）

31.4 何时定义概念子类

上面已经讨论了确保子类正确性的规则（Is-a 和 100% 规则）。那么，究竟应该何时定义子类呢？首先，引入一个定义：**概念类的划分**（conceptual class partition）是指将一个概念类划分为几个不相交的子类（或者**类型**，这是 Odell 使用的术语）[MO95]。这一问题可以被重新表述如下："何时展示概念类划分会有帮助？"

例如在 POS 领域里，Customer 可以被正确划分（子类化为）为 MaleCustomer 和 Female-Customer。但是，在我们的模型里表示这些内容有意义吗（如图 31-6 所示）？这里的划分对我们的领域并没有帮助，下一节将阐述其原因。

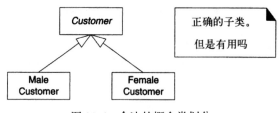

图 31-6 合法的概念类划分

将概念类划分为子类的动机

下面列出了一些将概念类划分为子类的重要动机：

⊖ 这些规则的名称是依据方便记忆而不是精确性的原则来确定。

准　则

在下述几种情形下创建概念类的子类：

1）子类有额外的有意义的属性。

2）子类有额外的有意义的关联。

3）子类概念的操作、处理、反应或使用的方式不同于其超类或其他子类，而这些方式是我们所关注的。

4）子类概念表示了一个活动体（例如动物、机器人等），其行为与超类或者其他子类不同，而这些行为是我们所关注的。

依据上面的标准，没有必要将 Customer 类划分成 MaleCustomer 和 FemaleCustomer 子类。因为它们没有额外的属性或者关联，也不会被区别对待（处理），也没有我们所关注的行为差异[⊖]。

表 31-2 展示了一些支付和其他领域中使用这些准则进行类划分的例子。

表 31-2　子类划分的示例

概念子类划分的动机	示　　例
子类具有额外的有意义的属性	Payments——不适用 Library——Book 具有新的属性 ISBN，是 LoanableResource 的子类
子类具有额外的有意义的关联	Payments——CreditPayment 类与 CreditCard 类关联，是 Payment 类的子类 Library——Video 类与 Director 类关联，是 LoanableResource 类的子类
子类概念被操作、处理、反应或使用的方式与超类或其他子类不同，而这些方式是被关注的	Payments——Payment 的子类 CreditPayment 类的授权处理方式与其他的 Payment 子类都不相同 Library——Software 在借出时需要押金，是 LoanableResource 类的子类
子类概念表示一个活动体（例如动物、机器人等），其行为与超类或者其他子类不同，而这些行为是被关注的	Payments——不适用 Library——不适用 MarketResearch——MaleHuman 与 FemaleHuman 的购物习惯不同，是 Human 的子类

31.5　何时定义概念超类

通常在识别出潜在子类的共性时，将其泛化为公共的超类。下面是泛化和定义超类的准则：

准　则

在下述情形下可以创建与子类具有泛化关系的超类：

❏ 潜在的概念子类表示的是相似概念的不同变体。

❏ 子类满足 100% 和 Is-a 规则。

❏ 所有子类都具有相同的属性，可以将其解析出来并在超类中表达。

❏ 所有子类都具有相同的关联，可以将其解析出来并与超类关联。

下面将举例说明这些要点。

⊖ 尽管男客户和女客户的购物行为有所不同，但这与当前的用例需求无关——衡量标准是基于我们的调查。

31.6　NextGen POS 案例中的概念类层次结构

Payment 类

依据上面已经讨论过的标准来划分 Payment 类，创建各种支付的类层次结构是有用的。图 31-7 解释了创建超类和子类的理由。

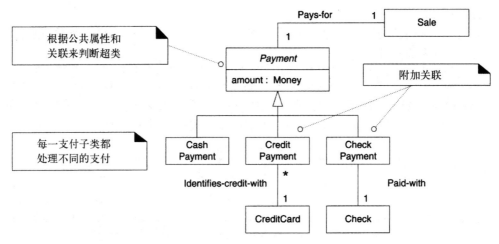

图 31-7　证明 Payment 子类的合理性

授权服务类

可以将信用卡和支票授权服务看做是相似概念的变体，它们具有被关注的共同属性。这样就形成了类层次结构，如图 31-8 所示。

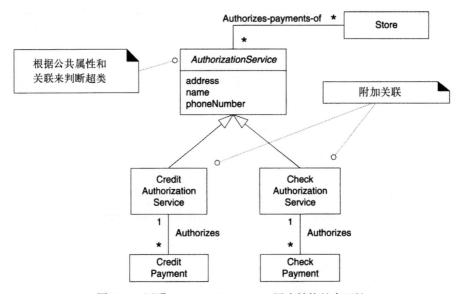

图 31-8　证明 AuthorizationService 层次结构的合理性

授权事务处理类

对各种授权服务事务（包括请求和响应）建模表达出一种有趣的情况。通常，在领域模型中展示与外部服务的事务是有用的，因为各种活动、过程通常都以此为中心。它们都是重要的概念。

建模者是否应该阐明授权服务事务的各种变体呢？如我们曾经提及，评价领域模型的标准是有用与否，而不是正确与否。每一个事务类都与不同的概念、过程以及业务规则相关，因此，可以说这样做是有益的[⊖]。

另一个有趣的问题是，在模型中展示泛化的程度是否有益。为方便讨论，假定每个事务都有日期和时间属性。考虑到这些共有的属性，并且需要为这一族相关概念创建最终的泛化关系，创建 PaymentAuthorizationTransaction 类是合适的。

但是如图 31-9 所示，将应答（Reply）泛化为 CreditPaymentAuthorizationReply 和 CheckPaymentAuthorizationReply 是否有用？或者如图 31-10 所示，展示较少的泛化就足够了？

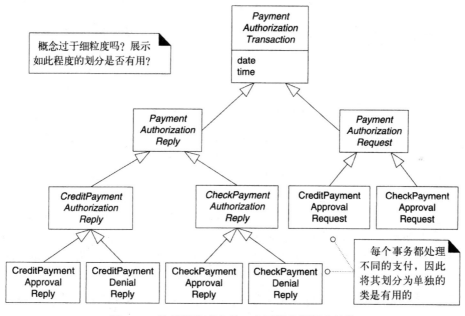

图 31-9　外部服务事务的一个可能的类层次结构

就泛化方面来说，图 31-10 显示的类层次结构就足够了，因为增加其他的泛化关系不会增加明显的价值。图 31-9 的类层次结构表示了较细粒度的泛化关系，这并没有明显提高我们对概念和业务规则的理解，反而给模型增添了不必要的复杂性。

⊖　在电信领域模型中，识别每一种转换或交换的消息都是同样有用的。

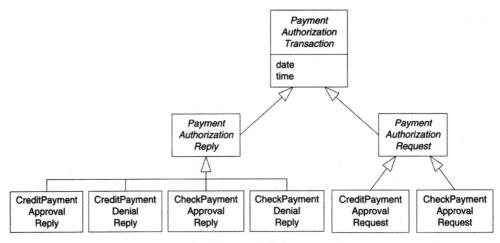

图 31-10　事务类层次结构的另一方案

31.7　抽象概念类

在领域模型中识别抽象类是有用的，因为它们可以限制哪一些类可以拥有具体实例，从而澄清了问题领域的规则。

> **定　义**
>
> 如果类 C 的每个成员也必须是某个子类的成员，则类 C 被称为**抽象概念类**（abstract conceptual class）。

例如，假定每个 Payment 类的实例必须更为特化地是某个子类如 CreditPayment、CashPayment 或 CheckPayment 的实例。图 31-11b 中的 Venn 图表示了这种情况。由于每个 Payment 类的成员也是某个子类的成员，因此按照定义，Payment 类是一个抽象概念类。

与之相比较，如果类 Payment 有某个实例不是任何子类的成员，则它不是抽象，如图 31-11a 所示。

在 POS 领域中，每个 Payment 类的实例确实是某个子类的成员。图 31-11b 是 Payments 的正确描述，因此 Payment 类是一个抽象概念类。

UML 中的抽象类表示法

加以回顾，UML 提供了表示抽象类的表示法，即使用斜体字表示类的名称（如图 31-12 所示）。

> **准　则**
>
> 识别抽象类，在领域模型中使用斜体字标识抽象类的名称，或者使用 {abstract} 关键字标识。

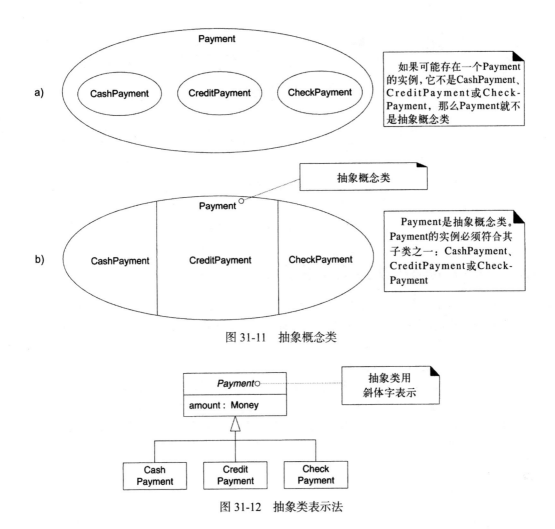

图 31-11 抽象概念类

图 31-12 抽象类表示法

31.8 对变化的状态建模

假定支付可以处于授权和未授权状态，则在领域模型中表示这一信息是有意义的（实际情况可能并非如此，如此假设是为了方便讨论）。如图 31-13 所示，一种建模方式是定义 Payment 类的子类：UnauthorizedPayment 类和 AuthorizedPayment。但是，注意：支付不可能总是停留在两个状态之一上，通常要从未授权状态转换到授权状态。因此，有下面的准则：

准　则
不要将概念 X 的状态建模为 X 的子类。有两个办法可供选择： ❑ 定义状态类层次结构，并将其与类 X 关联。 ❑ 在领域模型中忽略概念的状态，而在状态图中加以反映。

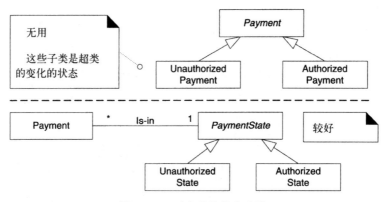

图 31-13　对变化的状态建模

31.9　软件中的类层次结构和继承关系

因为这里的讨论是关注领域模型的概念观点，而非软件对象，因此关于概念类层次结构的这个讨论并未提及继承关系。采用一种面向对象语言，通过创建**软件类层次结构**（software class hierarchies），软件子类**继承**超类的属性和操作定义。**继承**（inheritance）是使超类的特性适应于子类的软件机制，它支持对子类代码的重构，将其置入超类之中，形成类层次结构。因此，在领域模型中讨论继承没有意义，而当我们转向设计和实现视图时它才具有重要意义。

这里所产生的概念类层次结构未必会反映在设计模型中。例如，授权服务事务类层次结构可以被扩展或折叠形成另一种软件类层次结构，这取决于编程语言特性和其他因素。例如，C++ 模板类有时可能会减少类的数量。

31.10　关联类

下面的领域需求设定了关联类的使用舞台：

❑ 授权服务给每个商店分配一个商业 ID 用于在通信中进行识别。

❑ 商店发送给授权服务的支付授权请求需要带有商业 ID，以便在这一服务中标识商店。

❑ 进一步来说，商店对于每个服务都有不同的商业 ID。

在 UP 领域模型中，商业 ID 这一属性应该放在哪里？

因为 Store 可能有多个 merchantID 值，所以将 merchantID 作为 Store 的属性是不正确的。将其放入 AuthorizationService 类中同样也不正确（见图 31-14）。

图 31-14　属性的不当使用

这引出了下面的建模准则：

> **准　　则**
>
> 在领域模型中，如果类 C 可能同时有多个相同的属性 A，则不要将属性 A 置于 C 之中。应该将属性 A 放在另一个类中，并且将其与类 C 关联。
>
> 例如：
>
> ❑ Person 可能有多个电话号码。将电话号码放在一个单独的类（例如 PhoneNumber 或者 ContactInformation）中，然后将其与 Person 类关联起来。

依据上述准则，如图 31-15 中所示模型更加适当。在商业领域，用什么概念来正式记录服务提供者向客户提供服务的相关信息呢？可以采用 Contract 或者 Account。

图 31-15　对 merchantID 问题建模的首次尝试

事实上，Store 和 AuthorizationService 类都与 ServiceContract 相关联，这暗示了 ServiceContract 类依赖于两者之间的关系。可以将 merchantID 看做是与 Store 和 AuthorizationService 类之间的关联所相关的属性。

这样就导致**关联类**（association class）的概念，我们可以给关联自身增加特性。ServiceContract 类可以被建模为与 Store 和 AuthorizationService 类之间关联相关的关联类。

在 UML 中，这一关系被表示为从关联到关联类之间的虚线。图 31-16 形象地表达了 ServiceContract 类和它的属性与 Store 和 AuthorizationService 之间的关联相关这一想法，并且 ServiceContract 的生命期依赖于这种关系。

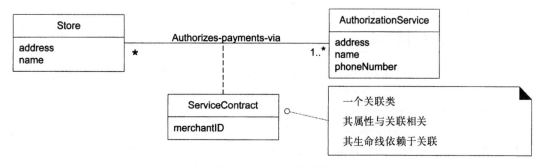

图 31-16　一个关联类

增加关联类的准则如下：

准 则
在领域模型中增加关联类的可能线索有： □ 有某个属性与关联相关。 □ 关联类的实例具有依赖于关联的生命期。 □ 两个概念之间有多对多关联，并且存在与关联自身相关的信息。

多对多关联的存在是使用关联类的最常见线索。当你见到多对多关联，则需要考虑使用关联类。

图 31-17 展示了其他一些关联类的示例。

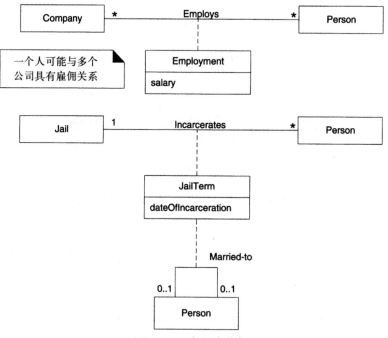

图 31-17　多个关联类

31.11　聚合关系和组合关系

本节的前几段将回顾 16.13 节的内容。**聚合**（aggregation）是 UML 中的一种模糊关系，其不精确地暗示了整体 – 部分关系（如同多数普通关联）。虽然在 UML 中并没有刻意区分聚合与纯关联的语义，但是 UML 中还是定义了这一术语。为什么？下面引用 Rumbaugh（最初的和最重要的 UML 创始人之一）的一段话：

> 虽然对聚合赋予了极少的语义，但是所有人（由于不同理由）都认为这是必要的。
>
> 可以将其视为建模的安慰剂 [RJB04]。

准则：因此，听从 UML 创始人的建议，不要在 UML 中费心去使用聚合；而且，在适当的时候要使用组合。

组合（composition）也称为**组成聚合**（composite aggregation），这是一种很强的整体—部分聚合关系，并且在某些模型中具有效用。组合关系意味着：1）在某一时刻，部分（例如方格）的一个实例只属于一个组成实例（例如棋盘）；2）部分必须总是属于组成（不存在随意游离的手指）；并且 3）组成要负责创建和删除其部分——即可以自己来创建/删除部分，也可以与其他对象协作进行创建/删除部分。与该约束相关的是，如果组成被销毁，其部分也必须被销毁，或者依附于其他组成——不允许存在游离的手指！例如，如果物理纸质的 Monopoly 游戏的棋盘被销毁，我们会想到其中的方格也同样被销毁（概念视角）。同样，在 DCD 软件视角中，如果软件的 Board 对象被销毁，其软件的 Square 对象也被销毁。

如何识别组合关系

在某些情形，通常是在物理组装中，识别组合关系很容易。但有时，组合关系并不明显。

准 则
关于组合关系：如有疑问，扔在一边。

下面是何时使用组合关系的一些准则：

准 则
在下述情形下，可以考虑组合关系： ❑ 部分的生命期在组成的生命期界限之内，部分的创建和删除依赖于整体。 ❑ 在物理或者逻辑组装上，整体 – 部分关系很明确。 ❑ 组成的某些属性（例如位置）会传递给部分。 ❑ 对组成的操作（例如销毁、移动和记录等）可能传递给部分。

显示组合关系的益处

识别和显示组合关系并不是非常重要的；在领域模型中排除组合关系也是合乎情理的。大部分有经验的领域建模者都发现人们对这些关联关系进行了太多无益的争论。

由于有以下益处，因此发现和显示组合关系还是很有用的，这些优点中的大部分都与设计而非分析活动相关，这也是从领域模型中排除组合关系没有太大影响的原因：

❑ 有利于澄清部分对整体依赖的领域约束。在组合关系中，部分的生命期不能超越整体的生命期。
   ● 在设计工作中，这会影响软件类和数据库元素（就参考完整性和层叠删除路径而言）的整体和部分之间的创建/删除依赖关系。
❑ 有助于使用 GRASP 创建者模式时识别创建者（组成）。
❑ 对整体的复制、拷贝这些操作经常会传递给部分。

NextGen 领域模型中的组合关系

在 POS 领域中，SalesLineItems 可以被视为 Sale 的组成部分。通常，事务的条目被视为聚集事务的一部分（见图 31-18）。除此以外，SalesLineItem 与 Sale 之间还有创建–删除依赖关系，即 SalesLineItem 的生命期在 Sale 的生命期界限之内。

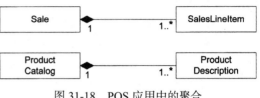

图 31-18　POS 应用中的聚合

同样的理由，ProductCatalog 是 ProductDescriptions 的一个组成。

其他关系都不是表示整体–部分语义和创建–删除依赖的强制性结合，同时"如果有疑问，将其扔在一边"。

31.12　时间间隔和产品价格——解决迭代 1 阶段的"错误"

在第 1 次迭代中，SalesLineItems 与 ProductDescriptions 关联，记录了销售项的价格。在早期迭代中，这是一个合理的简化，但需要进一步修正。需要关注与信息、合同等相关的**时间间隔**问题（及其广泛的适用性）。

如果 SalesLineItem 总是从 ProductDescriptions 中取得当前价格，当价格改变时，以前的销售将指向新的价格，这是不正确的。需要区别销售发生时的历史价格和当前价格。

基于信息需求，至少有两种方法对此建模。一种方法是在 ProductDescriptions 中保存当前价格，同时仅将销售发生时的价格写入 SalesLineItem。

另一种更稳健的方法是，将一组 ProductPrices 与 ProductDescription 关联，每个 ProductPrices 都有相关联的可适用时间间隔。因而，可以记录所有的历史价格（解决了销售价格的问题，并且可用于趋势分析），同时也记录了未来计划的价格（见图 31-19）。参阅 [CDL99] 对时间间隔进行的更深入讨论（在 Moment-Interval 原型的类属之下来讨论时间间隔）。

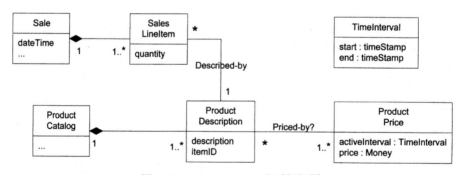

图 31-19　ProductPrices 和时间间隔

常见的情形是需要维护与一组时间间隔相关的信息而非单个值。物理、医药、科学测量、以及众多的账务和法律制品都有此需求。

31.13 关联角色名称

在关联的每一端都是一个角色，角色有各种属性，例如：

❑ 名称

❑ 多重性

角色名称在关联末端加以标识，并很好地描述出对象在关联中所扮演的角色。图 31-20 展示了角色名称的示例。

显式的角色名称并不是必需的——当对象的角色并不清楚时，使用显式的角色名称是有效的。角色名称通常以小写字母打头。如果没有显式的表示出来，则假设默认的角色名称与相关类名等同，但要以小写字母打头。

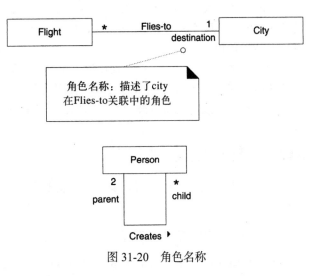

图 31-20 角色名称

如前所述，DCD 中所使用的角色在代码生成过程中可能会被解释为属性名称的基准。

31.14 作为概念的角色与关联中的角色

在领域模型中，可以采用多种方式建模现实世界的角色（特别是由人扮演的角色），例如具体概念或者关联中的角色[⊖]。例如，收银员角色和经理角色可能至少有两种方式来表达，如图 31-21 所示。

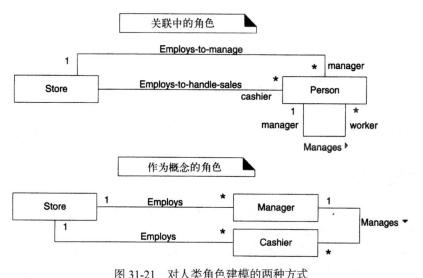

图 31-21 对人类角色建模的两种方式

⊖ 为简便起见，此处未提及 [Fowler96] 中讨论的其他优秀方案。

第一种方案可称为"关联中的角色",第二种方案可称为"作为概念的角色"。两者各有优点。

第一种方案更具吸引力,因为它相对准确地反映了"同一个人在各种关联中可以扮演不同的角色(可动态改变)"这一观念。我,做为一个人,可以同时或者按顺序扮演作者、对象设计者、父亲等角色。

另一方面,第二种方案在添加属性、关联和附加语义方面具有更大的灵活性。进一步而言,当角色改变时,当前流行的面向对象编程语言都不能很方便地动态地将某个类的实例转换成另一个类的实例,或者动态地添加行为和属性,因此将角色实现为单独的类较为容易。

31.15 导出元素

导出元素可以由其他元素所确定。属性和关联是最常见的导出元素。何时应该表示导出元素呢?

准　则

要避免在图中显示导出元素,因为这些导出元素在没有增加新信息的情况下还会增加复杂性。然而,如果导出元素是重要的术语,而缺乏这一术语会削弱理解,这时就需要在图中增加导出元素。

例如,Sale 类的 total 属性可以由 SalesLineItem 和 ProductDescriptions 的信息导出(见图 31-22)。在 UML 中,在元素名称的前面加"/"来表示导出元素。

举另外一个例子,Sales 类的 quantity 属性实际上是由与销售条目相关联的 Items 实例的数量所导出(见图 31-23)。

图 31-22　导出属性　　　　图 31-23　与多重性相关的导出属性

31.16 受限关联

在关联中可能会用到**限定词**(qualifier);基于限定词的值可以区分位于关联另一端的对象集合。具有限定词的关联是**受限关联**。

例如,ProductDescriptions 可以根据其 itemID,在 ProductCatalog 中被加以区别,如图 31-24b 所示。比较图 31-24a 和图 31-24b,受限关联减少了关联中远离限定符一侧的多重性,通常是由多减少到一。在领域模型中,描述一个限定词所表达出的含义是,如何通过与另一个类的关系来区别某类中的事物。在领域模型中,不要使用限定词来表示有关查找关键字这样的设计决策,尽管在其他模型中用来表示该设计决策是适当的。

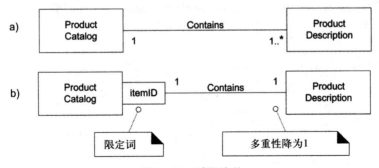

图 31-24 受限关联

限定词通常并未增加新的特别有用的信息,而且我们可能会落入"设计思维"的陷阱。但是,明智地加以使用,可以加深对领域的理解。ProductCatalog 和 ProductDescriptions 之间的受限关联提供了一个成功使用受限关联的例子。

31.17 自反关联

概念到自身的关联称为**自反关联**(reflexive association) ⊖ (见图 31-25)。

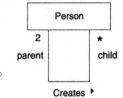

图 31-25 自反关联

31.18 使用包来组织领域模型

领域模型可以很轻易地发展到足够大,这时理想的做法把它分解成与概念相关的包,因为这样有助于理解,并且有利于由不同的人在不同的子领域并行地进行领域分析工作。下面展示了一个 UP 领域模型的包结构。

回顾前述,UML 包被表示为带标签的文件夹(见图 31-26)。包内还可以表示子包。如果包体中含有元素,则在标签上注明包名;否则在文件夹正中注明。

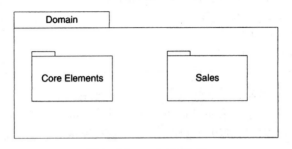

图 31-26 一个 UML 包

⊖ [MO95] 中有自反关联的更进一步定义。

所有权和引用

元素被包含它的包所拥有，但可能还会在其他包内被引用。在引用时，需要以包名对元素加以限定，其中使用路径名格式 PackageName::ElementName（见图 31-27）。对于在外部包中所表示的被引用的类，只可以添加新的关联，除此之外都不能改变。

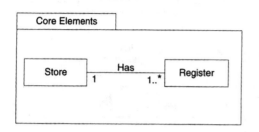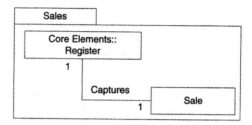

图 31-27　在包内被引用的类

包的依赖关系

如果模型元素以某种方式依赖于另一元素，则可以用依赖关系来表示，即使用带箭头的虚线加以描述。包的依赖关系意味着包中的元素以某种方式与目标包（被依赖的包）中的元素耦合。

例如，如果一个包引用了由其他包所拥有的某元素，则存在一个依赖关系。因而，Sales 包依赖于 Core Elements 包（见图 31-28）。

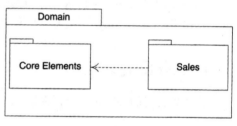

图 31-28　包的依赖关系

如何划分领域模型

应该如何使用包来组织领域模型中的类？可以应用下面的通用准则：

> **准　则**
>
> 将领域模型划分为包结构时，将满足下述条件的元素放在一起：
> ❏ 在同一个主题领域，概念或目标密切相关的元素。
> ❏ 在同一个类层次结构中的关系。
> ❏ 参与同一个用例的元素。
> ❏ 有很强的关联性的元素。

如果所有与领域模型相关的元素都以名为 Domain 的包为根，并且所有广泛共享的、常用的、核心的概念都被定义于包名诸如 Core Elements 或者 Common Concepts 这样的包中，而又没有任何其他合适的包可以放置和组织这些元素，上面介绍的方法就会非常实用。

POS 领域模型的包结构

基于上面的准则，POS 领域模型的包结构如图 31-29 所示。

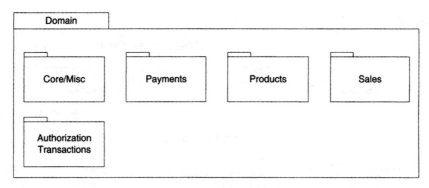

图 31-29　领域概念包

Core/Misc 包

Core/Misc 包（见图 31-30）用于放置共享概念或那些没有明显归属的元素。在下面的文本中，此包名简记为 Core。

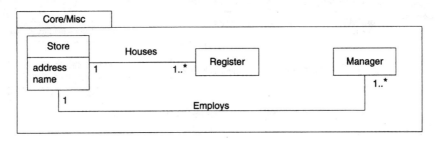

图 31-30　Core 包

本包中没有包含此次迭代中引入的新概念或关联。

Payments 包

与第 1 次迭代中相同，新的关联主要是由"必须知道"的标准所引入的。例如，需要记住 CreditPayment 和 CreditCard 之间的关系。其他一些关联是为了便于理解而引入的，例如 DriversLicense 标识了 Customer（见图 31-31）。

注意：PaymentAuthorizationReply 被表示为关联类。应答是由支付和它的授权服务之间的关联所引起的。

Products 包

除组成聚合关系以外，本次迭代没有引入新的概念和关联关系（见图 31-32）。

Sales 包

除组成聚合关系和导出属性以外，本次迭代没有引入新的概念和关联关系（见图 31-33）。

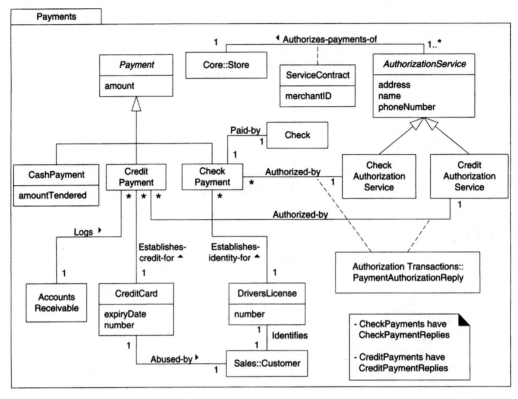

图 31-31　Payments 包

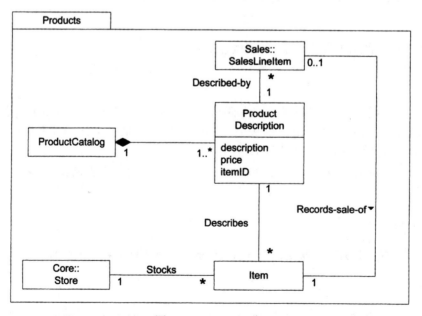

图 31-32　Products 包

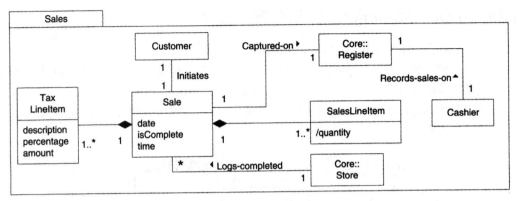

图 31-33　Sales 包

Authorization Transactions 包

　　尽管我们推荐大家为关联关系提供有意义的名称，但是在某些情形下，尤其是当关联的意图很清晰时，也没有必要一定这样做。Payment 和其 Transaction 之间的关联就是如此。我们推测阅读图 31-34 的读者能够理解 Transaction 和 Payment 之间的关系，因此没有给出此关联的命名；此时，添加名称只会使图形更为杂乱。

　　此图是否过于详细，显示了太多的特化？判断的标准是这种详细是否真的有用。尽管并非错误，但它是否有助于加深对领域的理解？上述问题的答案将会影响在领域模型中究竟应该显示多少特化才是适宜的。

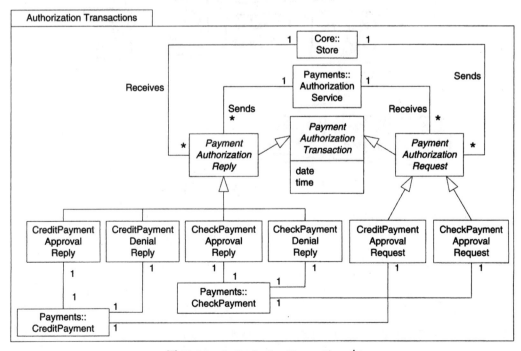

图 31-34　Authorization Transactions 包

31.19 示例：Monopoly 领域模型的精化

图 31-35 显示了对 Monopoly 领域模型的精化。包括：

❑ 不同类型的财产方格（LotSquare 等）。这反映了下述准则：如果对于重要概念，领域规则需要采取不同或特殊的方式来对待，则应该用单独的特化对其进行表示。

❑ 抽象超类 PropertySquare。因为所有子类都有 price 属性和与 Player 的 Owns 关联，因此这是合理的。

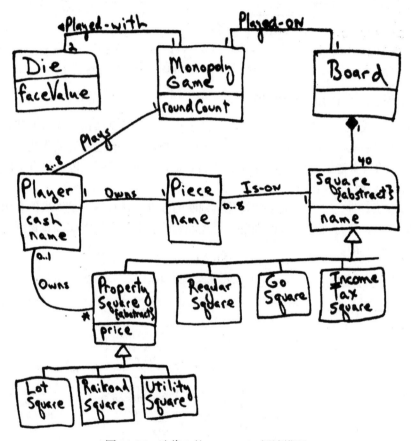

图 31-35　迭代 3 的 Monopoly 领域模型

更多的 SSD 和契约

美德是因为没有足够的诱惑。

——萧伯纳（George Bernard Shaw）

目标

❑ 为当前迭代定义 SSD 和操作契约。

简介

本章总结了 NextGen 案例研究在本次迭代中对 SSD 和系统操作契约的更新。不需要对 Monopoly 案例进行改动。

下一步是什么？ 前面介绍了领域模型的精化，本章快速概括 SSD 和契约上的变化。下一步介绍如何为一个应用来分析架构上重要的影响因素。

用例关系 —— 领域模型的精化 —— 更多的 SSD 和契约 —— 架构分析 —— 逻辑架构的精化

NextGen POS

新的系统序列图

在当前迭代中，新的支付处理需求涉及与外部系统的新协作。回顾一下我们以前所讲的内容，SSD 将每个系统当作"黑箱"，使用序列图阐释系统之间的交互。在 SSD 中阐释新的系统事件有利于说明下述问题：

❑ NextGen POS 系统需要支持的新的系统操作。

❑ 对其他系统的调用以及期望得到的响应。

处理销售场景的公共开始部分

基本场景开始部分的 SSD 包含了 makeNewSale、enterItem 和 endSale 等系统事件；此时通常不考虑支付方法（如图 32-1 所示）。

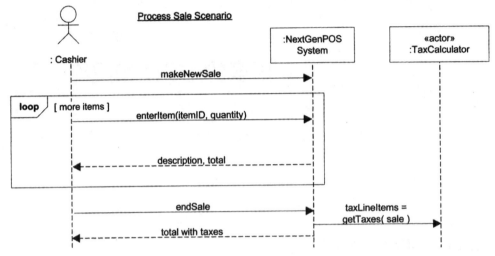

图 32-1　SSD 的公共开始部分

信用卡支付

信用卡支付场景的 SSD 始于公共开始部分之后（参见图 32-2）。

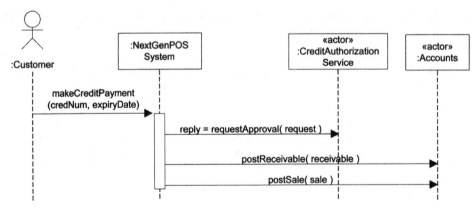

图 32-2　信用卡支付 SSD

（在本次迭代）对信用卡支付和支票支付都做了简化，即假设支付金额严格等于销售总额，因此不必以另外的"支付"总额作为输入参数。

注意，对外部 CreditAuthorizationService 服务的调用被建模为常规的具有返回值的同步消息。这是一种抽象，在实现上可以采用基于安全的 HTTPS 之上的 SOAP 请求或者其他远程通信机制。在前一个迭代定义的资源适配器可以用来隐藏特定的协议。

makeCreditPayment 系统操作（以及用例）假定客户的信用卡信息来自一张信用卡，因此需要将信用卡账户号码和失效日期输入系统（可能通过读卡器输入）。尽管公认在将来会有新的机制来传送信用卡信息，但上述假设在相当长的时期内依然有效。

回顾前述，当信用卡授权服务批准了某次信用卡支付后，则欠付了商店该笔支付金额；因此，需要在账务应收款系统中加入应收款条目。

支票支付

支票支付场景的 SSD 如图 32-3 所示：

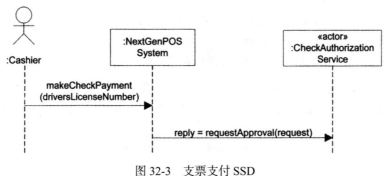

图 32-3　支票支付 SSD

根据用例描述，收银员必须输入驾驶证号码用于验证。

新的系统操作

在本次迭代中，增加了一些系统必须处理的系统操作：

❏ makeCreditPayment

❏ makeCheckPayment

在第一次迭代中，现金支付的系统操作简单记为 makePayment。现在有各种不同类型的支付，因此将现金支付的系统操作改名为 makeCashPayment。

新的系统操作契约

回顾前述，系统操作契约是可选的需求制品（用例模型的一部分），它对系统操作的结果给出了详细描述。通常情况下，用例文本的描述就足够了，这些契约描述并没有太多用处。但是在某些场合下，就领域模型中所定义的对象状态变更而言，契约能够以精确和详细方式来表示在系统之上调用复杂操作时所发生的事情，从而带来了价值。

下面是新增的系统操作的契约：

契约 CO5：makeCreditPayment

操作：	makeCreditPayment(creditAccountNumber, expiryDate)
交叉引用：	用例：Process Sale

前置条件：	销售正在进行中，已经输入了所有的销售项目
后置条件：	❑ 创建了 CreditPayment 的一个实例 pmt
	❑ 将 pmt 与 Sale 的当前实例 sale 关联起来
	❑ 创建了 CreditCard 的实例 cc；且 cc.number＝creditAccountNumber，cc.expiryDate＝expriryDate
	❑ 将 cc 与 pmt 关联起来
	❑ 创建了 CreditPaymentRequest 的一个实例 cpr
	❑ 将 pmt 与 cpr 关联起来
	❑ 创建了 ReceivableEntry 的实例 re
	❑ 将 rc 与外部的 AccountsReceivable 关联起来
	❑ 将 sale 与 Store 关联起来

　　注意，后置条件中指出了账务应收款与新的应收款条目的关联。虽然这一描述超出 NextGen 的系统边界，但是账务应收款系统是由业务所控制的，因此加入了这一声明，将其作为正确性的检查。

　　例如，在测试过程中，这一后置条件表明应该测试账务应收款系统中是否存在新的应收款条目。

契约 CO6：makeCheckPayment

操作：	makeCheckPayment(driversLicenceNumber)
交叉引用：	用例：Process Sale
前置条件：	销售正在进行中，已经输入了所有的销售项目
后置条件：	❑ 创建了 CheckPayment 的一个实例 pmt
	❑ 将 pmt 与 Sale 的当前实例 sale 关联起来
	❑ 创建了 DriversLicense 的实例 dl；且 dl.number＝driversLicenseNumber
	❑ 将 dl 与 pmt 关联起来
	❑ 创建了 CheckPaymentRequest 的一个实例 cpr
	❑ 将 pmt 与 cpr 关联起来
	❑ 作为已完成的销售，将 sale 与 Store 关联起来

第 33 章 *Chapter 33*

架 构 分 析

错误，没有键盘，按 F1 键继续。

——早期的 PC BIOS 消息

目标
❑ 创建架构因素表。
❑ 创建能够记录架构决策的技术备忘录。

简介
架构分析可以被视为需求分析的规格化，其关注强烈影响"架构"的需求。例如，为系统识别高度安全性方面的需求。

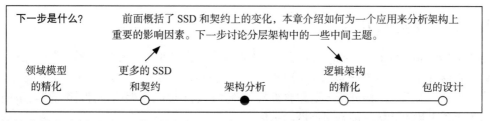

| 下一步是什么？ | 前面概括了 SSD 和契约上的变化，本章介绍如何为一个应用来分析架构上重要的影响因素。下一步讨论分层架构中的一些中间主题。 |

领域模型 的精化　　更多的 SSD 和契约　　架构分析　　逻辑架构 的精化　　包的设计

架构分析的本质是要识别影响架构的因素，理解这些因素的可变性和优先级，并且解决这些问题。其难点是要知道应该问什么样的问题，权衡利弊和了解处理一个重要架构因素的各种办法，从良性忽略到奇特设计或者第三方产品等。

优秀架构师的价值在于他们具有知道问什么问题的经验，并且能够熟练选择各种方法来解决这些因素。

为什么架构分析如此重要？因为它有助于：
❑ 降低在系统设计中丢失某些重要因素的风险。
❑ 避免在低优先级的问题上花费过多的精力。

❏ 有助于产品与业务目标的一致。

本章以 UP 的观点介绍了架构分析的基本步骤和想法；也就是说，这里介绍的是方法，而不仅仅是设计师常用的技巧和窍门。因此，本书并不是架构解决方案的作业指南——这一主题十分庞大，并且与语境相关，超越了本书介绍的范围。尽管如此，本章中 NextGen POS 案例研究为架构解决方案提供了具体示例。

33.1　过程：何时开始架构分析

在 UP 中，甚至早于第一次开发迭代时就应该开始架构分析，因为在早期开发工作中需要识别和解决架构问题。架构分析的失败会导致高风险。例如，将诸如"必须支持英语、汉语和北印度语""在一秒响应时间内支持 500 个并发事务"这样的关键架构因素的识别推迟到较晚的开发阶段是令人无法忍受的。

然而，由于 UP 是迭代和演化式的（不是瀑布式的），因此我们必须在所有架构分析完成之前就开始编程和测试。因而，分析和早期开发活动是齐头并进的。

在介绍一些 OOA/D 的基本概念之前，暂且将这一重要议题推后讨论。

33.2　定义：变化点和演化点

首先，在软件系统中有两个变化点（在防止变异模式中首次介绍）值得反复强调：

❏ **变化点**（variation point）——当前现有系统或需求中的变化之处，例如，必须支持的多个税金计算器接口。

❏ **演化点**（evolution point）——现有需求中不存在、但可能在将来发生，推测性的变化点。

我们将会看到，变化点和演化点是在架构分析中反复出现的关键元素。

33.3　架构分析简介

架构分析（architectural analysis）是在功能性需求（例如处理销售等）的语境中，识别和处理系统非功能性需求（例如安全需求等）的活动。其包括识别变化点和最具可能性的演化点。

在 UP 中，术语"架构分析"既包含架构调查（识别）也包含架构设计（解决）。下面是在架构级别上需要识别和解决的众多问题的示例：

❏ 可靠性和容错需求如何影响设计？

● 例如，在 NextGen POS 案例分析中，哪一个远程服务（例如税金计算器）需要容错到本地服务？为什么？本地服务与远程服务完全相同，还是有所不同？

❏ 采购子构件的许可费用如何影响收益率？

● 例如，如果在系统中使用优秀数据库服务器供应商 ClueLess 的产品作为子构件，则需要支付 NextGen POS 销售额的 2%。因为该公司产品可靠、提供许多服务、许多开发者都熟悉它们，所以使用他们的产品可以加快开发速度，但需要花钱。是否应该使用可靠性较差，但开放源代码的 YourSQL 数据库服务器？会有什么风险？对 NextGen 的产品定价有何影响？

❑ 可适应性和可配置性需求如何影响设计？

- 例如，大部分零售商对业务规则都有灵活处理的需求，并且要求在其 POS 应用中有所体现。有哪些变化？什么是"最佳"设计方案？"最佳"的标准是什么？为每个客户定制编程是否能增加收入（需要做出多大努力）？或者，提供允许客户自行添加定制特性的解决方案？"挣更多钱"是否是近期目标？

❑ 商标名称的选择如何影响架构？

- 微软的 Windows XP 最初并不叫"Windows XP"，市场部门在最后一刻才决定使用现在这个名称。你也许很欣赏在许多不同的地方以文本或者图像方式显示操作系统名称这一做法。由于微软的架构设计师没有将操作系统名称的改变识别为可能的演化点，因而微软公司没有对此采取防止变异的解决方案，例如将图标单独放置于一个配置文件中。因此，在最后一刻，不得不投入一个小组在数百万行源代码和图像文件中搜寻，并做了几百处变动。
- 类似地，NextGen 产品在商标名称、标识、图标等方面的潜在变化将如何影响其架构？

33.4　架构分析的常用步骤

有若干种架构分析的方法，大都是下面介绍的方法的变体：

1）识别和分析对架构有影响的非功能性需求。虽然与功能性需求也有关系（特别是可变性方面），但是应该对非功能性需求给予非常彻底的关注。通常，这些都被称为**架构因素**（或者称为**架构驱动者**）。

❑ 这一步也可以看作常规的需求分析。由于这一步是在识别影响架构的因素、决定高层次架构方案的语境中所完成的，因此在 UP 中也被看作架构分析的一部分。

❑ 就 UP 而言，在初始阶段，需要在补充性规格说明或用例中粗略地记录和识别部分此类需求。在细化阶段早期进行的架构分析过程中，需要更仔细地对这些需求进行调查。

2）对于这些在架构方面具有重要影响的需求，需要分析可供选择的办法并创建解决这些影响的解决方案。这就是**架构决策**。

❑ 决策的范围包括"删除需求"、定制解决方案、"终止该项目"或者"雇用一个专家"等。

本章在 NextGen POS 案例分析的语境中介绍了这些基本步骤。为简单起见，这里不讨论诸如硬件和操作系统配置这样的架构部署问题，因为这些问题极具语境和时间的敏感性。

33.5　科学：架构因素的识别和分析

架构因素

所有的 FURPS+ 需求对系统的架构都具有重要影响，其中涉及可靠性、进度安排、技巧和成本约束等。例如，如果工期紧、预算少且技术生疏，则选择购买或外包会比自己构建所有构件更为明智。

无论如何，对架构最具有影响的重要因素可以包括于 FURPS+ 分类之中：功能性、可靠性、性能、可支持性、实现和接口等。有趣的是，赋予特定架构独一无二的特征的，通常是非功能质量属性（例如可靠性或性能），而不是其功能需求。例如，NextGen 系统中的设计能够通过唯一接口支持各种第三方构件，并且支持能够简单插拔的不同业务规则集。

在 UP 中，这些具有架构意义的因素称为**关键架构需求**（architecturally significant requirement）。在此，为了简便，将其简称为"因素"。

许多技术和组织性因素可以被描述为约束，约束以某种方式限制可选的解决方案（例如，必须运行在 Linux 系统上，或者采购第三方构件的价格为 X）。

质量场景

在架构因素分析中定义质量需求时，推荐使用"**质量场景**"[⊖]，因为它定义了可度量的（至少是可观察的）响应，并因此能够加以验证。诸如"系统易于修改"这样的含混描述，很难具有实用性[⊖]。

对性能以及平均故障间隔时间等的量化描述已经广为人知，质量场景扩展了这些思想，并且鼓励人们用可度量的陈述记录所有（至少大部分）因素。

质量场景是形如 <刺激><可度量响应> 的简短陈述。例如：

❑ 当销售完成，调用远程税金计算器服务计算税金时，在平均负载条件的生产环境下，大部分会在 2 秒之内返回。

❑ 当 NextGen Beta 测试的志愿者报告一个 bug 时，应在一个工作日内电话回复。

注意，"大部分"、"平均"这些信息将需要进一步研究和定义。质量场景只有可测试才有效。同时，可以观察到在第一个质量场景中对进行度量的环境做了限制。在轻负荷的开发环境中通过验证，而没有在实际生产环境中评估，这对描述质量场景没有什么用处。

选择你的战斗

注意：所编写的这些质量场景可能是无用的海市蜃楼。这些详细规格写起来容易，但实现起来则不然。有人实际去测试过吗？谁测试的？如何测试的？写这些东西时需要考虑实际情况；虽然列举了许多复杂的目标，但是如果没有人跟踪测试，则没有任何意义。

这里的讨论与在介绍防止变异模式的章节中所讨论的"选择你的战斗"具有关系。什么才是真正至关重要的要么成功要么失败的质量场景呢？例如，在航空订票系统中，在高负荷条件下快速完成事务处理，这对系统的成功至关重要。这一点必须被明确测试。在 NextGen 系统中，当远程服务失败时，系统必须能切换到本地复制服务，这一点也必须被测试和验证。因此，应该将注意力集中在重要"战斗"的质量场景，坚持有计划地持续评估它们。

⊖ 软件工程研究所（SEI）倡导的各种架构方法中所使用的术语。例如，基于架构的设计（Architecture Based Design）方法。

⊖ Tom Gilb，第一个迭代和演化式方法 Evo 的创造者，他长期提倡对非功能性目标的量化和度量。他的结构化需求语言 PLanguage 强调了量化。

描述架构因素

架构分析的一个重要目的是理解架构性因素的影响、优先级和可变性（立即需要的灵活性和未来的演化）。因此，大部分的架构分析方法（例如，[HNS00] 中描述的架构分析方法）建议创建包含下述信息的表或者树（不同的方法可能具有不同的格式）。表 33-1 所展示的风格被称为**因素表**（factor table），在 UP 方法中它是补充规格说明的一部分。

表 33-1 因素表的例子

因素	度量和质量场景	可变性（当前的灵活性和未来的演化性）	该因素对涉众、架构以及其他因素的影响	对于成功的优先级	困难或风险
可靠性和可恢复性					
从远程服务失败中恢复	当远程服务访问失败时，在生产环境、正常负荷情况下，在 1 分钟内如果侦测到其恢复，则重新建立连接	当前的灵活性——SME 认为在能够重新连接之前，本地客户端的简化服务是可以接受的 演化性——两年之内，部分零售商可能希望购买远程服务（例如税金计算器）的完整本地复制。可能性：高	对大型设计有较大影响 零售商厌恶远程服务失败，因为这会限制其使用 POS 进行销售	H	M
……	……	……	……		

注：H—高，M—中等，SME—主题问题专家

注意，表中使用的分类方案：可靠性和可恢复性（来自 FURPS+ 的分类）。这可能不是最好的或者唯一的分类，但是有助于将架构因素分组成为各个分类。例如，某些分类（诸如可靠性和性能）与识别和定义测试计划非常相关，将它们组织在一起是有用处的。

H/M/L 这样的最基本的优先级和风险代码值只是建议团队应该使用他们觉得有意义的代码。不同的架构分析方法和标准（例如 ISO 9126）有不同的编码方案（定量的或者定性的方案）。提示：如果使用更为复杂的方案所付出的额外努力并未导致任何实际效果，那么这种努力就是不值得的。

架构性因素和 UP 制品

在 UP 中，用例是集中描述功能性需求的主要制品。创建因素表时，用例、愿景和补充性规格说明是重要的灵感来源。应该检查用例中的特殊需求、技术变动和未决问题等部分，并且将其中所包含的明显或隐含的架构因素合并于补充规格说明之中。

显而易见，创建用例时就先将与该用例相关的架构性因素一并记录是合理的，但是，考虑内容管理、追踪和可读性等因素，最终将所有架构性因素并入补充规格说明的因素表中会更为方便。

用例 UC1：处理销售

主成功场景：

1. ……

特殊需求：

❑ 在 90% 的情形下，信用卡授权应在 30 秒内响应。

❑ 无论如何，当访问诸如库存系统等远程服务失败时，系统应该以某种方式提供强健的恢复机制。

❑ ……

技术和数据变化列表：

2a. 用激光条码扫描器（如果有条码）或键盘输入销售项目的标识。

……

未决问题：

❑ 税收法律可能有什么变化？

❑ 研究远程服务恢复问题。

33.6 示例：NextGen POS 的部分架构因素表

表 33-2 的部分因素表列出了一些与后续讨论相关的因素。

表 33-2　NextGen 架构分析的部分因素表

因　　素	度量和质量场景	可变性（当前的灵活性和未来的演化性）	该因素对涉众、架构以及其他因素的影响	对于成功的优先级	困难或风险
可靠性和可恢复性					
从远程服务失败中恢复	当远程服务访问失败时，在生产环境、正常负荷情况下，在 1 分钟内如果侦测到其恢复，则重新建立连接	当前的灵活性——SME 认为在能够重新连接之前，本地客户端的简化服务是可以接受的演化性——两年之内，部分零售商可能希望购买远程服务（例如税金计算器）的完整本地复制。可能性：高	对大型设计有较大影响零售商厌恶远程服务失败，因为这会限制其使用POS 进行销售	H	M
从远程产品数据库访问失败中恢复	同上	当前的灵活性——SME 认为在能够重新连接之前，本地的客户端使用"最常用"产品信息的缓存是可以接受的（和期望的）演化性——在三年之内，客户端的大规模存储和复制解决方案将更加便宜和有效。将产品信息完全复制在本地使用变得可行。可能性? 高	同上	H	M
可支持性和可适用性					
支持许多第三方服务（税金计算器、库存、人力资源、账务等）。每个安装都可能有所不同	当必须要集成一个新的第三方系统时，要能够在 10 人天内完成	当前的灵活性——如因素自身所描述演化性——无	有助于产品的可接受性对设计影响较小	H	L

（续）

因　　素	度量和质量场景	可变性（当前的灵活性和未来的演化性）	该因素对涉众、架构以及其他因素的影响	对于成功的优先级	困难或风险
可支持性和可适用性					
POS 客户端支持无线 PDA 终端吗	当增加对无线 PDA 终端支持时，除 UI 层以外的设计架构无需改变	当前的灵活性——目前不需要演化性——在三年以内，无线"PDA"POS 终端一定会有市场需求	对众多元素的防止变异而言，具有重大设计影响。例如，小设备上的操作系统和 UI 有所不同	L	H
其他—法律问题					
必须遵守当前的税收规则	当审计人员评估是否符合规定时，应保证 100% 地遵循相关法律当税收法律有改变时，应在政府规定的时间内完成变动	当前灵活性——遵守税收规则这一原则是不可动摇的，但因为税收项目繁多（国家或州都有很多税收项目），税收制度可能每周都有调整演化性——无	不遵循是违法行为影响税金计算服务如果自己提供税收计算服务将非常困难：复杂的规则、不断的变化、需追踪各级政府机构的税收法律如果选择购买，风险较小	H	L

33.7　艺术：架构性因素的解决

如因素表所做的一样，收集和组织有关的架构性因素，可以称为"架构的科学"。根据相互依赖情况、优先级、权衡考虑等，做出解决这些因素的决定，可以称为"架构的艺术"。

有经验的架构师拥有各个领域的知识（例如，架构风格和模式、技术、产品、缺点和趋势等），并且可以用之于决策。

记录架构选择、决策以及动机

现在不考虑做出架构选择的原则，几乎所有的方法都建议保存与重要问题和决定有关的信息（例如可供选择的方案、决策、影响因素和动机等）。

这些记录被称为**技术备忘录** [Cunningham96]、**问题卡**（issue cards）[HNS00]、**架构途径文档**（architectural approach documents，SEI 架构建议），其差别在于不同的形式化和复杂程度。在某些方法中，这些备忘录是进一步考察和精化的基础。

在 UP 中，这些备忘录应该被记录在 SAD 中。

动机是技术备忘录的一个重要方面。当开发者或者架构设计师在将来需要修改系统时，有关动机的描述对于理解设计背后的动机以及做出明智决定非常有帮助[⊖]，例如，在 NextGen POS 中，为什么选择了从远程服务失败中恢复的某个方案，而不是其他方案。

解释和推理为何拒绝接受某个方案是重要的，因为进一步演化产品时，架构设计师可能会

⊖ 或者四周之后，架构设计师忘记了做出决定的理由。

重新考虑某些可选方案，至少是需要知道哪些可选方案曾经被考虑过，为什么选择了其中之一。

下面是一个技术备忘录的样例，记录了有关 NextGen POS 的架构性决策。格式究竟如何并不重要。保持简单，并且只记录当将来改变系统时会对读者做出明智决定具有帮助的信息。

技术备忘录：问题：可靠性——从远程服务失败中恢复

解决方案概要：利用服务查找实现位置透明性，使用本地服务的部分复制，实现从远程到本地的容错。

因素

❏ 从远程服务失败中健壮地恢复（例如，税金计算器、库存）。

❏ 从远程产品（例如，描述和价格）数据库访问失败中健壮地恢复。

解决方案

使用在 ServicesFactory 中创建的 Adapter 对象，实现对服务位置的防止变异。如果可能，提供远程服务的本地实现，通常本地服务只有简化的和受限的行为。例如，本地税金计算器只使用固定税率。本地产品信息数据库将缓存最常用的一小部分产品信息。重新连接时将在本地存储库存的更新。

解决方案的适应性可参见"对第三方服务的适应性"技术备忘录，因为每个安装的远程服务实现都会有所不同。

为了满足尽快重新连接远程服务的质量场景，对这些服务使用智能代理对象，在每次服务调用时都要测试远程服务是否激活，并且在远程服务激活时进行重新定向。

动机

零售商永远都不想停止销售！因此，如果 NextGen POS 提供了这个水平的可靠性和可恢复性，它将会是极具吸引力的产品，因为目前还没有一个竞争对手的产品具有这一能力。客户端资源非常有限，只能支持很小的本地产品信息缓冲。由于较高的软件许可费用以及大约一周的安装和调整时间，第三方税金计算器不能复制到客户端。设计也支持如下的演化点：将来，客户可能需要将诸如税金计算器这样的服务永久复制到每一个客户端。

未决问题

无

其他可供选择的方案

可以向远程信用卡授权服务机构购买"金牌"服务以改进可靠性。有这样的服务，可是价格太贵。

如本例所示，在技术备忘录中描述的架构性决策通常涉及一组因素，而非单独一个因素。

优先级

下面是一系列引导架构决策的目标：

1）强制性约束，包括强制性的安全和法律规定。

❏ NextGen POS 必须正确执行税收政策。

2）业务目标。

❏ 18 月后在汉堡举行的 POSWorld 交易会上演示产品的主要特性。

❏ 提供对欧洲的百货公司具有吸引力的质量和特性（例如，多货币支持以及客户化定制的业务规则）。

3）所有其他目标。

❑ 这些目标通常能够被追溯为被直接声明的业务目标，但其本身并不是被直接声明的。例如，"易于扩展：在 10 个人周内增加〈某些功能〉"可以追溯为如下业务目标："每六个月发布新版本"。

在 UP 中，这些目标通常被记录在愿景（Vision）制品中。需要注意的是，因素表中的优先级应该反映这些目标的优先级。

必须同时考虑许多（有全局性影响的）目标以及它们之间的权衡，这是架构级别的决策与小型对象设计之间的显著不同。此外，业务目标（至少）应该成为技术决策的关键部分。例如：

技术备忘录：问题：法律——遵守税收规则

方案概要：购买税金计算器构件。

因素

❑ 根据法律，必须执行当前的税收规则。

解决方案

购买税金计算器，并签订税收规则更新的许可协议，以获取不断的税收规则更新。注意，在不同的安装中可能使用不同的计算器。

动机

快速推向市场，正确性，较低的维护成本和快乐的开发者（参见备选方案）。这些产品通常比较贵，会影响成本控制和产品定价，但是备选方案被认为是无法接受的。

未决问题

有哪些主要产品，品质如何？

其他可供选择的方案

由 NextGen 开发团队自己开发税金计算器？可能需要花费太长时间且容易出错。（公司的开发者）还要持续进行乏味的维护工作，这会影响"快乐的开发者"这一目标（当然，这是最重要的目标）。

优先级和演化点：工程化不足和过度工程化

架构决策的另一个重要特征是按**演化点**可能发生的概率区分优先级。例如，在 NextGen 案例中，将来可能会引入无线手持客户终端。考虑到操作系统、用户界面、硬件资源等方面的不同，这一点可能会对架构有重大影响。

公司可以花费许多钱（并且增加了各种风险）进行远景验证。如果将来发现与之并不相关，那么这就是过度工程化（over-engineering）的教训。由于远景验证是预测性的，因而很少是完美的。即使预计的变化确实发生了，预测性的设计也可能需要做一些改变。

另一方面，如果对 Y2K 日期问题进行了远景验证，就可能避免由于工程化不足（under-engineering）造成的巨额开销。

> 决定在何处花费精力进行必要的设计，预防将来可能的变化，这是架构设计师的艺术。

为了决定是否应该避免早期的"远景验证",就要现实地考虑在未来发生变化时的场景。需要修改多少设计和代码?需要做哪些努力?或许,对潜在的变化进行仔细评估的结果是:最初认为需要特别预防的大问题,实际只需要几个人周的工作量就可以解决。

这恰恰是个难题;"预测是极其困难的,尤其是对未来而言"(源于 Niels Bohr,未经证实)。

基本的架构设计原则

本书大量介绍的核心设计原则,不仅适用于小型对象设计,也仍然是大型架构级别的主要原则:

☐ 低耦合

☐ 高内聚

☐ 防止变异(接口、间接性、服务查找等)

然而,构件的粒度更大了——这是应用程序、子系统或进程之间而不是小对象之间的低耦合。

此外,在这种较大的尺度上,存在一些实现诸如低耦合、防止变异等质量要求的更多或不同的机制。例如,考察下面的技术备忘录:

技术备忘录:问题:可适应性——第三方服务

方案概要:使用接口和适配器的防止变异。

因素

☐ 支持多种可变的第三方服务(税金计算器、信用卡授权、库存等)

解决方案

如下方式实现防止变异原则:分析各种商业税金计算器产品,根据最小的公共功能构造通用接口。接着,通过适配器模式实现间接性原则。即创建一个实现了接口的资源适配器对象,负责与后台税金计算器的连接以及翻译。有关位置透明性的解决方案,参见远程服务失败技术备忘录中可靠性和可恢复性的描述。

动机

简单。与使用消息服务(参见备选方案)相比,在通信方面价格更低并且速度更快,而且无论如何,消息服务都不能直接连接外部的信用卡授权服务。

未决问题

最小的公共接口是否会带来无法预料的问题,如过于受限制?

其他可供选择的方案

在客户和税金计算器之间使用消息或者发布–订阅服务(例如,JMS 的某个实现)。但是并不能直接可用于信用卡授权人,成本太高(如果使用可靠消息服务),提供的高可靠性消息传递超出了实际需要。

重点是,在架构级别上,通常存在新的机制用以实现防止变异(和其他目标),这些机制通常与第三方构件协作,如使用一个 Java JMS 或者 EBJ 服务器等。

关注分离以及局部化影响

架构分析时,**关注分离**(separation of concern)是另外一个基本原则。这一原则也可以应用于小尺度的对象，但在架构分析中效果最明显。

横切面关注（cross-cutting concern）是指在系统中具有广泛应用或影响的事物，例如，数据持久化、安全等。某人可能这样设计 NextGen 案例的持久化支持方案：每个对象（包含应用逻辑代码）直接与数据库通信，保存自己的数据。如此一来，在类的源代码中，业务逻辑、持久化逻辑和安全代码交织在一起。内聚性降低，耦合性增强。

与此形成对比，关注分离的设计方案将持久化支持和安全性支持分离到单独的"事物"中（分离的机制可能不相同）。业务类中仅有业务逻辑，而没有持久化和安全逻辑。同样，持久化子系统只关注持久化，不关注安全；安全子系统同样不关注持久化。

关注分离是在架构级别上考虑低耦合、高内聚目标的大尺度方式。此原则也适用于小尺度对象，因为如果不遵循该原则，将会导致类具有多个职责范围，降低了内聚性。但是由于所关注的事物范围较广，并且此类解决方案涉及主要和基本的设计决策，因此该原则主要用于解决架构问题。

实现关注分离有几个大尺度的技巧：

1）将有关事物模块化，封装到单独的构件（例如子系统）中，并且调用其服务。

❏ 这是最常用的方法。例如，在 NextGen 系统中，持久化支持可以封装到"持久化服务"子系统。它通过外观，向其他构件提供服务的公共接口。分层架构也体现了这一原则。

2）使用装饰者。

❏ 这是仅次于前者最常用的方法，最早在微软事务服务（Microsoft Transaction Service）中普及，接着是 EJB 服务器。在此方法中，将所关注的事物（例如安全）置入 Decrator 对象中，Decorator 对象包裹内部类并提取其服务。装饰者在 EJB 技术中被称谓**容器**（container）。例如，在 NextGen POS 案例中，诸如 HR 系统这样的远程服务的安全控制可以利用 EJB 容器实现。EJB 容器围绕内部对象的业务逻辑，在外部的装饰者中增添安全检查。

3）使用后编译器（post-compiler）和面向方面（aspect-oriented）技术。

❏ 例如，可以使用 EJB 实体 Bean 给类（例如 Sale 类）添加持久化支持。需要在特性描述文件中指定 Sale 类的持久化特征。接着，后编译器（在常规的编译器之后执行的"编译器"）在修改后的 Sale 类（或者其子类）字节码中添加了持久化支持。开发者只能看到仅包含"干净"的业务逻辑的类。另一个方法是诸如 AspectJ（www.aspectj.org）这样的**面向方面技术**：它也是以对开发者透明的方式支持在编译之后将横切面关注织入代码。这种方法在开发工作中保持了分离的假象，在执行前织入横切面关注。

架构模式的提升

对架构模式的讨论以及如何在 NextGen 案例中应用架构模式已经超出了本文的范围。但我在此给出一些意见：

在架构级别上，在以前章节中所介绍的层模式可能是实现低耦合、防止变异以及关注分离等原则的最为常用的机制。层模式是最为常见的分离技术——将关注的事物模块化为分离的构件或层。

还有许多（还正在增长的）有关架构模式的著作。研习这些著作是我所知道的学习架构解决方案的最快途径。请参阅推荐资源。

33.8 总结

首先需要注意的是，架构分析特别关注非功能性需求，包括对应用的业务或者市场环境的熟悉。同时，功能性需求（例如处理销售等）也不能被忽略；它提供了处理这些架构因素的语境。更进一步，识别功能性需求的可变性对架构分析也至关重要。

第二个主题是，架构分析涉及系统级别的、大尺度的、涉及面广的问题，解决这些问题通常涉及大尺度的或者基础的设计决策。例如，应用服务器的选择和使用。

架构分析的第三个主题是相互依赖和权衡。例如，改善安全性可能会影响执行效率和可用性，这些决策大都会影响成本。

架构分析的第四个主题是可选方案的规划和评估。一个熟练的架构师既可以提供构建新软件的解决方案，也可以提供使用商业或者可公开获得的软件和硬件的解决方案。例如，NextGen POS 远程服务器的错误恢复既可以通过"看门狗"进程来实现，也可以利用操作系统和硬件的集群、复制和错误恢复服务来实现。

对架构所涉及方面的开放定义提供了如何思考架构主题的框架：识别具有大尺度或系统级别意义的问题，并解决它们。

定　义

架构分析指的是在功能性需求的语境中识别和解决非功能性需求。

33.9 过程：UP 中的迭代架构

UP 是以架构为中心的迭代和演化式方法。这并不意味着需要在进行开发之前完全识别所有的架构需求或者试图在编程和测试前设计完全"正确的"系统架构。实际上，这意味着早期迭代应关注于涉及架构性的方面（例如安全），使用、验证、开发和稳定关键架构元素（子系统、接口、框架等）。

在 UP 中，架构的逐步演化和稳定是通过早期的以架构为核心的开发和测试，而不是通过纸上谈兵或者"PowerPoint 架构"来完成的。

在 UP 中，架构性因素（或者需求）被记录在补充规格说明（Supplementary Specification）中，解决这些需求的架构性决策被记录在**软件架构文档**（SAD）中。UP 不是瀑布式的，因此 SAD 不是在开始编程之前就完全创建好的。相反，代码稳定之后，架构才完全稳定，这时 SAD 文档记录了系统的实际情况，可帮助其他人学习和了解。

架构分析活动从初始阶段就开始进行，它是细化阶段关注的重点。架构分析是软件开发中具有高优先级、影响深远的活动。

UP 制品中的架构信息

❑ 架构性因素（例如在因素表中的因素）被记录在补充规格说明中。

❑ 架构性决策被记录在 SAD 中。这其中包含技术备忘录和架构视图的描述。

阶段

初始阶段——如果不能确定技术上是否可以满足关键的架构性需求，开发团队可以实现一个**架构概念验证**（architectural POC）原型来确定其可行性。在 UP 中，创建和评估架构概念验证原型被称为**架构合成**（Architectural Synthesis）。架构概念验证与单个孤立技术问题的小规模概念验证编程试验不同。架构概念验证涉及许多架构性需求，评估它们组合起来工作的可行性。

细化阶段——细化阶段的主要目标是实现核心的风险架构元素，因而，大部分的架构分析都在细化阶段完成。正常情况下，细化阶段完成时，因素表、技术备忘录和 SAD 的大部分内容都已经完成。

移交阶段——尽管，在理想情况下，架构性因素和决策在移交阶段之前都被解决，但本阶段结束时仍可能需要修订 SAD 以便确保与最终部署的系统一致。

后续演化循环——设计新版本之前，通常会重温架构性因素和决策。例如，在版本 1 中，基于成本因素考虑（避免购买多个许可），创建一个远程税金计算器服务，而不是在每个 POS 节点复制一个。将来，由于税金计算器降价或者基于容错或者执行速度的考虑，架构可能改变为使用多个本地税金计算器。

33.10 推荐资源

有许多不断增多的与架构相关的模式以及一般性的软件架构建议：

❑《超越软件架构》（*Beyond Software Architecture*）[Hohman03]，本书是由一些在架构分析和产品管理方面都有经验的人所编著，在架构分析方面强调"面向业务"。Hohman 与大家分享了他的经验，这些都是很少被考虑到但十分重要的问题，例如业务模型、许可证、升级等对软件架构的影响。

❑《企业应用架构模式》（*Patterns of Enterprise Application Architecture*）[Fowler02]⊖。

❑《软件架构实践》（*Software Architecture in Practice*）[BCK98]。

❑《面向模式的软件体系结构》（*Pattern-Oriented Software Architecture*）两卷⊜。

❑《程序设计的模式语言》（*Pattern Languages of Program Design*）所有卷。每一卷都有介绍架构相关模式的章节。

⊖ 本书的中文翻译版已由机械工业出版社出版。——编辑注

⊜ 这两本书的中文翻译版已由机械工业出版社出版。——编辑注

逻辑架构的精化

不要混淆酒精和微积分……不要一边喝酒一边求导。

——匿名

目标

☐ 进一步研究逻辑架构中的问题和层模式，包括层之间的协作。

☐ 展示案例研究在本次迭代的逻辑架构。

☐ 在分层架构的语境中应用外观、观察者和控制器模式。

简介

第 13 章介绍了逻辑架构和层模式。本章旨在深入研究一些与分层架构相关的中级主题。

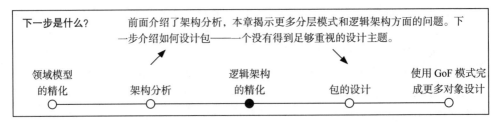

下一步是什么？ 前面介绍了架构分析，本章揭示更多分层模式和逻辑架构方面的问题。下一步介绍如何设计包——一个没有得到足够重视的设计主题。

领域模型 的精化 　　架构分析 　　逻辑架构 的精化 　　包的设计 　　使用 GoF 模式完 成更多对象设计

34.1　示例：NextGen 的逻辑架构

图 34-1 展示了 NextGen 应用在本次迭代的部分逻辑架构。

注意：下面我们会讨论到应用层并非总是必要的，本次迭代设计就没有应用层。

由于这是迭代开发，因此在创建层的设计时，通常要由简入深，并且随着细化阶段的每一次迭代不断演进。在细化阶段迭代结束时，要建立起核心架构（设计和实现），这是该阶段的目标之一，但是这并不意味着在开始编程之前就要建立起一个完整的、推测性的架构设计。与之相对的是，在早期迭代中设计实验性逻辑架构，然后在整个细化阶段中对其进行增量式的演进。

注意：在此包图中只表示了一小部分样例类型。这不仅仅是因为本书的篇幅有限，还因为这是**架构视图**（architectural view）中图形的显著品质，即在架构视图中仅显示少数值得关注的元素，以便能简洁地传达那些具有重要架构意义的思想。UP 架构视图文档的思想告诉读者："我选择这一小组具有启发性的元素来传达关键思想"。

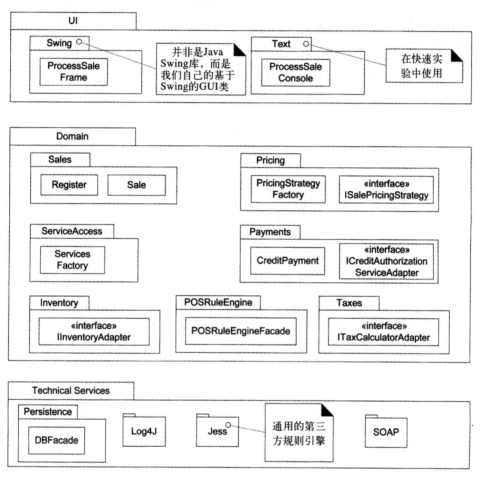

图 34-1　NextGen 应用的部分逻辑架构

有关图 34-1 的注解有：

❑ 这些包中还有其他类型之所以仅显示一小部分是为了说明重要的方面。

❑ 该图中没有显示基础层，架构设计师（本人）认为该包没有增加我们所关注的信息，尽管开发团队肯定会增加某些基础类（例如更为高级的 String 处理工具）。

❑ 到目前为止，没有使用单独的应用层。应用层中控制和会话对象的职责由 Register 对象处理。随着系统行为复杂性的增长，架构设计师可以在以后的迭代中增加独立的应用层，或者引入其他的客户接口（例如，Web 浏览器和无线网络的手持 PDA）。

层之间和包之间的耦合

为了帮助人们理解 NextGen 的逻辑架构，逻辑视图中还包含了描述层之间和包之间重要耦合情况的图形。图 34-2 展示了部分示例：

应用 UML：

❑ 可以用依赖线来表达包或者包内类型之间的耦合。如果不关心确切的依赖方式（属性可见性、子类型等），仅仅想突出普通的依赖关系，使用普通的依赖线就很好。

❑ 依赖线可以由一个包（而不是某个特定的类型）发出，例如从 Sales 包指向 POSRuleEngine-Facade 类，从 Domain 包指向 Log4J 包。如果对依赖的具体类型不感兴趣或者包内的元素共享该依赖关系，这样做就很有效。

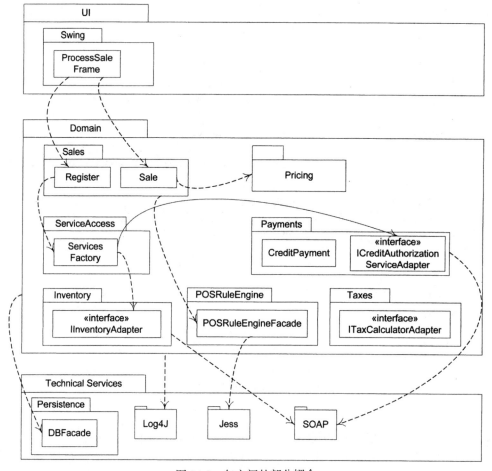

图 34-2　包之间的部分耦合

包图的另外一种常见用法是隐藏所有的特定类型，只关注包与包之间的耦合，如图 34-3 所示。

事实上，图 34-3 演示了 UML 中逻辑架构图最常见的风格。一个包图中通常显示 5～20 个主要的包以及它们之间的依赖关系。

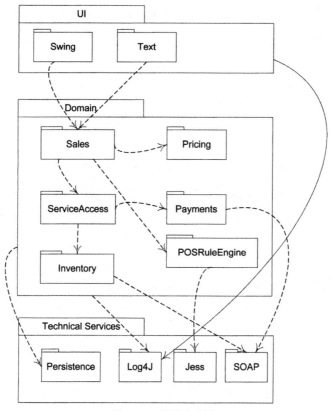

图 34-3 部分包耦合

层之间和包之间的交互场景

包图显示的是静态信息。引入描述对象如何跨越层进行连接和通信的图形，对于理解 NextGen 逻辑架构的动态方面十分有用。"架构视图"应该隐藏无关细节，强调架构设计师想传达的重点。根据这一思想，架构逻辑视图中的交互图应侧重于跨越层和包边界的交互。因此，描述**具有重要架构意义的场景**的一组交互图是有益的（在这种情形下，交互图描述了众多设计的大尺度方面或重要思想）。

例如，图 34-4 展示了处理销售用例的一部分场景，它强调了跨越层和包的连接点。

应用 UML：

❑ 包中类型的名称可以冠以 UML **路径名**表达式 <PackageName>::<TypeName>，例如 Domain::Sales::Register。在交互图中，可以利用此特性提醒读者注意包之间和层之间的连接。

❑ 也要注意构造型《 subsystem 》的使用。在 UML 中，子系统是具有行为和接口的独立实体。子系统可以被建模为特殊类型的包或对象（如图所示），当想要表示子系统（或系统）之间的协作时，该构造型的使用尤为有效。在 UML 中，整个系统也是一个"子系统"（根），因此在交互图（例如 SSD）中也可以被表示为对象。

❑ 注意右上角的标记"1"，其表示单例，并且建议采用 GoF 的单例模式来访问。

注意，图 34-4 中忽略了一些消息，例如特定于 Sale 的交互，这样做是为了突出具有重要架构意义的交互。

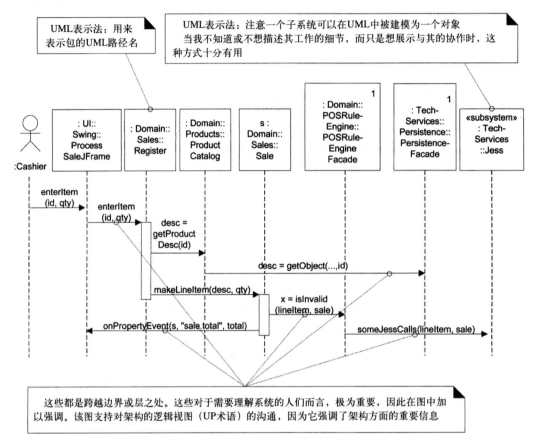

图 34-4　强调跨边界连接的具有重要架构意义的交互图

34.2　使用层模式的协作

在架构层次上有两个重要的设计决策：

1）有哪些大尺度分块。

2）它们是如何连接的？

架构性的层模式用来指导定义大尺度的分块，同时诸如外观、控制器和观察者这样的微观架构设计模式则用来设计层和包之间的连接。本节讨论用于层和包之间连接和通信的模式。

简单包与子系统

某些包和层不仅仅是一组概念上的事物，事实上它们是具有行为和接口的子系统。对比如下：

❏ Pricing 包不是一个子系统，它仅仅是把定价时用到的工厂和策略组织在一起。诸如 java. util 这样的基础包也是如此。

❏ 另外，Persistence 包、POSRuleEngine 包和 Jess 包同时也是子系统。它们是具有内聚职责的独立引擎。

在 UML 中，子系统可以用构造型来标识，如图 34-5 所示。

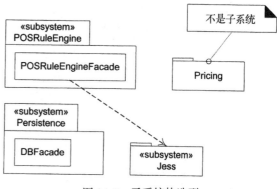

图 34-5　子系统构造型

外观

对于表示子系统的包，GoF 外观（Facade）模式是最常用的访问模式。一个公共的外观对象定义了子系统的服务，客户端不与子系统内部的构件交互，而是通过与外观对象协作来访问子系统。例如，POSRuleEngineFacade 和 PersistenceFacade 分别用于访问规则引擎和持久性子系统。

外观一般不应该暴露太多底层操作，相反，它只应该暴露少数高层操作——粗粒度服务。当外观暴露过多底层操作时，内聚性可能会变差。此外，如果外观将作为或可能成为分布式或远程对象（例如，EJB 会话 Bean 或 RMI 服务器对象），则细粒度的服务将导致远程通信的性能问题：大量的小型远程调用是分布式系统的性能瓶颈。

通常，外观不会直接执行任务，而是由隐藏在外观下的子系统对象来完成工作，外观是这些对象的中介。

例如，在 POS 应用中，POSRuleEngineFacade 是访问规则引擎的唯一接入点。其他的包看不到该子系统的实现，因为这些实现隐藏在外观之后。假设 POS 规则引擎子系统是通过与 Jess 规则引擎子系统的协作来实现的（这只是众多实现方式的一种），Jess 子系统暴露了许多细粒度的操作（通用的第三方子系统通常会这样做）。但是，POSRuleEngineFacade 在其接口中并不暴露低层的 Jess 操作。相反，它仅提供少数诸如 isInvalid（lineItem，sale）这样的高层操作。

如果应用只有"少量"系统操作，则应用层或领域层通常只向上一层暴露一个对象。另外，技术服务层包含了几个子系统，每个子系统至少要向上一层暴露一个外观，见图 34-6。

会话外观和应用层

与图 34-6 形成对比，当应用具有许多系统操作，并且支持许多用例时，则通常在 UI 层和领域层之间采用多个对象作为中介。

在 NextGen 系统的当前版本中，我们使用一个单独的 Register 对象作为领域层的外观（根据 GRASP 控制器模式）。

然而，当系统不断增长，需要处理许多用例和系统操作时，则通常会引入应用层的对象来维护用例操作的会话状态，每个会话实例表示与一个客户的会话。这被称为会话外观（Session Facade），它同时也是 GRASP 控制器模式所推荐的另一种用法，例如该模式的用例会话外观控制器变体。图 34-7 是 NextGen 架构引入应用层和会话外观的例子。

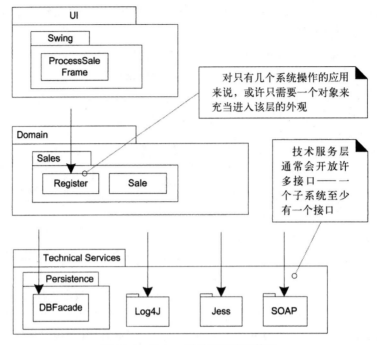

图 34-6　向上一层暴露的接口数量

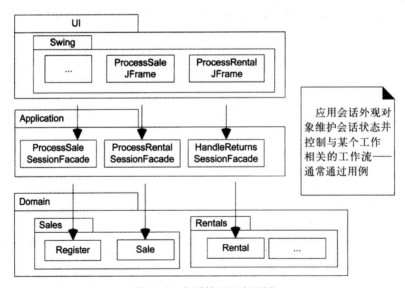

图 34-7　会话外观和应用层

控制器

GRASP 控制器模式描述了在 UI 层发起系统操作请求时客户端处理器（或控制器）的常见选择，如图 34-8 所示。

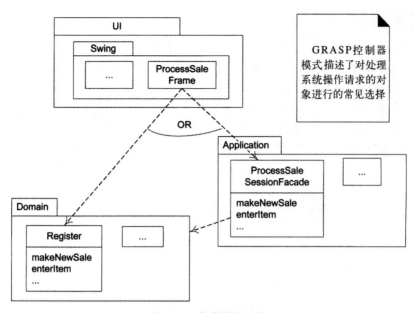

图 34-8　控制器的选择

系统操作和层

　　SSD 中图解了系统操作，图中隐藏了 UI 对象。在图 34-9 中，一个参与方通过 UI 层产生了到应用层或领域层的系统操作的调用。

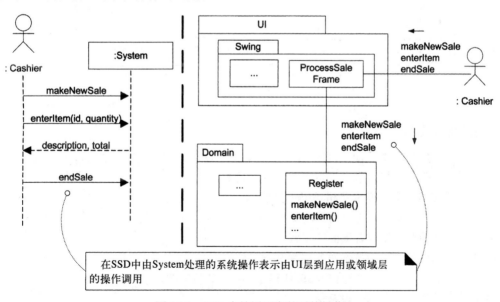

图 34-9　SSD 中就层而言的系统操作

与观察者的向上协作

外观模式通常用于高层到低层的"向下"协作，或者访问同一层其他子系统的服务。当处于较低层的应用或者领域层需要向上与 UI 层通信时，通常使用观察者模式。UI 层的 UI 对象实现诸如 PropertyListener 或 AlarmListener 这样的接口，同时订阅或监听来自底层对象的事件（例如，特性或告警事件）。底层的对象直接向上层的 UI 对象发送消息，但是只与实现接口的 UI 对象（例如 PropertyListener）发生耦合，与特定的 GUI 窗口没有耦合。

在介绍观察者模式时，我们已经对此做过研究。图 34-10 总结这一思想。

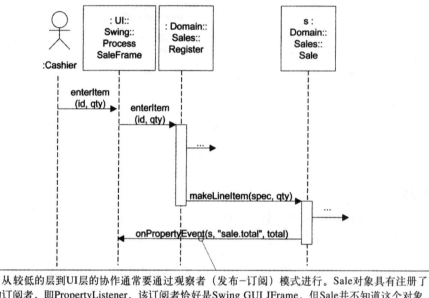

图 34-10 "向上"与 UI 层通信的观察者

松散分层耦合关系

在大部分分层架构中，层之间的耦合并非像基于 OSI 7 层模型的网络协议一样有限制。在协议模型中，有严格限制，第 N 层的元素只能访问相邻的第 $N-1$ 层所提供的服务。

在信息系统架构中，很少严格遵循上述限制。相反，这里的标准是"松散分层"或"透明分层"架构 [BMRSS96]，在这种架构中，某一层的元素可以与其他若干层进行协作或耦合。

有关层之间的典型耦合有下面的注解：

❑ 所有较高层都依赖于技术服务层和基础层。

　● 例如，在 Java 中，所有的层都依赖于 java.util 包中的元素。

❑ 领域层依赖于业务基础设施层。

❑ UI 层调用应用层的服务，应用层又调用领域层的服务。除非没有应用层，否则 UI 层不直接调用领域层的服务。

❑ 对于单进程的"桌面"应用，领域层的软件对象对于 UI 层、应用层（某种程度上，还有技术服务层）可见，或者在上述各层之间传递。

- 例如，假设 NextGen POS 系统属于这种类型，那么 Sale 和 Payment 对象可能要直接可见于 GUI UI 层，并且还能够被传递给技术服务层中的持久性子系统。

❑ 在分布式系统中，通常将领域层对象的序列化**副本** [也称为**值对象**（value object）或**数据持有者**（data holder）] 传递给 UI 层。在此情形下，领域层部署在服务器上，客户节点得到服务器数据的副本。

与技术服务层和基础层之间的耦合危险吗

如同前面对 GRASP 防止变异和低耦合的讨论一样，问题的关键不是耦合本身，而是对不稳定的变化点和演化点的不必要耦合。没有必要花费时间和金钱去抽象或者隐藏某些不会改变（或者即使改变，花费的开销也可以忽略）的事物。例如，开发基于 Java 技术的应用程序，隐藏应用程序对于 Java 类库的访问有何意义？类库是相对稳定的，因此对类库的高耦合关系不会造成问题。

34.3 有关层模式的其他问题

除上面已经讨论的结构和协作问题，有关层模式还有下面的问题值得讨论。

架构的逻辑、进程和部署视图

架构的分层结构是它的逻辑视图，而不是元素到进程或处理节点的部署视图。根据不同的平台，所有的层可以部署在同一个处理节点的同一个进程（例如，手持 PDA 设备的应用程序）中，也可以如同大规模 Web 应用一样，跨越多台计算机和多个进程。

UP 中的部署模型将这种逻辑架构映射到进程和节点，并且很受软件和硬件平台以及相关应用框架的选择的影响。例如，选择 J2EE 或 .NET 平台会影响架构部署。

有许多为部署而切分逻辑层次结构的方法。虽然部署架构的主题并非不重要，但是由于它依赖于所选择的软件平台（如 J2EE），而且远远超出了本书的讨论范围，因此这里只进行了简单的介绍。

应用层是可选的吗

如果存在应用层，则其应作为 UI 层和领域层之间的中介，容纳负责获知客户会话状态的对象，并且负责控制工作流程。

例如，可以通过控制窗口或 Web 页面的顺序组织工作流程。

就 GRASP 模式而言，GRASP 控制器对象（例如用例外观控制器）是应用层的一部分。在分布式系统中，诸如 EJB 会话 Bean（通常是有状态的）这样的构件也是应用层的一部分。

在某些应用程序中，并不需要应用层。当下述情形（只列出了部分）发生时，应用层具有效用：

- 系统使用多个用户接口（例如 Web 页面和 Swing GUI）。应用层的对象可以充当负责收集并合并不同用户接口数据的适配器，同时充当隐藏对领域层访问的外观。
- 在分布式系统中，领域层与 UI 层部署在不同的节点，有多个客户端访问。在此情形下，通常需要追踪会话状态，应用层的对象可以承担此职责。
- 领域层不能或不应该维护会话状态。
- 通过限定窗口或 Web 页面的顺序定义工作流程，并且必须表示这一工作流程。

不同层的模糊集合成员

某些元素很明确地归属于某层，例如，Math 类属于基础层。但是，特别是对于技术服务层和基础层，或领域层和业务基础设施层，很难区分某些元素在其间的归属，因为这些层之间的差异往往粗略地用"高"与"低"或"特殊"与"一般"来衡量，而这些都是模糊集合的术语。这是经常发生的事情，而实际上也无须精确分类，开发团队可以粗略地将技术服务层和基础层看成一组，称为基础设施层⊖。

例如：

- 假设这是一个 Java 项目，其中使用了开放源代码的日志框架 Log4J。日志功能属于技术服务层还是基础层呢？ Log4J 是一个低层的、小的通用框架，在一定程度上，它是技术服务和基础的模糊集合的成员。
- 假定在一个 Web 应用中使用了 Jakarta Struts 框架。Struts 是一个相对较高层的、大型的特定技术框架。它更像是技术服务层集合的成员，而不太像是基础层集合的成员。

但是，某个人认为的相对高层的技术服务层元素可能是另一个人认为的基础层元素……

最后，软件平台提供的库并非只是低层的基础服务。例如，.NET 和 J2SE+J2EE 中包含了诸如名字服务和目录服务这样的相对较高层的功能。

层的障碍和禁忌

- 在某些情形下，增加层将导致性能问题。例如，对于高性能的图形游戏，在直接访问显卡之上添加抽象层会导致性能问题。
- 层模式是少数几个核心架构模式之一，但并不是对所有问题都适用。例如，管道（Pipes）和过滤器（Filters）模式 [BMRSS96] 是可能的选择。当应用的主题涉及一系列的变换（例如图形变换），同时变换的顺序可以改变时，这些模式很有用。然而，即使在最高级别的架构上使用的是管道和过滤器模式，还是可以使用层来设计单独的管道或过滤器。

已知的应用

大量现代面向对象系统（从桌面应用到分布式 J2EE 的 Web 系统）的开发都采用了层。你很难找到不这样做的例子。回顾历史如下：

⊖ 注意，对于层并没有建立起良好的命名约定，因此其名称在各种架构文献中的重复和矛盾是常见现象。

虚拟机和操作系统

从 20 世纪 60 年代起，操作系统的架构设计师就提倡通过清晰地定义层来设计操作系统，其中"较低"的层封装了对物理资源的访问，提供计算和 I/O 服务，而"较高"的层调用这些服务。这些操作系统包括 Multics[CV65] 和 THE 系统 [Dijkstra68]。

早在 20 世纪 50 年代，研究人员就提出使用字节码通用机器语言（例如，UNCOL[Conway1958]）的虚拟机（VM）思想，如此一来，便可以在虚拟机层之上的、架构中的较高层上编写应用（跨平台运行时无须重新编译），其中的虚拟机依次位于操作系统和机器资源之上。Alan Kay 的划时代的面向对象个人计算机系统 [Kay68] 中应用了 VM 分层架构，随后在 1972 年，Kay 和 Dan Ingalls 在具有广泛影响的 Smalltalk 虚拟机 [GK76] 中也使用了 VM 分层架构，它是诸如 Java 虚拟机的现代虚拟机的先驱。

信息系统：经典的三层架构

在 20 世纪 70 年代 [TK78]，对信息系统分层架构的早期描述中包括了用户接口和持久性数据存储，这一架构被称为**三层架构**（见图 34-11）。这一术语直到 20 世纪 90 年代中期才广为人知，这部分归功于 [Gartner95] 的宣扬，该文献将三层架构作为广泛使用的两层架构中所存在问题的解决方案。

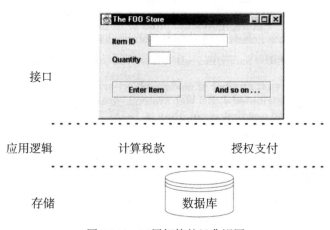

图 34-11 三层架构的经典视图

最初的术语可能不再使用，但其动机依然如故。

对三层架构的经典描述如下：

1）**接口**（Interface）——窗口、报告等。

2）**应用逻辑**（Application Logic）——支配过程的任务和规则。

3）**存储**（Storage）——持久性存储机制。

三层架构的突出特点是将应用逻辑分成不同的软件逻辑中间层。窗口或 Web 页面将任务请求传递给中间层，中间层与后台的存储层通信。

人们对最初的描述存在某些误解，认为必须部署在三台计算机上。实际上，各层在计算机节点上的部署可以任意变化，见图 34-12。

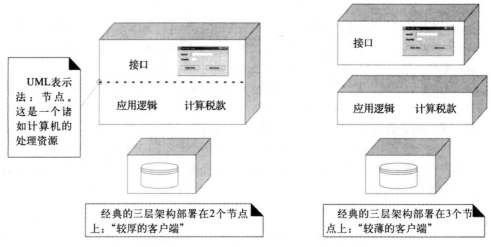

图 34-12 三层架构的逻辑划分部署在两层物理架构上

Gartner 集团对两层设计和三层架构进行了对比。在两层设计中，应用逻辑包含在窗口定义之中，并且直接读写数据库，没有单独的中间层将应用逻辑分离出来。随着 Visual Basic 和 PowerBuilder 这样的工具的兴起，两层的客户 / 服务器架构变得极为流行。

两层设计（在某些情况下）具有快速开始开发的优点，但也存在问题。尽管如此，对于主要是简单 CRUD（create、retrieve、update、delete）操作的数据密集型系统，两层设计是比较合适的选择。

相关模式

- ❑ 间接性——层可以为底层服务增加一层间接性。
- ❑ 防止变异——层可以防止实现中的变化所产生的影响。
- ❑ 低耦合和高内聚——层强烈支持这些目标。
- ❑ 其特定于面向对象信息系统的应用参见 [Fowler96]。

其他名称

层模式也被称为分层架构 [Shaw96，Gemstone00]。

34.4 模型 – 视图分离和“向上”通信

窗口如何得到需要显示的信息？通常能够满足需要的方法是，窗口向领域对象发送消息，查询其将要在窗口小部件中显示的信息——刷新显示的**轮询**（polling）模型或从**上面拉**（pull-from-above）的模型。

但是，有时轮询模型也有不足。例如，每秒钟从上千个对象中找出几个变化了的对象，并刷新 GUI 显示，这是毫无效率的。在这种情形下，更为有效的方法是，在领域对象状态发生变化时，由少数变化了的领域对象向窗口通信，以此引起显示的刷新。典型的情形包括：

❑ 诸如电信网络管理这样的监测应用。

❑ 诸如空气动力建模这样的需要可视化的模拟应用。

在这些情形下，需要**从下面推**（push-from-below）的模型进行显示刷新。由于模型－视图分离模式的约束，因此需要从底层对象向上到窗口之间实现"间接性"通信，由下向上推出刷新的通知。

有两种常见解决方案：

1）使用观察者模式，使 GUI 对象简单地作为实现了诸如 PropertyListener 这样的接口的对象。

2）使用 UI 外观对象，也就是在 UI 层增加接收来自底层请求的外观。如图 34-13 所示，该示例增加了间接性用以在 GUI 变化时提供防止变异功能。

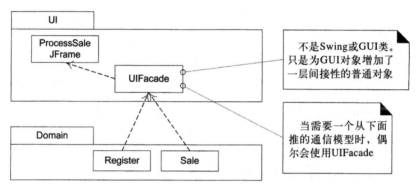

图 34-13　UI 层的 UIFacade 偶尔用于从下面推的设计

34.5　推荐资源

有大量关于分层架构的出版物和 Web 资源。尽管有人至少从 20 世纪 60 年代开始就已经使用和编著分层架构方面的书，但首次以模式形式对这一主题的论述是《程序设计的模式语言》（*Pattern Languages of Program Design*）卷 1[CS95]；该书卷 2 进一步介绍了一些与分层相关的模式。《面向模式的软件体系结构》（*Pattern-Oriented Software Architecture*）卷 1[BMRSS96]⊖为层模式提供了优秀的论述。

⊖ 本书中文翻译已由机械工业出版社出版。——编辑注

包 的 设 计

如果让你耕作一片地，你愿意用两头强壮的公牛还是 1024 只鸡？

——西摩·克雷（Seymour Cray）

目标

❏ 合理组织包来减少变化带来的影响。

❏ 熟悉可供选择的 UML 包结构表示法。

简介

如果开发团队中广泛依赖于某个包 X，则他们肯定希望包 X 是比较稳定的（经历许多新的版本），因为当包 X 发生变化时，需要不断地进行版本同步，并且要修改依赖于该包的软件，这样会导致**版本过载**（version thrashing）。

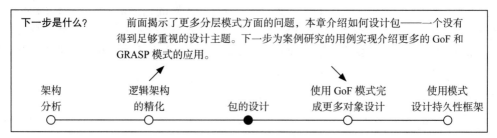

上述的讨论是显而易见的，但有时开发团队对识别和固化被广为依赖的包并没有给予足够重视，并且因此经历了毫无必要的混乱而不知道其真正的原因。

本章在前一章关于层和包的讨论基础之上，为包结构的组织提出了更为细粒度的探索性方法，以此来减少变化带来的影响。其目标是创建健壮的物理包设计。

相比在 Java 中，人们在 C++ 中会更快地感受到脆弱的依赖敏感性包组织所带来的痛苦，这是因为在 C++ 中具有依赖敏感性更高的编译和链接；在一个类中的变更可能具有强烈的传递依赖性影响，会导致对大量类的重编译和重链接$^\ominus$。因此，这里的建议对 C++ 项目特别有帮助，对例如 Java 或 C# 的项目也会带来一定的帮助。

Robert Martin 从事了多年的 C++ 应用程序的物理设计和包设计，其具有实效的工作 [Martin95] 对形成以下一些准则具有启发。

实现模型中源代码的物理设计

这个问题涉及**物理设计**（physical design）的一个方面——为源代码进行打包的 UP 实现模型。

如果仅仅是在白板或 CASE 工具中绘制包设计，则我们可以将类型任意放置到功能上相关的包中。但是在进行源代码的物理设计时，需要将类型组织到物理单元，发布为 Java 或 C++ 的 "包"。如果有许多开发者共享公共代码，则当这些包发生变化时，我们的选择将决定开发者受变化影响的程度。

35.1 组织包结构的准则

准则：包在水平和垂直划分上的功能性内聚

最基本的 "直观性" 原则是基于功能性内聚的模块化，将参与共同目的、服务、协作、策略和功能的强相关类型（类或者接口）组织在一起。例如，在 NextGen 案例中，Pricing 包中的所有类型都与产品定价有关。NextGen 设计中的层和包是根据功能来组织的。

除依据功能进行的非正式的猜测（"我认为类 SalesLineItem 应归属于 Sales 包"）以外，也可以依据类型之间的耦合程度进行分组。例如，Register 类与 Sale 类之间有强耦合，Sale 类与 SaleLineItem 类之间也有强耦合。

包内部的耦合程度或**关系内聚**（relational cohesion），可以被定量地度量，尽管在实际项目中很少这样做。以下为求知者给出一种度量方法：

$$RC = \frac{内部关系的数量}{类型的数量}$$

内部关系的数量包含属性和参数关系、继承以及包内类型之间的接口实现。

对于包含 6 个类型和 12 个内部关系的包，RC = 2；对于包含 6 个类型和 3 个内部关系的包，RC = 0.5。RC 的值越大表明包的内聚性越强。

注意，这一度量指标不适用于仅包含接口的包，它适用于包含实现类的包。

非常小的 RC 值意味着：

❑ 包中包含相互无关的事物，彼此没有分离开。

❑ 包中包含相互无关的事物，设计者故意这样安排。通常，包含独立服务的工具包（例如 java.util）就是如此。此时，RC 值的大小并不重要。

❑ 包含几个高内聚的子集（有较大的 RC 值），但整体内聚程度不高。

$\ominus$ 在 C++ 中，包也可以被实现为名字空间，但其含义更偏重于将源代码组织为独立的物理目录，即每个包对应一个目录。

准则：由一族接口组成的包

将一组功能上相关的接口放入单独的包，与其实现类分离。Java EJB 包 javax.ejb 就是一个例子：它是一个至少有 12 个接口的包，接口的实现放在单独的包中。

准则：用于正式工作的包和用于聚集不稳定类的包

包是开发活动和产品发布的基本单元，很少有仅在一个类上工作或者发布一个单独类的情况。如果一个包不是非常大或者非常复杂，通常会由一个开发者来负责包内的所有类型。

假设：1）有一个包含 30 个类的大型包 P1，2）其中有 10 个类（C1 到 C10）经常被修改和重新发布。

在此情形下，将 P1 分成 P1-a 和 P1-b 两个部分，P1-b 包含 10 个经常变动的类。

这样，包被分解为较稳定和不稳定的两个子集，或者更为普遍地分成与工作相关的组。也就是说，如果包中的大部分类型都在一起工作，那么这种分组形式就是有效的。

在理想情况下，通过将不稳定的部分分离为单独的包，应该只有较少的开发者依赖于 P1-b 而非 P1-a，这样与重新发布更大的原始包 P1 相比，发布 P1-b 的新版本只会影响较少的开发者。

注意，这种重构取决于后续工作的趋势。在早期迭代阶段确定良好的包结构是非常困难的。通常，包结构会随着细化迭代的深入不断地进行演化，这也应该是细化阶段的目标（因为包结构具有重要架构意义），当细化阶段结束时大部分的包结构将会稳定化。

此准则阐明了基本策略：**减少对不稳定包的广泛依赖**。

准则：职责越多的包越需要稳定

如果具有大量职责（被依赖）的包不稳定，那么由于变化造成的影响有可能传播得更广。极端的例子是，如果诸如 com.foo.util 这样被广泛使用的工具包经常变化，则工作将无法进行。图 35-1 演示了较为适当的依赖结构。

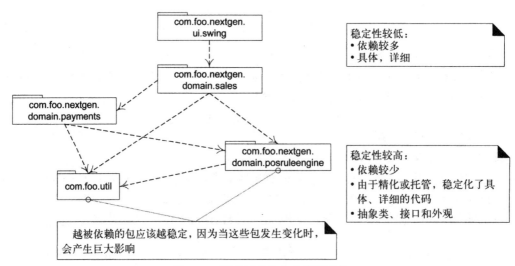

图 35-1　职责越多的包应该越稳定

图 35-1 中，越靠下的包应该越稳定。

有几种增强包的稳定性的方法：

☐ 包中仅包含或者主要包含接口和抽象类。

- 例如，java.sql 中包含 8 个接口和 6 个类，类都是诸如 Time 和 Date 这样简单、稳定的类型。

☐ 不依赖于其他的包（这种包是独立的），或者仅依赖非常稳定的包，或者封装了依赖关系以使其不受影响。

- 例如，com.foo.nextgen.domain.posruleengine 包将具体的规则引擎实现隐藏在单独一个 facade 对象之后。实现改变时，依赖于此的包不受影响。

☐ 包含相对稳定的代码，这些代码在发布之前经过充分的测试和精化。

- 例如，java.util 包。

☐ 强制规定具有缓慢的变化周期。

- 例如，java 类库的核心包 java.lang 不允许频繁改变。

准则：将不相关的类型分离出去

将能够独立使用或运行于不同语境的类型组织到单独的包中。不经过仔细考量，将公共功能组织起来并不能提供合理的粒度水平。

例如，假定在包 com.foo.service.persistence 中定义了持久服务子系统。在此包中有两个非常通用的工具 / 帮助者类：JDBCUtilties 和 SQLCommand。如果它们是与 JDBC（访问关系数据库的 Java 服务）一起工作的通用工具，那么可以在任何使用 JDBC 的场景中，独立于持久服务子系统使用这些类。因此，最好将这些类型放入单独的包（例如 com.foo.util.jdbc）中。图 35-2 图解了上述情况。

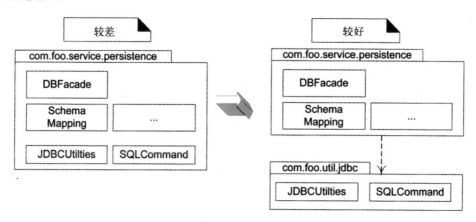

图 35-2 分离不相关的类

准则：使用工厂模式减少对具体包的依赖

减少对其他包中具体类的依赖是提高包的稳定性的一个途径。图 35-3 表示了使用工厂模式之前的情形。

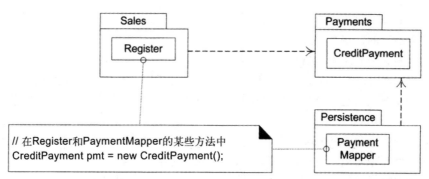

图 35-3 为了创建而直接与具体包耦合

假设 Register 和 PaymentMapper（与关系数据库映射 payment 对象的类）都创建 Payments 包中的 CreditPayment 类实例。提高 Sales 和 Persistence 包的长期稳定性的一种机制是，不要显示地创建定义于其他包中的具体类（例如，Payments 包中的 CreditPayment 类）。

我们可以通过工厂对象来创建实例以减少对具体包的依赖程度，但是工厂对象的创建方法所返回的对象类型是接口而不是类。参见图 35-4。

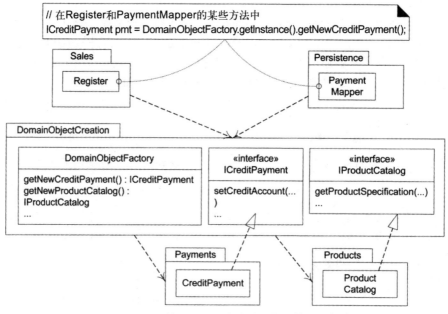

图 35-4 通过使用工厂对象来减少与具体包的耦合

领域对象工厂模式

通过领域对象工厂接口创建所有的领域对象是常见的设计方法。我曾在某些设计文献中看到过有关领域对象工厂（Domain Object Factory）模式的非正式描述，但不知道是否存在正式的出版物。

准则：包之间没有循环依赖

如果一组包之间有循环依赖关系，那么可能需要将它们当做一个大包对待。但是，我们并不希望这样做，发布较大的包会增加影响其他元素的可能性。

有两个解决方案：

1）将参与循环的类型分解出来形成较小的新包。

2）使用接口来打破循环。

使用接口打破循环的步骤如下：

1）重新定义在一个包中被依赖的类，使其实现新的接口。

2）在一个新包中定义新的接口。

3）重新定义依赖于原来类的类型，使其依赖于新包中的接口，而不是原来的类。

图 35-5 图解了这一策略。

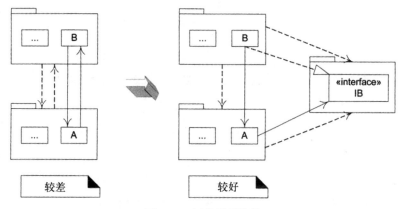

图 35-5 打破循环依赖

35.2 推荐资源

大部分来自 C++ 社团的细致工作都旨在改进包的设计以减少依赖性所产生的影响，而且这些原则对其他语言也适用。Martin 的《使用 Booch 方法设计面向对象的 C++ 应用程序》（*Designing Object-Oriented C++ Applications Using the Booch Method*）[Martin95] 和《大 规 模 C++ 软件设计》（*Large-Scale C++ Software Design*）[Lakos96] 两书中对此有较全面的讨论。*Java 2 Performance and Idiom Guide* [GL99] 中也介绍了这一主题。

使用 GoF 模式完成更多对象设计

> 有两次，几位议员问我："Babbage 先生，如果你给机器输入错误的数字，会得出正确的答案吗？"我无法理解怎样的思维混乱才会导致他们提出这样一个问题。
>
> ——查尔斯·巴贝奇（Charles Babbage）

目标

❑ 在用例实现的设计中应用 GoF 和 GRASP 模式。

简介

本章在两个案例研究的当前迭代中应用 GoF 和 GRASP 模式，揭示了更多的 OO 设计。对于 NextGen POS 案例，我们要解决诸如本地服务容错、POS 设备支持和支付授权等需求，同时示范如何使用 GoF 模式。对于 Monopoly 案例，我们讨论落入财产方格、购买和支付租金等需求。Monopoly 案例示范了如何应用基本的 GRASP 原则。

下一步是什么？　前面揭示了详细的包设计，本章揭示更多 GoF 和 GRASP 模式的应用。下一步将 GoF 模式应用于框架的设计——一个重要的 OO 设计技巧。

| 逻辑架构的精化 | 包的设计 | 使用 GoF 模式完成更多对象设计 | 使用模式设计持久性框架 | UML 部署图和构件图 |

36.1　示例：NextGen POS

后续小节将探讨如何应用各种模式和原则来解决 NextGen 案例迭代 3 中的各种需求，其中包括：

❑ 远程服务访问失败时，使用本地服务容错。

❑ 本地缓存。

❑ 支持第三方 POS 设备（例如各种扫描器等）。

❑ 处理信用卡支付、借记卡支付和支票支付等。

36.2　本地服务容错和使用本地缓存提高性能

NextGen 的需求之一是，当远程服务访问失败时（例如当产品数据库暂时无法访问时），得到某种程度的恢复。

访问产品信息服务是讨论恢复和容错设计策略的第一个案例。然后探讨账务服务，此情形的解决方案略微不同。

回顾部分技术备忘录：

技术备忘录　问题：可靠性——从远程服务访问失败中恢复

解决方案概要：利用服务查找实现位置透明性，使用本地服务的部分复制，实现从远程到本地的容错。

因素

❑ 从远程服务访问失败中健壮地恢复（例如税金计算器、库存）。

❑ 从远程产品（例如描述和价格）数据库访问失败中健壮地恢复。

解决方案

使用由 ServicesFactory 工厂创建的 Adapter 对象，实现对服务位置的防止变异。如果可能，提供远程服务的本地实现，通常本地服务只有简化的和受限的行为。例如，本地税金计算器只使用固定税率。本地产品信息数据库将缓存最常用的一小部分产品信息。重新连接时将在本地存储库存的更新。

解决方案的适应性可参见"对第三方服务的适应性"技术备忘录，因为每个安装的远程服务实现都会有所不同。

为了满足重新连接远程服务的质量场景，对这些服务使用智能代理对象，在每次服务调用时都要测试远程服务是否激活，并且在远程服务激活时进行重新定向。

动机

零售商永远都不想停止销售！因此，如果 NextGen POS 提供了这个水平的可靠性和可恢复性，它将会是极具吸引力的产品，因为目前还没有一个竞争对手的产品具有这种能力。

在解决容错和恢复方面的问题之前，为了提高效率以及增强从远程数据库访问失败中恢复的可能性，架构设计师（本书作者）建议使用 ProductDescription 对象的本地缓存（一般存放在本地硬盘中的一个简单文件内）。因此，在试图访问远程服务之前，应该总是首先在本地缓存中查找。

使用我们已有的适配器和工厂模式能够间接地实现这一特性：

1）ServiceFactory 总是返回本地产品信息服务的适配器。

2）本地产品"适配器"并不会真正地适配其他构件。它将自己负责实现本地服务。

3）使用实际的远程产品服务适配器的引用来初始化本地服务。

4）如果本地服务在缓存中找到数据，就将数据返回；否则，将请求转发给外部服务。

注意，这里存在两级客户端缓存：

1）在内存中的 ProductCatalog 对象保存着从产品信息服务中读取的一些（例如 1000 个）ProductDescription 对象的内存集合（例如 Java 的 HashMap）。依据本地可用内存的大小，可以调整该集合的大小。

2）本地产品服务可以维护一个较大的持久化缓存（基于硬盘存储），用于维护一定数量的产品信息（例如 1 或 100MB 的文件空间）。同样，也可以根据本地配置进行调整。该持久化缓存对于容错很重要，因为即使 POS 应用程序崩溃，内存中的 ProductCatalog 对象丢失，但持久化缓存依然有效。

本设计方案不会影响已经存在的代码，插入新的本地服务对象不会影响 ProductCatalog 对象（与产品服务协作）的设计。

到目前为止，我们还没有引入新的设计模式，仅使用了适配器和工厂模式。

图 36-1 展示了设计中的类型，图 36-2 展示了初始化。

图 36-3 展示了从产品目录到产品服务的初始化协作。

如图 36-4 所示，如果产品不在本地产品服务的缓存中，则本地产品服务将与外部服务的适配器进行协作。注意，本地产品服务将 ProductDescription 对象缓存为串行化对象。

如果实际的外部服务从数据库改为新的 Web Service，则只需改动远程服务的工厂配置。参见图 36-5。

为了继续考虑与 DBProductsAdapter 的协作，它需要与对象–关系（O-R）映射持久化子系统交互（见图 36-6）。

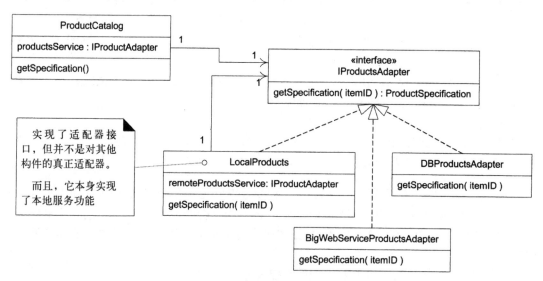

图 36-1 对于产品信息的适配器

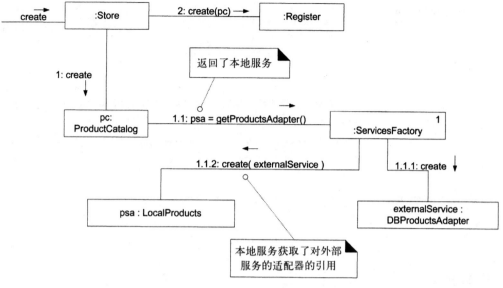

图 36-2 对于产品信息服务的初始化

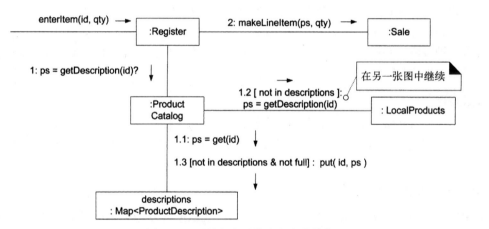

图 36-3 开始与产品信息服务的协作

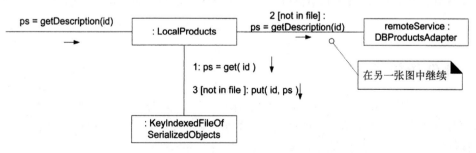

图 36-4 继续与产品信息服务的协作

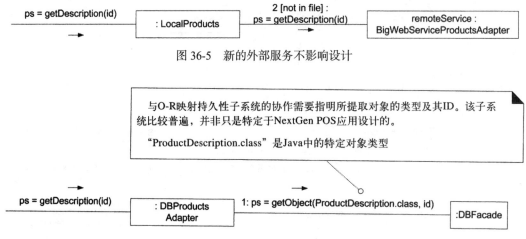

图 36-5 新的外部服务不影响设计

图 36-6 与持久性子系统的协作

缓存策略

考虑加载内存 ProductCatalog 缓存和基于 LocalProducts 文件缓存的可选方案：一种方式是惰性初始化（lazy initialization）策略，即当实际读取外部产品信息时，逐步加载缓存；另一种方法是立即初始化（eager initialization），也就是当启动用例时就加载缓存。如果设计者不能确定使用哪一种策略，并且想试验每种方式，那么基于策略模式的一组不同的 CacheStrategy 对象能够巧妙地解决这个问题。

失效缓存

由于产品价格经常变动（也许是商店经理一时兴起），缓存产品价格信息会导致缓存中包含失效数据；这在复制数据时总是一个应该关注的事。一种解决方案是增加远程服务操作，用来查询当日更新的数据；LocalProducts 对象便每隔 n 分钟查询并更新它的缓存。

UML 中的线程

如果 LocalProducts 对象通过每隔 n 分钟查询更新数据的方法来解决失效缓存的问题，那么可以将其设计为拥有控制线程的**主动对象**（active object）。线程休眠 n 分钟，唤醒后读取数据，再次休眠，如此反复。UML 中提供了表示线程和异步调用的表示法，如图 36-7 和图 36-8 所示。

36.3 处理故障

上述设计方案将 ProductDescription 对象缓存在文件中以提高效率，并且在无法访问外部产品服务时提供了部分的后援方案。或许在外部服务失败时，本地文件中缓存 10000 个产品信息就已经能够满足大部分产品信息的请求。

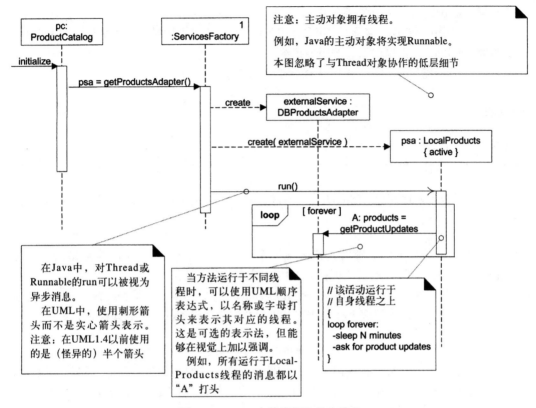

图 36-7　UML 中的线程和异步消息

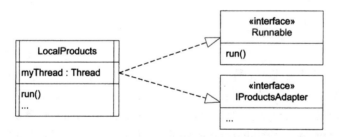

图 36-8　主动类表示法

本地缓存中未命中且访问外部产品服务失败时，如何处理？假设涉众要求我们在此情形时用信号通知收银员人工输入价格和描述或者取消输入该产品项。

这是一个发生了错误或故障条件的例子，并且可以将其作为语境，用来描述处理故障和异常的通用模式。异常和错误处理是一个庞大的主题，本章仅关注与案例研究语境相关的一些模式。首先，介绍一些术语：

❑ **缺陷**（Fault）：错误行为的起因。

● 程序员拼写错了数据库名称。

❑ **错误**（Error）：缺陷在运行系统中的表现。

● 当（使用拼写错误的名称）调用名称服务获取数据库的引用时，它将发出一个错误信号。

❑ **故障**（Failure）：由错误引起的服务拒绝。

● 产品子系统和 NextGen POS 无法提供产品信息服务。

抛出异常

通知故障的最直接方法是抛出一个异常。

准　　则

异常最适合于处理资源（例如硬盘、内存、网络和访问数据库和其他外部服务）故障的情形。

当访问外部产品数据库失败时，持久化子系统可能抛出异常（异常的实际抛出点可能在 Java JDBC 的实现中）。异常沿着调用栈向上传递到适当的处理点[⊖]。

假定最初的异常是 java.sql.SQLException（以 Java 为例）。该异常是否应该一直向上传递到表示层呢？不，因为在抽象层次上存在错误。下面介绍一个常用的异常处理模式。

模式：转换异常 [Brown01]

在一个子系统中，避免直接抛出来自较低层子系统或服务的异常。应该将较低层的异常转换成在本层次子系统中有意义的异常。较高层的异常包裹较低层的异常并添加一些信息，使得该异常在较高层的子系统语境中有意义。

这是一个指导准则而非绝对的规则。

这里使用的"异常"（Exception）这个词具有可抛出的含义；在 Java 中相当于 Throwable。

该模式也被称为异常抽象（Exception Abstraction）[Renzel97]。

例如，持久化子系统捕获一个特定 SQLException 异常（假定它不能处理此异常[⊖]），并且抛出一个新的包含 SQLException 异常的 DBUnavailableException 异常。注意，DBProductAdapter 像是产品信息逻辑子系统的外观。因此，较高层的 DBProductAdapter（作为逻辑子系统的代表）可以捕获较低层的 DBUnavailableException 异常（假设此时不能处理该异常），并且抛出一个新的 ProductInfoUnavailableException 异常，而新的异常包裹了 DBUnavailableException。

考虑这些异常的名称：为什么使用 DBUnavailableException 而不是 PersistenceSubsystem-Exception？这里有一个模式解释了该问题：

⊖ 由于并非所有的主流面向对象语言（例如 C++、C# 和 Smalltalk）都支持，因此此处不讨论检查的和未检查的异常处理。

⊖ 就近处理异常是值得推荐但难以实现的目标，因为如何处理错误的需求通常针对具体应用而有所不同。

> **模式：对问题而不是抛出者命名 [Grosso00]**
>
> 怎样来调用异常？给一个异常命名，这个名字要能够描述这个异常为什么被抛出，而不是要描述抛出者。这样做，能够使程序员更容易理解问题，并且突出了众多异常类的相似之处的本质（以抛出者命名的方式则无法做到这一点）。

UML 中的异常

下面介绍抛出异常[一]和捕获异常的 UML 表示法。

在 UML 中有两个与表示法有关的问题：

1）在类图中，如何显示某个类抛出和捕获的异常？

2）在交互图中如何表示抛出一个异常？

图 36-9 中展示了在类图中的表示法：

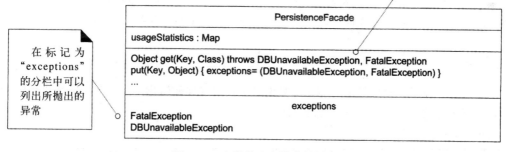

图 36-9 由类抛出和捕获的异常

在 UML 中，异常（Exception）是一个特殊的信号（Signal）（表示对象之间的异步通信）。这意味着，在交互图中，异常被表示为异步消息[二]。

图 36-10 以 SQLException 异常转换为 DBUnavailableException 异常为例，描述了表示法。

[一] 在 UML 中，正式的名词是"发送异常"，但人们更熟悉"抛出异常"这一用法。

[二] 注意，从 UML1.4 起，异步消息的表示法由半箭头改为刺形箭头。

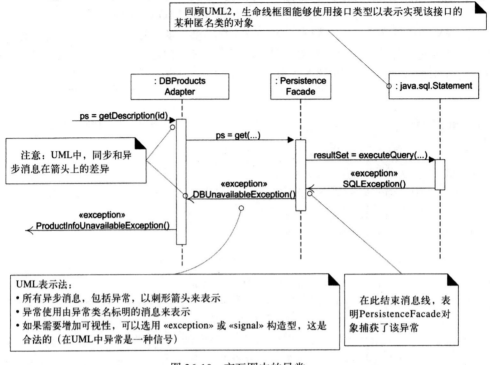

图 36-10　交互图中的异常

总而言之，存在表示异常的 UML 表示法，但实际上很少使用这种表示法。

这并不是建议避免在早期考虑异常处理问题。相反，由于事后很难插入异常处理，异常的基本模式、策略和协作等应该尽早在架构层面上确立。但是，许多开发者都认为，针对特定异常处理的设计最好等到编码或详细设计时进行，而不是在 UML 图中详尽描述。

处理错误

以上已经讨论了该设计的一方面——抛出异常，包括如何转化、命名和描述这些抛出异常。下面讨论该设计的另一方面——异常的处理。

有两个最常用的模式：

模式：集中错误日志（Centralized Error Logging）[Renzel97]
使用单例访问的集中错误日志对象，所有的异常都向它报告。如果在分布式系统中，那么每个本地单实例类日志对象都将与集中的错误日志对象协作。其优点包括：

❏ 一致的报告方式。
❏ 灵活定义输出流和格式。
该模式也被称为诊断记录器（Diagnostic Logger）[Harrison98]。

这是一个简单模式。第二个模式是：

模式：错误会话（Error Dialog）[Renzel97]

　　使用标准的单例访问的、应用程序无关的、非用户界面的对象向用户通知错误。它包裹了一个或者多个 UI "对话"对象（例如，GUI 模式对话框、文本控制台、蜂鸣器或者语音生成器），并且将通知错误的职责委派给 UI 对象。这样，错误既可以输出到 GUI 对话框也可以输出到语音生成器。它也可以将异常报告给集中的错误日志对象。用工厂读取系统参数，并且创建相应的 UI 对象。优点如下：

　　❑ 对输出机制的变化实现了防止变异。

　　❑ 一致的错误报告风格；例如，所有的 GUI 窗口可调用此单实例类来显示错误对话。

　　❑ 集中控制公共的错误通知策略。

　　❑ 性能也有改进：如果使用了诸如 GUI 对话框这样的"昂贵"资源，可以缓存它以便重复利用。

　　一个 UI 对象（例如 ProcessSaleFrame）是否应该直接捕获异常并通知用户？对于仅有少数几个窗口和简单导航路径的应用程序，这个直截了当的设计方案就很好。对 NextGen 应用，正是如此。

　　但是，应当记住，这样做将某个与错误处理有关的"应用逻辑"掺杂到表现（GUI）层。错误处理与用户通知有关，所以这是合理的，但需要加以关注。对于几乎不会替换 UI 的简单应用，这不是根本问题，但可能导致应用的脆弱性：例如，假如某个团队想把手持计算机设备的 Java Swing GUI 替换为 IBM Java Micro View GUI 框架。需要识别 Swing 版本中包含的应用逻辑并将其复制到 MicroView 的版本中。从某种程度上讲，当替换 UI 时这是不可避免的；但是，包含较多应用逻辑时情况更糟糕。通常，越多非用户界面的应用逻辑移入表现层，设计和维护的麻烦就越多。

　　对于有许多窗口和复杂导航路径的系统，还有其他解决方案。例如，在领域层和表现层之间插入一个或多个控制器的应用层。

　　此外，也可以插入负责保存指向所有窗口的引用、熟悉窗口之间的转移、产生某些事件（例如错误）的"视图管理中介"（view manager mediator）对象 [GHJV95，BMRSS96]。

　　抽象地讲，中介对象是一个封装了状态（被显示的窗口）和基于事件的状态间转化的状态机。它可以从外部文件读取状态转换模型，从而可以实现数据驱动的导航路径（无需改变源代码）。它可以关闭所有的应用程序窗口，或者最小化它们，因为它持有所有窗口的引用。

　　在此设计方案中，应用层控制器持有指向视图管理中介的引用（因此，应用控制器向上与表现层耦合）。应用控制器捕获异常，通过与视图管理中介的协作发出通知（基于错误会话模式）。因此，应用控制器与应用程序的工作流有关，错误处理逻辑保持在窗口之外。

　　详细的 UI 控制和导航设计不在本书的讨论范围之内，这里只介绍捕获异常的简单窗口设计。图 36-11 演示了使用错误会话模式的一个设计。

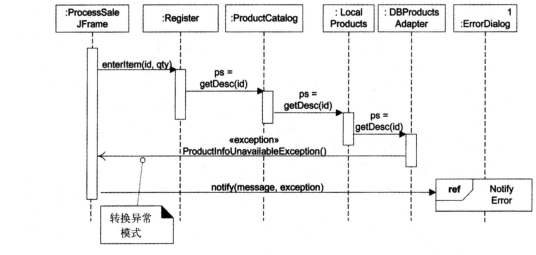

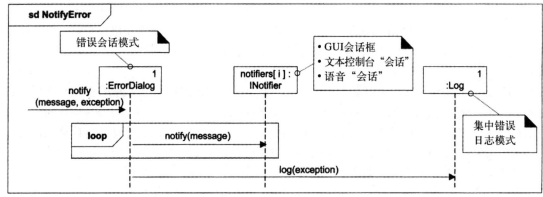

图 36-11　处理异常

36.4　通过代理（GoF）使用本地服务进行容错

通过在外部服务的前端添加本地服务，实现了产品信息的本地服务容错；使用中总是优先尝试本地服务。但是，此设计方案并不是对所有的服务都适用。有时需要先尝试外部服务，然后才是本地服务。例如，在账务服务中记录销售。在业务上希望这一过程越快越好，以便能够实时地追踪商店和终端的活动。

在此情形下，GoF 的代理（Proxy）模式可以解决这个问题。Proxy 是一个简单的模式，作为其变体的**远程代理**（Remote Proxy）模式使用广泛。例如，在 Java RMI 和 CORBA 中，访问远程对象的服务时，要调用其本地客户端对象（称之为"桩"）。这个客户端的桩就是本地代理，或者是远程对象的代表。

NextGen 案例中使用的代理不是远程代理变体，而是**重定向代理**（Redirection Proxy）变体，该代理也称为**冗错代理**（Failover Proxy）。

无论是哪种变体，代理的结构总是相同的；不同之处在于代理在被调用时做什么。

代理只不过是与被代理对象实现相同接口的对象，它保存指向被代理对象的引用，并且用于控制对被代理对象的访问。图 36-12 展示了代理的一般性结构。

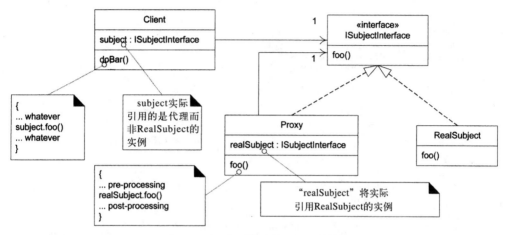

图 36-12 代理模式的一般性结构

代理（Proxy）

语境 / 问题

不希望或不可能直接访问真正的主题对象时，应该怎么办？

解决方案

通过代理对象增加一层间接性，代理对象实现与主题对象相同的接口，并且负责控制和增强对主题对象的访问。

应用于 NextGen 案例研究，以实现对外部账务服务的访问，按照如下所述使用重定向代理：

1）向重定向代理发送 postSale 消息，将其视为实际的外部账务服务。

2）如果重定向代理与外部服务（通过适配器）通信失败，则将 postSale 消息重定向到本地服务，本地服务将销售保存在本地，当账务服务激活时重新发给它。

图 36-13 展示了被关注元素的类图。

应用 UML：

❏ 注意，为了避免创建展示动态行为的交互图，在这个静态图中使用编号表示交互的顺序。交互图通常是首选的，但此方法也是可选的风格。

❏ 观察 Register 的方法前的 public 和 private（+、−）可见性标记。如果没有这些标记，则表示未指定，而并不表示默认为公共或私有。但是，按照一般惯例，读者将未指明可见性的元素理解为私有属性和公共方法。但是在此图中，我想特别表达的是：makePayment 是公共方法，而 completeSaleHandling 是私有方法。在沟通中的视觉噪声（visual noise）和信息过载是常见问题，因此需要使用惯例解释来保持图形的简单性。

概括地讲，代理是包裹内部对象的外部对象，两者实现相同的接口。客户对象（例如 Register）

不知道正在引用的是代理对象，而仿佛是与真正的主题对象（例如 SAPAccountingAdapter）进行协作。代理截获调用以便增强对实际主题对象的访问能力。在本例中，如果外部服务不能访问，则重定向到本地服务（LocalAccounting）。

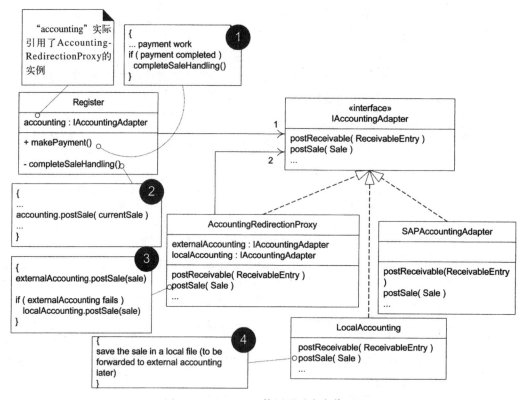

图 36-13　NextGen 使用了重定向代理

36.5　对非功能性或质量需求的设计

在进入下一节之前，需要注意，到目前为止我们仅讨论了与可靠性和可恢复性相关的非功能性或质量需求，而不涉及业务逻辑。

有趣的是，软件架构中的大型主题、模式和结构往往是通过解决非功能性或质量需求的设计而非基本业务逻辑而形成的，这是软件架构的关键点。

36.6　使用适配器访问外部物理设备

在本次迭代中，另外一个方面的需求涉及与组成 POS 终端的物理设备交互，例如，打开现金抽屉、从硬币提取机中找零以及从数字签名设备上读取签名等。

NextGen POS 必须能够与各种各样的 POS 设备（包括 IBM、Epson、NCR、Fujitsu 等公司

销售的设备）一起工作。

好在软件架构师已经做了一些调查，发现目前已经存在工业标准，即 UnifiedPOS（www.nrf-arts.org），该标准为所有常见的 POS 设备定义了标准的面向对象接口（以 UML 的形式）。此外，还存在一个 UnifiedPOS 的 Java 映射，即 JavaPOS（www.javapos.com）。

因此，在软件架构文档中，架构设计师增添一个技术备忘录，记录这个重要的架构选择：

技术备忘录：问题：POS 硬件设备的控制

解决方案概要：使用设备制造商提供的、遵循 JavaPOS 标准接口的 Java 软件。

因素

❑ 正确地控制设备。

❑ 采购成本与构建及维护成本之对比。

解决方案

UnifiedPOS（www.nrf-arts.org）为 POS 设备定义了接口的工业标准的 UML 模型。JavaPOS（www.javapos.com）是 UnifiedPOS 向 Java 映射的工业标准。POS 设备制造商（例如 IBM、NCR）出售这些控制其设备的接口的 Java 实现。

购买这些软件，不要自己开发。

使用工厂从系统属性中读取需要加载的 IBM 或 NCR（等）的类集，并返回基于其接口的实例。

动机

根据非正式的调查，我们相信这些软件工作良好，而且制造商对它们的改进提供了定期的更新过程。我们很难获得自行开发所必要的专家和其他资源。

其他可选方案

自行开发——困难且具有风险。

图 36-14 展示了一些接口，它们在我们的设计模型的领域层构成了一个新增加的包。

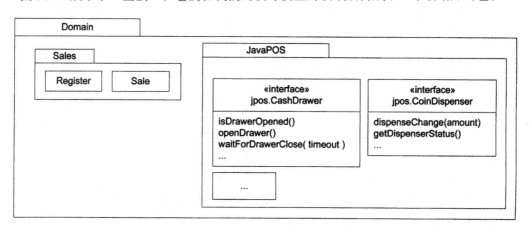

图 36-14 标准 JavaPOS 接口

假定 POS 设备的主要制造商提供 JavaPOS 实现。例如，如果我们买了具有现金抽屉、硬币提取机等的 IBM POS 终端，则同时也能从 IBM 得到控制这些物理设备并且实现了 JavaPOS 接口的 Java 类。

> 因此，架构的这部分问题是通过购买软件构件而不是自行开发软件构件来解决的。鼓励使用现有构件是 UP 最佳实践之一。

它们如何工作呢？在底层，物理设备在操作系统中有相应的设备驱动。Java 类（例如实现 jpos.CashDrawer 的类）使用 JNI（Java Native Interface）来调用这些设备驱动。

> 这些 Java 类使低层的设备驱动能够与 JavaPOS 接口进行适配，因此可以看作是 GoF 模式中的适配器对象。它们也可以被称为代理对象，即控制和增强对物理设备访问的本地代理。用多种模式对设计进行分类是很常见的做法。

36.7 对一组相关的对象使用抽象工厂模式

可以从制造商那里购买 JavaPOS 的实现。例如[⊖]：

```
// IBM 的驱动程序
com.ibm.pos.jpos.CashDrawer (implements jpos.CashDrawer)
com.ibm.pos.jpos.CoinDispenser (implements jpos.CoinDispenser)
...
// NCR 的驱动程序
com.ncr.posdrivers.CashDrawer (implements jpos.CashDrawer)
com.ncr.posdrivers.CoinDispenser (implements jpos.CoinDispenser)
...
```

NextGen POS 应用程序可能会使用许多制造商的驱动程序，使用 IBM 的硬件时要用 IBM 的 Java 驱动程序，使用 NCR 的硬件时要用 NCR 驱动程序，等等，现在应该如何对此进行设计呢？

注意，此处需要创建一族类（CashDrawer + CoinDispenser +……），并且每一族类都实现相同的接口。

在此情形下，存在常用的 GoF 模式：抽象工厂。

> **抽象工厂（Abstract Factory）**
>
> 语境 / 问题
>
> 如何创建实现相同接口的一族相关的类？
>
> 解决方案
>
> 定义一个工厂接口（抽象工厂）。为每一族要创建的事物定义一个具体工厂类。也可以定义实际的抽象类来实现工厂接口，并且为扩展该抽象类的具体工厂提供公共服务。

图 36-15 阐述了基本思想；在下一节将对其进行进一步改进。

⊖ 例子中使用了虚构的包名称。

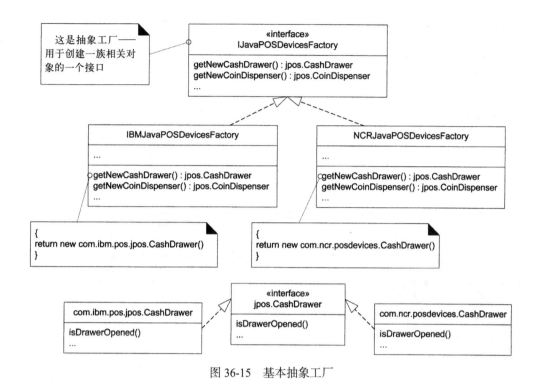

图 36-15 基本抽象工厂

抽象类的抽象工厂

抽象工厂模式的常见变体是创建一个抽象类工厂，使用单例模式访问它，读取系统属性以决定创建它的哪个子类工厂，然后返回对应的子类实例。例如，在 Java 类库中的 java.awt. Toolkit 类就是为不同的操作系统和 GUI 子系统创建一族 GUI 小部件的抽象类的抽象工厂。

这种方法的优点是解决了如下问题：应用程序如何才能知道应该使用哪个抽象工厂？IBMJavaPOSDevicesFactory 还是 NCRJavaPOSDevicesFactory？

后续的精化解决了这一问题。图 36-16 描述了此解决方案。

使用这种抽象类工厂和单例模式的 getInstance 方法，对象可以与抽象超类协作，并得到其某个子类实例的引用。例如，考虑下面的语句：

```
cashDrawer = JavaPOSDevicesFactory.getInstance().getNewCashDrawer();
```

根据读取的系统属性，表达式 JavaPOSDevicesFactory.getInstance() 将返回 IBMJava-POSDevices-Factory 或者 NCRJavaPOSDevicesFactory 类的实例。注意，通过在属性文件中改变外部的系统属性"jposfactory.classname"（以 String 表示类的名称），NextGen 系统将使用不同的 JavaPOS 驱动程序族。通过数据驱动（读取属性文件）和反射编程设计，使用 c.newInstance() 表达式，可以对变化的工厂实现防止变异。

在 Register 中将发生与工厂的交互。为了实现低表示差距，合理的做法是由 Register 软件类（其名称表示整个 POS 终端）持有诸如 CashDrawer 的设备的引用。例如：

```
class Register
{
private jpos.CashDrawer cashDrawer;
private jpos.CoinDispenser coinDispenser;
public Register()
{
    cashDrawer =
        JavaPOSDevicesFactory.getInstance().getNewCashDrawer();
        //...
}
//...
}
```

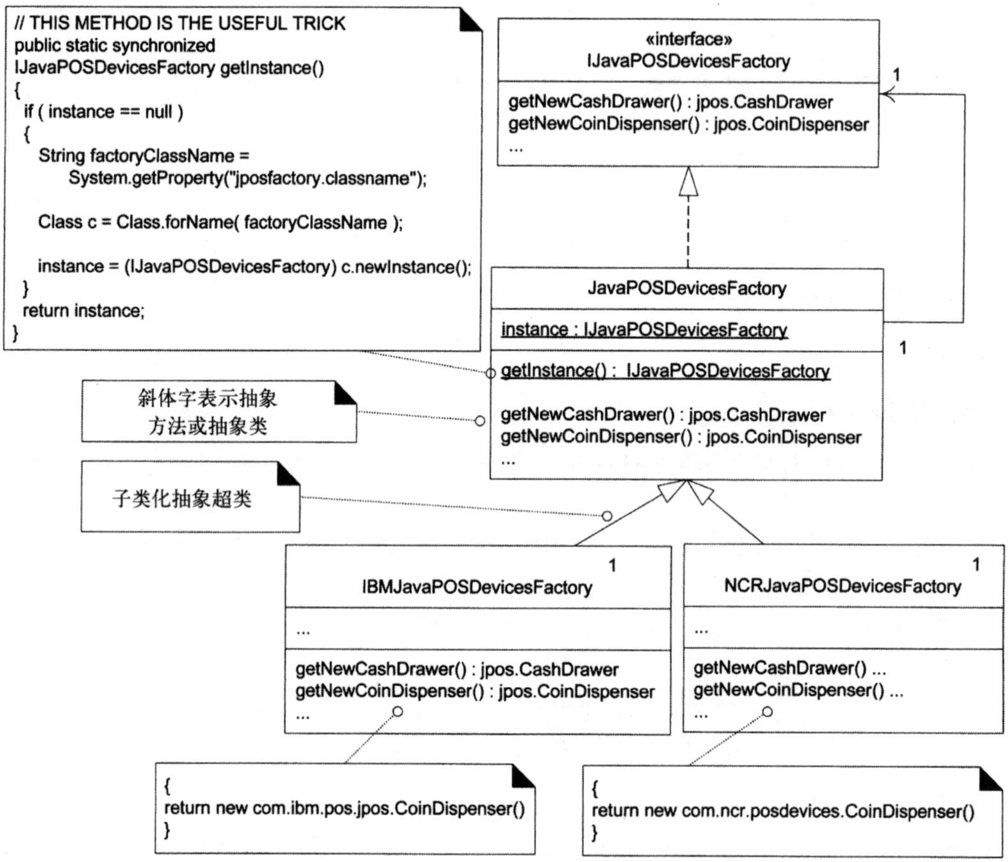

图 36-16　抽象类的抽象工厂

36.8　使用多态性和"Do It Myself"模式处理支付

在被 Peter Coad 称为"Do It Myself"策略或模式 [Coad95] 的语境中使用多态性（和信息专家），这是常见的方法之一。

> "Do It Myself"
>
> "我（一个软件对象）是对实际对象的抽象，由我来完成这些通常由实际对象所完成的事情。"[Coad95]

这是经典的面向对象设计风格：Circle 对象绘制自己，Square 对象绘制自己，Text 对象对自己进行拼写检查，等等。

注意，Text 对象对自己进行拼写检查是信息专家模式的例子：拥有与工作相关信息的对象来完成工作（根据信息专家，Dictionary 也是候选者）。

依据"Do It Myself"和信息专家模式，通常导致相同的设计选择。

类似地，要注意 Circle 和 Square 对象绘制自身都是多态性的例子：当相关候选事物依据类型而具有变化时，使用多态性操作为行为具有变化的类型分配职责。

"Do It Myself"模式和多态性通常导致相同的设计选择。

然而，如纯虚构模式中所讨论的，这经常会由于内聚和耦合方面的问题而导致不当处理，并且作为替代，设计者可以使用策略、工厂这样的纯虚构模式。

尽管如此，由于有低表示差异的优点，适当时也可以使用"Do It Myself"模式。支付处理的设计也可以使用"Do It Myself"模式和多态性来实现。

支持多种支付类型是本次迭代的需求之一，这实质上意味着要处理授权和账务的操作步骤。不同的支付方式有不同的授权方式：

❑ 信用卡支付和借记卡支付通过外部的授权服务授权。两种方式都需要在应收款账户中记录应收款条目——欠提供授权的金融机构的钱款金额。

❑ 某些商店，使用 POS 终端附属的验钞机检查伪币（在某些国家是一种趋势）。其他商店不这样做。

❑ 某些商店使用计算机化的授权服务验证支付是否被授权。而也有其他的商店不进行授权验证。

CreditPayments 以一种方式授权，CheckPayments 以另一种方式授权。这恰好是多态性的经典情形。

因此，如图 36-17 所示，每个 Payment 子类有自己的 authorize 方法。

图 36-17　具有多种 authorize 方法的经典多态性

例如，如图 36-18 和图 36-19 所示，Sale 实例化 CreditPayment 或 CheckPayment，并要求对其自身进行授权。

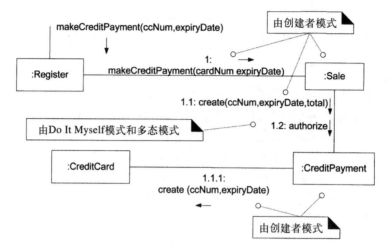

图 36-18 创建 CreditPayment

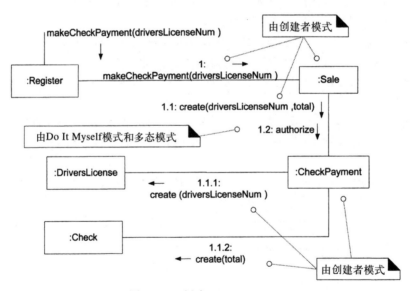

图 36-19 创建 CheckPayment

需要细粒度的类吗

考虑 CreditCard、DriversLicense 和 Check 软件类对象的创建。我们首先想到的方案是：排除这些细粒度的类，仅仅在与之相关的 Payment 类中记录其持有的数据。但是，使用这些类通常是更为灵活的策略；否则将无法提供有用的行为和可复用性。例如，CreditCard 类是天然的专家，能够告诉你信用卡公司的类型（Visa、MasterCard 等）。对于我们的应用来说，这种行为正好是必要的。

信用卡支付授权

系统必须与外部的信用卡授权服务通信，我们已经创建了基于适配器模式的设计方案来支持它。

相关的信用卡支付领域信息

有关将来设计的一些语境如下：

❏ POS 系统以多种方式与外部授权服务进行物理连接，包括电话线（必须拨号）和始终在线的宽带因特网连接。

❏ 使用不同应用级别的协议和对应的数据格式，例如安全电子交易（SET）。新的协议（例如 XMLPay）可能会流行。

❏ 支付授权可以被视为常规的同步操作：POS 线程被阻塞，（在超时之前）等待远程服务的应答。

❏ 所有的支付授权协议都涉及发送能够唯一识别商店的标识（采用"商业 ID"）和唯一识别 POS 终端的标识（采用"终端 ID"）。应答中包含批准或拒绝代码以及唯一的事务 ID。

❏ 对不同的信用卡类型（Visa 或 MasterCard）可以使用不同的外部授权服务。对每个服务，商店有不同的商业 ID。

❏ 从卡号中可以推断出信用卡类型。例如，卡号以 5 开头的是 MasterCard 信用卡，以 4 开头的是 Visa 信用卡。

❏ 使用适配器模式可以避免支付授权方式的变化对系统的上层产生影响。每个适配器负责保证使用正确的授权请求事务数据格式，并且负责与外部服务的协作。如同上一次迭代中已经讨论的，ServicesFactory 负责分配合适的 ICreditAuthorizationServiceAdapter 的实现。

一个设计场景

图 36-20 开始展示了附有注释的设计，该设计能够满足以上的细节和需求。图中对消息加以了注释，用以阐述其中的推理。

如图 36-21 所示，一旦找到正确的 ICreditAuthorizationServiceAdapter，则由它来负责完成授权。

一旦 CreditPayment（根据多态性和" Do It Myself"模式，由该类负责处理信用卡支付的完成）得到应答，假定授权请求得到批准，则由它来完成自己的任务。如图 36-22 所示：

应用 UML——注意，在此序列图中，某些对象是堆叠的。这是合法的，尽管只有少数的 CASE 工具支持这一特性。在出版物中，纸张的宽度具有限制，此时这一特性将很有用。

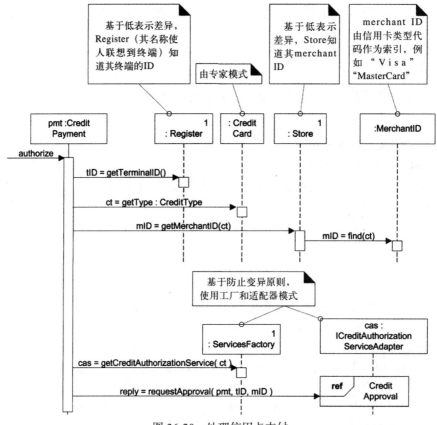

图 36-20　处理信用卡支付

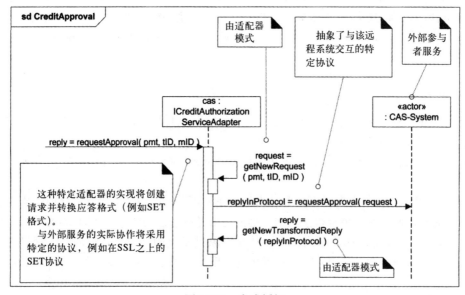

图 36-21　完成授权

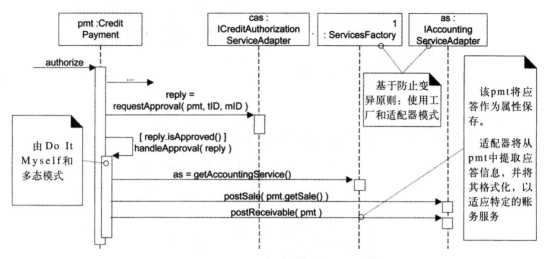

图 36-22 完成一个被批准的信用卡支付

36.9 示例：Monopoly 案例

首先，简单回顾一下迭代 3 的新领域规则和需求：如果游戏者落入某个财产方格（如 lot、railroad 或 utility 等），如果该方格还未被任何游戏者拥有，而且游戏者拥有足够的现金，那么就可以购买它。如果该方格已经被其他游戏者拥有，则需要依据规则支付租金。

图 36-23 和图 36-24 回顾了基本的设计。设计中应用了多态性：当棋子落入方格时，每个方格有不同的 landed-On 行为，这里需要多态性的 landedOn 方法。当 Player 软件对象落入 Square 时，向其发送 landedOn 消息。

现有的设计体现了采用多态性来处理新的、相似行为的优势。在本次迭代中只需简单添加新的方格类型（LotSquare、RailRoadSquare 和 UtilitySquare）和更多的多态性方法 landedOn。

注意，图 36-25 中，所有的 PropertySquares 对象都有相同的 landedOn 行为。因此，可以在超类中实现该方法，然后在 PropertySquare 子类中继承它。每个子类唯一不同的行为是计算租金；因此，依据多态性原则，每个子类都有一个 getRent 的多态性操作（见图 36-26～图 36-29）。

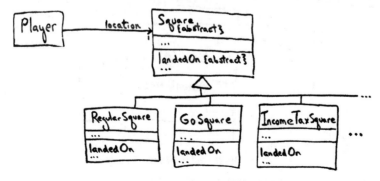

图 36-23 多态性 landedOn 设计策略的 DCD

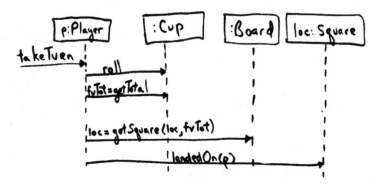

图 36-24　landedOn 设计策略的动态协作

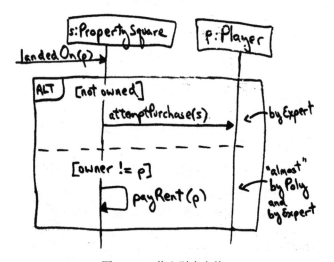

图 36-25　落入财产方格

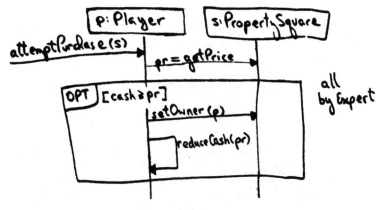

图 36-26　试图购买财产

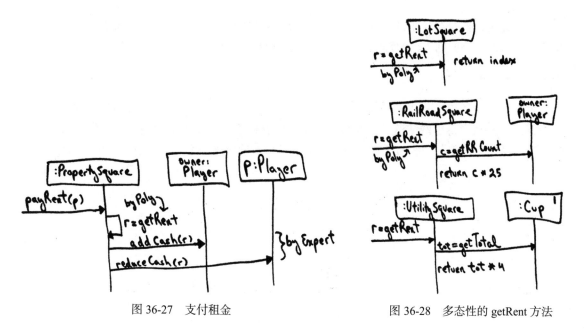

图 36-27　支付租金

图 36-28　多态性的 getRent 方法

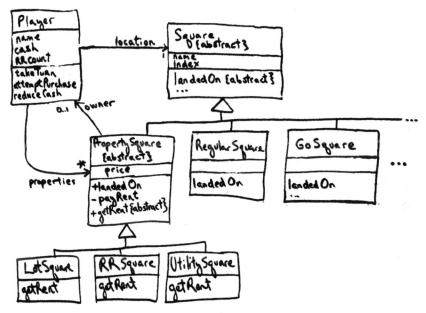

图 36-29　Monopoly 的迭代 3 的部分 DCD

36.10　总结

本章讨论的这些案例并非要示范正确的解决方案，实际上也不存在唯一的最佳解决方案，我相信读者可以改进我给出的建议。我真正的目的是证明面向对象设计是遵循诸如低耦合、应用模式这样的核心原则进行的理性活动，而非一个神秘的过程。

警告：模式癖

本书在多处使用了 GoF 设计模式。但是，已经有报道称设计者在模式癖的狂热创造中生搬硬套模式。我从中得出的结论是：在多个例子中研究模式才有助于消化理解。组建业余学习小组是较常见的学习手段：参与者在学习小组上分享模式的应用案例，讨论模式书籍中的内容。

使用模式设计持久性框架

许多专家认为，导致世界毁灭最可能的原因是意外事件。那正是我们正做的；我们是计算机专业人士，我们正在制造意外事件。

——纳森尼尔·伯伦斯坦（Nathaniel Borenstein）

目标

❑ 使用模板方法、状态和命令模式来设计部分框架。

❑ 介绍对象－关系（O-R）映射中的一些问题。

❑ 使用虚代理实现的滞后具体化。

简介

本章关注的重点实际上并不是持久性框架的设计，而是以持久性作为一个有意义的案例研究，介绍更为广泛的 OO 框架设计的关键原则和模式。

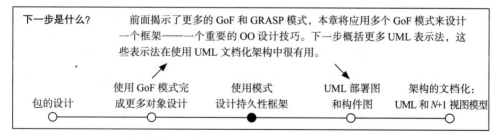

下一步是什么？ 前面揭示了更多的 GoF 和 GRASP 模式，本章将应用多个 GoF 模式来设计一个框架——一个重要的 OO 设计技巧。下一步概括更多 UML 表示法，这些表示法在使用 UML 文档化架构中很有用。

| 包的设计 | 使用 GoF 模式完成更多对象设计 | 使用模式设计持久性框架 | UML 部署图和构件图 | 架构的文档化：UML 和 N+1 视图模型 |

NextGen 应用需要利用持久性存储设施（例如关系数据库）来存储和读取信息。本章讨论用于存取持久性对象的框架的设计。

注意！不要在家里尝试这样做！

目前已经存在健壮、达到工业水平、免费、开放源代码的优秀持久性框架，因此我们

不需要自行创建。例如，Hibernate（www.hibernate.org）在 Java 领域已被广泛使用，它几乎解决了对象 – 关系映射、性能、对事务的支持等领域中的所有问题。

本章展示持久性框架的目的是，介绍应用于一般性和具有大量问题的领域的框架设计。该持久性框架并不适用于工业性的持久性服务。但是至少对于 Java 技术而言，没有必要创建自己的持久性框架。

37.1　问题：持久性对象

假定在 NextGen 应用中，ProductDescription 实例的数据存储于关系数据库中。应用程序运行时，这些数据必须读取到本地内存中。**持久性对象**（persistent object）是指需要持久性存储的对象，例如 ProductDescription 类的实例。

存储机制和持久性对象

对象数据库——如果使用对象数据库来存取对象，就不需要其他的第三方或者客户定制的持久性服务。这也是使用对象数据库的原因之一。但是，对象数据库相对较少。

关系数据库——关系数据库很流行，较对象数据库而言，其使用更为广泛。如果使用关系数据库，数据的面向对象（object-oriented）和面向记录（record-oriented）表示之间存在失配问题，这一问题将在后面讨论。在此种情况下，需要特殊的 O-R 映射服务。

其他机制——除关系数据库之外，我们有时希望在其他存储机制或格式（例如普通的文件、XML 结构、Palm OS PDB 文件、层次结构的数据库等）中来存储对象。同关系数据库一样，在对象和这些非对象化的格式之间存在失配的问题。在此种情况下，与关系数据库一样，也需要特定的服务，使它们能够和对象一起工作。

37.2　解决方案：持久性框架提供的持久性服务

持久性框架（persistence framework）是一组通用的、可复用的、可扩展的类型，它提供支持持久性对象的功能。实际提供这一服务的是**持久性服务**（或子系统），持久性服务将通过持久性框架创建。持久性服务通常都与关系数据库一起工作，此时也称为 **O-R 映射服务**。通常，持久性服务将对象转换为记录（或者类似 XML 的结构化数据），并将它们存入数据库；从数据库读取时，将记录转换成对象。

就 NextGen 应用的分层架构而言，持久性服务是在技术服务层中的子系统。

37.3　框架

冒着过度简化的风险，我们可以将框架定义为一组功能相关的可扩展对象。最典型的例子是 GUI 框架，例如 Java Swing 框架。

框架的显著特性是，为核心和不变功能提供实现，并且包括了允许开发者插入或者扩展可变功能的机制。

例如，Java Swing GUI框架为核心GUI功能提供了大量类和接口。开发者通过对Swing类的继承并覆写其中某些方法，可以添加专门的小部件。开发者通过注册监听器（基于观察者模式），也可以给预定义的小部件类（例如JButton）添加不同的事件响应行为。

总而言之，**框架**是：

❑ 一组相关的类和接口相互协作，为逻辑子系统的核心和不变部分提供服务。

❑ 包含具体和抽象类，这些类定义了需要遵循的接口、需要参与的对象交互以及其他不变式。

❑ 通常（但不是必须）要求框架的使用者去定义已有框架类的子类来利用、定制或扩展框架服务。

❑ 包含既有抽象方法又有具体方法的抽象类。

❑ 依赖于**好莱坞原则**，即"不要给我们打电话，我们会打给你"。意思是，用户定义的类（例如新的子类）将从预定义的框架类接收消息。这通常是通过实现超类的抽象方法来实现的。

后续持久性框架的示例将进一步阐释这些原则。

框架是可复用的

框架提供了比单个的类更高的可复用程度。因此，对软件复用感兴趣的组织应该重视创建框架。

37.4 持久性服务和框架的需求

对NextGen POS应用，我们需要使用持久性框架来构建持久性服务（该框架也可以用来创建其他持久性服务）。以下将持久性框架简称为PFW（Persistence Frame Work）。PFW是一个简化的框架，完整的、工业水平的持久框架超出了本书介绍的范围。

框架应该提供下述功能：

❑ 从持久存储装置中存储和提取对象。

❑ 提交或回滚事务。

设计方案应该是可扩展的，支持不同的存储装置和格式（例如RDB、普通文件中的记录或文件中的XML）。

37.5 关键思想

在后续小节中将会讨论下列关键思想：

❑ **映射**（mapping）——在类和持久性存储（例如，数据库中的表）之间，对象属性和记录的域（列）之间必须有某种映射关系。也就是说，在两种模式之间必须有**模式映射**（schema mapping）。

❑ **对象标识**（object identity）——为了方便将记录与对象联系起来，确保没有不适当的重复，记录和对象必须有唯一的对象标识。

❑ **数据库映射器**（database mapper）——负责具体化和虚化的纯虚构数据库映射器。

❑ **具体化和虚化**（materialization and dematerialization）——具体化是指将持久存储中数据的非对象表示（例如记录）转换为对象。虚化是指与具体化相反的动作，也称为钝化（passivation）。

❑ **缓存**（cache）——持久性服务为提高性能缓存具体化后的对象。

❑ **对象的事务状态**（transaction state of object）——就对象与当前事务而言，了解对象状态是有用的。例如，了解哪些对象已经被修改以便决定是否需要将它们存入持久存储中。

❑ **事务操作**（transaction operation）——提交和回滚操作。

❑ **滞后具体化**（lazy materialization）——并非一开始就具体化所有对象，只有当需要时才具体化特定实例。

❑ **虚代理**（virtual proxy）——滞后具体化可以通过使用称为虚代理的智能引用（smart reference）来实现。

37.6 模式：将对象表示为表

如何将对象映射为记录或关系数据库中的模式？

将对象表示为表（Representing Objects as Tables）模式 [BW96] 建议为每个持久对象类在关系数据库中定义一个表。包括基本数据类型（number、string、boolean 等）在内的对象属性将映射为列。

如果对象只有基本数据类型的属性，则映射就是直截了当的。但是正如我们所见，事情不会这样简单，因为对象可能包含引用其他复杂对象的属性，而关系模型需要保持值的原子性（也就是第一范式）（见图 37-1 ）。

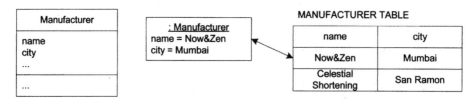

图 37-1 对象和表的映射

37.7 UML 数据建模简档

并不令人吃惊，在关系数据库方面，UML 已经成为**数据模型**的流行表示法。注意，数据模型是 UP 的正式制品之一，属于设计科目的一部分。图 37-2 展示了一些 UML 数据建模的表示法。

这些构造型并不属于 UML 的核心部分，而是扩展。总而言之,UML 中具有 **UML 简档**（UML profile）这一概念：针对一个特定用途的 UML 构造型、标记值和约束的内聚集合。图 37-2 展示了数据建模简档的一部分。

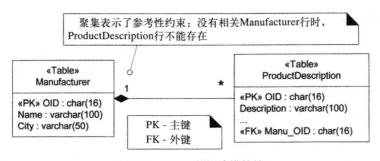

图 37-2　UML 数据建模简档

37.8　模式：对象标识符

为了确保记录的重复具体化不会导致重复对象，需要有关联对象和记录的一致性方法。

对象标识符（Object Identifier）模式 [BW96] 建议给每个记录和对象（或对象的代理）分配一个**对象标识符**（OID）。

OID 的值通常由字母和数字组成；每个对象具有唯一的 OID。有各种方法可以用来生成唯一 OID，包括对于一个数据库的唯一 OID 乃至全局性的唯一 OID，这些方法包括：数据库序列生成器、High-Low 键生成策略 [Ambler00] 等。

在对象领域，OID 由封装实际值及其表示的 OID 接口或类来表示；在关系数据库中，OID 通常被存储为固定长度的字符串值。

每个表都有一个 OID 作为主键，每个对象也（直接或间接地）有一个 OID。如果每个对象都有唯一的 OID，每个表都有 OID 主键，则每个对象都能被唯一映射到某表中的某行（见图 37-3）。

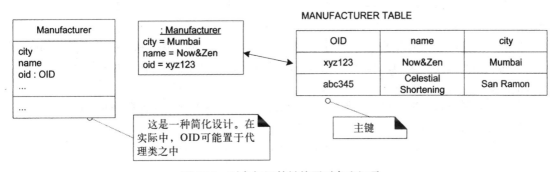

图 37-3　对象标识符链接了对象和记录

这是设计的简化视图。实际上，OID 可能并没有真正被置于持久性对象之中，尽管这也是可能的。作为替代，OID 可以置于包裹该持久性对象的代理对象之中。编程语言的选择对设计具有影响。

OID 也提供了一致性主键类型，用于持久性服务的接口。

37.9 通过外观访问持久服务

为子系统的服务定义外观是设计子系统的第一步；回顾前述，外观是为子系统提供统一接口的常用模式。首先，根据指定的 OID 提取对象的操作是必要的。但是除 OID 之外，子系统还需要知道具体化对象的类型；因此，还需要提供类的类型。图 37-4 演示了外观的一些操作以及它在与 NextGen 服务适配器的协作中的用法。

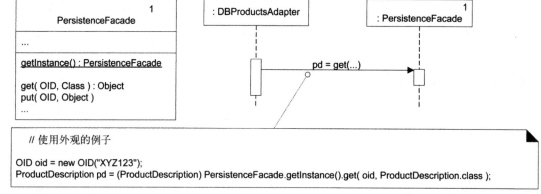

图 37-4 PersistenceFacade

37.10 映射对象：数据库映射器或数据库代理模式

PersistentFacade 对象如同所有的外观对象一样，自身并不完成工作，而是把请求委派给子系统对象。

谁应该负责具体化和虚化对象呢（例如，从持久存储中具体化 ProductDescription 对象）？

信息专家（Information Expert）模式建议：持久性对象类自身（ProductDescription）就是一个候选者，因为它持有与职责相关的某些数据（要被保存的数据）。

如果持久性对象类定义了把自己存储到数据库中的代码，则称为**直接映射**（direct mapping）设计。如果与数据库相关的代码由后处理的编译器自动生成并插入类中，而开发者并不需要维护复杂的数据库代码，则直接映射方案是可行的。

但是，如果直接映射是由人工加入和维护的，则存在许多编程和维护方面的缺点，而且难以调整。这些缺点包括：

❏ 持久性对象类与持久存储技术（persistent storage knowledge）细节之间具有强耦合，违反了低耦合原则。

❏ 相比于对象以前担负的职责，给对象附加了新的和无关领域中的复杂职责，因此破坏高内聚和维护关注分离的原则。技术服务问题与应用程序逻辑问题交织在一起。

我们将讨论经典的**间接映射**（indirect mapping）方式，该方式使用另外的对象进行针对持久性对象的映射。

该方式的一部分使用了**数据库代理**（Database Broker）模式 [BW95]，即创建一个类来负责对象的具体化、虚化和缓存。该模式也被称为**数据库映射器**（Database Mapper）模式 [Fowler01]，这个名称描述了该模式的职责，比数据库代理（Database Broker）这一名称更好。代理（Broker）这一术语在分布式系统设计中有完全不同的含义⊖。

可以为每个持久性对象类定义不同的映射类。图 37-5 描述了每个持久性对象可以有自己的映射类，而且对于不同的持久性存储装置也可以有不同的映射类。下面是一小段代码：

```
class PersistenceFacade
{
//...
public Object get( OID oid, Class persistenceClass )
{
    // IMapper 以持久性对象的类为键
    IMapper mapper = (IMapper) mappers.get( persistenceClass );

    // 委派
    return mapper.get( oid );
}
//...
}
```

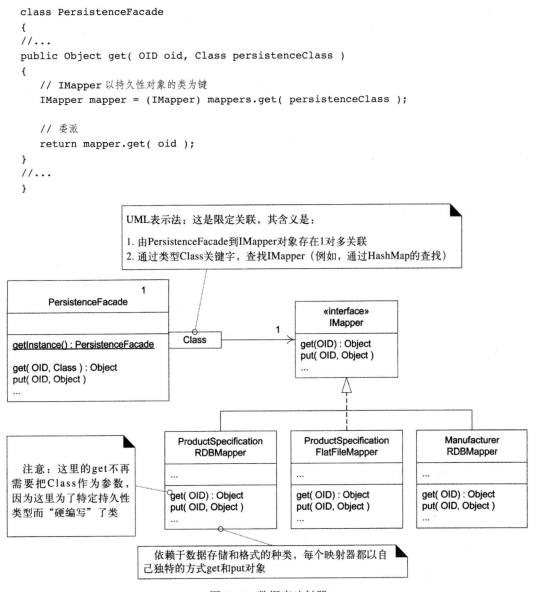

图 37-5　数据库映射器

尽管此图中有两个 ProductDescription 映射器，但是在运行态的持久性服务中仅有一个是激活的。

⊖　在分布式系统中，**代理**（broker）是指将任务委派给后端服务器进程的前端服务器进程。

基于元数据的映射器

基于**元数据**（关于数据的数据）的映射器设计更具有灵活性，但也更为棘手。与为每个持久性类型手工编制单独的映射器类相比，基于元数据的映射器可以读取元数据动态地生成从一个对象模式到另一个对象模式（例如关系模式）的映射，该元数据描述了这种映射，例如"表 X 映射为类 Y，列 Z 映射为属性 P"。对于 Java、C# 或 Smalltalk 这些具有反射编程能力（reflective programming capability）的语言，此方案是可行的。反之，对于 C++ 这样的语言，此方案就很困难。

使用基于元数据的映射器，我们可以在一个外部存储中改变映射方案，并在正在运行的系统中实现该方案，而不需要改变源代码。因此，关于映射方案的变化，防止了变异。

此处介绍的方案，无论是人工编码还是基于元模型的映射器都封装了实现，不会影响客户端。

37.11　使用模板方法模式进行框架设计

下一节描述数据库映射器的一些本质设计特性，它们是 PFW 的核心。这些设计特性的基础是 GoF 的**模板方法**（Template Method）设计模式 [GHJV95][⊖]。此模式是框架设计的核心[⊖]，大部分 OO 程序员即使不知道这个名词，也会对它很熟悉。

该模式的思想是，在超类中定义一种方法（模板方法），超类定义了算法的框架，其中既有固定部分也有变化部分。模板（Template）方法调用其他一些方法，这些方法中有些可能会被子类覆写。因此，子类可以覆写这些变化的方法，以此在变化点增加自己特有的行为（见图 37-6）。

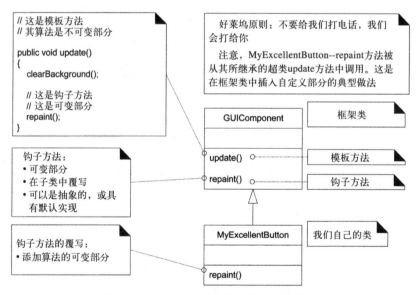

图 37-6　在 GUI 框架中使用模板方法模式

⊖ 该模式与 C++ 模板没有关系。它描述了一个算法的模板。

⊖ 更确切地讲，此模式是白箱框架（whitebox framework）的核心。这些框架通常是类的层次结构和面向子类化的框架，需要使用者熟悉框架的设计和结构；所以称其为"白箱框架"。

37.12 使用模板方法模式具体化

如果我们编写了两或三个映射类，这些代码之间通常会有共性。在具体化对象中反复出现的算法基本结构如下：

```
if (object in cache)
    return it
else
    create the object from its representation in storage
    save object in cache
    return it
```

变化之处在于如何从存储中创建对象。

我们在抽象超类 AbstractPersistenceMapper 中定义模板方法 get，在子类中使用钩子方法（hook method）建立变化的部分。图 37-7 图示此基本设计方案。

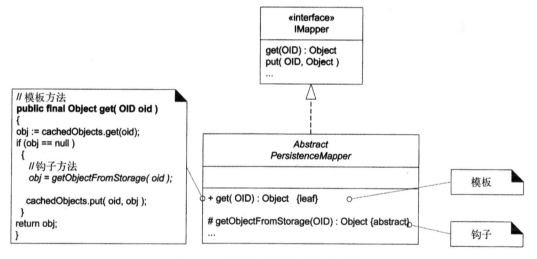

图 37-7　用于映射器对象的模板方法

如例子中所示，模板方法通常是公共方法，钩子方法是受保护方法。AbstractPersistence-Mapper 和 IMapper 都是 PFW 的一部分。现在，应用程序员可以通过增加一个子类并覆写或实现钩子方法 getObjectFromStorage 来插入这个框架。图 37-8 是一个例子。

假定在图 37-8 的钩子方法实现中，算法的开始部分对所有的对象都相同，都是一个 SQL SELECT 查询，只是数据库表名称不同⊖。如果假设成立，还可以使用模板方法（Template Method）模式将算法的变化部分和不变部分分开。在图 37-9 中，巧妙之处在于，Abstract-RDBMapper.getObjectFromStorage 相对于 AbstractPersistenceMapper.get 是钩子方法，但对于新的钩子方法 getObjectFromRecord 来说则是模板方法。

⊖ 在许多情况下并非如此简单。一个对象可能需要从多个表甚至多个数据库中导出，此时，模板方法设计的第一个版本更具灵活性。

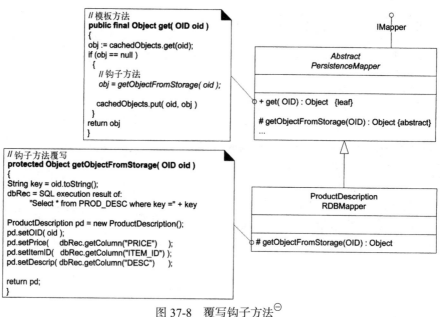

图 37-8　覆写钩子方法[⊖]

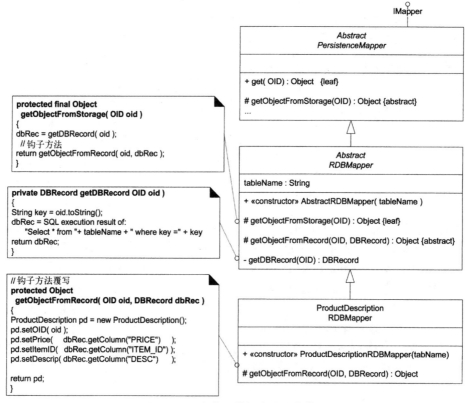

图 37-9　再次使用模板方法强化代码

⊖　在 Java 中，从 SQL 查询中返回的 dbRec 将是一个 JDBC ResultSet。

应用 UML：图 37-9 展示了在 UML 中如何声明构造函数。构造型是可选的，如果构造函数的命名约定是采用与类名相同的名称，则可能不需要构造型。

现在，IMapper、AbstractPersistenceMapper 和 AbstractRDBMapper 已经成为框架的一部分。应用程序员只需要添加自己的子类（例如 ProductDescriptionRDBMapper），并保证使用表名对其进行创建（通过构造函数传递给超类 AbstractRDBMapper）。

数据库映射类层次结构是框架的基本部分；对于新的持久性存储装置或者现有存储装置中的新表或文件，应用程序员可以通过创建新的子类来进行客户化定制。图 37-10 中展示了部分包和类的结构。注意，与 NextGen 相关的类不包含在通用的技术服务持久性包中。图 37-10 和图 37-9 充分显示了 UML 这样的可视化语言在描述软件方面的价值；它们以简洁的方式传达了大量信息。

注意，图 37-10 中的类 ProductDescriptionInMemoryTestDataMapper。该类可作为硬编码的对象用于测试，而无需访问外部的持久性存储。

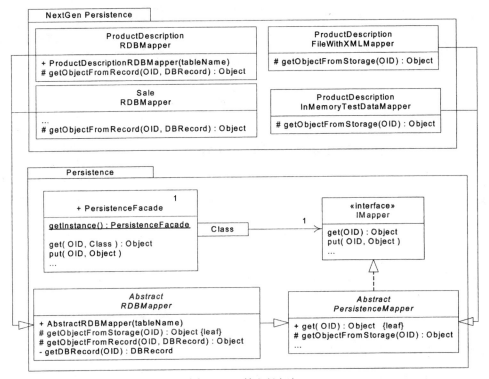

图 37-10 持久性框架

UP 和软件架构文档

在 UP 和文档化方面，对将来的开发者而言，SAD（软件架构文档）有助于他们的学习，因为其中包含了许多关键性思想的架构视图。NextGen 项目的 SAD 中包含了诸如图 37-9 和图 37-10 这样的图形，这极为符合 SAD 的精神。

UML 中的同步或安全方法

AbstractPersistenceMapper.get 方法包含了一些非线程安全的临界区代码，即同一对象可能会在不同线程中被同时具体化。作为技术服务子系统，持久性服务应该被设计成线程安全的。实际上，整个子系统可能会被分布在分离的进程或其他计算机上，通过 PersistenceFacade 被转换为远程服务器对象，并且有多个线程同时运行于子系统中，为多个客户端服务。

因此，方法应该有线程并发控制，如果使用 Java 语言，则应该加上 synchronized 关键字。图 37-11 展示了在类图中的同步方法。

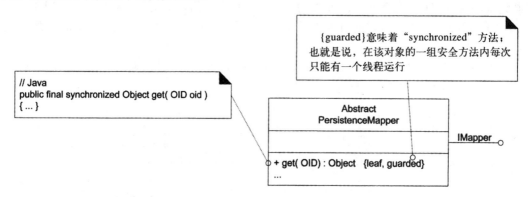

图 37-11　UML 中的安全方法

37.13　使用 MapperFactory 配置 Mapper

同前面有关工厂的例子一样，可以通过工厂对象 MapperFactory，实现对持有一组 IMapper 对象的 PersistenceFacade 进行配置。但是，使用不同操作为每个映射器单独命名是不可取的。例如，以下方法是不可取的：

```
class MapperFactory
{
public IMapper getProductDescriptionMapper() {...}
public IMapper getSaleMapper() {...}
...
}
```

这样，当映射器的数量增加时，就无法实现防止变异。因此，推荐下面的方法：

```
class MapperFactory
{
public Map getAllMappers() {...}
...
}
```

其中，Class 对象（持久性的类型）是 java.util.Map（可能采用 HashMap 实现）的键，IMappers 是值。

随后，外观可以采用如下方式初始化其所持有的 IMappers 的集合：

```
class PersistenceFacade
{
private java.util.Map mappers =
    MapperFactory.getInstance().getAllMappers();
...
}
```

工厂可以使用数据驱动的方式分配一组 IMappers。也就是说，工厂能够通过读取系统属性，找到需要初始化的 IMapper 类。如果使用具有反射编程能力的语言（例如 Java），则可以通过读取字符串形式的类名，使用类似 Class.newInstance 的操作，对类进行实例化。因而，无需改变源代码就可以重新配置映射器集合。

37.14 模式：缓存管理

为了提高性能（具体化相对缓慢），并且为了支持诸如提交的事务管理操作，可取的方法是在本地缓存中维持被具体化的对象。

缓存管理（Cache Management）模式 [BW96] 建议由数据库映射器负责维护缓存。如果每个持久性对象类使用不同的映射器，那么每个映射器就可以维护自己的缓存。

当对象被具体化时，对象被置入缓存，以 OID 为键。请求到来时，映射器首先搜索缓存，这样就避免了不必要的具体化。

37.15 在一个类中合并和隐藏 SQL 语句

在不同的 RDB 映射器类中硬编码 SQL 语句并不是糟糕至极，可以对其加以改进：

❑ 将所有的 SQL 操作（SELECT、INSERT 等）合并到一个单独的纯虚构类 RDBOperations（同时也是单实例类）。

❑ RDB 映射器类与该类协作获取数据库记录或记录集（例如 ResultSet）。

❑ RDBOperation 类的接口如下所示：

```
class RDBOperations
{
public ResultSet getProductDescriptionData( OID oid ) {...}
public ResultSet getSaleData( OID oid ) {...}
...
}
```

因此，举例来说，映射器包含如下代码：

```
class ProductDescriptionRDBMapper extends AbstractPersistenceMapper
{
protected Object getObjectFromStorage( OID oid )
{
```

```
ResultSet rs =
  RDBOperations.getInstance().getProductDescriptionData( oid );

ProductDescription ps = new ProductDescription();
ps.setPrice( rs.getDouble( "PRICE" ) );
ps.setOID( oid );
return ps;
}
}
```

这种纯虚构可以带来如下优点：

❏ 易于维护，并且有利于专家进行性能调优。SQL 优化需要 SQL 专家，而不是对象程序员。将所有的 SQL 语句放入一个类中，便于 SQL 专家工作。

❏ 封装了访问数据库的方法和细节。例如，为获取数据，硬编码 SQL 可以采用到 RDB 中的存储过程的调用来替代。或者，可以插入更为老练的方法，即基于**元数据**来生成 SQL。由对元数据方案的描述可以动态生成 SQL，这种描述可以从外部资源中读取。

作为架构设计师，开发者的技能也是影响设计决策的因素。在高内聚和便于专家工作之间需要权衡。并非所有的设计决策都是基于耦合、内聚这样的"纯"软件工程所考虑的。

37.16 事务状态和状态模式

事务支持的问题相当复杂，但为简单起见，此处仅关注 GoF 的状态模式。假设：

❏ 持久性对象可以被插入、删除和修改。

❏ 对持久性对象的操作（例如修改对象）不会立即导致数据库的更新；必须要明确地执行提交操作。

除此之外，对操作的响应依赖于对象的事务状态。例如，响应可能会如图 37-12 的状态图所示。

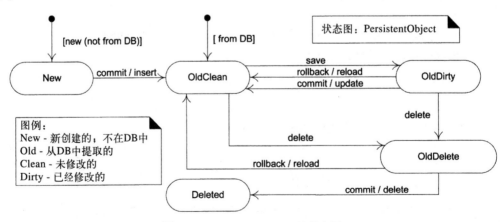

图 37-12 PersistentObject 的状态图

例如，从数据库中读出，然后被修改的对象处于"old dirty"状态。当执行提交操作时，应该将该对象更新到数据库。与之形成对比，对于处于"old clean"状态的对象，无需做任何事情。在面向对象的 PFW 中，当执行删除或保存操作时，并不会立即导致数据库的删除和保存，而是将持久性对象转换为适当的状态，直到执行提交或回滚方法时，才真正完成某些事情。

作为对 UML 的评论，这是使用状态图的好例子。状态图有助于简洁地传递这些信息，如果不使用状态图，则难以表达出这些信息。

在这个设计中，假定所有的持久性对象都继承了 PersistentObject 类⊖，该类提供了通用的持久性服务⊖。例如，参见图 37-13。

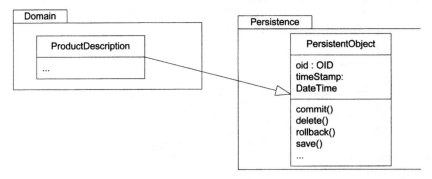

图 37-13 持久性对象

这正是状态（State）模式要解决的问题。注意，基于事务状态编码的 commit 和 rollback 方法需要与 case 语句相似的逻辑结构。commit 和 rollback 执行不同的动作，但有相似的逻辑结构。

```
public void commit()              public void rollback()
{                                 {
switch ( state )                  switch ( state )
{                                 {
case OLD_DIRTY:                   case OLD_DIRTY:
    // ...                            // ...
    break;                           break;
case OLD_CLEAN:                   case OLD_CLEAN:
    //...                            //...
    break;                           break;
...                               ...
}                                 }
```

上述重复的 case 逻辑结构的一个替代方案是 GoF 状态（State）模式。

⊖ [Ambler00b] 是有关 PersistentObject 类和持久性层的优秀参考，尽管其思想有些过时。

⊖ 在后面将会讨论直接扩展 PersistentObject 类的缺点。无论何时，当领域对象直接扩展一个技术服务类时，都应该停下来考虑一下，因为这样会混杂架构的关注（持久性和应用逻辑）。

状态（State）模式

语境 / 问题

对象的行为依赖于它的状态，而它的方法中包含能够反映依赖状态的条件动作的 case 逻辑。是否存在替代条件逻辑的方法？

解决方案

给每个状态创建状态类，并实现一个公共的接口。将语境对象中的依赖于状态的操作委派给其当前的状态对象。确保语境对象总是指向反映其当前状态的状态对象。

图 37-14 中描述了该模式在持久性子系统中的应用。

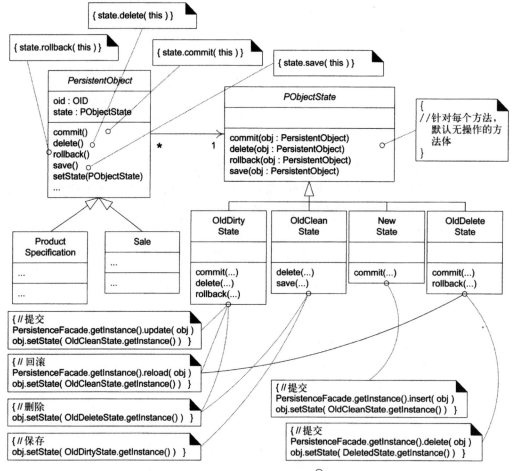

图 37-14　应用状态模式[⊖]

PersistentObject 中依赖于状态的方法将其执行委派给关联的状态对象。如果语境对象正关

⊖　由于图中空间所限，省略了 Deleted 类。

联着 OldDirtyState 对象，则 1）commit 方法导致数据库更新，2）对象将与 OldCleanState 状态对象关联。另一方面，如果语境对象正关联着 OldCleanState 对象，则执行继承而来的 commit 方法不会做任何事情（这正式所期望的，因为对象的状态是 clean）。

观察图 37-14 中的状态类及其与图 37-12 中状态图相对应的行为。状态模式是软件中实现状态转换模型的方法之一[⊖]。它导致对象响应事件，转换为不同的状态。

在性能方面，这些状态对象实际上是无状态的（没有属性）。因此，这些类只需要有一个实例（每个类都是单实例类）。例如，数以千计的持久性对象可以引用同一个 OldDirtyState 实例。

37.17　使用命令模式设计事务

上一部分讨论事务的一个简化视图。本节进一步讨论，但不会覆盖所有的事务设计问题。非正式地讲，事务是一组工作或任务，它们必须同时成功地完成或者都不完成。也就是说，事务的完成是原子性的。

在持久性服务中，事务中的任务包括插入、更新和删除对象。例如，一个事务可以包含两个插入、一个更新和三个删除。为了表示事务，引入了 Transaction 类 [Ambler00b][⊜]。正如 [Fowler01] 中所指出的，事务中数据库任务的顺序可以影响其成败（和性能）。

例如：

1）假设数据库中有参照完整性约束，当表 A 的一条记录被更新时（有指向表 B 中某条记录的外键），则数据库要求表 B 中的记录已经存在。

2）假设事务包含一个向表 B 中插入记录的任务和一个更新表 A 中记录的任务。如果更新任务在插入任务之前执行，将会引起参照完整性错误。

对数据库任务进行排序是有帮助的。某些排序问题通常与特定的存储模式相关，但常用的策略是先插入、再更新、最后删除。

注意，应用在事务中加入任务的顺序可能并不是最佳的执行顺序。在执行之前需要对任务重新排序。

这引入了另一个 GoF 模式：命令（Command）。

命令（Command）模式

语境 / 问题

如何处理需要诸如排序（优先级）、排队、延迟、记录日志或重做等功能的请求或任务？

解决方案

为每个任务创建一个类，并实现共同的接口。

这是一个有许多有用应用的简单模式；动作成为了对象，因此可以被排序、记录日志、排队等。例如，在 PFW 中，图 37-15 展示了用于数据库操作的命令（或任务）类。

⊖　还有其他方法，包括硬编码条件逻辑、状态机解释器、状态表驱动的代码生成器。

⊜　在 [Fowler02] 中被称为 UnitOfWork（工作单元）。

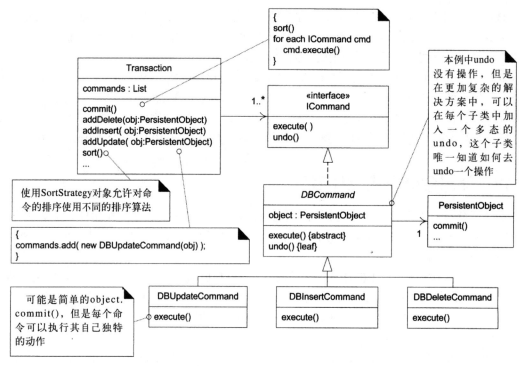

图 37-15 用于数据库操作的命令

该模式不仅仅用于完成事务的解决方案，但是本节的关键思想在于，将事务中的每个任务或动作表示为具有多态 execute 方法的对象；通过将请求作为对象自身，可以获得极大的灵活性。

GUI 动作（例如剪切和粘贴动作）是命令（Command）模式的经典示例。例如，CutCommand 的 execute 方法完成了剪切操作，而 undo 方法恢复了剪切操作。CutCommand 必须保存执行 undo 操作的必要数据。所有的 GUI 命令都保存在历史栈中，因此每个操作都可以从栈中取出，并以此而被撤销。

服务器端的请求处理是命令模式的另一种常见用途。当服务器对象接收到一个（远程）消息时，它为这一请求创建一个 Command 对象，并将其传递给一个 CommandProcesser[BMRSS96]，这个 CommandProcesser 可以对 Command 进行排队、记录日志、优先级排序和执行等操作。

37.18 使用虚代理实现滞后具体化

有时，我们希望将对象的具体化延迟到绝对必要时才进行，这通常是由于性能的原因。例如，假设 ProductDescription 对象引用了一个 Manufacturer 对象，但只在极少数的情形下需要从数据库中具体化该对象。只有极少数的场景会引起对制造商信息的请求，例如在制造商回扣场景中需要该公司名称和地址。

推迟"子"对象的具体化被称为**滞后具体化**（lazy materialization）。可以通过虚代理（GoF 代理模式的一个变体）来实现滞后具体化。

虚代理（Virtual Proxy）是其他对象（real subject）的代理，当它第一次被引用时具体化该对象；这样就实现了滞后具体化。虚代理是轻量级对象，代表了被具体化或尚未被具体化的"真实"对象。

图 37-16 是有关 ProductDescription 和 Manufacturer 类的虚代理（Virtual Proxy）模式的具体示例。该设计假定代理知道被代理对象的 OID，当需要具体化被代理对象时，OID 用于识别和读取被代理对象。

注意，ProductDescription 类对 IManufacturer 实例具有属性可见性。该 ProductDescription 的 Manufacturer 可能尚未被具体化。当 ProductDescription 向 ManufacturerProxy（如同被具体化的 manufacturer 对象一样）发送 getAddress 消息时，代理使用 Manufacturer 的 OID 从数据库中提取并具体化真正的 Manufacturer 实例。

谁来创建虚代理

如图 37-16 所示，为了具体化被代理的对象，ManufacturerProxy 对象要与 PersistenceFacade 协作。但是，谁来创建 ManufacturerProxy 的实例呢？答案是 ProductDescription 的数据库映射器类。映射器类负责决定何时具体化对象，也就是决定其"子"对象应该被预先具体化还是应该由代理滞后具体化。

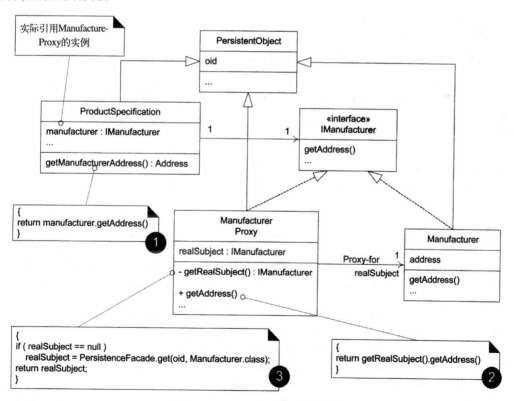

图 37-16　Manufacturer 的虚代理

考虑下面两个方案：一个使用预先具体化，一个使用滞后具体化。

先是预先具体化的解决方案：

```
// MANUFACTURER 的预先具体化
class ProductDescriptionRDBMapper extends AbstractPersistenceMapper
{
protected Object getObjectFromStorage( OID oid )
{
ResultSet rs =
    RDBOperations.getInstance().getProductDescriptionData( oid );
ProductDescription ps = new ProductDescription();
ps.setPrice( rs.getDouble( "PRICE" ) );
// 这里是本质
String manufacturerForeignKey = rs.getString( "MANU_OID" );
OID manuOID = new OID( manufacturerForeignKey );
ps.setManufacturer( (IManufacturer)
    PersistenceFacade.getInstance().get(manuOID, Manufacturer.class);

...
}
```

下面是滞后具体化的解决方案：

```
// MANUFACTURER 的滞后具体化
class ProductDescriptionRDBMapper extends AbstractPersistenceMapper
{
protected Object getObjectFromStorage( OID oid )
{
ResultSet rs =
    RDBOperations.getInstance().getProductDescriptionData( oid );
ProductDescription ps = new ProductDescription();
ps.setPrice( rs.getDouble( "PRICE" ) );
// 这里是本质
String manufacturerForeignKey = rs.getString( "MANU_OID" );
OID manuOID = new OID( manufacturerForeignKey );
ps.setManufacturer( new ManufacturerProxy( manuOID ) );
...
}
```

虚代理的实现

在不同的语言中，虚代理的实现方法不同。其细节超出了本书的范围，下面只是一个概括：

语　言	虚代理实现
C++	定义模板化的智能指针类。实际上，不需要定义 IManufacturer 接口
Java	定义 IManufacturer 接口，实现 ManufacturerProxy 类
	但是，通常不是人工编码，而是创建代码生成器，由其分析主题类（例如 Manufacturer），并且生成 IManufacturer 和 ProxyManufacturer
	Java 的另一方案是动态代理 API
Smalltalk	定义虚变体代理（Virtual Morphing Proxy），使用 #doesNotUnderstand: 和 #become:，变形为真正的主题。不需要定义 IManufacturer

37.19　如何在表中表示关系

前一节的代码依赖于 PRODUCT_SPEC 表中的外键 MANU_OID，以此来链接 MANUFAC-TURER 表中的记录。这就突显了如下问题：如何在关系模型中表示对象关系？

将对象关系表示为表（Representing Object Relationships as Tables）模式 [BW96] 给出了答案：

❏ **一对一**关联
- 在一个或者两个表中放入 OID 外键，表示关系中的对象。
- 或者，创建关联表来记录关系中每个对象的 OID。

❏ **一对多**关联，例如集合
- 创建关联表来记录关系中每个对象的 OID。

❏ **多对多**关联
- 创建关联表来记录关系中每个对象的 OID。

37.20　PersistentObject 超类和关注分离

为对象提供持久性的设计方案的常见部分是，创建抽象技术服务超类 PersistentObject，所有持久性对象都要继承于此（见图 37-17）。该类通常为持久性定义了诸如唯一 OID 这样的属性，以及向数据库保存的方法。

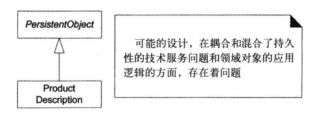

图 37-17　PersistentObject 超类的问题

此方案并没有错，但是其弱点是在类和 PersistentObject 类之间具有耦合，即领域类由技术服务类扩展而来。

这一设计没有体现清晰的关注分离。相反，技术服务层的事物和领域层的业务逻辑由于扩展而产生了交织。

另一方面，"关注分离"原则也并非是需要不计代价而必须绝对遵循的。如同对防止变异的讨论，设计者必须将精力花费在最有可能带来高昂代价的不稳定因素之上。如果在特定应用中，使类继承于 PersistentObject，能够得到简洁的解决方案，并且不会带来长期的设计和维护问题，何乐而不为呢？其答案依赖于对需求和设计在进化方面的理解。语言也会影响解决方案：像 Java 这样的语言只有单继承机制，只能存在唯一的超类 consumed。

37.21　未决问题

上面简要介绍了持久性框架和服务中的问题和解决方案，还有许多重要问题并未涉及，包括：

❑ 虚化对象。

　● 简单地讲，映射器必须定义 putObjectToStorage 方法。对组合层次结构的虚化需要多个映射器的协作以及对关联表的维护（如果使用关系数据库）。

❑ 集合的具体化和虚化。

❑ 查询一组对象。

❑ 完整的事务处理。

❑ 数据库操作失败后的错误处理。

❑ 多用户访问以及锁定策略。

❑ 对数据库访问的安全控制。

UML 部署图和构件图

尽管人们认为我是妄想狂，但是在注释中发现"/*"还是让我迷惑不解。

——MPW C 编译器的告警信息

目标

❏ 总结 UML 部署图和构件图的表示法。

| **下一步是什么？** | 前面介绍了如何应用多个 GoF 模式来设计一个框架，本章概括在架构文档化中非常有用的 UML 表示法。下一步总结本次迭代，介绍使用 UML 和著名的 *N*+1 视图模型对架构进行文档化。 |

使用 GoF 模式完成更多对象设计 → 使用模式设计持久性框架 → **UML 部署图和构件图** → 架构的文档化：UML 和 *N*+1 视图模型 → 迭代式开发和敏捷项目管理

38.1 部署图

部署图表示的是，如何将具体软件制品（例如可执行文件）分配到计算节点（具有处理服务的某种事物）上。部署图表示了软件元素在**物理架构上**的部署，以及物理元素之间的通信（通常通过网络进行）。见图 38-1。部署图有助于沟通物理或者部署架构，例如，在 UP 中的软件架构文档，39.1 小节将对此展开讨论。

部署图中最基本的元素是**节点**（node），有两种类型的节点：

❏ **设备节点**（或设备）——具有处理和存储能力，可执行软件的物理（电子数字式）计算资源，例如典型的计算机或移动电话。

❏ **执行环境节点**（EEN）——在外部节点（例如计算机）中运行的软件计算资源，其自身可以容纳和执行其他可执行软件元素。例如：

- 操作系统（OS）是容纳和执行程序的软件。
- 虚拟机（VM，如 Java 或 .NET VM）容纳和执行程序。
- 数据库引擎（例如 PostgreSQL）接收 SQL 语句并执行之，并且容纳和执行内部存储过程（用 Java 或其他专有语言编写）。
- Web 浏览器容纳和执行 JavaScript、Java applets、Flash 和其他可执行的元素。

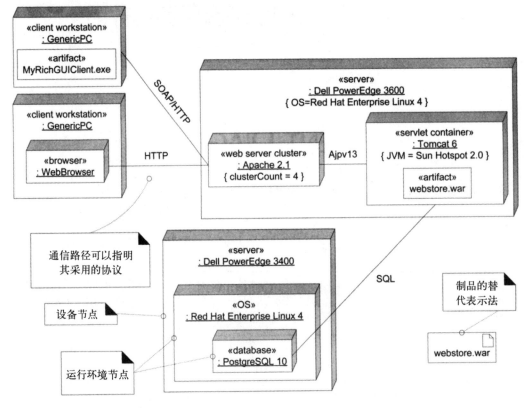

图 38-1　部署图

- 工作流引擎。
- Servlet 容器或 EJB 容器。

UML 规范建议使用构造型来标记节点类型，例如 «server»、«OS»、«database»、«browser» 等。但是，这些并不是正式的预定义 UML 构造型。

注意，设备节点或 EEN 可以包含其他的 EEN。例如，虚拟机运行在操作系统中，操作系统运行在计算机中。

特定 EEN 可以是隐含的而非显式的，或者可以非正式地使用 UML 属性字符串来表示；如 {OS=Linux}。例如，在作为显式节点的 OS EEN 中可能没有显示具体值。图 38-1 中使用 OS 作为例子显示了另一种风格。

节点之间的一般连接表示一种**通信路径**（communication path），上面可以标记协议。它们通常表示网络连接。

节点可以包含并显示**制品**——具体物理元素，通常为文件。其中包括诸如 JAR 包、部件（assembly）、.exe 文件和脚本等可执行物。节点也可以包含诸如 XML、HTML 等数据文件。

部署图中通常显示的是一组实例的示例（而不是类）。例如，在一个服务器计算机实例中运行一个 Linux 操作系统实例。通常在 UML 中，**具体实例**的名称带有下划线，如果没有下划线则代表类，而不是实例。注意，该规则对于交互图中的实例具有例外，以生命线框图表示的实例，其名称没有下划线。

通常，在任何情况下，你会看到部署图中对象实例名称带下划线。但是，UML 规范中规定，在部署图中下划线可以忽略。因此，在例子中，你可以看到两种风格。

38.2 构件图

在 UML 中，构件是一个较模糊的概念，因为类和构件都可用来对同一事物建模。例如，我们引用 Rumbaugh（UML 的创始人之一）的一句话：

> 结构化的类和构件之间的区别很模糊，通常取决于使用者的意愿而非严格的语义
> [RJB04]。

同时，引述 UML 规范 [OMG03b] 如下：

> **构件**（component）表示封装了其内容的系统模块，它在其环境中的表现形式可以被替代。构件通过所提供的和所需要的接口定义了其行为。同样，如果构件作为类型，那么它的一致性是通过这些所提供的和所需要的接口来定义的。

此外，可以采用常规的 UML 类及其所提供的和所需要的接口来对这一思想进行建模。回忆以前的讨论，UML 类可以对任意水平的软件元素建模：从整个系统到子系统，乃至微小的实用对象。

但是当某人使用 UML 构件时，则其建模和设计意图是为了强调：1）接口是重要的，2）它是自包容和可替换的模块。第二点意味着构件几乎很少或不依赖于其他外部元素（可能除了标准核心库）；构件是相对独立的模块。

UML 构件是设计级别的视图，并不存在于具体软件视图，但是可以映射为具体的软件制品（例如一组文件）。

对软件构件建模的一个较好的类比是家庭娱乐系统；我们期望能够轻易替换 DVD 播放机或扬声器。它们是模块化、自包容和可替换的，并且通过标准接口相互连接。

例如，在粗粒度级别上，SQL 数据库引擎可以被建模为构件；任何理解相同版本 SQL 语言、并且支持相同事务语义的数据库之间可以相互替换。在较为细粒度的级别上，任何实现标准 JMS（Java Message Service）API 的解决方案在系统中都可以相互替换。

由于基于构件的建模所强调的是可替换性（可能改善了诸如性能这样的非功能品质），因此其一般准则是，为相对大型的元素进行构件建模，因为对大量较小的、细粒度的可替换部分进行设计较为困难。图 38-2 描述了其基本表示法。

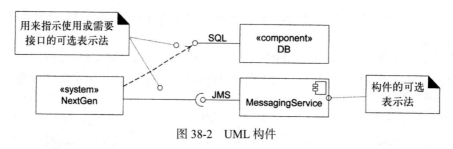

图 38-2 UML 构件

基于构件的建模和开发是一个大型、专门化的主题，超出本书介绍基本 OOA/D 知识的范围。

架构的文档化：UML 和 *N*+1 视图模型

目标

❏ 基于 *N*+1（或者 4+1）视图模型创建有用的架构文档。

❏ 使用各种类型的 UML 图。

简介

一旦架构初具雏形，将它记录下来是有益的。这样，新的开发者可以从中学习系统最重要的概念，或者在讨论变动时，人们可以有共同的视图。在 UP 中，描述软件架构的文档称为**"软件架构文档"**（Software Architecture Document，SAD）。本章介绍 SAD 以及它的内容。

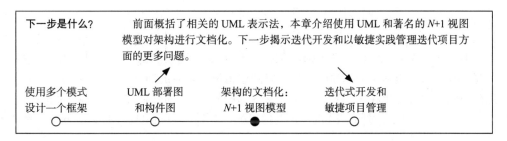

下一步是什么？ 前面概括了相关的 UML 表示法，本章介绍使用 UML 和著名的 *N*+1 视图模型对架构进行文档化。下一步揭示迭代开发和以敏捷实践管理迭代项目方面的更多问题。

使用多个模式设计一个框架 → UML 部署图和构件图 → 架构的文档化：*N*+1 视图模型 → 迭代式开发和敏捷项目管理

39.1 SAD 和架构视图

软件架构文档

在 UP 设计模型中，除 UML 包图、类图和交互图之外，SAD 是另外一个重要制品。SAD 描述有关架构的总体想法，包含架构分析的关键决策。在实践中，SAD 可以帮助开发人员理解系统的基本概念。

从本质上讲，SAD 是对架构性决策（例如技术备忘录）的总结以及对 N+1 架构视图的描述。

动机：为什么要创建 SAD

当某人加入开发团队时，如果项目的导师对他说，"欢迎加入 NextGen 项目！去项目的网站，阅读 10 页 SAD 文档，初步了解项目的重要概念"，这对他会有很大帮助。之后，在开发下一个版本的过程中，当加入新人时，SAD 文档有助于加速这些新人对系统的理解。

因此，撰写 SAD 文档时应该将下述目标和潜在读者时刻放在心中：如果需要帮助某人快速理解系统的主要概念，我应该写些什么（或者在 UML 图中画些什么）？

架构视图

拥有架构是一回事，对架构的清晰描述是另外一回事。

在 [Kruchten95] 一书中，作者使用了多个视图来描述架构，这一广泛采用的思想已经被发扬光大。它的多视图模型现在被广泛采用。**架构视图**的基本想法如下所述：

定义：架构视图

从指定视角出发的系统架构视图；其主要关注结构、模块性、基本构件和主要控制流等方面 [RUP]。

上述 RUP 对架构视图的定义缺少一个重要方面：动机。架构视图也应该解释架构为何如此。

架构视图是从某个角度观察系统的窗口，只强调关键信息或想法，忽略其他。

架构视图是交流、教育和思考的工具，它可以用文本和 UML 图表达。

例如，第 34 章中 NextGen 包图和交互图中的分层和逻辑架构显示了软件架构逻辑结构中的主要思想。在 SAD 中，架构设计师将创建被称为逻辑视图的部分，在其中插入这些 UML 图，并写上有关每个包和层的用途的注释，以及逻辑设计背后的动机。

逻辑视图的关键思想在于，它并不描述系统的所有方面，而仅仅包含这些方面的关键思想。视图应该是"一分钟电梯时间"描述：在电梯里的一分钟内向同事描述有关此方面的最重要的事情。

可以这样创建架构视图：

❏ 系统创建之后，作为总结和面向未来开发者的学习辅助材料。
❏ 在某个迭代里程碑之后（例如细化阶段结束之后）进行创建，作为当前开发团队和新成员的学习辅助材料。
❏ 在早期迭代阶段，预测地创建架构视图，这样能够对创造性的设计工作产生帮助。但是要承认，随着设计和实现工作的进展，该视图会不断演化。

N+1（或 4+1）视图模型

在 Kruchten 的开创性论文中，他不仅提出从不同的视图文档化架构这一想法，并且特别提出了 4+1 视图。现在，4+1 视图已经被扩展为反映系统不同侧面的 N+1 视图。

简而言之，论文中描述的 4 个视图分别是：逻辑、进程、部署和数据。在后续小节中将对此进行描述。"+1"视图指的是**用例视图**，该视图总结了最重要的用例和场景及其用例实现。用例视图为配合其他视图的理解及其相互关联提供了共同的情节。

架构视图的细节

架构可以有各种不同的视图，每个视图都反映系统架构的某个方面。下面是一些常见的视图：

1. 逻辑视图
- ❑ 最重要的层、子系统、包、框架、类、接口等的概念性组织。概括了主要软件元素（例如子系统）的功能。
- ❑ 展示了描述系统关键方面的重要用例实现场景（使用交互图）。
- ❑ UP 设计模型的视图，是使用 UML 包、类和交互图的可视化。

2. 进程视图
- ❑ 进程和线程。描述了它们的职责、协作以及分配给它们的逻辑元素（层、子系统、类等）。
- ❑ UP 设计模型的视图，是使用 UML 类图和交互图的可视化，其中使用了 UML 进程和线程表示法。

3. 部署视图
- ❑ 进程和构件在处理节点上的物理部署以及节点之间的网络配置。
- ❑ UP 部署模型的视图，使用 UML 部署图的可视化。通常，视图就是整个模型，而非其子集，因为所有元素都很重要。UML 部署图的表示法参见第 38 章。

4. 数据视图
- ❑ 数据流、持久性数据模式、对象与持久性数据（通常在关系数据库中）之间的模式映射，对象到数据库、存储过程以及触发器的映射机制。
- ❑ UP 数据模型的部分视图，使用 UML 类图的可视化，用于描述数据模型。
- ❑ 用 UML 活动图表示数据流。

5. 安全视图
- ❑ 概述了安全模式和架构中实施安全的控制点，例如 HTTP 认证、数据库认证等。
- ❑ 可以作为 UP 部署模型的视图，使用 UML 部署图的可视化，突出了关键安全控制点和相关文件。

6. 实现视图
- ❑ 首先，给一个**实现模型**的定义：此模型包含源代码、可执行文件等。其中有两部分：

1）可执行文件，2）用于创建可执行文件的制品（例如源代码和图形）。实现模型包含 Web 页面、DLL、可执行文件、源代码等。源代码组织成 Java 包，字节码组织成 Jar 文件。

❑ 实现视图是对提交物的重要组织和用于创建可提交物的那些事物的概要描述。

❑ UP 实现模型的视图，用文字或者 UML 包图和构件图来表示。

7. 开发视图

❑ 此视图概括了开发者创建开发环境时需要知道的信息。例如，所有的文件如何组织成目录，为什么这样组织？如何进行构建和冒烟测试（smoke test）[⊖]？如何使用版本控制系统等。

8. 用例视图

❑ 概括了架构上最为重要的用例和它们的非功能性需求。也就是说，通过其实现，那些用例阐述了与重要架构相关的事物，或大量架构元素的实现。例如，处理销售用例在完全实现后具有这些质量。

❑ UP 用例模型的视图，用文字或者 UML 用例图来表达。也可以包含用 UML 交互图表示的用例实现。

准则：不要忘记动机！

每个视图不仅包含图，还有解释和澄清的文字。讨论动机的文字非常重要但经常被人们忘记。为什么安全方案是这样的？为什么三个主要的软件构件部署在两台机器而不是三台机器？当随着时间推移，需要对架构做出改变时，这一部分会比任何部分都重要。

39.2 表示法：SAD 的结构

下列 SAD 的结构是 UP 所使用的基本形式：

软件架构文档

架构表示

（概括介绍文档中如何描述架构，例如，使用技术备忘录和架构视图。对于技术备忘录或视图不熟悉的人有用。注意，并非所有视图都是必要的。）

架构因素

（参考补充性规格说明中的因素表。）

架构决策

（概括决策的一组技术备忘录。）

逻辑视图

（主要元素的 UML 包图和类图。对主要构件的大尺度结构和功能的解说。）

⊖ 意为快速测试。——译者注

部署视图

（UML 部署图显示了节点以及进程和构件的分配。有关网络的注解。）

进程视图

（解释系统进程和线程的 UML 类图和交互图。基于交互的线程和进程对此进行组织。有关进程间通信如何工作的解释（例如，通过 Java RMI））

用例视图

（简要概括了架构上最重要的用例。某些架构上重要的用例实现或场景的 UML 交互图，以及在图中解释如何描述主要架构元素的注释。）

其他视图

……

39.3 示例：NextGen POS 的 SAD

在本例和后续示例中，我的主要目的并不是要详尽展示超过 10 页的具有完整描述和详细图形的 SAD，而只是想说明 SAD 中应该包含什么内容。

软件架构文档：Nextgen POS 项目

简介：架构表示

本 SAD 从多个视图描述架构，包括：

❏ 逻辑视图：……简要的定义

❏ 数据视图：……

❏ 进程视图：……

❏ ……

除此之外，SAD 引用了补充规格说明，你可以在其中发现记录于因素表中的具有重要架构意义的需求。同时，SAD 也以称为技术备忘录的形式概括了关键架构决策，技术备忘录的篇幅为一页纸，描述了决策及其动机。

注意，每一个视图都有相关动机的讨论。当需要修改架构时，这些讨论对你会有帮助。

架构因素

参见 33.6 节补充规格说明中的重要架构需求的因素表。

架构决策（技术备忘录）

技术备忘录：问题：可靠性——从远程服务失败中恢复

解决方案概要：使用服务查找以实现其位置的透明性，使用本地服务中的部分复制以实现从远程到本地的故障转移。

因素

❏ 从远程服务失败中的健壮恢复（税金计算器、库存等）。

❏ 从远程产品（例如描述和定价）数据库访问失败中的健壮恢复。

解决方案

使用在 ServicesFactory 中创建的适配器以实现关于服务位置的防止变异。如果可能，提供远程服务的本地实现，该实现通常只具备简化的和受限的行为。例如，本地税金计算器可能使用固定税率。本地产品信息数据库缓存了部分最常用的产品信息。重新连接时将进行库存的更新。

参见"第三服务的适应性"技术备忘录，其中记录了本解决方案的可适应性方面，因为远程服务的实现对于每个安装都可能有所不同。

为了满足尽快重新连接远程服务的质量场景，对该服务使用智能代理对象，即在每个服务调用时，测试远程服务是否恢复，如果可能则重定向这些调用。

动机

零售商不想停止销售！因此，如果 NextGen POS 提供了这一程度的可靠性和可恢复性，它将会是很具有吸引力的产品，因为目前没有一个竞争对手可以提供这一能力。客户端仅有很少的资源，因此，只能存在少量的产品信息缓存。由于主要考虑到高昂的许可费用和花费数周的配置工作（因为每个计算器的安装需要近一周的调整），因此实际上无法在客户端复制第三方税金计算器。当将来客户希望并能够永久复制服务时，该解决方案也支持这样的进化点，例如在每个客户端安装税金计算器。

未决问题

无

其他可供选择的方案

购买远程信用卡授权服务的"金牌"质量服务协议来提高可靠性。可行，但过于昂贵。

技术备忘录：问题：法律——遵守税收规则

解决方案概述：购买税金计算器构件

因素……

……其他技术备忘录……

逻辑视图

讨论和动机

使用了经典的分层架构。由于系统操作比较简单，没有过多的工作流协作，因此在 UI 层和领域层之间没有加入会话对象的应用层。Register 类是接收来自 UI 层的系统操作请求的首要控制者。注意，由于我们可能想在将来使用替代产品，因此在访问 Jess 规则引擎之前加入了外观。见图 1。

部署视图

讨论和动机

为了提高效率和可靠性，产品数据库、库存系统、税金计算器被部署在不同的计算机上。考虑到高额的许可费，税金计算器以集中方式实现，而不是复制在每个 POS 终端；许可费将来有可能变得足够廉价，使得人们可以在每个 POS 终端本地复制服务。见图 2。

数据视图

讨论和动机

处理销售用例场景是理解主要数据流的好例子。以数据流风格应用的 UML 活动图用来描述主要的数据流和数据存储。见图 3。

使用 Hibernate O-R 映射系统把从产品数据库中读取的数据转换为 Java 对象。

使用定制的 NextGen 适配器对销售数据进行转换并写入 ERP 数据库（库存和账务），通常 ERP 系统需要 XML 格式。

使用定制的 NextGen 适配器将发往外部支付授权服务的支付请求数据转换为广为使用的 VISA 格式（和协议）。

动机？必须遵循这些外部系统和数据库的强制约束。

用例视图

处理销售是架构上最重要的用例。参见 6.8 节中的用例文本。通过实现此用例，可以解决大部分关键架构问题。enterItem 是关键的系统操作。图 4 演示了部分跨越重要逻辑边界的交互场景。

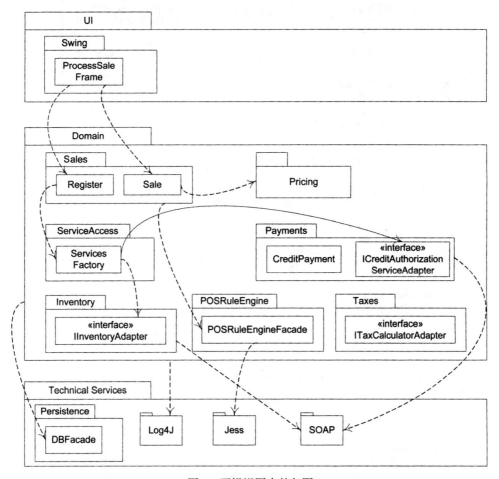

图 1　逻辑视图中的包图

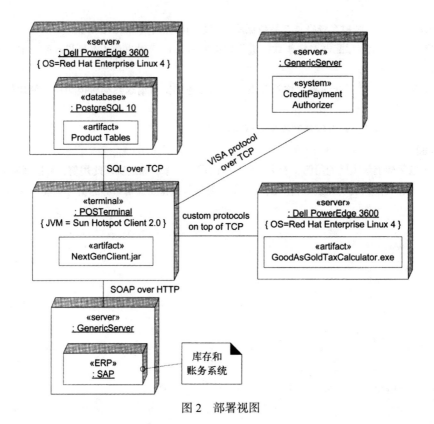

图 2 部署视图

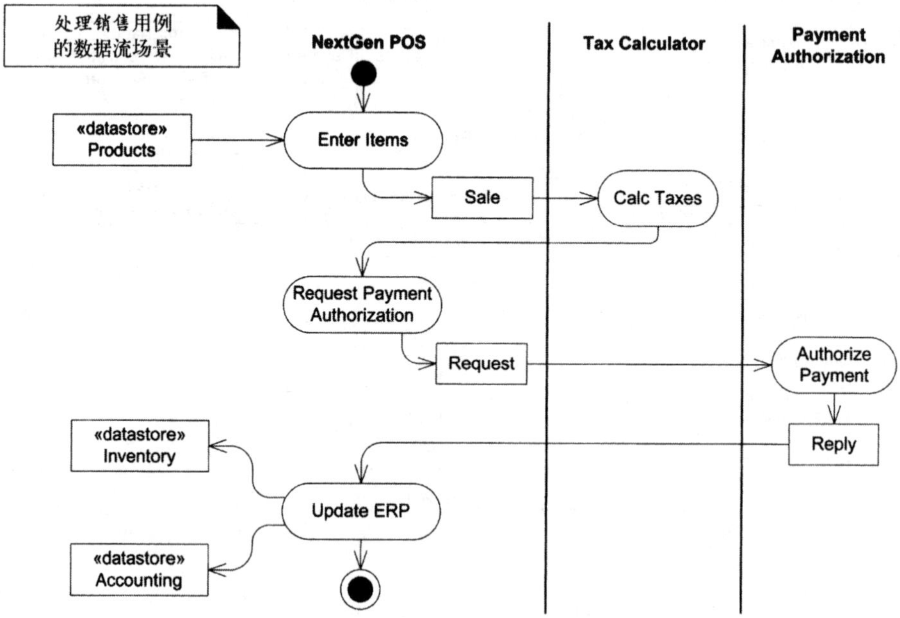

图 3 处理销售场景的数据流视图

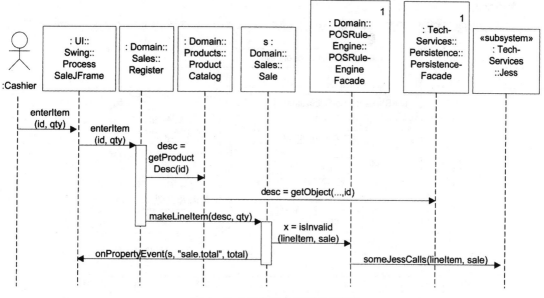

图 4 处理销售场景的部分实现

其他视图……

39.4 示例：Jakarta Struts 的 SAD

Struts 是流行的和开源的 Java 技术框架，用来处理 Web 请求和页面流的协作。在本例的部分 SAD 中，我将更详细地描述逻辑视图。

软件架构文档：Jakarta Struts 框架

架构表示

……

架构因素

……

架构决策

……

逻辑视图

Struts 框架及其所构建的子系统主要位于 Web 应用的 UI 层。图 1 演示了 UML 包图中的重要层和包。

纯粹的 UI 层包含了内容和显示页面的创建，它与决定控制流、指导表现层显示的应用控制层不同。一般来讲，Web 表现框架通常都包含应用控制的职责。Struts 也是如此，因为它需要开发者创建 Struts Action 类的子类来负责流控制决策。

架构模式

Struts 架构基于模型－视图－控制器（MVC）模式。具体来说，对于此 Web 系统变体，其构件角色有：

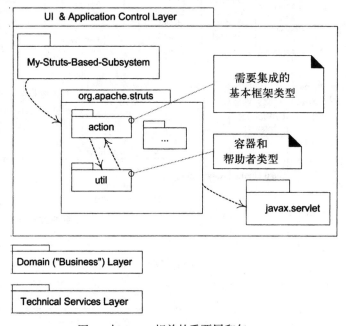

图 1 与 Struts 相关的重要层和包

控制器（Controller）类似外观对象的多线程单例类，负责接收和委派 HTTP 请求，通过与其他对象的协作来控制应用流程。

视图（View）负责产生显示内容（如 HTML）的构件。

模型（Model）负责领域逻辑和状态的构件。

Struts 采用 MVC 模式，为实现控制流、显示内容生成（和格式化）以及应用逻辑的关注分离提供了架构基础——通过模块化形成分离的构件组，这些构件组特定于内聚的相关职责。

图 2 中的 UML 类图阐释了特定的 MVC 角色如何映射为 Struts 组件。

相关的模式

ActionServlet 是访问表现层的外观。该对象尽管不是在对象之间接收和委派消息的经典中介对象，但与之很相似。因为，Action 对象向 ActionServlet 返回 ActionForward 对象，用于指向下一步。

Struts 对 ActionServlet 和 Action 对象的设计也阐述了命令处理器（Command Processor）模式，它是 GoF 命令（Command）模式的一个变体。ActionServlet 扮演了命令处理器角色，接收请求并将它们映射为 Action（Command）对象，Action 对象负责执行请求。

Struts 也示范了前端控制器（Front Controller）和业务委派（Business Delegate）模式。ActionServlet 是前端控制器，处理请求的初始接触点。Action 对象是业务委派——向"业务"或领域层服务委派的抽象。

Action 对象也扮演了适配器角色，将框架调用适配为领域层对象接口。

如图 3 所示，ActionServlet 实现了模板方法（Template Method）模式：process 是模板，processXXX

是钩子方法。

　　框架热点

　　使用框架的关键在于了解"热点"——即框架中的变化点，通过使用子类、基于接口的组合以及配置文件中的声明性约束或映射，开发者能够在这些变化点中插入与应用相关的行为。图3展示了Struts框架的关键"热点"，其中使用了子类化和声明映射，是典型的白盒框架设计。

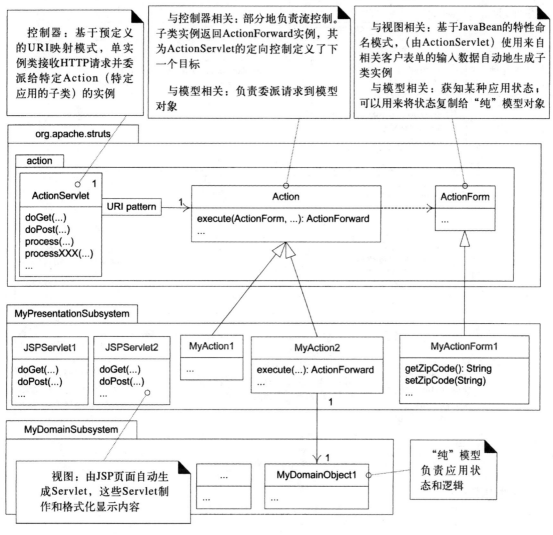

图 2　Struts 中的 MVC 角色

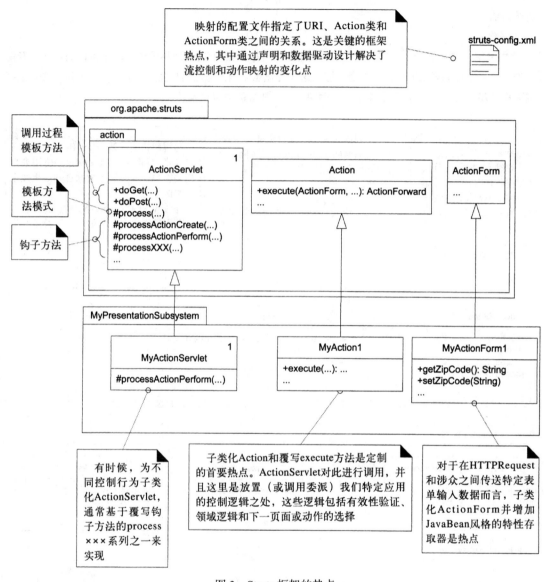

映射的配置文件指定了URI、Action类和ActionForm类之间的关系。这是关键的框架热点，其中通过声明和数据驱动设计解决了流控制和动作映射的变化点

struts-config.xml

调用过程模板方法

模板方法模式

钩子方法

org.apache.struts

action

ActionServlet   1
+doGet(...)
+doPost(...)
#process(...)
#processActionCreate(...)
#processActionPerform(...)
#processXXX(...)
...

Action
+execute(ActionForm, ...): ActionForward
...

ActionForm
...

MyPresentationSubsystem

MyActionServlet   1
#processActionPerform(...)

MyAction1
+execute(...): ...
...

MyActionForm1
+getZipCode(): String
+setZipCode(String)
...

有时候，为不同控制行为子类化ActionServlet，通常基于覆写钩子方法的process×××系列之一来实现

子类化Action和覆写execute方法是定制的首要热点。ActionServlet对此进行调用，并且这里是放置（或调用委派）我们特定应用的控制逻辑之处，这些逻辑包括有效性验证、领域逻辑和下一页面或动作的选择

对于在HTTPRequest和涉众之间传送特定表单输入数据而言，子类化ActionForm并增加JavaBean风格的特性存取器是热点

图 3　Struts 框架的热点

其他视图……

39.5　过程：迭代式架构文档

UP 和 SAD

初始阶段——如果不能确定技术上是否能够满足关键的架构性需求，开发团队应该实现

一个**架构性概念验证**来研究可行性。在 UP 中，架构性概念验证的创建和评估被称为**架构综合**（Architectural Synthesis）。它不同于原来简单和小范围的 POC 编程试验，后者只解决孤立的技术问题。架构性 POC 基本覆盖了大量具有重要架构意义的需求，以便能评估其整体可行性。

细化阶段——此阶段的主要目标是实现核心的高风险架构元素，因此大部分的架构分析在细化阶段完成。通常在细化阶段结束时，就应该完成因素表、技术备忘录和 SAD 的大部分内容。

移交阶段——尽管在理想情况下，最重要的架构因素和决策在移交阶段之前早已完成，但是在此阶段结束时仍需要复审和修订 SAD，以确保其准确描述了最终部署的系统。

后续的演化循环——在设计新版本之前，通常需要重温架构因素和决策。例如，在版本 1.0 中，因为成本原因，决定创建一个单独的远程税金计算器服务，而不是在每个 POS 节点复制该服务（避免多个许可证）。但是在将来，采购税金计算器的成本可能会下降，此时基于容错或性能的考虑，可以对架构做出改变，在其中使用多个本地税金计算器。

39.6 推荐资源

除最初的论文 [Kruchten95] 之外，Clements 的《软件构架编档》（*Documenting Software Architectures : Views and Beyond*）也是一个有用的参考文献。

第六部分 *Part 6*

其他主题

Chapter 40 第 40 章

迭代式开发和敏捷项目管理的进一步讨论

预测是非常困难的，尤其是对未来的事情进行预测更是如此。

——匿名

目标

☐ 对需求和风险分级。

☐ 对比适应性计划和预测性计划。

简介

迭代式和敏捷项目的计划与管理问题是一个很大的主题，但简要探讨一些与迭代式开发和 UP 相关的关键问题是有益的。例如，在下一次迭代中应该做些什么？在迭代式开发时如何追踪需求？如何组织项目制品？

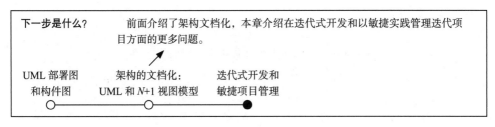

下一步是什么？ 前面介绍了架构文档化，本章介绍在迭代式开发和以敏捷实践管理迭代项目方面的更多问题。

UML 部署图　　　架构的文档化：　　　迭代式开发和
和构件图　　　　UML 和 *N*+1 视图模型　　敏捷项目管理

40.1　如何计划一次迭代

有很多种方法可以计划一次迭代，下面是较典型的方法：

1）第一步应确定迭代的时间长度，常见的时间长度为 2 ～ 6 周。一般来说，短一些较好。延长迭代周期的因素包括：在早期工作中有较多发现和变化、较大的开发团队以及分布式开发。迭代的结束时间一旦确定，就不应改变——这是时间定量的实践。但是，可以通过减小本次迭代的工作范围来满足该结束时间。

2）第二步是发起迭代计划会议。这通常在上一次迭代完成（例如星期五）而下一次迭代（例如星期一）尚未开始时进行。在理想情况下，主要涉众都应该参加，即顾客（营销人员、最终用户）、开发者、首席架构师和项目经理等都应参加。

3）列出本次迭代的潜在目标（新特性或者用例、缺陷等），并标记优先级（参见 8.3 节）。目标列表通常由客户（业务目标）和首席架构师（技术目标）共同确定。

4）团队的每个成员应为本次迭代编制个人资源预算（以小时或天为单位）。例如，人们确定需要因度假离开几天，等等。所有的资源预算应当被汇总起来。

5）对于某一目标（例如一个用例），在计划中对其进行较为详细的描述，并分解其对应的问题。接着，参加会议的人（特别是开发人员）对与目标相关的一组更详细的任务进行头脑风暴式的讨论，并形成粗略估计，例如产生 UI 任务、数据库任务、业务层的面向对象开发任务、外部系统集成任务等。

❑ 对所有任务估计进行汇总得到总计值。

6）反复进行第 5 步直到足够确定：迭代阶段的总任务应该与总的资源预算相匹配。在指定的资源预算和时间定量最终期限的限制之下，如果工作量基本匹配，则可以结束会议。

注意，在"敏捷项目管理"方法中，开发人员积极参与了计划和评估过程，而不是由项目管理者随意确定目标、评估和最后期限等。

40.2 适应性计划与预测性计划

迭代开发的重要思想之一就是根据反馈不断改进，而不是试图详细预测和计划整个项目。因此，在 UP 中，只应为下一次迭代创建迭代计划。

在进入下次迭代之前，其详细计划将一直处于开放状态，该计划应该随着项目推进而不断地进行适应性调整（见图 40-1）。除了提倡灵活和机会主义的行为之外，不对整个项目进行详细计划的一个简单理由是，在迭代开发的项目开始时我们并不知道所有的需求、设计细节等[⊖]。另一个理由是，要信任团队在项目推进中对计划的判断。最后，当项目开始时有一个细粒度的详细计划，而团队有了更好的判断时，研发将会偏离此计划。从外部来看，这会被视作某种失败，但事实上刚好相反。

然而，目标和里程碑依然存在。适应性开发并不意味着团队不知道走向哪里，也不是没有里程碑日期和目标。在迭代开发中，团队依然对日期和目标负责，只是途径更为灵活。例如，NextGen 开发团队可以设置这样的里程碑：三个月内完成处理销售、处理退货、认证用户等用例，以及日志和可插拔的规则引擎等特性。但是，关键在于，开发团队没有制定实现该里程碑的细粒度的两周详细计划，团队一步接一步地工作，逐步实现里程碑目标。当然，对资源的依赖会限制某些工作的顺序，但没有必要详细计划所有的活动。

可以让外部涉众看到一个宏观计划（例如以三个月为期），开发团队对此做出承诺。但是，

⊖ 尽管在"瀑布式"项目中有这样的详细计划，但是其未必可靠或可行。

微观的组织应该留给团队的适应性判断（见图 40-1 ）。

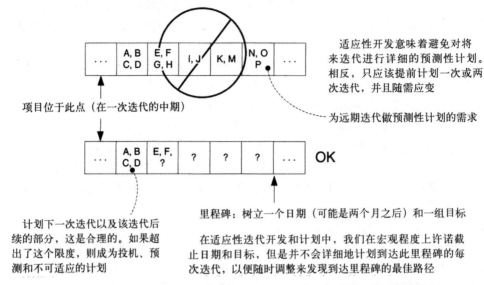

适应性开发意味着避免对将来迭代进行详细的预测性计划。相反，只应该提前计划一次或两次迭代，并且随需应变

项目位于此点（在一次迭代的中期）

为远期迭代做预测性计划的需求

计划下一次迭代以及该迭代后续的部分，这是合理的。如果超出了这个限度，则成为投机、预测和不可适应的计划

里程碑：树立一个日期（可能是两个月之后）和一组目标

在适应性迭代开发和计划中，我们在宏观程度上许诺截止日期和目标，但是并不会详细地计划到达此里程碑的每次迭代，以便随时调整来发现到达里程碑的最佳路径

图 40-1 里程碑是重要的，但是要避免对遥远的将来创建详细的预测性计划

最后，尽管 UP 推荐使用细粒度的适应性计划，但是，随着需求和架构的不断稳定、团队的不断成熟以及数据的不断积累，提前计划两三个迭代周期的可行性也会不断增加。

40.3　阶段计划和迭代计划

从宏观上讲，建立里程碑日期和目标是可能的。但是，从微观上讲，除非是近期计划（例如为期四周），否则实现里程碑的计划通常缺乏灵活性。这两个层面分别在 UP 的**阶段计划**（Phase Plan）和**迭代计划**（Iteration Plan）中体现，这两者都是软件开发计划的一部分。阶段计划列出宏观的里程碑日期和目标，例如阶段的结束日期、阶段中间日期的测试里程碑。迭代计划中定义当前和下一次迭代中的工作（见图 40-2 ）。

在初始阶段，阶段计划中的里程碑估计通常是粗略的"猜测"结果。随着细化阶段的不断进行，估计也在不断地改进。当细化阶段完成时，团队就有足够的实际信息来确定构造和移交（也就是项目提交）的里程碑日期和目标。

40.4　如何使用用例和场景来计划迭代

UP 是用例驱动的，这意味着工作是围绕用例的实现来组织的。也就是说，每次迭代都要实现若干个用例或者用例场景（如果用例太复杂不能在一次迭代中完成的话）。

最后一点很重要：通常用例有过多的可选场景，因此无法在一次迭代中全部完成。所以，典型的工作单元是一个用例场景，而不是整个用例。

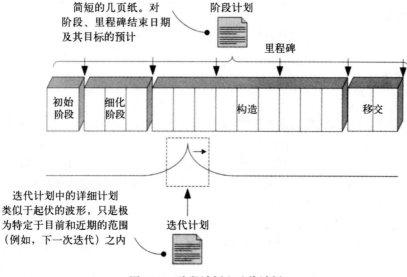

图 40-2　阶段计划和迭代计划

　　既然工作单元可能是一个用例场景而不是整个用例，那么对需求的分级（见 8.3 节）也可能以用例场景为单位。这引出了一个问题，如何标记用例场景？答案是，在详述形式的用例中使用 Cockburn 格式的编码方案。

　　例如，考虑下面的用例片断：

用例：处理销售

主成功场景：

1. 顾客到达 POS 机，为要购买的商品或服务付款。

2. 收银员开始一次新的销售交易。

3. 收银员输入商品标识符。

4. 系统记录销售商品，并显示描述、价格和总价等信息。价格是依据一组计价规则计算的。收银员重复第 3 至 4 步，直到没有其他商品要输入。

5. 系统显示税后总价。

6. 收银员告诉顾客总价，并要求支付。

7. 顾客支付，系统处理支付。

8. ……

扩展（或备选）：

7a. 现金支付：

　　1. 收银员输入用户支付的数额。

　　2. 系统显示应该找给顾客的金额，并打开现金抽屉。

　　3. 收银员收好用户支付的现金，并找零。

　　4. 系统记录该现金支付。

> 7b. 信用卡支付:
>
>   1. 客户输入信用卡账户信息。
>
>   2. ……
>
> 7c. 支票支付……
>
> 7d. 借记卡支付……

处理销售用例中包含的信用卡支付场景可以标记为处理销售-7b。这一场景标记可以作为工作单元在分级、追踪以及报告中使用。

需求分级对于选择早期要进行的工作很有帮助。例如,处理销售用例显然很重要。因此,我们在第一次迭代时开始处理该用例。当然,并不是要在第一次迭代中实现处理销售用例的所有场景。与此相反,最好选择一些较简单的场景和理想路径场景,例如处理销售-7a。虽然这些场景比较简单,但是其实现是开发某些核心设计元素的第一步。

有些需求不能被表示为用例,而应该被表示为缺陷修复或特性(例如日志或可插拔业务规则等),这些任务也需要分配到迭代中。如图40-3所示,其中计划了对场景、用例、缺陷修复和特性的开发任务。

在各细化迭代中需要处理与该用例相关的具有重要架构意义的不同需求,这样可以迫使团队接触到架构的各个方面:主要层、数据库、用户界面、主要子系统之间的接口等。这有利于及早创建跨越系统众多部分的"广泛但浅显"的实现——这是细化阶段的常见目标。

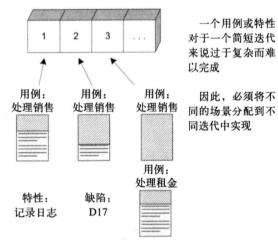

一个用例或特性对于一个简短迭代来说过于复杂而难以完成

因此,必须将不同的场景分配到不同迭代中实现

图 40-3　在迭代中分配任务

40.5　早期预算的有效性(无效性)

输入的是垃圾,输出的也会是垃圾。基于不可靠和失真信息的预算也是不可靠和失真的。在UP中,人们知道在初始阶段进行的预算是不可靠的(对所有方法都是如此,只不过UP承认这一点而已)。初始阶段所做的预算只能告诉我们,项目是否值得在细化阶段进行更多实际的研究,只有在细化阶段进一步工作之后才能够提供较好的预算。细化阶段的第一次迭代之后,才能有一些实际信息用于进行粗略预算。第二次迭代之后,预算才有一定的可信度(见图40-4)。

> 有效预算需要在若干次细化迭代中进行一些实际工作才能给出。

这并不意味着不可能或者不值得在早期尝试精确的预算。如果可能,这当然更好。但是,大部分组织发现这几乎不可能做到。因而,UP提倡在产生详细项目计划和预算之前应该在细化阶段中完成一些实际工作。

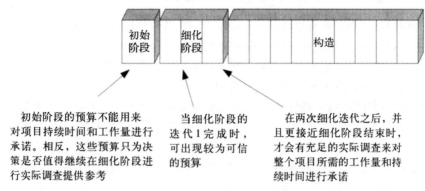

初始阶段的预算不能用来对项目持续时间和工作量进行承诺。相反，这些预算只为决策是否值得继续在细化阶段进行实际调查提供参考

当细化阶段的迭代 1 完成时，可出现较为可信的预算

在两次细化迭代之后，并且更接近细化阶段结束时，才会有充足的实际调查来对整个项目所需的工作量和持续时间进行承诺

图 40-4　预算和项目阶段

40.6　将项目制品组织起来

在 UP 中将各种制品组织成科目。用例模型和补充性规格说明属于需求科目。软件开发计划是项目管理科目的一部分，等等。因此，应该将版本控制和目录系统中的文件夹组织起来以便反映科目，将某个科目包含的制品放入与之相关的文件夹中（见图 40-5）。

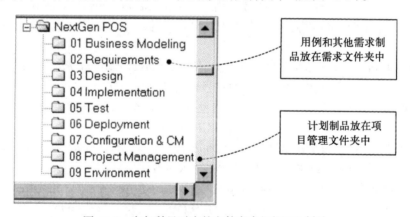

用例和其他需求制品放在需求文件夹中

计划制品放在项目管理文件夹中

图 40-5　在与科目对应的文件夹中组织 UP 制品

这种组织工作对于大部分非实现元素都有效。某些实现制品（例如实际的数据库或者可执行文件）由于各种原因，通常放在其他位置。

> ### 准　　则
> 在每次迭代完成之后，使用版本控制工具为这些文件夹中的所有元素（包括源代码）创建带有标签并且冻结的检查点。这样，每个制品就会有多个版本，例如"迭代 1""迭代 2"等。以后（在该项目或者其他项目中）估计团队的开发速度时，这些检查点为每次迭代所完成的工作量提供了原始数据。

40.7 何时你会发现自己并没有理解迭代计划

☐ 推测性地详细计划了所有迭代，并且预定了每次迭代的任务和目标。
☐ 期望初始阶段或者细化阶段第一次迭代中的预算是可靠的，且被用于长期的项目承诺；总的来说，期望从价值不高或者轻量级的调查研究中获得可靠的估计。
☐ 在早期迭代阶段解决容易的或者低风险的问题。

如果某组织按照如下方式编制计划和预算，则他们并没有理解 UP 编制计划的思想：

1）在每个计划阶段的开始之处，都标识了高层次的新系统或特性，例如"用于账务管理的 Web 系统"。

2）只给技术经理很少的时间让他对项目的工作量和进度进行推测性估计，而这些又是涉及新技术的大型、昂贵、高风险的项目。

3）以年为单位进行项目计划和预算编制。

4）只有项目进展与估计偏离时才想到其他涉众的意见，然后又回到第一步。

上述方法缺乏现实意义，它没有进行基于认真调查的迭代精化预算，而这正是 UP 所提倡的。

40.8 推荐资源

Larman 的《敏捷迭代开发：管理者指南》（*Agile and Iterative Development: A Manager's Guide*）⊖一书中提供了许多实践技巧，并且提供了广为传播的瀑布模型失败的证据和迭代方法的优势。

Coplien 和 Harrison 的《敏捷软件开发的组织模式》（*Organizational Patterns of Agile Software Development*）总结了大量成功的迭代与敏捷过程和项目管理技巧。

Royce 的《软件项目管理：一个统一的框架》（*Software Project Management: A Unified Framework*）⊜为项目计划和管理提供了迭代和 UP 观点。

Cockburn 的《OO 项目求生法则》（*Surviving Object-Oriented Projects: A Manager's Guide*）为迭代计划和向迭代与对象技术项目的转变提供了大量有用信息。

Beck 和 Fowler 的《规划极限编程》（*Planning Extreme Programming*）也是优秀的资源。

Kruchten 的《RUP 导论》（*The Rational Unified Process: An Introduction*）⊛中关于 UP 计划和项目管理的多章内容都十分有益。

要注意，有些声称讨论"迭代开发"或"统一过程"计划的书籍，实际上其背后隐藏的是瀑布或预测性方法的计划。

《快速软件开发》（*Rapid Development*）[McConnell96]⑭出色地概述了大量计划和项目管理方面的实践和问题，以及项目风险问题。

⊖ 本书英文影印版已由机械工业出版社出版。——编辑注
⊜ 本书中文翻译版已由机械工业出版社出版。——编辑注
⊛ 本书中文翻译版已由机械工业出版社出版。——编辑注
⑭ 本书英文影印版已由机械工业出版社出版。——编辑注

参 考 文 献

Abbot83   Abbott, R. 1983. Program Design by Informal English Descriptions. *Communications of the ACM* vol. 26(11).

AIS77   Alexander, C., Ishikawa, S., and Silverstein, M. 1977. *A Pattern Language—Towns-Building-Construction.* Oxford University Press.

Ambler00   Ambler, S. 2000. *The Unified Process—Elaboration Phase.* Lawrence, KA.: R&D Books.

Ambler00a   Ambler, S., Constantine, L. 2000. Enterprise-Ready Object IDs. *The Unified Process—Construction Phase.* Lawrence, KA.: R&D Books

Ambler00b   Ambler, S. 2000. Whitepaper: *The Design of a Robust Persistence Layer For Relational Databases.* www.ambysoft.com.

Ambler02   Ambler, S. 2002. *Agile Modeling*, John Wiley & Sons.

BDSSS00   Beedle, M., Devos, M., Sharon, Y., Schwaber, K., and Sutherland, J. 2000. SCRUM: A Pattern Language for Hyperproductive Software Development. *Pattern Languages of Program Design* vol. 4. Reading, MA.: Addison-Wesley.

BC87   Beck, K., and Cunningham, W. 1987. *Using Pattern Languages for Object-Oriented Programs.* Tektronix Technical Report No. CR-87-43.

BC89   Beck, K., and Cunningham, W. 1989. A Laboratory for Object-oriented Thinking. *Proceedings of OOPSLA 89.* SIGPLAN Notices, Vol. 24, No. 10.

BCK98   Bass, L., Clements, P., and Kazman, R. 1998. *Software Architecture in Practice.* Reading, MA.: Addison-Wesley.

Beck94   Beck, K. 1994. Patterns and Software Development. *Dr. Dobbs Journal.* Feb 1994.

Beck00   Beck, K. 2000. *Extreme Programming Explained—Embrace Change.* Reading, MA.: Addison-Wesley.

Bell04   Bell, A. 2004. Death by UML Fever. *ACM Queue.* March 2004.

BF00   Beck, K., Fowler, M., 2000. *Planning Extreme Programming.* Reading, MA.: Addison-Wesley.

BJ78   Bjørner, D., and Jones, C. editors. 1978. The Vienna Development Method: The Meta-Language, *Lecture Notes in Computer Science.* vol. 61. Springer-Verlag.

BJR97   Booch, G., Jacobson, I., and Rumbaugh, J. 1997. The UML specification documents. Santa Clara, CA.: Rational Software Corp. See documents at www.rational.com.

BMRSS96   Buschmann, F., Meunier, R., Rohnert, H., Sommerlad, P., and Stal, M. 1996. *Pattern-Oriented Software Architecture: A System of Patterns.* West Sussex, England: Wiley.

Boehm88   Boehm. B. 1988. A Spiral Model of Software Development and Enhancement. *IEEE Com-*

puter. May 1988.

Boehm00+   Boehm, B., et al. 2000. *Software Cost Estimation with COCOMO II.* Englewood Cliffs, NJ.: Prentice-Hall.

Booch82   Booch, G. 1982. Object-Oriented Design. *Ada Letters* vol. 1(3).

Booch94   Booch, G. 1994. *Object-Oriented Analysis and Design.* Redwood City, CA.: Benjamin/Cummings.

Booch96   Booch, G. 1996. *Object Solutions: Managing the Object-Oriented Project.* Menlo Park, CA.: Addison-Wesley.

BP88   Boehm, B., and Papaccio, P. 1988. Understanding and Controlling Software Costs. *IEEE Transactions on Software Engineering.* Oct 1988.

BRJ99   Booch, G., Rumbaugh, J, and Jacobson, I., . 1999. *The Unified Modeling Language User Guide.* Reading, MA.: Addison-Wesley.

Brooks75   Brooks, F. 1975. *The Mythical Man-Month.* Reading, MA.: Addison-Wesley.

Brown01   Brown, K., 2001. The *Convert Exception* pattern is found online at the Portland Pattern Reposity, http://c2.com.

BW95   Brown, K., and Whitenack, B. 1995. *Crossing Chasms, A Pattern Language for Object-RDBMS Integration*, White Paper, Knowledge Systems Corp.

BW96   Brown, K., and Whitenack, B. 1996. Crossing Chasms. *Pattern Languages of Program Design* vol. 2. Reading, MA.: Addison-Wesley.

CD94   Cook, S., and Daniels, J. 1994. *Designing Object Systems.* Englewood Cliffs, NJ.: Prentice-Hall.

CDL99   Coad, P., De Luca, J., Lefebvre, E. 1999. *Java Modeling in Color with UML.* Englewood Cliffs, NJ.: Prentice-Hall.

CL99   Constantine, L, and Lockwood, L. 1999. *Software for Use: A Practical Guide to the Models and Methods of Usage-Centered Design.* Reading, MA.: Addison-Wesley.

CMS74   Constantine, L., Myers, G., and Stevens, W. 1974. Structured Design. *IBM Systems Journal*, vol. 13 (No. 2, 1974), pp. 115-139.

Coad92   Coad, P. 1992. Object-oriented Patterns. *Communications of the ACM*, Sept. 1992.

Coad95   Coad, P. 1995. *Object Models: Stategies, Patterns and Applications.* Englewood Cliffs, NJ.: Prentice-Hall.

Cockburn92   Cockburn, A. 1992. Using Natural Language as a Metaphoric Basis for Object-Oriented Modeling and Programming. *IBM Technical Report TR-36.0002*, 1992.

Cockburn97   Cockburn, A. 1997. Structuring Use Cases with Goals. *Journal of Object-Oriented Programming*, Sep-Oct, and Nov-Dec. SIGS Publications.

Cockburn01   Cockburn, A. 2001. *Writing Effective Use Cases.* Reading, MA.: Addison-Wesley.

Coleman+94   Coleman, D., et al. 1994. *Object-Oriented Development: The Fusion Method.* Englewood Cliffs, NJ.: Prentice-Hall.

Constantine68   Constantine. L. 1968. Segmentation and Design Strategies for Modular Programming. In Barnett and Constantine (eds.), *Modular Programming: Proceedings of a National Symposium.* Cambridge, MA.: Information & Systems Press.

Constantine94   Constantine, L. 1994. Essentially Speaking. *Software Development* May. CMP Media.

Conway58   Conway, M. 1958. Proposal for a Universal Computer-Oriented Language. *Communica-*

tions of the ACM. 5-8 Volume 1, Number 10, October.

Coplien95   Coplien, J. 1995. *The History of Patterns*. See http://c2.com/cgi/wiki?HistoryOfPatterns.

Coplien95a   Coplien, J. 1995. A Generative Development-Process Pattern Language. *Pattern Languages of Program Design* vol. 1. Reading, MA.: Addison-Wesley.

CS95   Coplien, J., and Schmidt, D., eds. 1995. *Pattern Languages of Program Design* vol. 1. Reading, MA.: Addison-Wesley.

Cunningham96   Cunningham, W. 1996. EPISODES: A Pattern Language of Competitive Development. *Pattern Languages of Program Design* vol. 2. Reading, MA.: Addison-Wesley.

Cutter97   Cutter Group. 1997. *Report: The Corporate Use of Object Technology*.

CV65   Corbato, F., and Vyssotsky, V. 1965. Introduction and overview of the Multics system. *AFIPS Conference Proceedings 27*, 185-196.

Dijkstra68   Dijkstra, E. 1968. The Structure of the THE-Multiprogramming System. *Communications of the ACM*, 11(5).

Eck95   Eck, D. 1995. *The Most Complex Machine*. A K Paters Ltd.

Fowler96   Fowler, M. 1996. *Analysis Patterns: Reusable Object Models*. Reading, MA.: Addison-Wesley.

Fowler99   Fowler, M. 1999. *Refactoring: Improving the Design of Existing Code*. Reading, MA.: Addison-Wesley.

Fowler00   Fowler, M. 2000. Put Your Process on a Diet. *Software Development*. December. CMP Media.

Fowler01   Fowler, M. 2001. Draft patterns on object-relational persistence services. www.martinfowler.com.

Fowler02   Fowler, M. 2002. *Patterns of Enterprise Application Architecture*. Reading, MA.: Addison-Wesley.

Fowler03   Fowler, M. 2003. *UML Distilled*, 3rd edition. Reading, MA.: Addison-Wesley.

Gartner95   Schulte, R., 1995. *Three-Tier Computing Architectures and Beyond*. Published Report Note R-401-134. Gartner Group.

Gemstone00   Gemstone Corp., 2000. A set of architectural patterns at www.javasuccess.com.

GHJV95   Gamma, E., Helm, R., Johnson, R., and Vlissides, J. 1995. *Design Patterns*. Reading, MA.: Addison-Wesley.

Gilb88   Gilb, T. 1988. *Principles of Software Engineering Management*. Reading, MA.: Addison-Wesley.

GK00   Guiney, E., and Kulak, D. 2000. *Use Cases: Requirements in Context*. Reading, MA.: Addison-Wesley.

GK76   Goldberg, A., and Kay, A. 1976. *Smalltalk-72 Instruction Manual*. Xerox Palo Alto Research Center.

GL00   Guthrie, R., and Larman, C. 2000. *Java 2 Performance and Idiom Guide*. Englewood Cliffs, NJ.: Prentice-Hall.

Grady92   Grady, R. 1992. *Practical Software Metrics for Project Management and Process Improvement*. Englewood Cliffs, NJ.: Prentice-Hall.

Grosso00   Grosso, W. 2000. *The Name The Problem Not The Thrower* exceptions pattern is found online at the Portland Pattern Reposity, http://c2.com.

GW89   Gause, D., and Weinberg, G. 1989. *Exploring Requirements.* NY, NY.: Dorset House.

Harrison98   Harrison, N. 1998. Patterns for Logging Diagnostic Messages. *Pattern Languages of Program Design* vol. 3. Reading, MA.: Addison-Wesley.

Hay96   Hay, D. 1996. *Data Model Patterns: Conventions of Thought.* NY, NY.: Dorset House.

Highsmith00   Highsmith, J. 2000. *Adaptive Software Development: A Collaborative Approach to Managing Complex Systems.* NY, NY.: Dorset House.

Hohman03   Hohman, L. 2003. *Beyond Software Architecture: Creating and Sustaining Winning Solutions.* Reading, MA.: Addison-Wesley.

HNS00   Hofmeister, C., Nord, R., and Soni, D. 2000. *Applied Software Architecture.* Reading, MA.: Addison-Wesley.

Jackson95   Jackson, M. 1995. *Software Requirements and Specification.* NY, NY.: ACM Press.

Jacobson92   Jacobson, I., *et al.* 1992. *Object-Oriented Software Engineering: A Use Case Driven Approach.* Reading, MA.: Addison-Wesley.

JAH00   Jeffries, R., Anderson, A., Hendrickson, C. 2000. *Extreme Programming Installed.* Reading, MA.: Addison-Wesley.

JBR99   Jacobson, I., Booch, G., and Rumbaugh, J. 1999. *The Unified Software Development Process.* Reading, MA.: Addison-Wesley.

Johnson02   Johnson, J. 2002. ROI—It's Your Job, XP 2002, Sardinia, Italy.

Jones97   Jones, C., 1997. *Applied Software Measurement.* NY, NY.: McGraw-Hill.

Jones98   Jones, C. 1998. *Estimating Software Costs.* NY, NY.: McGraw-Hill.

Kay68   Kay, A. 1968. *FLEX, a flexible extensible language.* M.Sc. thesis, Electrical Engineering, University of Utah. May. (Univ. Microfilms).

KL01   Kruchten, P, and Larman, C. How to Fail with the Rational Unified Process: 7 Steps to Pain and Suffering. (in German) *Objekt Spektrum.* June 2001.

Kovitz99   Kovitz, B. 1999. *Practical Software Requirements.* Greenwich, CT.: Manning.

Kruchten00   Kruchten, P. 2000. *The Rational Unified Process—An Introduction*, 2nd edition. Reading, MA.: Addison-Wesley.

Kruchten95   Kruchten, P. 1995. The 4+1 View Model of Architecture. *IEEE Software* 12(6).

Lakos96   Lakos, J. 1996. *Large-Scale C++ Software Design.* Reading, MA.: Addison-Wesley.

Larman03   Larman, C. 2003. *Agile and Iterative Development: A Manager's Guide.* Reading, MA.: Addison-Wesley.

Larman04   Larman, C. 2004. What UML Is and Isn't. *JavaPro Magazine.* March 2004.

LB03   Larman, C., and Basili, V. Iterative and Incremental Development: A Brief History, *IEEE Computer*, June 2003.

Lieberherr88   Lieberherr, K., Holland, I, and Riel, A. 1988. Object-Oriented Programming: An Objective Sense of Style. *OOPSLA 88 Conference Proceedings.* NY, NY.: ACM SIGPLAN.

Liskov88   Liskov, B. 1988. Data Abstraction and Hierarchy, *SIGPLAN Notices*, 23,5 (May, 1988).

LW00   Leffingwell, D., and Widrig, D. 2000. *Managing Software Requirements: A Unified Approach.* Reading, MA.: Addison-Wesley.

MacCormack01   MacCormack, A. 2001. Product-Development Practices That Work. *MIT Sloan Management Review.* Volume 42, Number 2.

Martin95	Martin, R. 1995. *Designing Object-Oriented C++ Applications Using the Booch Method.* Englewood Cliffs, NJ.: Prentice-Hall.
McConnell96	McConnell, S. 1996. *Rapid Development.* Redmond, WA.: Microsoft Press.
Meyer88	Meyer, B. 1988. *Object-Oriented Software Construction*, first edition. Englewood Cliffs, NJ.: Prentice-Hall.
MO95	Martin, J., and Odell, J. 1995. *Object-Oriented Methods: A Foundation.* Englewood Cliffs, NJ.: Prentice-Hall.
Moreno97	Moreno, A.M. Object Oriented Analysis from Textual Specifications. *Proceedings of the 9th International Conference on Software Engineering and Knowledge Engineering,* Madrid, June 17-20 (1997).
MP84	McMenamin, S., and Palmer, J. 1984. *Essential Systems Analysis.* Englewood Cliffs, NJ.: Prentice-Hall.
MW89	1989. *The Merriam-Webster Dictionary.* Springfield, MA.: Merriam-Webster.
Nixon90	Nixon, R. 1990. *Six Crises.* NY, NY.: Touchstone Press.
OMG03a	Object Management Group, 2003. UML 2.0 Infrastructure Specification. www.omg.org.
OMG03b	Object Management Group, 2003. UML 2.0 Superstructure Specification. www.omg.org.
Parkinson58	Parkinson, N. 1958. *Parkinson's Law: The Pursuit of Progress*, London, John Murray.
Parnas72	Parnas, D. 1972. On the Criteria To Be Used in Decomposing Systems Into Modules, *Communications of the ACM*, Vol. 5, No. 12, December 1972. ACM.
PM92	Putnam, L., and Myers, W. 1992. *Measures for Excellence: Reliable Software on Time, Within Budget.* Yourdon Press.
Pree95	Pree, W. 1995. *Design Patterns for Object-Oriented Software Development.* Reading, MA.: Addison-Wesley.
Renzel97	Renzel, K. 1997. *Error Handling for Business Information Systems: A Pattern Language.* Online at http://www.objectarchitects.de/arcus/cookbook/exhandling/.
Rising00	Rising, L. 2000. *Pattern Almanac 2000.* Reading, MA.: Addison-Wesley.
RJB99	Rumbaugh, J., Jacobson, I., and Booch, G. 1999. *The Unified Modeling Language Reference Manual.* Reading, MA.: Addison-Wesley.
RJB04	Rumbaugh, J., Jacobson, I., and Booch, G. 2004. *The Unified Modeling Language Reference Manual, 2e.* Reading, MA.: Addison-Wesley.
Ross97	Ross, R. 1997. *The Business Rule Book: Classifying, Defining and Modeling Rules.* Business Rule Solutions Inc.
Royce70	Royce, W. 1970. Managing the Development of Large Software Systems. *Proceedings of IEEE WESCON.* Aug 1970.
Rumbaugh91	Rumbaugh, J., *et al.* 1991. *Object-Oriented Modelling and Design.* Englewood Cliffs, NJ.: Prentice-Hall.
RUP	The Rational Unified Process Product. The browser-based online documentation for the RUP, sold by IBM, and previously by Rational Corp.
Rumbaugh97	Rumbaugh, J. 1997. Models Through the Development Process. *Journal of Object-Oriented Programming* May 1997. NY, NY: SIGS Publications.
Shaw96	Shaw, M. 1996. Some Patterns for Software Architectures. *Pattern Languages of Program Design* vol. 2. Reading, MA.: Addison-Wesley.

Standish94   Jim Johnson. 1994. *Chaos: Charting the Seas of Information Technology*. Published Report. The Standish Group.

SW98   Schneider, G., and Winters, J. 1998. *Applying Use Cases: A Practical Guide*. Reading, MA.: Addison-Wesley.

Thomas01   Thomas, M. 2001. IT Projects Sink or Swim. *British Computer Society Review*.

TK78   Tsichiritzis, D., and Klug, A. The ANSI/X3/SPARC DBMS framework: Report of the study group on database management systems. *Information Systems*, 3 1978.

Tufte92   Tufte, E. 1992. *The Visual Display of Quantitative Information*. Graphics Press.

VCK96   Vlissides, J., et al. 1996. *Patterns Languages of Program Design* vol. 2. Reading, MA.: Addison-Wesley.

Wirfs-Brock93   Wirfs-Brock, R. 1993. Designing Scenarios: Making the Case for a Use Case Framework. *Smalltalk Report* Nov-Dec 1993. NY, NY: SIGS Publications.

WK99   Warmer, J., and Kleppe, A. 1999. *The Object Constraint Language: Precise Modeling With UML*. Reading, MA.: Addison-Wesley.

WM02   Wirfs-Brock, R., and McKean, A. 2002. *Object Design: Roles, Responsibilities, and Collaborations*. Reading, MA.: Addison-Wesley.

WWW90   Wirfs-Brock, R., Wilkerson, B., and Wiener, L. 1990. *Designing Object-Oriented Software*. Englewood Cliffs, NJ.: Prentice-Hall.

术 语 表

abstract class（**抽象类**）只能作为其他类超类的类；除非是作为子类的实例，否则不可以创建抽象类的对象。

abstraction（**抽象**）是对相似事物提炼其基本或普通特征的活动。或者是，事物提炼后的本质特征。

active object（**主动对象**）拥有自身控制线程的对象。

aggregation（**聚合**）是一种关联属性，代表整体—部分关系，并且（通常）限制于整个生命期。

analysis（**分析**）对领域的研究，旨在得到描述其动态和静态特征的模型。它强调"是什么"的问题，而不是"怎么做"的问题。

architecture（**架构**）简而言之，是对系统的组织、动机和结构的描述。从物理硬件架构到应用框架的逻辑架构，软件系统的开发中涵盖了架构的众多不同层面。

association（**关联**）两个类的对象之间的一组相关链的描述。

attribute（**属性**）类的一个被命名的特征或特性。

class（**类**）在 UML 中，类被描述为"拥有相同属性、操作、方法、关系和行为的对象集的描述符"[RJB99]。可用来表示软件或概念元素。

class attribute（**类属性**）对于类所有实例都相同的特征或特性。这一信息通常存储于类定义中。

class hierarchy（**类层次**）对类之间的继承关系的描述。

class method（**类方法**）定义类自身行为而不是其实例行为的方法。

classification（**分类**）定义了类与其实例之间的一种关系。分类映像标识了类的扩展。[⊖]

collaboration（**协作**）两个或多个对象参与一种客户 / 服务器的关系，旨在提供一种服务。

composition（**组合**）定义了类的每个实例由其他对象所组成。

concept（**概念**）思想或事物的分类。在本书中，概念是指现实世界的事物而非软件实体。概念的内涵是对其属性、操作和语义的描述。概念的外延是概念成员的实例或示例对象集合。概念通常被定义为领域类（ domain class ）的同义词。

concrete class（**具体类**）可以拥有实例的类。

constraint（**约束**）对元素的限制或条件。

constructor（**构造函数**）在 C++ 或 Java 中创建类实例时调用的特殊方法。构造函数通常执行初始化动作。

container class（**容器类**）被设计用来持有和操作一组对象的类。

contract（**契约**）定义了应用于使用操作或方法的职责和后置条件。也用来指定与接口（ interface ）相关的所有条件的集合。

coupling（**耦合**）元素（如类、包和子系统）之间的依赖，通常产生于用来提供服务的元素之

⊖ UML 中的分类有单分类和多重分类（描述实例属于一个类还是多个类）、静态分类和动态分类（描述实例创建后能不能改变它的类）。这些分类作用于泛化关系，描述了对类的扩展。——译者注

间的协作。

delegation（委派）这一概念是指一个对象响应消息时能够向另一个对象发布消息。由此，第一个对象将职责委派给第二个对象。

derivation（派生）通过引用一个已存在的类并随后增加属性和方法来定义新类的过程。已存在的类为超类；新类为子类或派生类。

design（设计）使用分析的结果来产生系统实现规格说明的过程。是对系统将如何工作的逻辑描述。

domain（领域）定义了特定主题或所关心范围的正式边界。

encapsulation（封装）用来隐藏某个元素（如对象或子系统）的数据、内部结构和实现细节的机制。所有与对象的交互都要通过操作的公共接口来进行。

event（事件）发生的具有意义的事情。

extension（扩展）概念所适用的对象集合。扩展中的对象是概念的示例或实例。

framework（框架）一组相互协作的抽象类和具体类，它们可以用作模板来解决一族相关的问题。对于特定应用行为，一般通过定义子类来对框架进行扩展。

generalization（泛化）识别概念中的共性和定义超类（通用概念）与子类（特定概念）关系的活动。这是在概念中构造分类，然后以类层次加以阐述的方式。概念上的子类在内涵和外延方面都遵从于概念上的超类。

inheritance（继承）面向对象编程语言的特性，即类可以由较普通的超类来特化。子类自动地获取超类定义的属性和方法。

instance（实例）类的个体成员。在 UML 中，称为对象。

instance method（实例方法）作用域为实例的方法，通过向该实例发送消息来调用。

instance variable（实例变量）用于 Java 和 Smalltalk，是实例的一个属性。

instantiation（实例化）创建类实例的行为。

intension（内涵）概念的定义。

interface（接口）一组公共操作的特征标记。

link（链）两个对象之间的链接；关联的实例。

message（消息）对象通信的机制；通常是对执行方法的请求。

metamodel（元模型）定义其他模型的模型。UML元模型定义了 UML 的元素类型，如类元。

method（方法）在 UML 中，方法是类操作的特定实现或算法。简而言之，方法是响应消息的可执行的软件过程。

model（模型）是对主题领域的静态或动态特征的描述，由多个视图（通常是图表或文字方式）来表现。

multiplicity（多重性）被允许参与关联的对象数量。

object（对象）在 UML 中，对象是封装了状态和行为的类的实例。更通俗地讲，对象是事物的示例。

object identity（对象标识）这一特征使对象的存在独立于与对象关联的任何值。

object-oriented analysis（面向对象分析）使用领域概念（例如概念上的类、关联和状态变更）对问题领域或系统的研究活动。

object-oriented design（面向对象设计）使用软件对象（例如类、属性、方法和协作）对逻辑上的软件解决方案的规格说明。

object-oriented programming language（面向对象编程语言）支持封装、继承和多态概念的编程语言。

OID   对象标识（Object IDentifier）。

operation（操作）在 UML 中，操作是"可以调用对象执行的转化或查询的规格说明"〔RJB99〕。操作具有由其名字和参数指定的特征标记，同时操作通过消息被调用。方法是使用特定算法对操作的实现。

pattern（模式）对问题、解决方案、何时应用解决方案以及如何在新的上下文中应用解决方案的命名描述。

persistence（持久性） 对象状态的持久存储。

persistence object（持久对象） 能够在创建它的过程或进程结束后继续存在的对象。持久对象只能被显式地删除，否则它会一直存在。

polymorphic operation（多态操作） 两个或多个类以不同方式实现的同一操作。

polymorphism（多态性） 这一概念是指，利用多态操作，两个或多个类的对象能够以不同方式响应同一消息。同时，多态性也是指定义多态操作的能力。

postcondition（后置条件） 操作完成后必须满足的约束。

precondition（前置条件） 请求操作前必须满足的约束。

private（私有的） 用于限制对类成员进行访问（使成员对其他对象不可见）的作用域机制。一般情况下，应用于所有属性和某些方法。

public（公共的） 使成员对其他对象可见的作用域机制。一般情况下，应用于某些方法而不是属性，因为公共的属性破坏了封装。

pure data values（纯数据值） 对于那些唯一实例身份无意义的数据类型，例如数字、布尔量和字符串。⊖

qualified association（限定关联） 由限定符的值对其成员进行划分的关联。

receiver（接收者） 消息发送的目的对象。

recursive association（递归关联） 源和目的是同一对象类的关联。

responsibility（职责） 元素（如类或子系统）提供的服务或一组服务是什么或做什么；职责包括元素的一个或多个用途或契约。

role（角色） 关联的命名端点，指明其用途。

state（状态） 对象在事件之间的条件或情况。

state transition（状态转换） 对象状态的变更；能够由事件激发或通知的事情。

subclass（子类） 其他类（超类）的特化。子类继承了超类的属性和方法。

subtype（子类型） 概念上的子类。子类型是其他类型（超类型）的特化，遵从超类型的内涵和外延。

superclass（超类） 被其他类继承了属性和方法的类。

supertype（超类型） 概念上的超类。在泛化 - 特化关系中更为普通的类型；一个具有子类型的对象。

transition（转换） 状态之间的关系，当特定事件发生并且监护条件满足时通过转换。

visibility（可见性） 能够看到对象或拥有对象引用的能力。

⊖ 数据值（data value）是数据类型（data type）的实例，数据值没有身份（标识），两个表示法相同的数据值是无法区分的。在程序设计语言中，数据值使用值传递。